Motorradlegenden der ’90er

Für Gabi

Gewidmet sei das Buch meiner lieben Frau Gabriele, die es klaglos (wenn mitunter auch angstvoll) ertrug, wenn ich sie mit unseren sechs Kindern alleine zuhause zurückließ, um wieder mal im Flieger zu sitzen und in Übersee oder sonstwo auf unbekannten Straßen und Rennstrecken schnelle Runden mit gewöhnungsbedüftigen Motorradneuheiten zu drehen.

Gabi mit Vincent, unserem Jüngsten, der im Juni 1993 noch nicht ahnte, daß er eines Tages auch die digitale Produktion dieses Buchs stemmen würde.

Foto: Hans J. Schneider

Motorradlegenden der '90er

Hans J. Schneider

Alle Marken von Aprilia und BMW über Honda und Kawasaki bis Suzuki und Yamaha

Zwar wurde die 1993 vorgestellte Ducati Monster gern als „Macho-Motorrad" bezeichnet, doch auch Frauen, die generell in den 1990ern verstärkt aufs Motorrad drängten, kamen mit dem überaus handlichen Zweirad gut zurecht. Die Dame auf dem Foto besaß selbst eine solche Ducati, doch hier wurde sie mit einer Testmaschine abgelichtet.

Foto Cover: Der Autor mit der Honda VFR 750 F RC 36 II auf der GP-Rennstrecke im südspanischen Jerez bei der Präsentation der Maschine im Oktober 1993.

Foto: Frank Ratering

SCHNEIDER MEDIA

Impressum

Dank
Autor und Verlag bedanken sich herzlich für die Freigabe von Fotomaterial für dieses Buch-Projekt durch Michael Fuchs, Axel Koenigsbeck, Hans König, Frank Ratering und Winni Scheibe. Unterstützend wirkte auch Frank Roedel, Chefredakteur *Motorrad News*. Besonderer Dank gilt Lutz-Michael Hahn (BMW Group Classic, BMW Motorrad- und Bootsmotorenhistorie) für die Übermittlung zahlreicher Scans wichtiger BMW-Modelle.

Covergestaltung:
Dr. Valentin Schneider

Bildnachweis (s.a. Seite 288)
Alle Fotos und Repros stammen aus dem Archiv von Hans J. Schneider. Urheber und Quellen der Fotos werden auf jeder Doppelseite und für jedes einzelne Foto benannt (Details dazu s.a. Bildnachweis auf Seite 288).

Herstellung
Gestaltung Inhalt: Hans-Jürgen Schneider
Lithographie: Vincent Schneider
Lektorat: Dr. Valentin Schneider
Assistenz: Evanthia Pitsolou, Gabriele Schneider

Verlag
SCHNEIDER MEDIA FRANCE SAS

Vertrieb
Delius Klasing Verlag GmbH, Siekerwall 21,
D-33602 Bielefeld; Tel. 0521/5590,
Fax: 0521/559113; E-Mail: info@delius-klasing.de

ISBN D, A, CH: 978-3-667-13069-3

Printed in Slovakia
by Print Consult München

Dépôt légal – 1re édition : 2024, novembre
© Schneider Media France SAS, 2024
572, rue des Préaux, 61210 Giel-Courteilles
Achevé d'imprimer en novembre 2024
dans l'Union Européenne (Slovaquie).

MIX
Papier | Fördert gute Waldnutzung
FSC® C106855

Inhalt

6 Einführung
8 Block 1: Aprilia bis Bimota
8 Aprilia Pegaso 650 1992-1996: innovativer Einzylinder
9 Auch legendär: RSV Mille 1994-1998, Moto 6.5 Starck
10 Bimota SB6, SB7 1994-1998: italienische Feinmechanik
11 Auch legendär: V Due 1997-2005, KB1 1978-1981
12 Bimota DB3 Mantra 1995-1998: die etwas andere Ducati
13 Auch legendär: Tesi 1D 1990-1994, YB9 SR/SRI 1994-1998:

14 Block 2: BMW F 650 bis BMW R 100 GS Paris-Dakar Classic
14 BMW F 650, F 650 ST 1993-1999: bayerisch-italienische Einzylinder-Offensive
16 BMW R 100 R 1991-1996: zurück zu den Boxer-Wurzeln
19 Auch legendär: R 65 1985-1993, R 100 RT/2 1987-1992, R 100 RS/2 1986-19
20 BMW R 100 GS Paris-Dakar Classic 1994-1996: die letzte Zweiventil-Enduro
23 Auch legendär: R 80 GS Basic 1996, R 100 GS 1987-1990, R 80 GS/2 1990-19 R 100 GS/2 1990-1994

24 Block 3: BMW R 1100 RS bis BMW R 1200 C
24 BMW R 1100 RS 1993-2001: völlig neues Vierventil-Boxerkonzept, Telelever-Ga
29 Auch legendär: R 1100 R 1994-2000, R 850 R 1994-2000
30 BMW R 1100 GS 1994-1999: der pistentaugliche Fernweh-Boxer
35 Auch legendär: R 850 GS 1998-2000, R 1150 GS 1999-2003
36 BMW R 1100 S 1998-2005: der Vierventil-Sportboxer
39 Auch legendär: Robb-Studie R 1100 S 1994
40 BMW R 1100 RT 1995-2001: Warum noch autofahren – der Reiseboxer
43 Auch legendär: R 1100 RT, R 850 RT für Polizei, DRK und Behörden 1995-20
44 BMW R 1200 C 1997-2004: Einstieg ins Choppergeschäft – American Style

48 Block 4: BMW K 1 bis BMW K 1200 RS
48 BMW K 1 1989-1993: Technologieträger mit Vierventilmotor und 100 PS
53 Auch legendär: K 100 RS 16 V 1989-1992
54 BMW K 1100 RS 1992-1997: traumhafter Sporttourer mit K 1-Genen
59 Auch legendär: K 1100 LT 1992-1999
60 BMW K 1200 RS 1996-2001: neues Design, neuer Rahmen

64 Block 5: Buell RSS 1200 bis Ducati M 900 Monster
64 Buell RSS 1200 1989 bis 1994: Bullenkraft dank Harley-Motor
66 Buell M2 Cyclone 1997-2002: wie von einem anderen Stern
68 Cagiva Elefant 900 i.e. 1991-1993: Groß-Enduro mit Ducati-Technik
70 Ducati 888 1989-1993: Superbike mit Dohc-V2 und Einspritzung
72 Auch legendär: Strada-Modelle und ST 4 1993-2000, Ducati 916, 996 1993-1998, 1999-2001
74 Ducati SS 600 1993-1997: zorniger Mittelklasse-Renner
77 Auch legendär: SS 400 1991-1997, SS 750 1991-1997, SS 900 1991-1997, SS 900 Superlight 1992-1998
78 Ducati Monster M 900 1993-1999: Kurvenräuber mit unverhüllter Technik

82 Block 6: Harley-Davidson Sportster bis Harley-Davidson Super Glide
82 Harley-Davidson Sportster 1986-2003: schlanker Donnerbolzen
84 Harley-Davidson Road King 1994-1996: Kreuzfahrtschiff
87 Auch legendär: Road Glide 1999-2000
88 Harley-Davidson Softail 1988-2000: viele Modelle auf gemeinsamer Basis
90 Harley-Davidson Super Glide 1994-2000: gemütlich choppern
93 Auch legendär: Low Rider 1999, Super Glide T-Sport 1999

94 Block 7: Honda CB 750 Seven Fifty bis Honda VFR 750 F
94 Honda CB 750 Seven Fifty 1992-2002: zeitlos schönes Allround-Motorrad
97 Auch legendär: NTV 650, Hawk 1988-1998
98 Honda CB 1000/1300 1992-2001: Schwergewicht mit Bärenkraft
100 Honda CBR 1000 F (SC 24) 1989-1999: Sporttourer in schöner Schale
103 Auch legendär: CBR 1100 XX Super Blackbird RC 35 1996-2007

104 Honda VFR 750 F RC 36 1990-1998: alltagstauglicher High-Tech-Sportler
109 Auch legendär: VFR 750 R 1988-1993, RVF 750 1994-1999

110 Block 8: Honda CBR 600 F bis Honda NR 750
110 Honda CBR 600 F 1986-2001: Bestseller im Sportsegment
112 Honda CBR 900 RR (SC 28/33) 1992-1995: richtungsweisender Supersportler
116 Honda NR 750: exklusives Rennsportderivat mit Ovalkolbenmotor
121 Auch legendär: VTR 1000 F Fire Storm (SC 36) 1997-2000

122 Block 9: Honda ST 1100 Pan European bis Honda Transalp
122 Honda ST 1100 Pan European 1990-2002: Reisemobil mit Integral-Koffern
126 Honda VT 1100 C2 1995-1999: Monumental-Chopper
129 Auch legendär: VF 750 C 1993-1999
130 Honda F6C Valkyrie 1996-2004 : sechszylindriger Mammut-Cruiser
133 Auch legendär: Gold Wing GL 1500/6 1987-2000
134 Honda NX 650 Dominator 1988-2000: geländegängiges Spielmobil
137 Auch legendär: GB 500 Clubman 1985-1992
138 Honda XL 600 V Transalp 1987-1999: Universalgenie
141 Auch legendär: XRV 750 Africa Twin 1993-1999

142 Block 10: Kawasaki Estrella bis Kawasaki GPZ 1100
142 Kawasaki Estrella 1992-2000: Einzylinder mit nostalgischem Charme
144 Kawasaki W 650 1999-2006: klassischer Königswellenmotor
146 Kawasaki Zephyr 1100 1991-2000: wuchtige Erscheinung
149 Auch legendär: Zephyr 550 1991-2000, Zephyr 750 1991-2000
150 Kawasaki GPZ 500 S 1994-2003: ehrliche Alternative in der Mittelklasse
153 Auch legendär: GPZ 900 R 1984-1993
154 Kawasaki GPZ 1100 1995-1999: Sporttourer der Vernunft
157 Auch legendär: ZZ-R 1100 1989-2001

158 Block 11: Kawasaki ZZ-R 600 Ninja bis Kawasaki VN 800
158 Kawasaki ZZ-R 600 1993-2003: sportlicher Dauerbrenner
160 Kawasaki ZX-6R Ninja 1994-2000: Hochleistungsprovokation mit 100 PS
164 Kawasaki ZL 600 Eliminator 1986-1999: zwischen Chopper und Dragster
167 Auch legendär: EL 250 E 1988-1997
168 Kawasaki VN 800 1995-2006: perfekter Harley-Klon

172 Block 12: Kawasaki KLE 500 bis Morini Dart 400
172 Kawasaki KLE 500 1990-2007: erfolgreiches Multitalent
174 Kawasaki KLR 650 1995-2003: überzeugend auf allen Wegen
175 Auch legendär: KLX 650 1993-2000
176 KTM Duke 1994-1999: agiler 600er Straßenfeger auf Endurobasis
178 Laverda 650 Sport 1995-1998: Combeback mit hochkarätigen Details
180 Morini Dart 400 1989-1992: voll verschalt und unverwechselbar

182 Block 13: Moto Guzzi 1000 S bis Norton F1 Wankel
182 Moto Guzzi 1000 S 1989-1993: sympathisches Fossil
186 Moto Guzzi 1100 Sport: Viva Italia
189 Auch legendär: Daytona 1000 1991-1997
190 Moto Guzzi California 1100 Iniezione 1990-2013: Heavy Metal
193 Auch legendär: Mille GT 1987-1993
194 Moto Guzzi Quota 1000 1992-1998: Konkurrentin der BMW R 1100 GS
196 MuZ Skorpion Sport 1994-2002: Neubeginn nach der „Wende"
198 MV Agusta F4 750 Oro 1998-1999: Krone der Schöpfung
200 Norton F1 Wankel 1990-1992: großer Name, alternativer Antrieb

202 Block 14: Suzuki GS 500 E bis Suzuki RF 600 R
202 Suzuki GS 500 E 1989-2006: Bestseller in der Mittelklasse
207 Auch legendär: VX 800 1990-1996
208 Suzuki GSX 1100 G 1991-1994: sanfter Koloss
207 Auch legendär: VX 800 1990-1996
208 Suzuki GSX-R 750 W 1992-1998: Dynamik pur
213 Auch legendär: GSX-R 1100 W 1992-1993
214 Suzuki RF 600 R 1993-1998: Hochdrehzahlkonzept
219 Auch legendär: RF 900 R 1994-1996

220 Block 15: Suzuki VS 800 bis Suzuki DR 800
220 Suzuki VS 800 Intruder 1992-2000: für Aussteiger auf Zeit
222 Auch legendär: VS 1400 1986-1996
223 Auch legendär: LS 650 Savage 1986-2000
224 Suzuki DR 350 SHC 1992-1999: für große Sprünge im Gelände
226 Suzuki DR 800 S Big 1990-1999: Dampfhammer fürs Grobe
229 Auch legendär: DR 650 1990-2000

230 Block 16: Triumph Trident 750 bis Triumph Trophy 1200
230 Triumph Trident 750/900 1990-1998: Phoenix aus der Asche
234 Triumph Thunderbird 900 1995-2003: was fürs Auge
238 Triumph Trident 900 Sprint 1993-1997: nach klassischem Muster
241 Auch legendär: Tiger 900 T400 1993-1998
242 Triumph Daytona 900 1993-1996: englische Sportskanone
245 Auch legendär: Speed Triple 900 1994-1996
246 Triumph Trophy 1200 1990-1996: sportlich, aber tourentauglich

248 Block 17: Yamaha XJ 600 S bis Yamaha GTS 1000
248 Yamaha XJ 600 S Diversion 1991-2003: Einsteigers Traum
251 Auch legendär: SRX 600 1986-1995
252 Yamaha XJ 900 S Diversion 1994-2003: auf die feine Tour
256 Yamaha TDM 850 1990-2001: Vielseitigkeit als Trumpf
259 Auch legendär: TRX 850 1995-1999
260 Yamaha XJR 1200 1994-1998: leistungsstarkes Schwergewicht
262 Yamaha GTS 1000 1992-1999: mit Achsschenkellenkung gegen den Strom
267 Auch legendär: Vmax 1985-2006

268 Block 18: Yamaha YZF 650 R bis Yamaha XTZ 750
268 Yamaha YZF 650 R 1992-1998: Sportschau mit Alltagsqualitäten
272 Yamaha YZF-R1 1997-2001: am Limit des Möglichen
274 Yamaha XV 535 1987-2003: Spitzenreiter auf der Chopperwelle
277 Auch legendär: XV 1100 Virago 1986-2002, XV 750 Virago 1984-1998
278 Yamaha XVZ 1300 Royal Star 1996-2001: die große Show
281 Auch legendär: XVS 650 Drag Star 1997-2017, XV 1600A Wild Star 1999-2005
282 Yamaha XT 600/E 1983-2003: Enduro für alle Fälle
285 Auch legendär: XTZ 660 Ténéré 1990-2002
286 Yamaha XTZ 750 1989-1995: die Wüste bebt
288 Bildnachweis, Ausklang

Einführung

Die 1990er Jahre liegen im Mittel inzwischen 30 Jahre zurück, und Vieles aus dieser Zeit hat inzwischen Kultstatus erreicht: Musik, Filme, technische Innovationen – und natürlich Fahrzeuge, darunter Motorräder der unterschiedlichsten Hersteller. Alles, was auf zwei oder vier Rädern rollt und mindestens 30 Jahre alt ist, gilt als Oldtimer und weckt nostalgische Gefühle nicht nur bei Leuten, die zum Beispiel mal eine Honda CBR 1000 F oder eine Triumph Trident besaßen, sondern auch beim großen Publikum im Rahmen von Treffen und Veranstaltungen. Daß es sich bei den Motorrädern jener Zeit oft um brachiale Fahrmaschinen handelte und daß es zahllose Unfälle gab, wird bei der Verklärung des Vergangenen gern ausgeblendet.

Es ist in der westlichen Hemisphäre das Lebenselixier für Millionen – Motorradfahren. Raus aus dem Alltag und seinen Zwängen, raus aus dem Büro, der Wohnung, der Stadt, den Kopf freibekommen beim Kurvenschwingen auf schönen Landstraßen oder bei rasanter Autobahnfahrt, den Elementen trotzen und vor allem dem brausenden Fahrtwind die Stirn bieten, auf Fernreisen andere Länder und Kulturen entdecken, sich Auseinandersetzen mit der anspruchsvollen Zweiradtechnik, Freude haben an der Ästhetik des Motorraddesigns und der filigranen Motortechnik. Und auch stolz darauf sein, die komplexen Konstruktionen sicher zu beherrschen. Zu alledem ist Motorradfahren Hochleistungssport, zumal dann, wenn die Maschine bis an die Grenzen von Leistung und Bodenhaftung bewegt wird. Schon in den 1980ern haben Wissenschaftler der Sporthochschule Köln nachgewiesen, daß Motorradfahren Körper und Geist genauso fordert und fördert wie andere intensiv betriebene Sportarten.

Im Motorradsattel setzt man sich mit Vergnügen von der autofahrenden Masse ab, verzichtet freiwillig auf Komfort und das gewohnte Sicherheitsgefühl, verzichtet auch für eine gewisse Zeit auf Handy, Computer, Internet, ignoriert die Befindlichkeiten anderer – auch jene der Kollegen und sogar der eigenen Familie. Auf dem Motorrad unternimmt man *„kleine Fluchten"* (Film des Schweizers Yves Yersin von 1979, in dem ein Bauer in Rente auf dem Mofa sein Umfeld erkundet). Wie der Bauer sucht der Motorradfahrer unserer Zeit ein Freiheitsgefühl, das eine durchorganisierte und überwachte Gesellschaft nicht bieten kann.

Unbewußt spielt dabei auch eine gewisse Gesellschaftskritik eine Rolle. In den alten Zeiten war das Biken mit einem Chopper oder einer umgebauten Harley ein Ausdruck des Protests, auf die Spitze getrieben im Film *„Easy Rider"* von 1968. Die Marketingabteilungen der Industrie kanalisierten die Gefühle in dem Versprechen „Der Weg ist das Ziel". Fahren um des Fahrens willen, Ziel irrelevant. Reduziert auf diese Formel kann Motorradfahren auch süchtig machen – süchtig nach Adrenalin bei Sportfahrern, süchtig nach dem Glückshormon Dopamin bei anderen. Oder man philosophiert beim Fahren (und Schrauben), wie es der US-amerikanische Autor Robert M. Pirsig 1974 in seinem Weltbestseller *„Zen und die Kunst, ein Motorrad zu warten"* tat. So oder so: Immer röhrt der Hirsch aus den chromblitzenden Auspuffrohren.

Autor Hans-Jürgen Schneider (Jahrgang 1946) fuhr und testete schon Ende der 1970er Motorräder, später dann alle wichtigen in diesem Buch gezeigten Modelle. Bis 1995 war er Chefredakteur von Motorradzeitschriften. Er hat zahlreiche Motorrad- und Automobil-Standardwerke veröffentlicht, seit 1985 im eigenen Verlag. Porträtfoto: HJS am 29. Mai 2021.

Eine vielleicht noch wachsende Berechtigung hat das Fahren mit Motorrädern oder Motorrollern in den Ballungsgebieten und Städten, die am Verkehr ersticken und an einem wachsenden Mangel an Parkraum leiden. In Paris zum Beispiel wird das Auto immer stärker aus den Kernbereichen herausgedrängt, zum Teil mit harten Restriktionen. Ohne das Heer der Zweiradfahrer, die das Gewühl entzerren und nur wenig Parkfläche benötigen, würde die Stadt stillstehen. Noch in den 1980er Jahren hätte niemand gedacht, daß das Motorrad wieder eine Bedeutung als alternatives Verkehrsmittel für den Weg zur Arbeit erlangen würde – wie es bis in die 1960er Jahre einmal gewesen ist. Gleichwohl werden Motorräder seit den 1970ern und bis heute überwiegend als Spaß-, Freizeit- und Reisegefährte genutzt. Allein in Deutschland tummeln sich über vier Millionen Maschinen aller Marken und Hubraumklassen auf den Straßen, darunter zahlreiche Oldtimer, zu denen jetzt auch die in diesem Buch beschriebenen Maschinen gehören.

Die 1990er Jahre waren die Zeit, als in Gesamtdeutschland die Bestandszahlen bis auf 3,2 Millionen Motorräder und schwere Motorroller explodierten, wobei der Zuwachs zu einem großen Teil auf dem Fuhrpark der soeben untergegangenen DDR basierte. Leider entwickelten sich auch die Unfallzahlen auf ein Allzeithoch hin. Starben schon in den 1970ern und 1980ern allein in Westdeutschland Jahr für Jahr 800 bis 900 Biker und Bikerinnen bei Unfällen, verunglückten selbst noch im Jahr 2000, also gegen Ende unseres „Beobachtungszeitraums", zwischen Rhein und Oder 41 112 Biker schwer, 945 von ihnen starben. Jedes andere Industrieprodukt würde sofort aus dem Verkehr gezogen, wenn es derartig katastrophale Auswirkungen auf Leib und Leben hätte (beim Auto ist es nicht anders). Motorradfahren war und ist gefährlich, das darf man nicht ausblenden.

Streng genommen ist Motorradfahren der Ritt auf der Kanonenkugel, ein Basejump in der Horizontalen mitten im Straßenverkehr mit seinen Unwägbarkeiten. Es gehören großes Geschick und vielleicht noch mehr Glück dazu, jahrelang unfallfrei ein Motorrad zu bewegen und die mitunter enorme Motorleistung zu beherrschen. Schon in den 1990ern waren zahlreiche Maschinen übermotorisiert. Als der japanische Industriegigant Kawasaki, der bereits im Zweiten Weltkrieg Jagdbomber gebaut hatte, 1993 das Supersportmotorrad ZX-6R Ninja präsentierte, dessen Vierzylindermotor bei nur 600 cm^3 Hubraum 100 PS produzierte, äußerte sich selbst die PS-verliebte Fachpresse kritisch. Für hubraumstärkere Modelle von BMW, Honda, Suzuki oder Yamaha waren 90 bis 100 PS sowieso schon längst Standard.

Was muß ein Motorradfahrer können, um auf Dauer im „Sattel" bestehen zu können? Er muß zunächst einmal körperlich fit sowie wind- und wetterfest sein. Denn er ist ja – anders als ein Automobilist – ungeschützt den vier Elementen ausgesetzt, und das bei Geschwindigkeiten bis weit über 200 km/h, wie sie fast von allen Topmodellen erreicht werden können. Die Luft zerrt in Gestalt des Fahrtwindes, der mit wachsendem Tempo Orkanstärke erreicht, an Kopf und Oberkörper, nur starke Arme und kräftige Hände können verhindern, daß der Mensch vom Lenker nach hinten geblasen wird. Besonders tückisch sind Seitenwindböen, denen durch instinktives Ausbalancieren der Maschine entgegengewirkt werden muß.

Mit dem Wasser bekommt man es bei Regen und vor allem bei Starkregen zu tun. Kein Scheibenwischer hält die Tropfen vom Visier fern, die Nässe kriecht in Kleidung und Stiefel, in Pfützen und Rillen besteht Aquaplaning-Gefahr. Das Feuer, das im zwei-, vier- oder sechszylindrigen Maschinenraum lodert und die Kolben vieltausendmal pro Minute in den Zylindern auf und ab rasen läßt, muß über den Gasgriff kontrolliert werden. Und die Erde wartet in Gestalt der Fahrbahn stets darauf, mit den Obensitzenden harten Kontakt aufzunehmen, vor allen in Kurven mit Rollsplit. Der Geist muß stets hellwach sein, die Konzentration ständig maximal, das Reaktionsvermögen optimal. Ich bin in all den Jahrzehnten seit 1975 vielleicht auch deshalb unfallfrei über die Runden gekommen, weil ich stets vorausschauend fuhr und die vor mir auftauchende Umgebung permanent wie ein Scanner analysierte: Biegt ein Trecker falsch ab? Kommt ein Auto aus der nächsten Einfahrt? Wie verhalten sich die anderen Verkehrsteilnehmer? Wechselt der Fahrbahnbelag plötzlich? Und mir war immer bewußt, daß mein Motorrad nur über zwei streichholzschachtelgroße Reifenflächen mit der Straße in Verbindung stand.

Besonderes Einfühlungsvermögen erforderte damals das Bremsen – ABS und andere Assistenzsysteme gab es nur vereinzelt bei BMW (ab 1989 mit zunächst optionalem ABS z.B.), später hier und da auch bei den Japanern. Vor allem bei scharfer Verzögerung mußten rein gefühlsmäßig ca. 70 Prozent der Bremskraft per einfachem Handhebel auf das Vorderrad, der Rest behutsam rechts unten über das Pedal aufs Hinterrad übertragen werden. Falsche Dosierung konnte zum Sturz führen, vor allem auf nasser oder rutschiger Fahrbahn. Parallel dazu mußten ebenfalls mit Hand und Fuß Kupplung und Getriebe bedient werden.

Besonders groß sind die Herausforderungen, wenn Motorräder professionell getestet werden müssen, wie ich es als Freier Journalist und Chefredakteur von den 1970ern bis in die 1990er für Zeitungen und Fachzeitschriften tat. Ich setzte sich auch bei miesem Wetter sowie an manch frostigem Wintertag auf zahllose Maschinen aller Klassen und Marken, um sie auf winkligen Straßen, Autobahnen, im Gelände und auf Rennstrecken bis an die Fahrwerks- und Leistungsgrenzen ranzunehmen, um letztlich herauszufinden, wo ihre Schwächen lagen. Denn die Testberichte hatten ja die verantwortungsvolle Aufgabe, dem Leser reinen Wein einzuschenken und ihn auf technische Probleme oder Fehlkonstruktionen aufmerksam zu machen.

Das gefiel nicht immer der Motorradindustrie, die uns Fachjournalisten zu Testveranstaltungen überall auf der Welt einlud und dabei weder Kosten noch Mühen scheute. Neben vielen Ländern Europas gehörten Japan, die USA, Afrika, Australien zu den Zielen und gern auch exotische Orte wie die Kanareninsel Lanzarote. Mit Übernahme aller Flug-, First Class-Hotel- und Verpflegungskosten glaubten die Gastgeber, uns gewogen zu machen. Doch das funktionierte nicht, was die Veranstalter dann mitunter zur Weißglut trieb. Beispiele für aus der Sicht der Industrie mißratene Testevents finden sich in diesem Buch, denn nicht alles, was in München, Hamamatsu oder Iwata als Meilenstein angepriesen wurde, hielt der kritischen Begutachtung stand.

Mir war es meist peinlich, daß die Hersteller oder Importeure versuchten, uns im Rahmen dieser teuren Präsentationen zu vereinnahmen, daher lehnte ich Einladungen dieser Art immer häufiger ab. In den meisten Fällen orderten wir die Testmaschinen bei den jeweiligen Presseabteilungen, organisierten die Transporte selbst und bezahlten die Transfers und Betriebskosten aus der Redaktionskasse. Ansonsten schlug ich immer wieder vor, auf die großen Vorstellungen rund um den Globus zu verzichten und stattdessen vor Ort in Deutschland über die neuen Produkte zu informieren und uns dann anschließend die Motorräder zu übergeben, mit denen wir dann auf der Heimreise erste Erfahrungen sammeln konnten. BMW ging 1984 bei der Vorstellung der dreizylindrigen K 75 darauf ein, und nach 600 km zwischen Bayern und der Eifel wußte ich schon viel über das Motorrad.

Sehr kontrovers und teilweise aggressiv wurde in den 90ern über die Umweltverträglichkeit von Motorrädern und über den hohen Ressourcenverbrauch (Aluminium) bei der Produktion diskutiert. Die damals überwiegend noch mit Vergasern ausgerüsteten Motoren verbrauchten mit durchschnittlich 6,0 Litern Benzin auf 100 km nicht nur viel zu viel (gemessen an der Transportleistung gegenüber dem Auto), sondern entließen ihre Abgase auch ungefiltert in die Luft. Serienmäßige Katalysatoren setzten sich, zuerst bei BMW, nur langsam durch. Der Stuttgarter Kfz-Meister Paul Wurm versah 1994 eine BMW R 80 R auf eigene Faust mit Katalysatortechnik und bewies damit, daß die Industrie bei gutem Willen selbst veraltete Zweiventiltechnik hätte schon früh sauberer machen können. Als kurz darauf der Pressesprecher des deutschen Harley-Davidson-Importeurs in Eigenregie eine Electra Glide entgiftete, tobte sein Chef und tat fortschrittliche Umwelttechnik als Spielerei ab.

Auch als ich als Chefredakteur des *„Motorradfahrer"* ohne Rücksprache mit dem Verleger zunächst anhand der Suzuki RF 600 R einen „Umweltpaß" für Motorräder einführte, war der Teufel los, Suzuki drohte mit Anzeigenboykott. Bevor der Verleger personelle Konsequenzen bezüglich meiner Person umsetzen konnte, kündigte ich und überließ das Blatt, dessen Auflagenhöhe ich in zwei Jahren beträchtlich hatte steigern können, seinem Schicksal. Weiter ging es dann mit der Gründung von *„Motorrad News"*, bis auch dort Dinge auftraten, die ich nicht mehr verantworten wollte. Mitte 1995 kehrte ich dem Test- und Magazinzirkus den Rücken und packte meine Sachen, um mit meiner Familie in Frankreich ein anderes Leben zu beginnen und bis heute nur noch als Verleger meiner eigenen Buchtitel zu agieren. Mein Motorradarchiv nahm ich mit – es war auch für die Erarbeitung dieses Buchs eine wesentliche Grundlage.

Immer stärker hatte mich auch gestört, daß die Industrie auf immer höhere Leistung setzte. Wo noch zehn Jahre zuvor selbst bei Einliter-Modellen 70 PS das Maß der Dinge gewesen waren und lange Zeit ein freiwilliges 100-PS-Limit galt, brachen auf einmal die Deiche und Höchstleistung wurde salonfähig. Daß so viel Power nur von sehr erfahrenen Piloten sicher beherrscht werden konnte und es andererseits fast unmöglich wurde, das Potential auf den überfüllten deutschen, radarüberwachten und immer häufiger tempolimitierten Straßen auszutesten, führte die Absurdität des Leistungswahns vor aller Augen – doch man hielt an der PS-Protzerei fest, die dazu führte, daß zum Beispiel selbst die braven Bayern ab 2008 mit der K 1300 S eine Maschine mit 175 PS anboten.

Mit ständig verbesserter Technik wie Vierventil- und Doppelnocken-Zylinderköpfen, elektronisch gesteuerten Einspritzanlagen, steiferen Chassis-Konstruktionen, verwindungsfesteren Telegabeln und Hinterradschwingen sowie stärkeren Bremsanlagen und besserem Windschutz versuchten Techniker und Designer, die Maschinen kontrollierbar zu machen. Innovationen wie die 1993 von BMW eingeführte Telelever-Vorderradführung, die 1992 vorgestellte Achsschenkellenkung der Yamaha GTS 1000 oder die rennsporterprobte Ovalkolbentechnik der sündhaft teuren und exklusiven Honda NR 750 im gleichen Jahr zeigten, was machbar war und sorgten für verkaufsfördernde Schlagzeilen. Das Design der wachsenden Zahl von vollverkleideten Modellen wandelte sich häufig mit der Mode, wurde aber auch immer stärker von Aerodynamikversuchen im Windkanal bestimmt.

Ein gegenläufiger Trend zu vollverschalten Rennern war das ab Ende der 1980er Jahre stark wachsende Angebot an unverkleideten Maschinen im Retro-Stil, die Motor- und Fahrwerkselemente unverhüllt zur Schau stellten. Oft orientierten sich die Entwickler an der Linienführung englischer Klassiker, wie sie es bei der Honda GB 500 Clubman taten oder bei Ikonen der eigenen Markengeschichte, wie sie von den Kawasaki-Zephyr-Modellen verkörpert wurden. Die große Auswahl an Chopper- und Cruiser-Modellen aller Marken und Hubraumgrößen von der Harley-Davidson Super Glide über die Moto Guzzi California bis zum Bestseller XVS 535 von Yamaha paßte gut in das neue Denken, das im „genüßlichen Zuckeln über einsame Landstraßen" oder dem coolen Kreuzen vor den Cafés der Cities seine Mantras fand.

Die Enduro-Welle brachte ständig leistungsstärkere (und schwerere) Ein- und Zweizylinder-Typen wie die BMW R 1100 GS, die Suzuki DR 800 oder die Triumph Tiger hervor, deren Nimbus oft auf Erfolgen bei Wüstenrallyes basierte, aber im deutschen Wald oder auf Feldwegen nicht gefahren werden durften. Notgedrungen wurden sie daher stolz in den Städten vorgeführt. Nicht abgesprochen werden kann den Motorrädern der 1990er Jahre, daß sie überwiegend eindrucksvolle Beispiele detailversessener Ingenieurskunst waren und daher einen wichtigen Platz in der Motorradgeschichte einnehmen.

Auf über 80 legendäre Modelle dieser Zeit, zu der (neben den auf dem Cover erwähnten Marken Aprilia, BMW, Honda, Kawasaki, Suzuki und Yamaha) auch Raritäten von Bimota, Ducati, KTM, Morini, Moto Guzzi, MV Agusta, MuZ, Norton und Triumph gehören, blickt der Autor aufgrund eigener Erfahrungen zurück und reichert zahlreiche Hauptmodellvorstellungen in kurzer Form mit über 60 ebenfalls legendären Alternativmodellen an. Wichtig war ihm auch, an Massenware wie die Suzuki GS 500 E oder die Honda CB 750 Seven Fifty zu erinnern. Die nostalgische Retrospektive findet auf 288 großformatigen Seiten und mit rund 600 farbigen, zeitgenössischen und daher authentischen Fotos statt. Ein Nostalgiefest für alle, die sich mit Wonne (oder Schaudern) erinnern.

Viel Freude beim Lesen und Anschauen der historischen Bilder
wünscht Ihnen Ihr Hans-Jürgen Schneider
Normandie, November 2024

Montage „Motorradfahrer" 8/1992 – Ausblick auf das „Europa-Motorrad" von BMW.

1992-1996 (Typ GA)

Aprilia Pegaso 650

Geflügeltes Pferd

Gestartet 1990 als 600er, ab 1992 als 650er kräftiger motorisiert, war die teure Aprilia Pegaso ein Geheimtipp für Leute, die eine exklusive Alternative zu den japanischen, deutlich preiswerteren Enduros fahren wollten. Der ungedrosselt 48 PS starke Rotax-Einzylinder wartete mit zwei obenliegenden Nockenwellen und fünf Ventilen auf.

Die griechische Mythologie stand Pate bei der Namensgebung der Pegaso von Aprilia, die 1990 als 600er, 1992 als 650er erschien, bis 1996 als Straßenenduro vermarktet wurde und bis 2009 verschiedene Stadien als Spaßmotorrad („Funduro") durchlief. Pegasus war der Sage nach ein Geschöpf des Meeresgottes Poseidon, hatte die Gestalt eines rassigen Pferdes und konnte sich dank mächtiger Flügel hoch in die Lüfte erheben.

Das Aprilia-Motorrad war dank eines hochwertigen, aus Stahlblech- und Leichtmetallprofilen zusammengesetzten Einschleifenrahmens und eines spurstabilen Fahrwerks hingegen perfekt bodenständig. Eine langhubige Telegabel (Federweg 210 mm) und eine kräftig ausgelegte Hinterradschwinge mit Zentralfederbein ließen die Pegaso elegant und sicher über mittelgrobe Pisten und kurvenreiche Landstraßen gleiten. Drahtspeichenräder mit Leichtmetallfelgen und je eine großzügig dimensionierte Scheibenbremse vorn wie hinten entsprachen dem technisch hohen Niveau der Maschine. Der bei der 600er noch luft-, ab 1992 bei der 650er flüssiggekühlte Viertakt-Einzylindermotor wurde vom österreichischen Spezialisten Rotax-Bombardier zugeliefert und zeichnete sich durch zwei obenliegende Nockenwellen, fünf Ventile und Ausgleichswelle aus. Der Single der 650er GA leistete beachtliche 48 PS bei 6250/min^{-1}. Die mit 14 (später 22) Litern vollgetankte Pegaso wog 180 kg und war 163 km/h schnell (Testwert). Ab 2001 war das Motorrad dank ungeregeltem Katalysator und Einpritzanlage sparsamer und ein wenig umweltverträglicher.

Die Pegaso 650 war zwar teuer, aber sehr gut ausgestattet – samt reichhaltig bestücktem Cockpit.
Seite 9 oben: Im „Motorradfahrer"-Test (02/1993) erreichte „das handliche Funbike" eine Spitze von 163 km/h.

Steckbrief Aprilia Pegaso 650 GA/MX

Bauzeit	1992 bis 1996
Motor, Ventile/Zyl., Kühlung	Rotax Einzyl., 5/Zyl., Dohc, flüssig
Einheiten	keine Angaben
Hubraum, Bohrung x Hub	651,8 cm^3, 100 x 83 mm
Leistung	48 PS bei 6250/min^{-1}
Vergaser, Durchlaß	2 Mikuni-Unterdruckvergaser, 31 mm
Getriebe, Antrieb, Radstand	5-Gang, Kette, 1467 mm
Rahmen	Stahl- und LM-Elemente verschraubt
Vorderradführung	Teleskopfedergabel, Standrohre 41 mm Ø
Hinterradführung	Kastenschwinge, 1 Zentralfederbein
Bremsen vorn / hinten	1 Scheibe 300 / 1 Scheibe 220 mm
Reifen vorn / hinten	100/90 x 19 / 140/70 x 17
Leergewicht, vollget., Tank	180 kg / 14 Liter
Höchstgeschwindig.	163 km/h (Testwert)
Preis	11 155,- DM (November 1992)

Auch legendär:

1998-2003: 998 cm³, 125 PS

Aprilia RSV Mille

Viel Aufsehen erregte 1998 die RSV Mille von Aprilia, die bis 2003 gebaut wurde. Der flüssiggekühlte und trockensumpfgeschmierte Zweizylinder-V-Motor von Rotax holte aus 998 cm^3 Hubraum 118-125 PS bei 9250/min^{-1}. Brückenrahmen und Schwinge bestanden aus Leichtmetall, vorn agierte eine Upside-down-Gabel.

1994-1998: 650 cm³, 42 PS

Aprilia Moto 6.5 Starck

Für Aprilia entwarf der französische Designer Philippe Starck das extravagant gestylte Citybike Moto 6.5, das im Herbst 1994 in Bologna präsentiert wurde. Der Rotax-Einzylinder mit 650 cm^3 leistete 42 PS, der 16-Liter-Tank bestand aus Kunststoff. 1998 lief die Produktion wegen zu geringer Nachfrage aus.

Fotos: S. 8 o: Montage Hans J. Schneider; S. 8 M, u: Hans J. Schneider; S. 9 o: Michael Fuchs; S. 9 o: Motorrad News; S. 9 ur: Archiv Axel Koenigsbeck

1994-1998

Bimota SB6, SB7

Italienische Feinmechanik

Wer kein Motorrad von der Stange fahren wollte, legte sich eine von Hand gefertigte Bimota zu und zahlte dafür doppelt so viel wie für ein Serien-Superbike. Nur die (von Bimota getunten) Motoren kamen von den großen Herstellern. Neben Exklusivität und Prestige bekam der Kunde ein Sportgerät, das andere Modelle rundum in den Schatten stellte.

Bimota – das waren (und sind) Traummotorräder aus Italien. Wo die Industrie aus Kostengründen aufhörte, da fing die in Rimini beheimatete Firma erst an, vor allem bei Chassis, Fahrwerk und Ausstattung. Die Motoren kamen überwiegend von den großen Herstellern, wurden aber mit viel Sachverstand verfeinert.

Bimota wurde 1973 in Rimini von Valerio Bianchi, Giuseppe Morri und dem legendären Konstrukteur Massimo Tamburini gegründet und stellte zunächst in den 1970ern Zubehörteile für normale Motorräder und Fahrwerkskits u.a. für die Yamaha TZ-Baureihe (TZ 250, TZ 350) her. Weltberühmt wurde das Unternehmen, als Johnny Cecotto 1975 Motorrad-Weltmeister in der Klasse bis 350 cm³ auf Bimota-Yamaha wurde. Der Privatfahrer Jon Ekerold tat es Cecotto 1980 nach, ebenfalls auf der 350er Bimota-Yamaha. 1987 gewann Bimota die Formula-TT-Weltmeisterschaft, Vorläufer der Superbike-Weltmeisterschaft, mit Virginio Ferrari auf einer Bimota YB4 R. 1975 stellte Bimota mit der HB1 sein erstes Straßenmodell mit dem Motor der Honda CB750 Four vor. Mit 827 Verkäufen waren die Modelle KB1 (1978-1981) und KB1 T2 (1981-1982) mit den Motoren der Kawasaki Z 1 und Z 1000 der geschäftliche Durchbruch.

Bei der Typisierung stand der erste Buchstabe für den Motorenhersteller (H = Honda), der zweite für Bimota, die Ziffer für die Modellreihenfolge. Bis 1998 und damit bis kurz vor der Insolvenz 2000, wurden fünf Bimota-Komplett-Modelle gebaut (V Due Zweitakt), vier mit BMW-Motoren, 48 mit Ducati V2 (darunter die Tesi-Typen), eine Gilera, drei mit Harley-Davidson-Aermacchi-Zweitaktern, vier Hondabasierte, sieben mit Kawasaki-Motoren, 14 mit Suzuki-Triebwerken (darunter SB6 und SB6-R, mit zusammen 1744 Einheiten die meistverkauften Bimotas überhaupt) und 21 Motorräder mit Yamaha-Aggregaten. Wir stellen hier die SB6 stellvertretend für die Bimota-Philosophie vor. Auch nur annähernd auf die übrigen rund 100 bis 1998 entwickelten Bimota-Modelle einzugehen, würde den Rahmen dieses Buches komplett sprengen.

Der von 1994 bis 1996 produzierten Erfolgs-Bimota SB6 folgte von 1997 bis 1998 die SB6-R in einer weiter optimierten Version.

Brückenrahmen und Schwinge aus Leichtmetall fungierten auch als markante Designelemente. Das Öhlings-Federbein lag fast waagerecht, die Rennsport-Telegabel war mit 46 mm dicken Standrohren extrem steif. Zur schlanken Vollverkleidung gehörte auch eine aerodynamisch ausgefeilte Abdeckung der Motor-Unterseite.

Steckbrief Bimota SB6

Bauzeit	1994 bis 1996
Motor, Ventile/Zyl., Kühlung Einheiten	Suzuki R4 GSX-R 1100 W, 4 V./Z.Dohc, flüss. 1144 (+ 600 SB6-R)
Hubraum, Bohrung x Hub	1074 cm³, 75,5 x 60 mm
Leistung	156 PS bei 10 000/min⁻¹
Gemischaufbereitung	4 Vergaser 40 mm Durchlaß
Getriebe, Antrieb, Radstand	5-Gang, Kette, 1390 mm
Rahmen	Leichtmetall-Brückenrahmen
Vorderradführung	Paioli-Telegabel, Standrohre 46 mm Ø
Hinterradführung	LM-Kastenschwinge, 1 Zentralfederbein
Bremsen vorn / hinten	2 Scheiben 320 / 1 Scheibe 230 mm
Reifen vorn / hinten	120/60 ZR 17 / 180/55 ZR 17
Leergewicht, trocken / Tank	190 kg / 17 Liter
Höchstgeschwindigkeit	250 km/h, ca. (Werksangabe)
Preis	35 650,- DM (Januar 1994)

Im Frühjahr 1994 mußten 35 650 DM bereits für das einsitzige Grundmodell SB6 bezahlt werden. Basis war ein computerberechneter, von Hand zusammengeschweißter Leichtmetall-Brückenrahmen mit einem Hilfsrahmen aus Karbonfibermaterial. Direkt aus dem Rennsport kam die dank Leichtmetall- und Karbonfiber-Elementen ultraleichte, voll einstellbare Telegabel mit 46 mm dicken Standrohren. Lenkkopfwinkel und Nachlauf waren über Distanzringe verstellbar, das Vorderrad war mit einem Schnellverschluß angedockt. Die massive Schwinge aus LM-Profilen stützte sich mit einem fast waagerecht liegenden Öhlins-Federbein gegen den Rahmen ab. Die Bereifung der Dreispeichen-LM-Räder entsprach mit 120/60 ZR 17 und 180/55 ZR 17 damaligen Superbike-Niveau. Eine Augenweide war Cockpit mit seinen drei weiß unterlegten Rundinstrumenten und der gefrästen Alu-Gabelbrücke.

Der Motor verbarg sich unter der geschwungenen, mit unempfindlichem Polyurethanlack beschichteten Vollverkleidung mit ihrem markanten Doppelscheinwerfer. Es handelte sich um den ungedrosselten, flüssig- und ölgekühlten Dohc-16-Ventiler der Suzuki GSX-R 1100 W, der in der Bimota bei 1127 cm^3 Hubraum statt der serienmäßigen 138 unbändige 156 PS entwickelte, was für mindestens 250 km/h Spitze reichte. Trocken wog die SB6 nur 190 kg.

Parallel wurde 1994 und 1995 ein Kontingent von 200 Exemplaren der SB7 produziert, die den Dohc-Vierzylinder der Suzuki GSX-R 750 W besaß. Von 1998 bis 2000 bot Bimota die SB8 R und -RS mit dem Dohc-V2-Zylindermotor der Suzuki TL 1000R an, der es mit Benzineinspritzung auf 135 PS brachte. Eine Besonderheit war der Brückenrahmen in Verbundbauweise aus Leichtmetall und Kohlefaser; Preis im April 1999: 39 990 DM.

Die Bimota SB7 wurde vom 110 PS starken Vierzylinder-16-Ventiler der Suzuki GSX-R 750 W angetrieben.

Auch legendär:

V Due

1997-2005: 499 cm^3, 110-135 PS

Rennsportmäßig: 160 kg Leergewicht, 1340 mm Radstand, Tank, Sitzposition. Die Version Evoluzione Corsa von 2001 leistete 135 PS. Die 110-PS-Variante von 1998 kostete 33 000 DM. 340 V Due-Exemplare wurden gebaut.

Die für den Rennsport entwickelte und von 1997 bis 2005 in fünf Versionen (darunter Corsa, Evoluzione und Racing Edizione finale) produzierte Bimota V Due war zu ihrer Zeit mit zuletzt 110 PS bei 9000/min^{-1} das leistungsstärkste Zweitakt-Motorrad, das für den Straßenverkehr zugelassen werden konnte. Für den Einstieg in die 500-cm^3-Klasse hatte man bei der Motorentwicklung zwei Einzylinder (Bohrung x Hub: 72 × 61,25 mm) mit jeweils eigener Kurbelwelle über Zahnräder gekoppelt. LM-Brükkenrahmen, stabile 46-mm-Teleskopgabel und LM-Hinterradschwinge hielten die V Due auf Kurs.

Nostalgie:KB1

1978-1981: 1000 cm^3, 85 PS

1978 die schnellste Straßenmaschine: die Bimota KB1 mit dem Motor der Kawasaki Z 1000. Autor HJS hatte das Vergnügen...

Ende 1978 fuhr der Autor die Bimota KB1 mit dem luftgekühlten Einliter-Vierzylinder-Motor der Kawasaki Z 1000. Mit seinen vier 26er Mikuni-Vergasern brachte es das Triebwerk auf 85 PS bei 8000/min^{-1}. Dank der schlanken Vollverkleidung genügte das für 230 km/h Spitze. Bimota-typisch waren der leichte Fachwerkrahmen aus Chrom-Molybdän-Rohren und die Cantileverschwinge. Die rassige Maschine kostete 19 980 DM, als Bausatz 11 500 DM.

Fotos: S.10, 11 o, ul: Bimota Presse, Archiv Axel Koenigsbeck; S. 11 ur: Willi Bister/Auto Zeitung

1995-1998

Bimota DB3 Mantra

Die etwas andere Ducati

Avantgardistisch oder stilistischer Irrweg – das war und ist die Frage, die sich beim Betrachten der Bimota Mantra stellt. Unter der gewagten Verkleidung indes verbarg sich legendäre V-Twin-Technik von Ducati, die Fahrspaß in allen Situationen garantierte. Die Überlebenden der 454 gebauten Exemplare werden heute hoch gehandelt.

Italienisches Design? Traumhaft schön, ausgewogen, anregend. Aber es konnte auch bizarr, unkonventionell, sogar verstörend sein – wie im Fall der Bimota DB3 Mantra, die 1995 erschien und einerseits erstaunten Beifall fand, andererseits aber total abgelehnt und als „häßlichstes Motorrad, das Bimota je gebaut hat" kritisiert wurde. Mit Abstand betrachtet war die Linienführung zumindest gewöhnungsbedürftig. Die Frontpartie irritierte mit dem versenkten Trapezscheinwerfer im Stil des Citroën Ami 6 der 1960er Jahre, die kühn geschwungenen Seitenteile zwischen der Front und der Sitzbank sahen aus wie Alien-Arme aus einem Science-Fiction-Film, und das gekreuzte Gitterwerk des Leichtmetallrahmens konterkarierte jede gewohnte Ästhetik. Wenn man die Mantra hingegen als Gesamtkunstwerk verstand, kam man im wahren Sinne des Wortes auf seine Kosten (anfangs 30 000, ab 1998 23 449 DM). Heute werden Liebhaberpreise für derartige Exoten, mit denen man auf jedem Treffen auffällt, gezahlt.

Und nicht nur das: Auch in spirituellen Kreisen dürfte man mit einer Bimota Mantra auf Gegenliebe stoßen. Denn ein Mantra bezeichnet in fernöstlichen Religionen z.B. ein heiliges Wort, das durch fortwährendes Wiederholen (sprechend, flüsternd, singend oder in Gedanken) zu einer spirituellen Kraft wird. Im Hinduismus, im Buddhismus und im Yoga ist das Rezitieren von Mantras während der Meditation sowie im Gebet üblich. Man kniee also einfach vor einer DB3 (für Ducati-Bimota-Modell 3) nieder und huldige ihrem Schöpfer in Rimini an der blauen Adria. Damit wäre man auch über jede Kritik erhaben.

Dieses Motorrad einfach technisch-nüchtern zu betrachten, ist auch hinsichtlich des Antriebs nahezu unmöglich: Denn für den Vortrieb sorgt der legendäre 90-Grad-V2-Twin der Ducati 900 SS mit seinen desmodromisch über Zahnriemen und obenliegende Einzel-Nockenwellen gesteuerten Ventilen. Bewunderer dieser ducatitypischen Ventilsteuerung neigen dazu, allein schon wegen des Motors auf die Knie zu gehen. In der Mantra entwickelte der 904 cm³ Hubraum bietende luft-/ölgekühlte Zweizylinder bei

Vier Rohre für ein Halleluja: Der Ducati-V2 dröhnte über vier Auspuffrohre mit Karbonelementen – einmalig. Die Abstimmung des V-Twins sorgte auch schon bei niedrigen Drehzahlen für einen kräftigen Antritt.

Exklusiv auch der Leichtmetallrahmen mit seinen seitlichen Streben aus abgeflachten Rohren. Für zwei Personen war die Mantra nicht gemacht – der Rücksitz war schmal und hart.

Steckbrief Bimota DB3 Mantra

Bauzeit	1995 bis 1998
Motor, Ventile/Zyl., Kühlung	Ducati V2-Zyl., 2V/Zyl., Ohc, Desmo, Luft
Einheiten	1144
Hubraum, Bohrung x Hub	904 cm³, 92 x 68 mm
Leistung	86 PS bei 7000/min⁻¹
Gemischaufbereitung	2 Vergaser 38 mm Durchlaß
Getriebe, Antrieb, Radstand	6-Gang, 1370 mm
Rahmen	LM-Rahmen, abgeflachte Gitter
Vorderradführung	Paioli-Telegabel, Standrohre 43 mm Ø
Hinterradführung	Kastenschwinge, 1 Zentralfederbein
Bremsen vorn / hinten	2 Scheiben 320 / 1 Scheibe 230 mm
Reifen vorn / hinten	120/70 ZR 17 / 180/55 ZR 17
Leergewicht, trocken / Tank	172 kg / 24 Liter
Höchstgeschwindigkeit	195 km/h, ca. (Werksangabe)
Preis	23 449,- DM (Februar 1998)

7000/min^{-1} die serienmäßigen 78 PS, was auch dank des Sechsganggetriebes sportliches Vorwärtskommen ermöglichte und in einer Spitzengeschwindigkeit solo von 195 km/h gipfelte.

Wie die Organspenderin 900 SS profitierte auch das Mantra-Triebwerk davon, daß Ducati sich von unzuverlässigen Zulieferern abgewandt hatte und nun mit den Japanern kooperierte; so wurden Elektrik- und Zündanlagen von Kokusan verbaut, 38er Vergaser von Mikuni und Federelemente von Showa. Immerhin kam die Telegabel mit 43 mm dicken Standrohren und 120 mm Federweg noch von Paioli. Hinten operierte eine Kastenschwinge aus Stahl mit 130 mm Federweg und zentralem Federbein. Die Brembo-Bremsanlage war wie bei allen Bimota-Modellen standfest mit zwei 320-mm-Scheiben vorn und einer 230-mm-Scheibe hinten ausgelegt. Auch die Bereifung vorn in 120/70 ZR 17 und hinten in 180/55 ZR 17 war bei anderen Modellen der Marke üblich. Das niedrige Gewicht (trocken 172 kg) machte die von Bimota transformierte Ducati handlich, der 24-Liter-Tank ermöglichte große Reichweiten, was aber bei einem Showbike wie der Mantra eher irrelevant war.

Das französische Internetportal „*Motoplanète*" schrieb im Mai 2024: „*Die Mantra ist ein Sportmotorrad, das den Geist von Bimota ausdrückt und vor allem auf kurvenreichen Strecken viel Spaß macht. Bimota wollte mit dieser Maschine einen Roadster realisieren, der authentisch und auf jeden Fall anders ist als andere Maschinen.*" Dies war gelungen. Im Mittel wurden 2024 rund 14 000 Euro für eine der 454 jemals gebauten Mantra-Exemplare im Topzustand gezahlt.

Auch legendär:

Tesi 1D

1990-1994: 851-904 cm³, 102-117 PS

Wertvolles Museumsstück: Bimota Tesi 1D/SR von 1992. Der Ducati V-Twin hatte 904 cm³ Hubraum und 113 PS Leistung bei 8500/min^{-1}. 144 Leute zahlten den Preis von 63 700 DM. Ab 2005 folgten die anders konstruierten Modelle 2D und 3D.

1990, also bevor Yamaha die GTS 1000 präsentierte, stellte Bimota die extravagante Tesi mit Achsschenkel- bzw. Radnabenlenkung vor. Der mittragende, flüssiggekühlte Motor der Ducati 851 mit 102 PS bei 9000/min^{-1} machte einen klassischen Rahmen überflüssig; zwei gefräste Aluminiumplatten nahmen Motor sowie Vorder- und Hinterradschwinge auf. Die von 1990 bis 1994 zu Preisen bis zu 63 700 DM verkauften 1D-Modelle brachten es zusammen auf 239 Exemplare. Es gab vier Serien, die im Detail unterschiedlich waren.

YB9 SR/SRI

1994-1998: 599 cm³, 91-98 PS

Eher unauffällig im Vergleich zur Mantra: Die YB9 von 1994 bis 1998. Die Yamaha-Dohc-Motoren leisteten 91 bzw. 98 PS. 876 Exemplare beider Versionen wurden gebaut.

Die von 1994 bis 1998 produzierte Bimota YB9 SR bzw. YB9 SRI unterschied sich in puncto Verkleidung und Trapez-Schweinwerfer kaum von der Yamaha FZR 600, wie sie 1992 angeboten wurde. Die flüssiggekühlten Yamaha-Dohc-Vierzylindermotoren entwickelten 91 bzw. 98 PS. Das Fahrwerk war speziell.

Fotos: S. 12, 13 o, ur: Axel Koenigsbeck; S. 13 ul Wikipedia Creative Commons Attribution 2.0 Generic/Michael Hintz-Madsen/Bimota

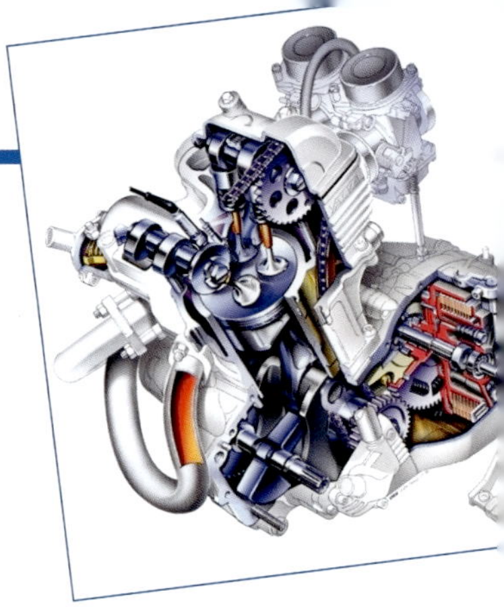

1993-1999

BMW F 650, F 650 ST

Einzylinder-Offensive

Mit der 1993 vorgestellten F 650 mischte BMW die Karten neu: Nach 27 Jahren gab es wieder eine Einzylindermaschine, Mehrventiltechnik und zwei obenliegende Nockenwellen auch in der neuen Einstiegsklasse und als Schock für konservative BMW Fans Ketten- statt Kardanantrieb. Der Mut wurde belohnt: Die „kleine" BMW brachte den Absatz nach oben.

Die meisten waren skeptisch, als BMW 1993 – und damit 27 Jahre nach Einstellung des letzten Einzylindermodells der Nachkriegszeit, der R 27 – erstmals wieder eine Einzylindermaschine vorstellte: die F 650. Damals schrieb ich: *„Würde die boxerverwöhnte Fangemeinde einen Single akzeptieren, zumal dieser technisch radikal mit bewährten Traditionen bricht?"*1999, als die F 650 durch das Folgemodell F 650 GS abgelöst wurde, war klar, daß BMW viel gewagt, aber noch mehr gewonnen hatte: Die F 650 hatte weltweit rund 43 500 Käuferinnen und Käufern gefunden, was durch den Erfolg des 1996 nachgeschobenen ST-Modells noch überhöht wurde (über 10 000 zusätzliche Fahrzeuge). Die dritte Baureihe (neben Boxer und K) hatte BMW zudem den dringend nötigen Absatzschub gebracht: Die Verkäufe steigerten sich von 34 140 im Jahr 1993 auf 50 152 Einheiten 1998.

Alles war neu und für BMW-Verhältnisse revolutionär an der Einzylindermaschine, die im Wesentlichen auf der Aprilia Pegaso basierte: Rahmen aus Blechform- und Vierkantrohrteilen, flüssig-

Links: Die F 650 basierte auf der Aprilia Pegaso, zeigte aber zahlreiche Unterschiede: Rahmen aus Stahlblech-Formteilen und Vierkantrohren, einfacher Unterzug. Oben: Der große 17,5-Liter-Tank der F-Modelle ermöglichte Reichweiten über 300 km. Die rote Maschine ist eine F 650 ST, wie sie ab 1996 produziert wurde.

gekühlter Vierventil-Einzylindermotor von Rotax mit zwei obenliegenden Nockenwellen (was dem Boxer damals versagt geblieben war), und dann die Provokation: Das Hinterrad wurde erstmals bei einer BMW von einer Kette anstatt von einer Gelenkwelle angetrieben! Wie bei der Pegaso brachte es der 652 cm³ große Einzylinder auf 48 PS, dies bei leicht erhöhter Drehzahl. Fünf Gänge waren selbstverständlich, und die Bereifung mit großem 19-Zoll-Rad vorn machte die F 650 sogar tauglich für leichtes Gelände. Das eher für den reinen Straßenbetrieb gedachte „Funbike" F 650 ST besaß vorne ein 18-Zoll-Rad.

Zu den Stärken der F 650 gehörte der große 17,5-Liter-Tank, der bei einem Testverbrauch von 5,5 l/100 km über 300 km Reichweite ermöglichte, was die Einzylinder-BMW auch zu einem Reisemotorrad machte. Bei einer Überführungsfahrt von München nach Köln 1993 stellte ich fest, daß die „kleine" BMW sogar auf der Autobahn bei Dauervollgas unbeirrt ihre Bahn zog – ein neuer Star in der Enduroklasse war geboren, der es den dominierenden japanischen Motorrädern in dieser Klasse zeigen würde, was er dann auch tat. BMW hatte auf die zunehmende Konkurrenz reagieren müssen und letztlich den Asiaten mutig die Stirn geboten.

Steckbrief BMW F 650/F 650 ST

Bauzeit	1992 bis 1996/1996 bis 1999
Motor, Ventile/Zyl., Kühlung	Einzylinder, 4/Zyl., Dohc, flüssig
Einheiten	43 535/10 083
Hubraum, Bohrung x Hub	652 cm³, 100 x 83 mm
Leistung	48 PS bei 6500/min^{-1}
Vergaser, Durchlaß	2 Mikuni-Unterdruck, 33 mm
Getriebe, Antrieb, Radstand	5-Gang, Kette, 1480/1465 mm
Rahmen	Blechform, Vierkantrohre, Rundrohr
Vorderradführung	Showa-Telegabel, Standrohre 41 mm Ø
Hinterradführung	Kastenschwinge, 1 Zentralfederbein
Bremsen vorn / hinten	1 Scheibe 300 / 1 Scheibe 240 mm
Reifen vorn / hinten	100/90 x 19 / 100/90 x 18; 130/80 x 17
Leergewicht, betankt / Tank	198 kg / 17,5 Liter
Höchstgeschwindigkeit	161 km/h (Testwert)
Preis	11 400,-/11 950,- DM (1993)

Oben: F 650 mit großem Windschild, das ab Ende 1996 montiert wurde. Vorderrad und Abdeckungsteile unterschieden sich von den Elementen der F 650 ST. Unten: F 650 in der ersten Ausführung von 1993.

Fotos: S. 14 alle, S. 15 o: BMW Presse, BMW Classic Archiv; S. 15 u: Hans König

1991-1996
BMW R 100 R
Back to the roots

Als Kawasaki 1990 mit den Zephyr-Modellen die Neo-Retro-Welle auslöste, reagierte BMW schnell. Denn die Bayern griffen in den bewährten Boxer-Baukasten und stellten eine Maschine auf die Räder, die an die 1970er Jahre erinnerte. Die R 100 R wurde ein großer Erfolg.

Die R 100 R kombinierte den bulligem Boxer-Motor mit moderner Fahrwerkstechnik und klassischem Design. Der Ölkühler saß nicht wie bei der R 100 GS am Zylinderschutzbügel, sondern zwischen den beiden Rahmenunterzügen. Großes Foto oben: das von uns bereits im Dezember 1991 getestete Serienexemplar. Kleines Foto oben: Der Autor konnte ein Vorserienexemplar im Oktober 1991 in Tokyo ablichten. Seite rechts: Pressefoto der Präsentations-R 100 R von 1992, aufgenommen in Italien. Kleines Foto Seite rechts: Das gesamte Cockpit war speziell für die Retro-BMW neu entworfen worden.

Fotos: S. 16 o, u, S. 17 o: Hans J. Schneider; S. 17: BMW Presse, BMW Classic Archiv

1991 bis 1996: BMW R 100 R

Nostalgischer Charme, unkomplizierte Technik, einfache Wartung, maximale Wertbeständigkeit – aus diesen Zutaten fabrizierte BMW lange Zeit Bestseller, allen voran die legendären Boxer-Modelle seit 1923. So ließ die Weltpremiere der R 100 R, die genau nach diesem Rezept konzipiert war, die Herzen der Klassik-Fans höher schlagen. Was noch als Vorserienfahrzeug am 23. Oktober 1991 auf der 29. Tokyo Motor Show zu bewundern war, ging bald in Serie – und war auf Anhieb ein großer Erfolg: 1992 fand die schnörkellose BMW allein in Deutschland 4337 Käufer. Damit war die R 100 R allein auf dem heimischen Markt das bestverkaufte BMW-Modell seit der R 45 im Jahr 1980.

Die Hype um die BMW im klassischen Gewand kam nicht von ungefähr: Die 1990 von Kawasaki mit den vierzylindrigen Zephyr-Modellen, die aussahen, als seien sie in den 1970ern vom Band gelaufen, lief auf Hochtouren, auch die anderen Hersteller sprangen auf den Zug auf. Während BMW in den Jahren zuvor oft zu langsam oder unwillig auf aktuelle Trends reagiert hatte, schwammen die Bayern mit der R 100 R fast von Anfang an mit auf der Neo-Retro-Welle. Kein Kunststück, denn sie mußten nur schnell in den Baukasten der klassischen Boxer-Typen greifen, hier und da ein bißchen ändern, verbessern und verschönern, schwarzen Lack mit silbernen Zierlinien draufsprühen – und schon war die Retro-BMW fertig.

Oben: Auch von hinten halbschräg betrachtet machte die R 100 R eine gute Figur. Beherrschende Elemente waren der Einliter-Boxer mit den rundlichen Ventildeckeln und die massive Paralever-Einarmschwinge.

Links: Im Fazit seines Tests, der im Januar 1992 im „Motorradfahrer" erschien, prophezeite der Autor der Nostalgie-BMW eine große Zukunft als Sammlerobjekt. Die zweite Scheibenbremse kostete extra, brachte aber eine noch bessere Verzögerung. Neu gestaltet und besser gepolstert: die zweifarbige Sitzbank der R 100 R.

Foto rechte Seite links oben: Die 1993 von der BMW-Niederlassung München lancierte R 100 R Mystic verkaufte sich bis 1996 3650mal. Mit schmalerem Lenker, zierlicherer Seitenlinie und neuer Sitzbank schmalem Heckbürzel wirkte das Sondermodell sportlicher als die Serienversion. Der neu geformte Scheinwerferhalter war verchromt, die Instrumente saßen in einer Metallplatte, die Kontrolleuchten waren als Block angeordnet. Neue Batterieblenden, kürzerer Kennzeichenträger und ein um drei Zentimeter nach innen gedrehter Schalldämpfer rundeten das Modifikationspaket ab. ie in „Mysticrot-Metallic" gelieferte Maschine kostete 13 350 DM.

Dem Publikum gefiel das Motorrad so gut, daß sich bis zum Januar 1996 16 339 Exemplare absetzen ließen. Hinzu kamen 3650 Einheiten der 1993 präsentierten R 100 R Mystic und 3444 Fahrzeuge des Typs R 80 R. Dabei waren die Klassik-Boxer bei Preisen um die 13 350 DM gewiß kein Schnäppchen.

Technisch stammte der Nostalgie-Boxer – ebenso wie das im Herbst 1992 nachgeschobene und bis 1994 produzierte 800er Modell R 80 R mit 50 PS – geradlinig von der Enduro R 100 GS ab: Doppelschleifen-Stahlrohrrahmen, konventionelle Telegabel mit 41 mm dicken Standrohren, hinten die revolutionäre, 1987 eingeführte Paralever-Einarmschwinge mit seitlich angeschlagenem Federbein. Erstmals setzte BMW vorn und hinten Federelemente des japanischen Spezialisten Showa ein. Vorne verzögerte die bewährte 285-mm-Bremsscheibe, hier aber mit einem Vierkolben-Festsattel aus dem K-Sortiment kombiniert.

Wesentlich zum klassischen Erscheinungsbild trugen die runden Ventildeckel der R 90 S, der verchromte Rundscheinwerfer der K 75 S und die in verchromte Hülsen eingelassenen Rundinstrumente bei. Der bauchig nach oben gezogene Spritbehälter stammte von der GS und faßte 24 Liter, die für Entfernungen von weit über 300 km reichten. Allein schon in diesem Punkt war die BMW Konkurrenzmodellen aus Fernost weit voraus. Der bei 6500/min^{-1} 60 PS liefernde Ohv-Boxer erreichte sein maximales Drehmoment von 76 Nm bei 3750/min^{-1}, was für guten Durchzug aus niedrigen Drehzahlen heraus reichte. Beim Test auf Herz und Nieren konstatierten wir: *„Ab 2000/min^{-1} steht Leistung im Überfluß zur Verfügung, für normales Fahren genügen Drehzahlen von 4000/min^{-1}. Das bei anderen BMW-Boxern sonst übliche Ventilrasseln fehlt fast völlig."* Spitzentempi bis 180 km/h waren durchaus erreichbar. Ab 1992 war die R 80 R auch mit versicherungsgünstigen 27 PS lieferbar, ab 1994 mit 34 PS. Nichts für Anfänger dagegen war die *„Battle of the Legends"*, die bis 1994 mit der R 100 R in den USA ausgetragen wurde. Im Sattel saßen zehn berühmte Vertreter der amerikanischen Rennsportszene.

Steckbrief BMW R 100 R

Bauzeit	1991 bis 1996
Motor, Ventile/Zyl., Kühlung	2-Zyl.-Boxer, 2V/Zyl., Ohv, luft-/ölgekühlt
Einheiten	16 339
Hubraum, Bohrung x Hub	980 cm^3, 94,0 x 70,6 mm
Leistung	60 PS bei 6500/min^{-1}
Gemischaufbereitung	2 Bing-Unterdruckvergaser, 40 mm Durchlaß
Getriebe, Antrieb, Radstand	5-Gang, Kardan, 1513 mm
Rahmen	Doppelschleifen Stahlrohrrahmen
Vorderradführung	Showa-Telegabel., hydraulisch gedämpft
Hinterradführung	Paraleverschwinge, 1 Federbein rechts
Bremsen vorn / hinten	1 Scheibe 285 / Trommel 200 mm
Reifen vorn / hinten	110/80 V 18 / 140/80 V 17
Leergewicht vollget. / Tank	218 kg / 24 Liter
Höchstgeschwindigkeit	174 km/h (Testwert)
Preis	13 450,- DM (1992)

Auch legendär:

R 65

1985-1993: 650 cm^3, 48 PS

Ab Herbst 1985 und bis 1993 ersetzte BMW die Kompaktmodelle durch einen einzigen Typ, die R 65 auf Basis der R 80/7 mit deren Tank und langem Radstand. Sie besaß 18-Zoll-LM-Räder und Monoleverschwinge. Typisch war der klassische Tank. Der Boxermotor stammte von der alten R 65, leistete 27 oder 48 PS. Preis: 9290,- DM. Die R 80 war 700 DM teurer.

R 100 RT/2

1987-1992: 980 cm^3, 60 PS

Im September 1987 ließ BMW die R 100 RT wieder aufleben, diesmal mit Monolever-Hinterradschwinge, 18-Zoll-Leichtmetallrädern, Ölkühler, Quarzuhr, Doppelscheibenbremse, Voltmeter und Integralkoffern. Einliter-Boxer, Rahmen und Fahrgestell waren mit der Technik der 1986 eingeführten R 100 RS/2 identisch. Preis: 16 150 DM. 1994 legte BMW noch eine Classic-Variante mit exklusiver Zweifarbenlackierung und viel Zubehör auf.

R 100 RS/2

1986-1992: 980 cm^3, 60 PS

Der 1976 erstrnals präsentierte und 1984 (übereilt) beerdigte Klassiker R 100 RS hatte auf der IFMA 1986 ein als sensationell empfundenes Comeback in neuen Farben (Perlmuttweiß-Metallic, Hennarot) und mit modernisierter Technik inklusive Monolever und 18-Zoll-Rädern. Der Einliter-Boxer war kräftig überarbeitet worden, leistete aber nur noch 60 PS. Bis 1992 setzte BMW 6068 Exemplare ab, bei einem Stückpreis von 15 700,- DM.

Fotos: S. 18 o: Hans J. Schneider; S. 18 u: Winni Scheibe; S. 19 alle: BMW Presse, BMW Classic Archiv

1994-1996

BMW R 100 GS Paris-Dakar Classic

Luxus zum Abschied

Der Zweiventil-Ohv-Boxer war 1994 schon totgesagt, doch dann erhörte BMW die Fans und brachte „Abschiedsmodelle“ heraus, zu denen die R 100 GS Paris-Dakar Classic gehörte. Erst im Januar 1996 stoppten die Bayern die Produktion der luxuriösen Einliter-Enduro.

Mit zusätzlichem Chrom und hochwertiger Ausstattung ging das „Abschiedsmodell“ der Einliter-Enduro 1994 an den Start. Die Exklusivität hatte ihren Preis: 17 958 DM. Über die Jahre hinweg hatte der auf der Konstruktion von 1969 basierende Ohv-Boxer an Kultiviertheit gewonnen, erreichte mit seinen 60 PS Geschwindigkeiten von mehr als 160 km/h. Rechte Seite: die erste Ausführung der R 100 GS Paris-Dakar von 1988 mit 35-Liter-Tank und 60 PS; sie war pisten- und fernreisetauglich.

Fotos: S. 20: Hans J. Schneider; S. 21: BMW Presse, BMW Classic Archiv

1994 bis 1996: BMW R 100 GS Paris-Dakar

Sie ist ein Mythos: die klassische BMW GS mit Zweiventil-Boxermotor. Die R 100 GS war jahrelang das bestverkaufte Motorrad von BMW. Unvergessen sind die vier Boxer-Siege bei der materialmordenden Rallye Paris-Dakar in den 1980er Jahren, unzählige Biker mit Fernweh haben im Sattel der GS die Welt erkundet. Nach der Einführung des modernen Vierventil-Boxers 1993 sollte die alte Ohv-GS 1994 aufs Altenteil geschoben werden sollte.

Doch die Fans und die Händler machten Druck. So brachte BMW eine Serie von „Abschiedsmodellen" heraus, die bis Januar 1996 produziert wurden und deren Endpunkt die R 80 GS Basic war. Besonders attraktiv war die auf der seit 1988 verkauften PD-Version basierende R 100 GS Paris-Dakar Classic, die erstmals auf der IFMA im Oktober 1994 gezeigt wurde.

Die Nachfrage nach der letzten Zweiventil-GS mit Einliter-Motor war enorm. Die schwarze Lackierung, die silbernen Tapes, die runden Ventildeckel und die gar nicht endurotypische Verchromung zahlreicher Anbauteile wie Verkleidungsschutzbügel, Lenker, Kofferhalter und Soziusgriff machten aus dem eigentlich fürs Grobe gedachten Motorrad auch ein Schmuckstück fürs Kaminzimmer.

Wer aber die Edel-GS bestimmungsgemäß einsetzte, entdeckte ein Motorrad, das sehr viel Spaß machen konnte – sogar im Winter. Denn die serienmäßig beheizbaren Griffe, die Handprotektoren, die

Monumental ragen die Zylinder des klassischen Ohv-Boxer in den Fahrtwind. Die Classic-R 100 GS verfügte u.a. über verchromte Zylinderschutzbügel. Die Alltagstauglichkeit wurde durch Details wie das in den 35 Liter fassenden Tank eingelassene und abschließbare Stau- und Werkzeugfach noch gesteigert. Im Test (links) verbrauchte die immerhin 236 kg schwere Enduro durchschnittlich 6,6 l/100 km.

Auch legendär: R 80 GS Basic

1996: 798 cm³, 50 PS

Rechts: Ab Juni 1996 baute die Berliner BMW-Fabrik 3003 Exemplare der Nostalgie-Enduro R 80 GS Basic, die nur in den Exklusivfarben Weiß-Blau zu haben war. Das letzte Motorrad dieses Typs und damit unwiderruflich der letzte Zweiventilboxer mit der Fahrgestellnummer 0267503 lief am 19. Dezember 1996 vom Band, um danach einen Platz im BMW-Museum München zu erhalten. Aus den BMW-Preislisten verschwand die GS erst 1998; so lange dauerte es, bis die Kleinserie restlos ausverkauft war. Die Kundschaft jedenfalls zahlte ohne Murren 15 500 DM – zuzüglich 458,85 DM Nebenkosten.

Frontscheibe und die vorstehenden Zylinder schützten einigermassen vor Wind und Kälte.

Der 60 PS starke, luft-/ölgekühlte Einliter-Boxer stand mit seinem unverändert sonoren Sound, dem leichten Schütteln im Leerlauf und dem zornigen Brummen unter Vollast ganz in der Tradition der damals bereits 73jährigen Boxergeschichte von BMW. Der Motor nahm schon bei 2000 Touren ruckfrei Gas an und drehte gesittet hoch bis zur Nenndrehzahl von 6500/min^{-1}. Bei einem von uns veranstalteten Test erreichte die R 100 GS PD mit ihrem Ohv-Stoßstangenboxer, der auf die Konstruktion von 1969 zurückging, immerhin eine Höchstgeschwindigkeit von 169 km/h. Doch wer fuhr mit einem solchen Motorrad so schnell auf der Autobahn?

Während der Fahrt saß man aufrecht, wie sich das bei einem Klassiker und erst recht bei einer Enduro gehörte. Selbst bei kaltem Motor ließ sich das gut abgestufte Fünfgang-Getriebe mühelos und präzise schalten – ein Riesenfortschritt gegenüber älteren Modellen. Wer die immerhin 236 kg schwere GS nicht überforderte, konnte den Verbrauch in Grenzen, das heißt unterhalb von 7,0 l/100 km halten, was aber schon damals nicht mehr zeitgemäß war (Durchschnitt 6,6 l/100 km im Test). 17 958 DM mußte der Käufer für eine R 100 GS der Classic-Serie auf den Händlertisch legen. Egal: Die Classic-GS hatte den Charme des Nostalgischen und überzeugte letztlich durch ihre Ausgereiftheit.

Steckbrief BMW R 100 GS Paris-Dakar Classic

Bauzeit	1994 bis 1996
Motor, Ventile/Zyl., Kühlung	2-Zyl.-Boxer, 2V/Zyl., Ohv, luftgekühlt
Einheiten	9007 (inkl. Normalmodell seit 1988)
Hubraum, Bohrung x Hub	980 cm^3, 94,0 x 70,6 mm
Leistung	100 PS bei 7500/min^{-1}
Gemischaufbereitung	2 Bing-Unterdruckvergaser, 40 mm Durchlaß
Getriebe, Antrieb, Radstand	5-Gang, Kardan, 1513 mm
Rahmen	Doppelschleifen Rohrrahmen
Vorderradführung	Telegabel, hydraulisch gedämpft
Hinterradführung	Paraleverschwinge, 1 Federbein rechts
Bremsen vorn / hinten	2 Scheiben 285 / Trommel 200 mm
Reifen vorn / hinten	190/90 T 21 / 130/80 T 17
Leergewicht vollget. /Tank	236 kg / 35 Liter
Höchstgeschwindigkeit	169 km/h (Testwert)
Preis	17 958,- DM (1995)

Auch legendär:

R 100 GS

1987-1990: 980 cm³, 60 PS

Die 1987 in der Toskana vorgestellte R 100 GS setzte mit ihrem Einliter-Boxer und der innovativen Paraleverschwinge Maßstäbe. Bis 1990 wurden 12 061 Exemplare gebaut.

R 80 GS/2

1990-1994: 798 cm³, 50 PS

Ab 1990 zeigten sich die GS-Modelle in neuem Design mit rahmenfester Cockpitverkleidung, außenliegendem Rohrrahmen, rechteckigem K 75-Scheinwerfer und einstellbarer Windschutzscheibe Bis 1994 fand die R 80 GS/2 lediglich 6660 Abnehmer.

R 100 GS/2

1990-1994: 980 cm³, 60 PS

Auch die 1000er GS erschien ab 1990 mit Halbschale und Rohrgitter, was stilistisch eher umstritten war. Mit 8734 verkauften Einheiten bis 1994 konnte sie nicht an den Erfolg des Vormodells anknüpfen.

Fotos: S. 22 alle, 23 o, u: Hans J. Schneider; S. 23 Mitte: Archiv Hans J. Schneider, Fotograf nicht zu ermitteln (Winni Scheibe?); S. 23 ur: BMW Presse, BMW Classic Archiv

1993-2001

BMW R 1100 RS
Neue deutsche Welle

Mit dem Reise-Sportler R 1100 RS schlug BMW im Januar 1993 ein neues Kapitel der Boxer-Geschichte auf. Mit innovativer Telelever-Gabel und einem völlig neu konstruierten 1,1-Liter-Vierventil-Boxer, der 90 PS leistete, sorgte das rassig gestylte Motorrad weltweit für Schlagzeilen.

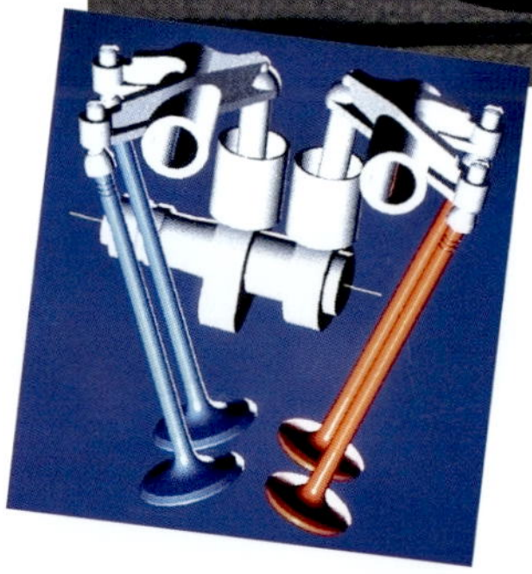

Oben: unsere Pressemaschine auf Lanzarote im Januar 1993. Der Vierventil-Boxermotor und die Telelever-Vorderradführung waren komplette Neuentwicklungen. Die Paralever-Doppelgelenkschwinge war bereits bewährt, stützte sich hier aber mit einem zentralen Federbein gegen den Rahmen ab. Links: der einzigartige Cih-Ventiltrieb des Vierzylinder-Boxers mit einer hochgelegten und kettengetriebenen Nockenwelle pro Zylinderkopf, Tassenstößeln und Gabel-Kipphebeln.
Rechte Seite oben: Der 1085 cm^3 große Boxer R 259 mit den schräggestellten Zylindern übertrug seine 90 PS auf ein Fünfgang-Schaltgetriebe. Großes Foto: Hans J. Schneider bei seiner Testfahrt auf Lanzarote, gekonnt abgelichtet von Kollege Winni Scheibe.

Fotos: S. 24 ul, 25 or: BMW Presse, BMW Classic Archiv; S. 24 Mitte: Hans J. Schneider; S. 25: Winni Scheibe

Selten ist ein neues Motorrad so aufwendig der Öffentlichkeit präsentiert worden wie die R 1100 RS. Mehrere hundert Fachjournalisten aus aller Welt sowie 1500 Händler aus Europa und Übersee wurden im Januar 1993 auf Kosten von BMW mit gecharterten Jets zur Kanareninsel Lanzarote geflogen, um dort Gelegenheit zu erhalten, auf fahrerisch anspruchsvollen Straßen den Boxer für die Zukunft kennenzulernen.

Ihren allerersten Auftritt hatte die RS in einer vulkanischen Höhle, die in den 1960er Jahren vom Künstler César Manrique zur Begegnungs- und Kulturstätte verfremdet worden war. Mit moderner Bild-, Ton- und Lasertechnik gelang es BMW, die große Tradition des Boxers, der damals seinen 70sten Geburtstag feierte, sinnlich wahrnehmbar zu machen: Wie Höhlenzeichnungen aus ferner Vergangenheit erschienen die historischen Boxermodelle an den spärlich illuminierten Wänden der Vulkanfelsen. Wie ein magisches Wesen trat sodann die R 1100 RS auf die Bühne.

Alles war neu entwickelt worden an diesem Motorrad, angefangen bei Design und Verkleidung über die revolutionäre Telelever-Vorderradführung bis zum komplett neu konstruierten Zweizylinder-Boxermotor mit elektronisch gesteuerter Benzineinspritzung und besonderer Vierventiltechnik. Die R 1100 RS war ein Meilenstein der BMW-Motorradgeschichte und die damals längst überfällige Runderneuerung des Boxer-Prinzips, über die man bereits ausgangs der 1970er Jahre intensiv nachgedacht hatte.

Wer die R 1100 RS zum ersten Mal fuhr, stellte schnell fest, daß der neue, luft- und ölgekühlte Boxermotor vom Typ R 259 im Vergleich zum alten Zweiventil-Boxer deutlich mehr Leistung produzierte und auch bei niedrigen Drehzahlen einen besseren Drehmomentverlauf hatte. Bei einem Hubraum von 1085 cm^3 (Bohrung x Hub 99 x 70,5 mm) entwickelte das Triebwerk 90 PS bei 7250/min^{-1}. Das Motorgehäuse bestand aus zwei Leichtmetall-Halbschalen, obenauf saß eine keilriemengetriebene Lichtmaschine wie bei Automotoren.

Komplexe Hc-Steuerung der jeweils vier Ventile

Clou war die neuartige, sehr komplexe Vierventiltechnik: Von der Kurbelwelle wurde über eine Kette eine im Verhältnis 2 : 1 untersetzte, unter der KW liegende Nebenwelle angetrieben. Von der im Verhältnis zur Kurbelwelle mit halber Umdrehungszahl rotierenden Nebenwelle trieb auf jeder Seite eine Kette die im jeweiligen Zylinderkopf hinten neben den Einlaßventilen liegende Nockenwelle samt Zahnrad an. Diese kompakte Nockenwelle wirkte nicht direkt auf die Ventile, sondern über Tassenstößel und einen gabelförmigen, einstellbaren Kipphebel. Ein an den Zylinderkopf angeschraubter Steuerungsträger aus Leichtmetall nahm dieses komplizierte System auf (Hc = High camshaft bzw. Cih = Camshaft in head).

Zu einer Ventilsteuerung über je zwei obenliegende Nockenwellen (Dohc-Prinzip) hatte sich BMW ebenso wenig durchringen können wie zu einem Königswellensystem. Hohe Kosten, große Baubreite und starke Geräuschentwicklung hatten dagegengestanden. Dafür besaß der R 259 (wie der V8-Motor von BMW) gecrackte Pleuel aus Sinter-Schmiedestahl. Ein Zyklonabscheider senkte den Ölverbrauch, erstmals ließ sich der Ölstand über ein Schauglas kontrollieren. Wie bei den K-Modellen steuerte ein elektronisches Motormanagement (Bosch Motronic MA 2.2) Gemischbildung und Zündverlauf. Ab Verkaufsstart konnte die R 1100 RS mit geregeltem Dreiwege-Katalysator samt Schubabschaltung bestellt werden, ab 1995 war die Abgasentgiftung serienmäßig. Die Absenkung der Schadstoffe im Abgas war im übrigen der Hauptgrund gewesen, den Boxermotor neu durchzukonstruieren. Er hatte sauberer und leiser werden müssen.

Oben: Die R 1100 RS war mit ihren fließenden Linien stilistisch sehr gelungen. Die schmale Halbschale und die verstellbare Scheibe hielten den Wind bestens ab. Unten: Wahlweise war das Motorrad auch mit tief heruntergezogener Vollverkleidung zu haben; im Bild: Sondermodell „75 Jahre BMW-Motorräder" 1998.

Revolutionär war die Vorderradführung durch das von BMW entwickelte Telelever-System, das praktisch eine Kombination aus Telegabel und Schwinge mit Zentralfederbein war. Die 35 mm dicken Standrohre standen über eine untere Brücke mit kräftigem Kugelgelenk mit der aus Leichtmetallguß bestehenden Schwinge in Verbindung. Die obere Gabelbrücke war über ein zweites Kugelgelenk drehbar mit dem Vorderteil des Fahrzeugrahmens verbunden. Der Rahmen war eine Gitterrohrkonstruktion mit unten angeschraubter, mittragender Antriebseinheit. Die 1987 mit der

R 100 GS erstmals eingeführte Paralever-Doppelgelenk-Einarmschwinge war für das neue Boxermodell spezifisch abgestimmt worden und stützte sich nun mit einem starken Federbein mittig gegen den Rahmen ab. Die Dreifach-Scheibenbremse war nahezu unverändert von den K-Modellen übernommen worden. Das ABS II erlebte zusammen mit der R 1100 RS seine Premiere.

Das eigenständige Design der Halbverkleidung aus recyclingfähigem Spezial-Kunststoff mit dezent integrierter Doppelniere gab der RS nicht nur ein gefällige Optik, sondern hielt auch den Fahrtwind sehr gut ab. Auf Wunsch gab es die Maschine auch mit Vollverkleidung. Ab August war ein „Ergonomie-Paket" serienmäßig. Frontscheibe, Lenker und Sitzbank waren verstellbar. Der sauber in die Verkleidung integrierte Instrumentenblock umfaßte

Die R 1100 RS war großzügig instrumentiert, inkl. elektronischer Kombianzeige. Rechts: der Autor im Januar 1993 vor einem Kunstwerk von César Manrique.

neben asymmetrisch ausgeführtem Tacho-Drehzahlmesser-Block und den üblichen Kontrolleuchten eine elektronische Kombianzeige für Benzinvorrat, Öltemperatur, Zeit und Schaltstufe.

Derart informiert und entsprechend erwartungsvoll gingen Kollege Winni Scheibe und ich mit zwei brandneuen Maschinen auf den von BMW ausgewiesenen Insel-Rundkurs. Wie die anderen „Kursteilnehmer" waren wir zunächst begeistert vom hervorragenden Handling der R 1100 RS, dem überdurchschnittlichen Sitz- und Bedienkomfort sowie der wunderbaren und satten Leistungsentfaltung über den gesamten Drehzahlbereich hinweg – so machte Boxerfahren wieder Spaß. Doch dann kam's: Gegen Ende der Runde bretterten wir mit legalen 100 km/h über einen Straßenabschnitt, der nicht nur rauh aussah, sondern es auch war – und die

Steckbrief BMW R 1100 RS

Bauzeit	1993 bis 2001
Motor, Ventile/Zyl., Kühlung	2-Zyl.-Boxer, 4V/Zyl., Hc, luft-/ölgekühlt
Einheiten	26 037
Hubraum, Bohrung x Hub	1085 cm^3, 99,0 x 70,5 mm
Leistung	90 PS bei 7250/min^{-1}
Gemischaufbereitung	elektronisch, Bosch-Motronic MA 2.2
Getriebe, Antrieb, Radstand	5-Gang, Kardan, 1473 mm
Rahmen	Gitterrohr, Motor mittragend
Vorderradführung	BMW-Telelever, Standrohre 35 mm Ø
Hinterradführung	Paraleverschwinge, 1 Federbein rechts
Bremsen vorn / hinten	2 Scheiben 305 / 1 Scheibe 285 mm
Reifen vorn / hinten	120/70 ZR 17 / 160/60 ZR 18
Leergewicht vollget. /Tank	239 kg / 23 Liter
Höchstgeschwindigkeit	211 km/h (Testwert)
Preis	19 250,- DM (1993)

Fotos: S. 26 o, 27 l: Hans J. Schneider; S. 26 u: BMW Presse, BMW Classic Archiv; S 27 r: Winni Scheibe

Links: Für den „Motorradfahrer" waren wir im April 1993 über 3500 km in Deutschland und Belgien unterwegs, hier schön schräg in der Eifel. Die Sitzbank war nach 3500 km nicht, wie früher bei bestimmten Zweiventilern, durchgesessen.

Unten: der Gitterrohrrahmen und die Telelever-Vorderradführung mit ihrer langen Zentralschwinge waren innovative Neukonstruktionen. Der Vierventil-Boxer und das Fünfgang-Getriebe hingen mittragend unter dem Rahmen. Drei Scheibenbremsen sorgten für zuverlässige Verzögerung, vor allem mit ABS II.

Bei Fahrzeugen der ersten Serie ab 1993 traten Motorschäden auf, verursacht durch ungesicherte Ölstopfen. Zylinderkopfdichtungen brannten durch, Deckeldichtungen ließen Öl nach draußen. Den Klappergeräuschen im Getriebe kam BMW mit zusätzlichen O-Ringen unter den Losrädern bei (s. „Motorrad" 12/1994).

Zu den Besonderheiten des Boxers R 259 gehörten das senkrecht geteilte Motorgehäuse aus Leichtmetall und die voluminöse Ölwanne.

Maschine aus der Fassung brachte: Die RS reagierte mit starkem Lenkerschlagen. Enttäuscht liefen wir wieder am Startpunkt ein und konfrontierten die BMW-Ingenieure mit unserer Beobachtung. Irritiert schlugen sie vor, uns in Kürze Maschinen mit verbesserter Radführung zu überlassen – was aber nie geschah. Am Nachmittag fuhren wir nochmals über die Insel und konnten dabei das Lenkerschlagen beinahe beliebig reproduzieren. Auch die offizielle Testmaschine, die BMW uns im Frühsommer für die Zeitschrift *„Motorradfahrer"* zur Verfügung stellte, zeigte auf Schlaglochpisten in den belgischen Ardennen ab 100 km/h das gleiche gefährliche Phänomen (japanische Vergleichsmotorräder waren auf dem gleichen Untergrund allerdings nicht besser). Der Dortmunder Boxerspezialist Helmut Wüstenhöfer (Wüdo) kam der Ursache auf die Schliche und verbaute vorn ein strafferes Federbein von White Power – und damit war der Spuk vorbei. BMW reagierte dann mit einem Federbein, das eine härtere Druckstufendämpfung besaß.

Ansonsten waren wir mit der R 1100 RS zufrieden, auch wenn der neue Boxer bestimmte Merkwürdigkeiten aus der Zweiventil-Epoche zeigte; aus dem Testprotokoll: *„Das gleiche, leichte Schütteln im Leerlauf, der gleiche Kick nach rechts beim kurzen Gasgeben im Stand, ein ähnlicher, nur etwas leiserer Sound. (...) Vor allem unter Last, also beim Beschleunigen, schüttelten sich die immerhin 99 mm dicken Kolben ordentlich. (...) Ausgerechnet auf der Autobahn waren bei Tempo 130 deutliche Vibrationen zu spüren. (...) Bei Erreichen des Drehmoment-Maximums von von 5500/min^{-1} stürmt die BMW vorwärts wie ein angreifender Elefantenbulle."*

Beim Start aus dem Stand war die vollgetankt 239 kg schwere RS nach 4,0 Sekunden auf Tempo 100, die Spitze betrug 211 km/h. Der 23 Liter fassende Kunststofftank reichte bei einem Testverbrauch von 6,5 l/100 km für stolze 350 km. Alles in allem erwies sich die R 1100 RS im *„Motorradfahrer"*-Test (Heft 6/1993) als zuverlässig und qualitativ hochwertig: Bis Sommer 2001 fand die RS weltweit 26 037 Liebhaber, wobei sich die ein halbes Jahr später präsentierte Enduro-Variante fast doppelt so oft verkaufte.

Auch legendär:

R 1100 R

’94-2000: 1085 cm³, 80 PS

Mit dem unverkleideten „Roadster"-Modell R 1100 R erweiterte BMW 1994 die Vierventil-Boxerpalette. Allein bis zum Herbst 1998 konnten von der R 1100 R und der R 850 R rund 31 000 Exemplare abgesetzt werden. Trotz des Gewichts von 235 kg ließ sich die anfangs 16 500 DM teure Maschine spielerisch bewegen. Rodstertypisch war zunächst das große Zentralinstrument. Zum Frühjahr 1997 bekam die R ein neues Cockpit mit zwei großen „Uhren" und einen größeren Scheinwerfer. 1998 erschien ein Jubiläumsmodell in nostalgischem Nachtschwarz.

R 850 R

1994-2000: 848 cm³, 71 PS

Die zeitgleich vorgestellte und ebenfalls bis 2000 produzierte R 850 R stand mit ihrem 70 PS starken Boxer der 1100er Modell hinsichtlich der Fahrleistungen kaum nach. Im Test ermittelten wir eine Höchstgeschwindigkeit von 194 km/h (wobei der Tachometer 208 km/h anzeigte). Die R 1100 R war 9,0 km/h schneller. Indes ging es bei den „Naked Bikdes", die ganz in der Tradition des Hauses standen, nicht um hohes Tempo: Sie waren zum Touren und Gleiten gemacht.

Fotos: S. 28 o: Frank Ratering; S. 28 u: BMW Presse, BMW Classic Archiv; S. 29 ol, ul, ur: Frank Ratering; S. 29 or: Hans J. Schneider

1994-1999

BMW R 1100 GS
Der Fernweh-Boxer

Die Käufer standen Schlange, nachdem BMW im September 1993 die R 1100 GS präsentiert hatte. Die neue Enduro basierte auf der R 1100 RS, war aber in allen Details modifiziert worden und schockte mit einem eigenwilligen Design. Bis 1999 wurden 43 628 Exemplare gebaut.

Der SUV unter den Motorrädern: Die R 1100 GS war das zweite Modell der neuen Vierventil-Boxer-Generation. Das Design mit dem markanten „Entenschnabel“ und dem klobigen Rechteckscheinwerfer gefiel nicht jedem, wirkte sich aber nicht negativ auf das Kaufinteresse von Leuten aus, die Fernreisen planten oder einfach im Alltag auffallen wollten. Das Cockpit war asymmetrisch aufgebaut und informierte über alle wichtigen Betriebszustände.

Fotos: S. 30 M, u: Hans König; S, 31: BMW Presse, BMW Classic Archiv

Tragende Säule des Motorrad-Absatzes von BMW war seit 1980 die Enduro-Palette, die sich von der R 80 G/S bis zur R 100 GS Paris-Dakar stetig weiterentwickelt und dazu beigetragen hatte, daß der klassische Zweiventil-Boxer mit seinem antiquierten Ohv-Ventiltrieb nicht unterging – zumindest nicht vor 1996. Doch nachdem die Bayern 1993 mit dem völlig neu konzipierten Vierventil-Boxer R 1100 RS eine modernere Boxer-Zukunft eingeläutet hatten, war klar, daß dem Reisetourer bald eine Enduro-Version mit fortschrittlicher Technik folgen mußte. Weil man die Freunde des traditionellen Zweiventilkonzepts nicht verprellen wollte, brachte BMW die neue Enduro-Version nicht parallel zur RS auf den Markt, obwohl sie bereits aus dem Prototypenstadium heraus und praktisch serienreif war. Der klassische Zweiventil-Boxer verkaufte sich weiterhin so gut, daß es zu einer Händlerrevolte geführt hätte, wenn die alte GS vorzeitig aus dem Programm verschwunden wäre. Daher verzögerte sich die Präsentation der R 1100 GS um mehr als ein halbes Jahr. Erst am 7. September 1993, dem Pressetag der 59. IAA in Frankfurt (auf der erstmals wieder Motorräder gezeigt wurden), hielt man die Zeit für gekommen, die beeindruckende Super-Enduro der Öffentlichkeit vorzustellen. Gleichzeit präsentierte BMW die „Funduro" F 650.

In den Handel kam die R 1100 GS im Frühjahr 1994 – und löste dort ein mittleres Erdbeben aus: Allen skeptischen Einschätzungen zum Trotz standen die Kunden Schlange nach dem imposanten sowie kühn gestylten Fernreisemotorrad und machten die neue BMW in wenigen Monaten zum Verkaufsschlager. Bis Ende 1994 wurden von dem neuen Modell allein in der Bundesrepublik Deutschland 3554 Exemplare verkauft. Immerhin brachte es die R 100 GS im gleichen Zeitraum auch noch auf 3224 Einheiten. Jedenfalls war die R 1100 GS auf Anhieb die bestverkaufte Enduro

Oben, rechts oben: Die R 1100 GS ließ sich trotz ihres hohen Leergewichts von 243 kg auf der Straße, aber auch abseits des Asphalts mühelos beherrschen, und dies selbst bei sportlicher Kurvenfahrt. Für schnelle Autobahnfahrten war sie indes nicht gedacht, doch erreichte sie eine Spitzengeschwindigkeit von 195 km/h. Ab 170 km/h allerdings war der Geradeauslauf wegen der ungünstigen Aerodynamik der Frontpartie nicht mehr perfekt. Im Zweipersonenbetrieb mit Koffern und Gepäck erforderte sie eine starke Hand.

Links, rechts unten: Die zweigeteilte Sitzbank bot ausreichenden Komfort, der vordere Sitz ließ sich in der Höhe verstellen. Nach Abnahme des zweiten Sitzes stand eine „Ladefläche" zur Verfügung. Die R 1100 GS war das zweite Modell mit Vierventil-Boxer und Telelever-Vorderradführung. Beide Elemente und die wuchtige Paralever-Hinterradführung stellte sie konsequent zur Schau. Meist wurde die GS zusammen mit den BMW-Motokoffern geordert.

überhaupt. Bis 1999 rollten 43 628 Exemplare in alle Welt, und dies zu stolzen Preisen ab 17 450 DM pro Stück. Sie war eines der erfolgreichsten Modelle in der BMW-Motorradgeschichte.

In der Gesamt-Zulassungshitliste nahm die R 1100 GS den vierten P1atz ein – weit vor deutlich billigeren Einzylindermodellen aus Japan wie der Honda Dominator oder der Yamaha XT 600. Mit der 3783mal verkauften, einzylindrigen F 650 besetzte BMW im gleichen Jahr den zweiten Platz. Drei BMW-Modelle unter den ersten fünf – das war schon eine Sensation. Insgesamt legten die Bayern 1994 um 28,8 Prozent zu, während die meisten Japaner tief ins Minus rutschten. Gleichzeitig wurden weltweit so viele BMW-Motorräder verkauft wie nie zuvor: 46 500 Einheiten. Der Trend hin zu BMW und damit zu teuren Qualitätsmo- torrädern „made in Germany" riß danach nicht mehr ab. Bis Ende 2002 konnte BMW die jährliche Produktion auf über 92 000 Einheiten verdoppeln; die später eingeführten Enduro-Modelle R 1150 GS, R 1200 GS und F 650 GS behaupteten Jahr für Jahr ihre Toppositionen in der Verkaufshitliste.

Kein Vergleich mit dem alten Ohv-Boxer

Was war dran an der ersten Vierventil-Enduro, die eigentlich viel zu schwer fürs Gelände war? Zweifellos zielten viele Käufer auf das gewaltige Aufsehen ab, das sich mit der Jumbo-BMW erregen ließ. Die R 1100 GS war imposant, unkonventionell, gewichtig, stellte einfach etwas dar. Und sie war schnell: Auf der Autobahn ermittelten wir im Test eine Spitze von 202 km/h. Abgesehen von der geringeren Geländetauglichkeit schlug die Vierventil-GS das alte Modell in jeder Disziplin. Komfort und Straßenlage waren besser, das Handling war dank des niedrigen Schwerpunkts erstaunlich gut.

Technisch basierte die GS weitestgehend auf der R 1100 RS, zeigte nur in der Fahrwerksabstimmung, in der Leistungscharakteristik und natürlich in Design und Ausstattung klare Eigenständigkeit. Herzstück war der luft-/ölgekühlte 1085 cm³-Zweizylinder-Boxermotor mit vier Ventilen pro Zylinder und je einer in jeden Zylinderkopf verlegten Nockenwelle (Hc-Steuerung). Für den Einsatz im Enduromodell hatte BMW das Triebwerk allerdings stärker auf Drehmoment und Durchzug ausgelegt. So leistete der Boxer R 259 bei der R 1100 GS statt 90 nur 80 PS und das bereits bei 6750/min^{-1} gegenüber 7250/min^{-1} bei der RS. Das maximale Drehmoment war von 95 auf 97 Nm bei schon 5250/min^{-1} gegenüber 5500/min^{-1} bei der R 1100 RS gestiegen.

Erzielt hatten die Ingenieure die auffallend bullige Leistungscharakteristik durch geänderte Nockenwellen, andere Kolben, modifizierte Steuerzeiten und ein von 10,7 auf 10,3 : 1 verringertes Verdichtungsverhältnis. Die zentrale Regelelektronik für Zündung

Steckbrief BMW R 1100 GS

Bauzeit	1994 bis 1999
Motor, Ventile/Zyl., Kühlung	2-Zyl.-Boxer, 4V/Zyl., Hc, luft-/ölgekühlt
Einheiten	43 628
Hubraum, Bohrung x Hub	1085 cm³, 99,0 x 70,5 mm
Leistung	80 PS bei 6750/min^{-1}
Gemischaufbereitung	elektronisch, Bosch-Motronic
Getriebe, Antrieb, Radstand	5-Gang, Kardan, 1509 mm
Rahmen	Gitterrohr, Motor mittragend
Vorderradführung	BMW-Telelever, Standrohre 35 mm Ø
Hinterradführung	Paraleverschwinge, 1 Federbein rechts
Bremsen vorn / hinten	2 Scheiben 305 / 1 Scheibe 276 mm
Reifen vorn / hinten	110/80 H 19 / 150/70 H 17
Leergewicht vollget. /Tank	243 kg / 25 Liter
Höchstgeschwindigkeit	202 km/h (Testwert)
Preis	17 910,- DM (April 1994)

Fotos: S. 32, 33: Hans König

Oben: „Der Weg ist das Ziel." Mit diesem Slogan traf BMW auch bei der R 1100 GS voll ins Schwarze. Aber der Weg führte auch zu Zielen, die mit anderen Fahrzeugen kaum zu reichen waren. Das Foto zeigt eine Serienmaschine von 1994. Die Maschine war das Motorrad für alle Zwecke. Selbst heute noch basieren die großen BMW-Enduros auf dem Konzept der ersten Vierventil-GS. Links: das in Rot-Weiß lackierte Jubiläumsmodell der R 1100 GS von 1998.

und Einspritzung war der neuen Auslegung ebenso angepaßt worden wie Auspuffkrümmer und Schalldämpfer. Schon bei niedrigsten Drehzahlen war jede Menge „Dampf" vorhanden, der GS-Motor (ab Ende 1994 auch im Roadster-Modell R 1100 R zu finden) vertrug eine sehr schaltfaule Fahrweise. In Deutschland war die R 1100 GS aus versicherungstechnischen Gründen wahlweise auch mit 78 PS zu haben.

Wie die R 1100 RS besaß auch die R 1100 GS einen dreiteiligen Rahmen aus Gitterrohr und LM-Teilen mit Motor- und Getriebegehäuse als mittragender Einheit. Die Vorderradführung übernahm hier ebenfalls der 1993 eingeführte BMW Telelever, dessen Vorzüge nach unseren Erfahrungen beim Enduromodell noch stärker zum Tragen kamen. So war die Enduro fahrstabil bis jenseits von 170 km/h, erst danach zeigten sich infolge der schlechten Aerodynamik leichte Unruhen. Die Bodenhaftung auf rauhen Pisten und schadhaften Straßen war vorbildlich, es trat auch bei harter Beanspruchung kein Lenkerflattern (wie bei der RS) auf.

Als begrüßenswerte Verbesserung gegenüber der RS erwies sich im Test die „Kippentkoppelung" des stark verbreiterten Lenkers: Die obere Gabelbrücke drehte sich nicht in einem Kugelkopf, sondern in einem breiten Präzisions-Wälzlager. Lenker und Brücke machten die Schwenkbewegungen des Telelever nicht mit, was sich äußerst positiv auf die Lenkstabilität auswirkte. Durch den Bremsnickausgleich und die hohe Längssteifigkeit bot der Telelever nicht zuletzt ideale Voraussetzungen für den ABS-Einsatz. Denn auch für die R 1100 GS war als Extra das weiterentwickelte ABS II erhältlich. Das Hinterrad wurde auch bei der GS von einer Paraleverschwinge mit zentralem, stufenlos einstellbarem Federbein geführt. Wie die GS-Modelle herkömmlicher Bauart lief auch die R 1100 GS auf den patentierten Kreuzspeichenrädern, vorn mit 19, hinten mit 17 Zoll Durchmesser. Die Spezialfelgen erlaubten das Aufziehen schlauchloser Reifen in 110/80 x 19 und 150/70 x 17.

Am Vorderrad sorgte die von der RS her bekannte Zweischeibenbremse mit Vierkolbenfestsätteln und schwimmend gelagerten, im Durchmesser 305 mm großen Scheiben für angemessene Verzögerung. Am Hinterrad war eine kleinere Einscheibenbremse (Durchmesser 276 statt 285 mm) mit Zweikolbenschwimmsattel montiert. Die R 1100 GS besaß wie die RS einen Kunststofftank, der hier allerdings 25 statt 23 Liter faßte und damit – bei einem durchschnittlichen Verbrauch von 6,5 l/100 km – Reichweiten von rund 380 km garantierte. Die vordere Radabdeckung war rahmenfest als Verlängerung der schmalen Cockpitverkleidung angebracht und trug mit dem integrierten Ölkühler zum markanten Erscheinungsbild wesentlich bei. Serienmäßig besaß die GS einen Kunststoff-Zylinderschutz, einen Unterfahrschutz aus Alu und eine Gepäckbrücke. Das Design der R 1100 GS setzte sich von dem anderer Enduros ab, es war eigenwillig, ausdrucksstark, unverwechselbar. Man sah der R 1100 GS aber auch ihr hohes Gewicht an: 243 kg vollgetankt (RS: 247 kg). Katalysator, ABS und Zubehör wie Packtaschen trieben das Gewicht schnell über die 250-kg-Marke. 1998 schob BMW die R 850 GS mit 70 PS nach.

Auch legendär:

R 850 GS

1998-2000: 848 cm³, 70 PS

650 DM weniger als die R 1100 GS kostete die von 1998 bis 2000 lieferbare R 850 GS (oben). Nur 1954 Exemplare wurden hergestellt. Der „kleine", auch bei anderen Modellen eingesetzte Boxer leistete 70 PS und war auch in einer 34-PS-Drosselversion zu haben.

R 1150 GS

1999-2003: 1130 cm³, 85 PS

Im Sommer 1999 löste die R 1150 GS das Urmodell ab. Die Leistung war auf 85 PS gewachsen, die neue GS hatte ein Sechsgang-Getriebe und eine hydraulisch betätigte Kupplung. Bis 2003 wurden 57 834 Exemplare gebaut, plus 16 233 „Adventure"-Versionen.

Fotos: S. 34, 35 or, ur: BMW Presse, BMW Classic Archiv; S. 35 l: Hans König

1998-2005

BMW R 1100 S

Sportschau

Mit der R 1100 S hatte BMW ab Ende 1998 endlich wieder ein konsequent auf Sportlichkeit getrimmtes Boxer-Modell im Programm. Der 1,1-Liter-Vierventilmotor lieferte drehfreudige 98 PS. Das Design hob sich mit seinen asymmetrischen Elementen von der Masse ab.

Die R 1100 S wirkte rundum deutlich sportlichger und moderner als die übrigen Boxermodelle. Einzigartig war die komplett aus Edelstahl gefertigte Abgasanlage mit ihren im Stil der Ducati 916 hochgezogenen Endrohren. Mit der S trägt zum ersten Mal eine Serien-BMW Kohlefaser, und zwar im vorderen Teil der Vorderradabdeckung. G-Kat, Seitenständer mit Startunterbrechung, automatische Blinkerrückstellung und Warnblinkanlage waren serienmäßig. Die Zylinder trugen Deckel aus ultraleichtem Magnesium und besaßen je drei schräg verlaufende Rippen.

Fotos: S. 37, 38 alle: BMW Presse, BMW Classic Archiv

Sportliche Serienmaschinen mit Boxer-Motor haben Tradition bei BMW. Unvergessen sind die legendären Typen R 90 S von 1973 und die R 100 S ab 1976. Das Kürzel „RS" stand bei der R 100 RS und der K-Reihe durchaus für Sportlichkeit, doch die betreffenden Modelle hatten vor allem „Reisesport"-Charakter. Die Vierzylinder-K 1 war mehr Technologieträger als Sportbike gewesen, die K 75 S verdiente letzten Endes den Ehrentitel „Sportmotorrad" ebenso wenig wie die gewaltige K 1200 RS. Und die vierventilige R 1100 RS, auf die sich zunächst alle Hoffnungen gegründet hatten? Zwar innovativ und chic, aber neben der Suzuki RF 900 R zum Beispiel zu schwer und im Grenzbereich zu problematisch. Es mußte endlich etwas geschehen.

Wohin die Reise gehen sollte, zeigte sich auf der Kölner IFMA 1994, auf der BMW eine sehr sportlich aussehenden und von Designchef David Robb entworfene Vierventil-Studie vorstellte (s.a. folgende Seite „Legendär"). Die große Resonanz veranlaßte BMW, *„sich spät, aber dafür umso klarer wieder zum sportlichen Motorrad zu bekennen"*, wie die Zeitschrift *„Motorrad"* meinte. 1998 dann präsentierten die Bayern die R 1100 S, die als Sportboxer künftig alles richtig machen sollte. Bei den Händlern stand der in „Leuchtrot", „Mandaringelb"oder „Nachtschwarz" lieferbare und zunächst 20.900 Mark teure Traumboxer erstmals am 12. September 1998.

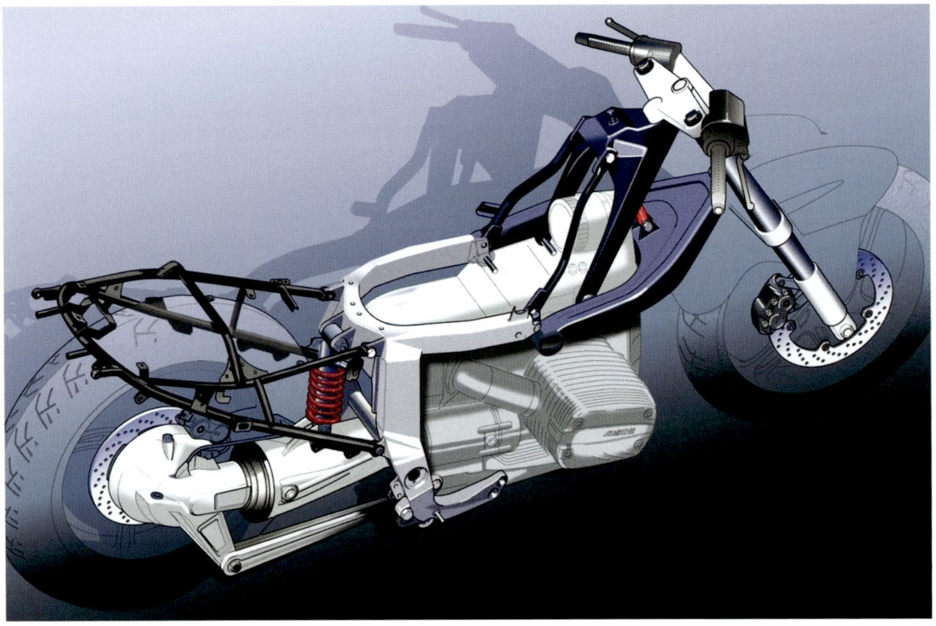

Oben: Die sportliche R 1100 S erwies sich in allen Fahrsituationen als spurstabil und kurvensicher. Im „Motorrad"- Test erreichte sie 224 km/h.

Unten links: Der Rahmen war eine Neukonstruktion aus LM-Kokillenguß. Die Paraleverschwinge war nicht im Getriebe, sondern im Hauptrahmen gelagert. Der Motor war mittragend.

Mitte rechts: Der von der R 1100 RS abgeleitete Vierventilmotor war in zahlreichen Punkten optimiert worden und leistete bei 1085 cm³ 98 PS.

Mit 98 PS bei 7500/min^{-1} übertraf die neue S das seit 1993 produzierte RS-Modell an Leistung um knapp zehn Prozent. Das maximale Drehmoment war von 95 Nm bei 5500 auf 97 Nm bei 5750/min^{-1} gestiegen. Die Endgeschwindigkeit wurde von BMW mit 226 km/h angegeben. Beim *„Motorrad"*-Vergleichstest (Heft 19/1998) war die S-BMW mit 224 km/h nur vier km/h langsamer als die hochgezüchtete Honda VTR 1000 F. Aber es war klar, daß die R 1100 S in einer anderen Klasse antrat als eine Yamaha YZF-R1 oder eine Kawasaki ZX-9R Ninja. Dafür war sie im Vergleich zu den japanischen Superbikes alltags- und tourentauglich.

Der luft- und ölgekühlte Vierventil-Zweizylinder-Boxermotor mit seinen hochgelegten Nockenwellen basierte auf dem RS-Triebwerk, war aber in zahlreichen Belangen optimiert worden, zum Beispiel Erhöhung der Verdichtung von 10,7 auf 11,3 durch geänderte Kolben, geschmiedete und entsprechend abreißfeste Pleuel, Verbesserung der Schmierung hochbelasteter Motorteile wie Kurbelwellen- und Pleuellager, gleichzeitig Erhöhung der Motorölmenge vom 3,5 auf 4,1 Liter, Anpassung der Motronic MA 2.4, Neukonstruktion der Auspuffanlage.

Zum sportlichen Charakter der S paßte das von der K 1200 RS übernommene, aber anders übersetzte Sechsganggetriebe mit der hydraulisch betätigten Einscheiben-Trockenkupplung. Eine vollständige Neukonstruktion war der jetzt aus vier Elementen bestehende Rahmen, darunter Vorderrahmen aus Leichtmetall-Kokillenguß, Hauptrahmen aus geschweißten Leichtmetallprofilen, Gehäuse von Motor und Getriebe mittragend, Heckrahmen aus Stahlrohr für die Sitzbank und eine kleine Gepäckbrücke.

Ausgerüstet war die S mit dem an sportliches Fahren angepaßten Telelever-/Paralever-Fahrwerk BMW-typischen Zuschnitts. Der Radstand war von 1473 auf 1478 mm gestiegen. Die Paralever-Hinterradschwinge war nicht im Getriebegehäuse, sondern im Hauptrahmen gelagert. Ein zentrales Gasdruckfederbein mit 130 mm Federweg verband wieder Rahmen und Schwinge. Die R 1100 S rollte

Auch legendär:

Robb-Studie R 1100 S

1994: 1085 cm³, 98 PS

Ein erster Ausblick auf die R 1100 S bot sich auf der Kölner IFMA 1994: Dort drehte sich im Scheinwerferlicht die wohlproportionierte Studie eines rassigen Sportboxers mit Vierventilmotor, schlanker Silhouette und provozierend rundlichem Heck. War dies endlich die Kampfansage an Ducati und Co? Sie war es, wie wir heute wissen.
Die Resonanz auf den orangemetallic-lackierten Prototyp war so groß, daß BMW-Motorrad-Chef Walter Hasselkus seinen Marketing-, Design- und Technik-Spezialisten sofort grünes Licht für weiterführende Untersuchungen und Berechnungen gab. Umfragen ergaben schnell, daß über 30 Prozent der Boxer-Käufer Spaß hätten an einer richtig knackigen Sportversion. Design-Chef David Robb und sein Team entwickelten die IFMA-Studie weiter, die Fahrwerks- und Triebwerksingenieure um Markus Poschner, Wolfgang Dürheimer und Benno Brandlhuber setzten die Idee um, auf Basis der neuen Vierventil-Technologie einen leichten, handlichen, trotzdem aber voll alltagstauglichen Super-Boxer auf die Räder zu stellen.

Steckbrief BMW R 1100 S

Bauzeit	1998 bis 2005
Motor, Ventile/Zyl., Kühlung	2-Zyl.-Boxer, 4V/Zyl., Hc, luft-/ölgekühlt
Einheiten	14 806
Hubraum, Bohrung x Hub	1085 cm³, 99,0 x 70,5 mm
Leistung	98 PS bei 7500/min^{-1}
Gemischaufbereitung	elektronisch, Bosch-Motronic MA 2.4
Getriebe, Antrieb, Radstand	6-Gang, Kardan, 1478 mm
Rahmen	Leichtmetallguß, Motor mittragend
Vorderradführung	BMW-Telelever, Standrohre 35 mm Ø
Hinterradführung	Paraleverschwinge, 1 Federbein rechts
Bremsen vorn / hinten	2 Scheiben 305 / 1 Scheibe 276 mm
Reifen vorn / hinten	120/70 ZR 17 / 170/60 ZR 17
Leergewicht vollget. /Tank	229 kg / 18 Liter
Höchstgeschwindigkeit	224 km/h (Testwert)
Preis	20 900,- DM (Oktober 1998)

wie die K 1200 RS auf den superleichten 17-Zoll-Leichtmetallrädern im filigranen Fünf-Doppelspeichen-Design. Vorn war man bei einem Reifen der Dimension 120/70 ZR 17 geblieben, hinten sorgte ein Pneu der Größe 170/60 ZR 17 für den nötigen Grip. Verzögert wurde das vollgetankt 229 kg schwere Motorrad von der bewährten Doppelscheibenbremse vorn (305 mm Durchmesser) und der von der GS stammenden Soloscheibe 276 mm hinten.

Die nach Art des Hauses im Windkanal perfektionierte und markant gestylte Halbschalenverkleidung bestand aus vier einzeln abnehmbaren Elementen und bot in Verbindung mit der kleinen Scheibe einen akzeptablen Wind- und Wetterschutz. Blinker und Handschützer waren harmonisch integriert. Ihre charakteristische Note erhielt die Verkleidungsfront durch die beiden im bekannten BMW-Nierenlook geformten „Nüstern" für die Ölkühler.

Keine Parallele anderswo fand sich für den asymmetrisch ausgelegten Doppel-Scheinwerfer. Der größere der beiden Lichtspender war ein Ellipsoid-Scheinwerfer mit H7-Lampe für die Abblendfunktion. Das Fernlicht kam von dem links angeordneten, etwas kleineren „Freiformflächen"-Scheinwerfer mit H1-Lampe. Was man für den Tank hätte halten können, war in Wahrheit eine lackierte Kunststoffschale. Darunter versteckte sich der aus Leichtmetall bestehende 18-Liter-Tank.

Der Nachlauf war von 111 auf 100 mm verringert worden. Mit innovativer Technik glänzte der asymmetrische Doppelscheinwerfer. Die Instrumentenkombination war ebenfalls asymmetrisch gestaltet.

Im Test von „MO" (Heft 9/1998) bewies die R 1100 S ihre Vielseitigkeit: *„Ausgewogene Fahrstabilität, wirkt in jedem Geschwindigkeitsbereich agil und dabei sehr stabil."*

Stark imagefördernd war eine modifizierte R 1100 S mit höher gelegtem Motor für den Boxer-Cup-Markenpokal. Bis Herbst 2005 verließen 14 806 S-Einheiten das Werk in Berlin-Spandau.

Fotos: S. 38, 39 alle: BMW Presse, BMW Classic Archiv; außer S. 39 o: Hans J. Schneider

1995-2001

BMW R 1100 RT
Alternative zum Auto

Die RT-Version des Vierventil-Boxers wurde mit 53 092 hergestellten Einheiten ein Welterfolg. Luxuriöse Ausstattung, kultivierter Antrieb und ausgezeichnete Fahreigenschaften machten die R 1100 RT zum Maßstab ihrer Klasse. Auch Behörden bestellten den Supertourer gern.

Der vom Modell R 1100 RS unverändert übernommene 90-PS-Boxer sorgte auch in der recht schweren R 1100 RT für zügiges Vorwärtskommen bis knapp 200 km/h. Doppelsitz, Tourenkoffer, Vollverkleidung mit Windschild und nützliche Serienextras machten das Reisen zum Vergnügen, auch zu zweit.

Fotos: S. 41 o, u: Hans J. Schneider; S. 42: BMW Presse, BMW Classic Archiv

Motorräder mit Breitreifen und Rennauspuff zum Heizen gibt's schon lange bei Honda, Kawasaki oder Suzuki. Doch die japanischen Supersportler machen nur heiß ums Herz, die Finger bleiben bei frostigem Herbst- und Winterwetter eklig kalt. Ein Motorrad mit richtiger Heizung fast wie im Auto – das war einzigartig und nur bei BMW zu haben: Der im September 1995 vorgestellte Supertourer R 1100 RT besaß zwei Kanäle, die bei Bedarf heiße Luft vom Ölkühler zu den Händen leiteten. Als Extra zusätzlich lieferbar: elektrisch beheizbare Griffe. Ein Boxer mit integrierter Arthritis-Prophylaxe: Unsere Ahnen hätten's einfach nicht geglaubt.

Auch ansonsten verwöhnte der neue Tourenboxer mit Luxus und Komfort. Während 2000 Testkilometern kreuz und quer durch Deutschland stellten wir fest, daß die im BMW-Windkanal perfektionierte Verkleidung den Fahrtwind fast so vollständig abhielt wie eine Autokarosserie. Eine bislang auf zwei Rädern gänzlich unbekannte Erfahrung machte man, wenn die Frontscheibe (mittels Schalter und versteckten Elektromotor) in Höchststellung gebracht wurde: Die laut tosenden Windgeräusche waren – anders als bei der damals parallel produzierten K 1100 LT – plötzlich weg!

Die dicke BMW war dann so leise wie ein großer BMW, nur das dezente Brummen des – gänzlich unverändert von der R 1100 RS übernommenen – Vierventil-Boxermotors mit seinen 90 PS aus

Oben: Zum 75sten Geburtstag des BMW-Motorrads 1998 brachten die Bayern auch von der RT ein Jubiläums-Sondermodell heraus. Die Maschine war in „Arktissilber" lackiert, Sitzbank und Kniepolster gab es wahlweise in Rot oder Schwarz. Zusatzausstattung: heizbare Griffe, Radiovorrüstung; Preis: 25 850 DM.

Links: Trotz des beispiellosen Komforts war der Langstrecken-Boxer keineswegs ein Auto auf zwei Rädern, sondern ein tolles Motorrad, bei dem man den ursprünglichen Charakter des Boxerprinzips noch wahrnahm, das jede Menge Freude machte und – bei aller Leichtigkeit des Fahrens – einen erfahrenen Piloten brauchte. Denn man war mit der RT immer ein bißchen schneller, als man glaubte.

1085 cm^3 drang ans Ohr. Da machte es Sinn und Freude, das gegen Aufpreis lieferbare Stereoradio einzuschalten und Verkehrsfunk oder Musik zu hören. Das komplett ausgestattete Cockpit mit Tank- und Ganganzeige, Ölthermometer und Drehzahlmesser erzeugte ein zusätzliches Stück Auto-Atmosphäre. Dazu paßte im Sinne der BMW-Komfortphilosophie bestens die dreifach höhenverstellbare Sitzbank – 780, 800 oder 820 mm Sitzhöhe; selbst kleine Leute blieben an der Ampel mit beiden Beinen auf der Erde.

Auch in puncto Umweltverträglichkeit zog die R 1100 RT mit modernen Pkw gleich: Sie hatte (wie alle BMW mit Motronic) serienmäßig einen geregelten Dreiwege-Katalysator. Und der wuchtige Vierventil-Boxer war nach damaligen Maßstäben vergleichsweise sparsam: Im Test wurden in den großvolumigen Zylindern zwischen 5,6 und 6,8 l/100 km Super bleifrei verbrannt – nicht viel für ein Motorrad, das vollgetankt satte 282 kg auf die Waage brachte und mit seinen breiten Gepäckkoffern dem Wind viel Fläche entgegenstemmte. 26 Liter Treibstoff paßten in den vollverschalten Tank, genug für über 400 km Reichweite.

Langstreckenkomfort und Kurvenspaß

Harmonisch entfaltete der elektonisch gesteuerte Zweizylindermotor seine Leistung, verfügte nach unserer Einschätzung in allen Drehzahlbereichen über genügend Dampf. Einen beachtlichen Reifegrad hatte das speziell an die RT angepaßte Telelever-Fahrwerk erreicht. Radstand, Nachlauf und Lenkkopfwinkel hatte man mit Erfolg auf perfekten Geradeauslauf getrimmt.

Aber der schwere Brocken ließ sich mühelos um die Ecken zirkeln, machte auch auf der Landstraße viel Spaß. Die nötige Sicherheit beim Bremsen vermittelten die Dreischeiben-Bremsanlage und das serienmäßige ABS.

Der Markt schien auf diese neue Variante der Vierventil-Boxer-Generation gewartet zu haben: Schon im ersten Modelljahr konnten trotz des hohen Preises von 24 500 DM weltweit über 12 000 RT-Boxer ausgeliefert werden. Bis zum Herbst 1998 stieg die Zahl der Verkäufe auf über 32 000 Einheiten. Bis zum Produktionsstopp im Juli 2001 wurden 53 092 Einheiten hergestellt – ein beispielloser Erfolg in der Supertourerklasse.

Die Fachpresse war durchweg begeistert. *„Motorrad"* lobte in einem Vergleichstest mit anderen Vierventil-Boxern: *„Die RT gibt sich (...) überraschend leichtfüßig und agil. Selbst auf kleinen Landstraßen kann sie mit dem Tempo, das von den wendigen Roadstern vorgegeben wird, gut mithalten. Enge Kehren, lange Kurven oder schnelle Schräglagenwechsel – für den RT-Fahrer Übungen, die ohne Kraftanstrengung und sehr zielsicher zu bewältigen sind."*

Steckbrief BMW R 1100 RT

Bauzeit	1995 bis 2001
Motor, Ventile/Zyl., Kühlung	2-Zyl.-Boxer, 4V/Zyl., Hc, luft-/ölgekühlt
Einheiten	53 092
Hubraum, Bohrung x Hub	1085 cm^3, 99,0 x 70,5 mm
Leistung	90 PS bei 8000/min^{-1}
Gemischaufbereitung	elektronisch, Bosch-Motronic
Getriebe, Antrieb, Radstand	5-Gang, Kardan, 1485 mm
Rahmen	Gitterrohr, Motor mittragend
Vorderradführung	BMW-Telelever, Standrohre 35 mm Ø
Hinterradführung	Paraleverschwinge, 1 Federbein rechts
Bremsen vorn / hinten	2 Scheiben 305 / 1 Scheibe 276 mm
Reifen vorn / hinten	120/70 ZR 17 / 160/60 ZR 18
Leergewicht vollget. /Tank	282 kg / 26 Liter
Höchstgeschwindigkeit	198 km/h (Werksangabe)
Preis	24 500,- DM (1995)

Auch legendär:
R 1100 RT, R 850 RT für Behörden

1995-2001: 1085 cm^3, 90 PS oder 848 cm^3, 73 PS

Ab 1996 baute BMW den Tourer auch als R 850 RT. Zu haben war das 73 PS starke Spezialmodell allerdings nur in Italien und Belgien sowie als spurtstarkes, 191 km/h schnelles Polizei- und „Behörden"-Motorrad. Die Verwendungsmöglichkeiten als Dienstfahrzeug waren äußerst vielfältig. Die Maschinen wurden ganz in der Tradition des spezialisierten BMW-Motorradbaus individuell für die jeweiligen Kunden abgestimmt und ausgestattet. Blaulichter, Spezialkoffer und Funkgerät auf dem Heck waren fast überall Standard.

Die R 850 RT, aber auch die in Deutschland verkaufte R 1100 RT waren am meisten als Polizeimaschinen verbreitet. Das Behördengeschäft war seit jeher ein bedeutendes Standbein für den BMW-Motorradverkauf.

Fotos: S. 42, 43 alle: BMW Presse, BMW Classic Archiv; außer S. 42 u: Frank Ratering

1997-2004
BMW 1200 C
American Style

Jahrelang hatte BMW den Chopper-Boom ignoriert. Doch 1997 sprang man endlich auf den Zug und präsentierte den schweren Cruiser R 1200 C mit Vierventil-Boxer, Telelever und allen genretypischen Zutaten wie Hochlenker und Stufensitzbank. Die Verkaufszahlen explodierten.

Mit Product-Placement machten die Bayern ihren neuen Cruiser weltbekannt. Pierce Brosnan alias James Bond 007 sprang in dem Streifen „Tomorrow never dies" 22 Meter weit von einem Hochhaus ins nächste. Auf dem Rücksitz spielte Michelle Yeoh als Wai Lin atemberaubend mit.

Rechte Seite: Die hochglänzende Verchromung aller möglichen Teile ergab einen starken Kontrast vor allem zur Lackierung in Schwarz. Passend zum Bike bot BMW ein umfassendes Bekleidungs- und Zubehörprogramm an.

Chrom, wohin das Auge blickt. Der versetzte Tachometer und die Leiste mit den Kontrolllampen waren wichtige Stilelemente. Der eigens entwickelte Tank faßte 17 Liter.

Fotos: S. 44, 45 alle: BMW Presse, BMW Classic Archiv

Pierce Brosnan sprang 1997 mit ihr als James Bond 007 im Streifen „Tomorrow never dies" 22 Meter weit von einem Hochhaus ins nächste – ein Stunt, der die BMW R 1200 C weltbekannt machte. BMW sprang mit, und zwar erstmals ins Chopper- und Cruiser-Geschäft, nachdem man den großen, Ende der 1970er Jahre einsetzenden Chopper-Boom ignoriert hatte. In den USA hatte sich die Zahl der typischen Cruising-Bikes zwischen 1989 und 1996 von 58 000 auf 100 000 Neuzulassungen fast verdoppelt, in Deutschland verfünffachte sich dieses Segment im gleichen Zeitraum von 8000 auf 40 000. Jetzt endlich wollten die Bayern es wissen, und die Rechnung ging auch wegen des gelungenen Product-Placements voll auf: Der wuchtige Cruiser, der das erste Lifestyle-Modell der Marke war, kam auf Anhieb hervorragend vor allem beim US-Publikum an, bescherte BMW eine zusätzliche Klientel und verkaufte sich bereits in der ersten Saison 1997/98 über 10 000mal.

Stilistisch war die R 1200 C weder kompromißloser Chopper, noch Soft-Chopper nach gemäßigtem japanischem Rezept, sondern eigenständig und unverwechselbar. Unter technischen Aspekten hatte BMW bei der R 1200 C die klassisch anmutenden Chopper- und Cruiser-Elemente mit den bewährten Zutaten aus dem High Tech-Baukasten der Vierventil-Boxer-Generation von der digitalen Motorelektronik und dem geregelten Katalysator bis zum Telelever und zum ABS II (Option) gemixt. Das erste Hochlenker-Bike der BMW-Geschichte war konsequent an cruisertypische Fahrweise angepaßt worden: weniger Drehzahl, dafür mehr Drehmoment, weniger Temperament, aber mehr Sound. Der 1171 cm³ Hubraum bietende Zweizylinder begnügte sich mit 61 PS bei 5000/min⁻¹ und stellte sei maximales Drehmoment von 98 NM bereits bei 3000 Touren zur Verfügung. Das garantierte den gewünscht starken Antritt bei sattem Sound aus den mächtigen Schalldämpfern und ließ es bei einer Spitze von 155 km/h gut sein. Bei mehr Tempo wäre der aufrecht sitzende Fahrer (oder die Fahrerin) vielleicht aus dem Sattel geweht worden.

Die Hubraumvergrößerung war durch eine Aufweitung der Zylinderbohrungen von 99 auf 101 und eine Verlängerung des Kolbenhubs von 70,5 auf 73 mm erzielt worden. Den choppermäßigen Drehmomentverlauf hatten die Ingenieure durch die Verringerung der Ventildurchmesser, geänderte Nockenwellen mit verkürzten Steuerzeiten, verkleinertem Ventilhub geringerem Saugrohrdurchmesser sowie kleinere und gekoppelte Drosselklappenstutzen und

Steckbrief BMW R 1200 C

Bauzeit	1997 bis 2004
Motor, Ventile/Zyl., Kühlung	2-Zyl.-Boxer, 4V/Zyl., Hc, luft-/ölgekühlt
Einheiten	5 728 (bis 12/1998 in Deutschland)
Hubraum, Bohrung x Hub	1170 cm^3, 101 x 73 mm
Leistung	61 PS bei 5000/min^{-1}
Gemischaufbereitung	elektronisch, Bosch-Motronic MA 2.4
Getriebe, Antrieb, Radstand	5-Gang, Kardan, 1650 mm
Rahmen	LM-Guß, Heckrahmen, Motor mittragend
Vorderradführung	BMW-Telelever, Standrohre 35 mm Ø
Hinterradführung	Monoleverschwinge, 1 Federbein Mitte
Bremsen vorn / hinten	2 Scheiben 305 / 1 Scheibe 285 mm
Reifen vorn / hinten	100/90 ZR 18 / 170/80 ZR 15
Leergewicht vollget. /Tank	256 kg / 17 Liter
Höchstgeschwindigkeit	168 km/h (Werksangabe)
Preis	23 400,- DM (1999)

Oben: Die R 1200 C wurde im Juni 1997 in Tucson/Arizona der Presse vorgestellt. Links: Die Ölkühlerschächte, der mächtige Telelever und die verchromten Vierventil-Zylinder machten die R 1200 C unverwechselbar.

eine Modifizierung der Motronic MA 2.4 erreicht. Spezifisch umkonstruiert hatte man das Fünfgang-Getriebe, das auf der Sechsgang-Schaltbox der K 1200 RS basierte.

Die deutlich größeren Dimensionen der Maschine (Länge/Breite/Höhe 2340/1050/1350 mm) hatten ein neues Chassis-Konzept erfordert. Der Rahmen bestand vorn aus einem optisch dominanten, perlglanzverchromten Leichtmetall-Gußstück, hinten aus einer eher unauffälligen Stahlrohr-Konstruktion. Motor und Getriebe fügten sich als mittragende Elemente ein. Stilistisch stark hervorgehoben: die Lufteinlaß- und Auslaßöffnungen der beiden Ölkühler. Weitere Besonderheiten: verkürzter Nachlauf des Vorderrads, eine um 90 mm verlängerte Monolever-Hinterradschwinge mit zentralem Federbein. Als Federweg mußten 100 mm genügen, was natürlich eine gewisse Komforteinbuße darstellte. Kraftvoll verzögern ließ sich das vollgetankt 256 kg schwere Motorrad mit der von der R 1100 GS übernommenen Dreischeiben-Bremsanlage.

Auch Räder und Bereifung waren Stilmittel: vorn schmales und großes 18-Zollrad, in 100/90-18 bereift, hinten breiter Pneu in 170/80-15, gepaart mit betont geringem Raddurchmesser. Der starke Kontrast zwischen Vorder- und Hinterrad gab der BMW einen Hauch von Harley. 23 400 DM forderte BMW für das neue Flaggschiff, das auch von daher als Luxusprodukt anzusehen war.

Oben: Rahmen und Radführungen waren komplette Neukonstruktionen. Rückgrat war ein Leichtmetallgußstück mit einem angeschraubten Heckteil aus Stahrohr. Die verlängerte Monolever-Hinterradschwinge unterdrückte ganz gut Lastwechselreaktionen. Unten: R 1200 C Avantgarde von 1999 mit Sonderlackierung in Orange-Metallic.

Fotos: S. 46, 47 alle: BMW Presse, BMW Classic Archiv

1989-1993

BMW K 1
Feuerrotes Spielmobil

Mit der K 1 präsentierte BMW ein 100 PS starkes Hochleistungsmotorrad mit avantgardistischem Design, anspruchsvoller Vierzylinder-Technik und knalliger Farbgebung. Bis 1993 war das über 230 km/h schnelle Motorrad das Flaggschiff der bayerischen Nobelmarke.

Die im Herbst 1988 auf der IFMA vorgestellte und ab Frühjahr 1989 vermarktete BMW K 1 fiel von allen Seiten durch ihr avantgardistisches Design auf. Bei einem Aerodynamikvergleich der Zeitschrift „Motorrad" mit drei japanischen Sportmotorrädern beeindruckte die K 1 mit dem geringsten Luftwiderstand (c_W 0,34 bis 0,38 je nach Fahrer), obwohl sie die größte Stirnfläche aller Vergleichsmaschinen aufwies.

Fotos: S. 48, 49: BMW Presse, BMW Classic Archiv

Sie war als Image- und Technologieträger gedacht, aber auch als Bekenntnis zur glorreichen weiß-blauen Motorsport-Vergangenheit: die BMW K 1. Weltrekorde und der Gewinn zahlloser nationaler und internationaler Meisterschaften, darunter 19 Weltmeisterschaften bei den Gespannen, hatten die bayerische Marke berühmt gemacht. Doch in rennsportlicher Hinsicht war es ab Ende der 1970er Jahre etwas still geworden um die Motorräder von BMW. Etwas Aufregendes mußte her, etwas das auffiel, technisch und optisch neue Maßstäbe setzte. Und wie erwartet, sorgte die K 1, die vom 8. bis 16. Mai 1989 in den Albaner Bergen südöstlich von Rom (dort, wo die Päpste Urlaub machen) der Presse vorgestellt wurde, für fette Schlagzeilen.

Schon die im Windkanal geformte, aerodynamisch ausgefeilte Vollverkleidung aus Kunststoff hob die K1 von den übrigen Modellen der K-Baureihe mit ihren längs und quer angeordneten Vierzylinder-Reihenmotoren ab – und erst recht von den Boxermodellen, die auf ihre Runderneuerung warteten, die dann 1993 mit der neu entwickelten R 1100 RS begann. Schon einmal war BMW mit vollverkleideten Modellen erfolgreich gewesen – mit den Einliterboxern R 100 RS ab 1976 und R 100 RT ab 1978. Bereits im Herbst 1983, nachdem die K-Modelle auf den Markt gebracht worden waren, lagen erste Entwürfe für die K 1 auf dem Tisch. 1986 rollte der erste Prototyp, 1988 stand das fertige Motorrad auf der IFMA, die Vermarktung begann im Mai 1989.

Gute Aerodynamik, unbequeme Sitzposition

Die Aerodynamik (cw-Wert 0,34) ging indessen zu Lasten von Komfort und Reisetauglichkeit: Nach dem Proberitt auf der K 1 in Italien mußte ich feststellen: *„Der Fahrer hockt ziemlich verkrampft mit stark angewinkelten Beinen auf der Bank."* Die pseudosportliche Sitzposition erforderte eine gewisse Gewöhnung an das Fahrverhalten der leer mit 258 kg relativ schweren Maschine, vor allem dann, wenn es zügig über kurvenreiche Strecken gehen sollte. Hing es mit dem schwierigen Handling der K 1 zusammen, daß ein Teilnehmer der Pressevorstellung tödlich mit der K 1 verunglückte? Zwar war die vollverschalte BMW nach Abnahme des Heckbürzels auch soziustauglich, doch Motokoffer konnten nicht montiert werden.

BMW positionierte das neue, über 20 000 DM teure Topmodell in der Supersport-Klasse, was angesichts der wesentlich agileren Japan-Bikes etwas verwegen war. Immerhin sorgte der auf dem Triebwerk der K 100 basierende, aber durch umfangreiche Feinarbeit von 90 auf 100 PS Leistung gesteigerte Vierzylindermotor mit seinen 987 cm^3 Hubvolumen seinerzeit für fulminante Fahrleistungen: Der rote Blitz stürmte in 3,9 Sekunden von 0 auf 100 km/h und erreichte eine Spitze von 237 km/h. Grund für die spontane und überzeugende Leistungsentfaltung war vor allem der neue Zylinderkopf, der über je vier (gegenüber der achtventiligen K 100) stark vergrößerte Ventile auf die vier liegenden Zylinder einwirkte. Auf der Autobahn war die K 1 in ihrem Element, im Stadtverkehr indes wirkte sie nervös wie ein Rennpferd.

Man kann den 16-Ventilmotor durchaus als High Tech-Triebwerk der späten 1980er Jahre bezeichnen. Das für künftige BMW-Modelle wegweisende, elektronische Motormanagement Motronic von Bosch steuerte Zündung und Einspritzung leistungs- und situationsabhängig. Ab 1991 reduzierte ein geregelter Dreiweg-Katalysator bei allen 16-Ventilern die Schadstoffe im Abgas.

Der Gitterrohrrahmen der K-Reihe war verstärkt worden, der Motor mittragend integriert. Beim Fahrwerk war BMW gegenüber der K 100 einen wichtigen Schritt weitergegangen. Vor allem bei der Hinterradführung setzte die K 1 mit einer bedeutenden Neuerung markante Akzente: Sie war mit dem weltweit patentierten Paralever-System ausgerüstet, jener trickreich konstruierten Einarmschwinge also, die bereits seit Herbst 1987 auch den Enduro-Modellen R 80 GS und R 100 GS eigen war und für einen ausgezeichneten Momentenausgleich sorgte (die K 100 war noch mit Monolever-Schwinge unterwegs).

Wie sich bei unseren Testfahrten mit der K 1 auf schwierigen, mit Kurven gespickten italienischen Handlingstrecken klar zeigte, unterdrückte das Paralever-Fahrwerk weitestgehend jede Art von Beschleunigungs-, Brems- und Lastwechselreaktion. Selbst auf unruhiger Fahrbahn lag die K 1 satt wie ein Brett, ließ sich weder von Querrillen noch Schlaglöchern beeindrucken. Natürlich mußte die Federung bei einem Sportmotorrad dieser Leistungsklasse straff ausgelegt sein; trotzdem wirkte die K 1 zumindest im Federungs-

Bei PR und Werbung setzte BMW schon damals stark auf Frauen als Motorradfahrerinnen. Natürlich war die Original-BMW-Bekleidung farblich perfekt auf die Maschine abgestimmt. Und es mußte nicht Leder sein.

Unten: Ende 1993 lief, nach nur vierjähriger Bauzeit, die letzte K 1 vom BMW-Band in Berlin. Eine technisch unveränderte Sonderserie „Ultima" mit gelber Verkleidung, silbern lackierten Rädern und schwarzem Antriebsstrang fand reißenden Absatz.

Steckbrief BMW K 1

Bauzeit	1989 bis 1993
Motor, Ventile/Zyl., Kühlung	Reihe 4, 4V/Zyl., Dohc, flüssiggekühlt
Einheiten	6921
Hubraum, Bohrung x Hub	987 cm^3, 67 x 70 mm
Leistung	100 PS bei 8000/min^{-1}
Gemischaufbereitung	elektronisch, Bosch-Motronic DMA
Getriebe, Antrieb, Radstand	5-Gang, Kardan, 1560 mm
Rahmen	Gitterrohr, Motor mittragend
Vorderradführung	Marzocchi-Teleg., Standrohre 41,7 mm Ø
Hinterradführung	Paraleverschwinge, 1 Federbein rechts
Bremsen vorn / hinten	2 Scheiben 305 / 1 Scheibe 285 mm, gelocht
Reifen vorn / hinten	120/70 VR 17 / 160/60 VR 18
Leergewicht vollget. /Tank	258 kg / 22 Liter
Höchstgeschwindigkeit	237 km/h (Werksangabe)
Preis	20 200,- DM (Mai 1989)

An Farben standen anfangs Marrakeschrot und Dunkelblau-Metallic zur Auswahl. Später gab es auch Modelle in Schwarz- und „Seidenblau"-Metallic sowie in Gelb. Die pulverbeschichteten Räder, der lackierte Antriebsstrang, die „K 1"-Applikation auf der Verkleidung und der Sitzbank – zunächst alles in knalligem Gelb, später auch dezenter – sorgten für einen markanten Kontrast.

Fotos: S. 50, 51 alle: BMW Presse, BMW Classic Archiv

Oben: Pressefoto der ersten K 1 von 1989/90. Könner waren gefragt, wenn mit der K 1 schnell und sportlich auf kurvenreichen Strecken gefahren werden sollte. Bemerkenswert: Auch die Unterseite der Maschine war aerodynamisch perfekt verschalt. Für Wartungs- und Reparaturarbeiten mußten die sperrigen Verkleidungsteile abgenommen werden.

Unten: sehr seltene BMW K 1 von 1992 in Königsblau. Die überdimensionalen Logos hatte man weggelassen.

Ansprechverhalten nicht unkomfortabel. Zum guten Fahrverhalten trug auch die Marzocchi-Telegabel mit ihren soliden 41,7-mm-Standrohren und dritter Brücke bei.

Die vordere Brembo-Doppel-Scheibenbremse war auf 305 mm Durchmesser vergrößert worden, hinten tat die übliche 285-mm-Scheibe Dienst. Auf Wunsch konnte die K 1 mit dem neu entwickelten ABS bestellt werden, ab 1991 waren Bremshilfe (und G-Kat) serienmäßig. Franz-Josef Schermer, der die Maschine damals für *„MO“* testete, war beeindruckt: *„Tatsächlich ist es ein Erlebnis ganz besonderer Art, mit der K 1 durch den Wind zu pflügen.“*

Doch schon nach vier Jahren und 6921 in Berlin-Spandau produzierten Exemplaren war Schluß, die K 1 wurde 1993, nach der Vermarktung der Sonderserie Ultima, eingestellt. BMW stapelte tief: *„Die K 1 hat ihre Rolle als Image- und Technologieträger erfüllt. Sie war von vornherein nie in großen Stückzahlen geplant.“* Vielleicht war sie aber auch nicht das Sportgerät, daß die Käufer erwartet hatten.

Armaturen und Instrumente stammten weitgehend von der K 100. Auffälligstes Merkmal war die grellgelbe Typographie auf den schwarzen Zifferblättern. Daß Tachometer und Drehzahlmesser nicht spiegelfrei waren, wurde der K 1 allerdings nie verziehen. Auch wirkte die rechteckige Ausformung der Geräte wie ein Stilbruch im sonst flott gestylten Ambiente.

Auch legendär:
K 100 RS 16 V

1989-1992: 987 cm³, 100 PS

Wer sich Ende 1989 für 22 200 DM die im Mai 1989 eingeführte K 1 zugelegt hatte, blickte säuerlich auf den neuen Sport-Tourer, der ja nichts anderes war als eine abgespeckte und damit preiswertere (2250 DM weniger) Variante der K 1. BMW hatte sich mit dieser Politik verkalkuliert: Während die K 100 RS 16V 1991 weltweit 5057 Käufer fand, entschieden sich im gleichen Zeitraum nur noch 763 Leute für die K 1. Die K 100 RS 16 V sprintete mit ihren 100 PS genauso vehement nach vorn wie das Topmodell, war wegen der veralteten Verkleidung nur in der Spitze mit 225 km/h etwas langsamer. Die neue Sport-K besaß den Paralever-Antriebstrang der K 1 und war uneingeschränkt alltags- und tourentauglich.

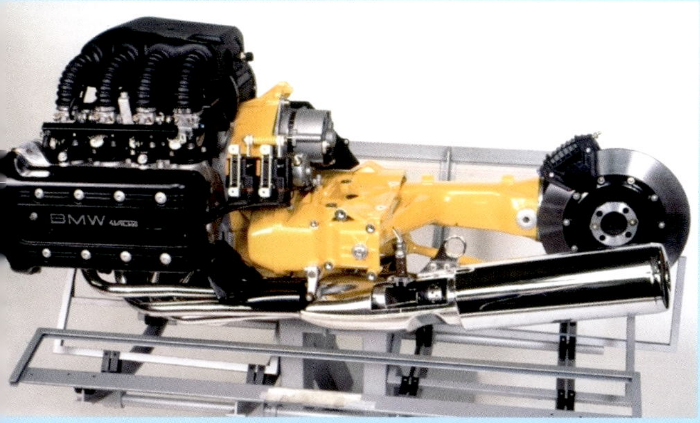

Ganz oben: Der kompakte Antriebsstrang der K 100 RS 16 V mit schwarz beschichtetem Dohc-Vierzylinder.
Oben: Fahrgestell der K 1. Der Rohre des Gitterrahmens waren für die K 1 verstärkt worden, der 16-Ventil-Motor war wie bei der K 100 tragendes Element. Der um 48 mm vergrößerte Radstand trug zum perfekten Geradeauslauf bei.

Fotos rechts: Die Frontpartie der K 100 RS 16 V präsentierte sich mit der vom Achtventil-Vorläufermodell übernommenen Halbschalenverkleidung und großem Rechteckscheinwerfer weitgehend unverändert. Doppel-Sitzbank und die als Extra erhältlichen Motokoffer machten die K 100 RS 16 V reisetauglich. Bis 1992 rollten 12 666 K 100 RS 16 V vom Band.

Fotos: S. 52, 53 alle: BMW Presse, BMW Classic Archiv

1992-1997

BMW K 1100 RS
Einfach traumhaft

Die 1992 präsentierte K 1100 RS machte die K 1 mit ihrem auf 1092 cm^3 aufgebohrten 16-Ventil-Vierzylindermotor überflüssig und löste gleichzeitig die K 100 RS 16 V ab . Der wiederum 100 PS starke Motor sorgte für überragende Fahrleistungen, das Paralever-Fahrwerk war Spitzenklasse.

Beide Fotos zeigen das Ende 1994 aufgelegte Sondermodell der K 1100 RS in Marrakesch-Rot mit schwarz beschichteter Antriebstechnik und markanten Typenlogos an den Seiten. ABS und G-Kat waren bei dieser Version serienmäßig. Rechts ist der Autor auf seiner privaten Maschine in der kurvenreichen Eifel unterwegs. Die Maschine machte ihm viel Freude, war anspruchslos im Verbrauch und bei der Wartung, war in jeder Fahrsituartion leicht beherrschbar – bis hinauf zur Höchstgeschwindigkeit von über 220 km/h.

Fotos: S. 54: Hans J. Schneider; S. 55: Frank Ratering

Nach dem Erscheinen der K 1100 LT im Herbst 1991 war es nur eine Frage der Zeit, bis der auf 1092 cm³ aufgebohrte 16 V-Vierzylindermotor auch im Sportmodell der K-Reihe eingesetzt werden würde. So war die auf der IFMA im September 1992 vorgestellte K 1100 RS im Prinzip keine Überraschung. Gleichwohl erregte sie gehöriges Aufsehen mit ihrer neuen Vollverkleidung und den beim Ferrari Testarossa abgeschauten und kurz darauf auch von Suzuki nachgemachten „Kiemen" an den Seiten.

Oben: Die K 1100 RS in der Ausführung Dunkelrot-Metallic mit goldeloxierten Felgen beim „Motorradfahrer"-Test im Januar 1993. Unten: Das rote Sondermodell von Ende 1994 als Testmaschine von BMW.

Modellpolitisch nicht sofort verständlich war die Tatsache, daß nun die neue Sport-RS, die ab 1992 die K 100 RS 16 V ablöste, die Top-Motorisierung besaß und nicht die teurere und prestigeträchtigere K 1. Die mußte sich weiter mit dem bekannten Ein-Liter-Triebwerk, schwächerem Drehmoment und weniger eindrucksvollen Fahrleistungen begnügen. So wurde die K 1 durch die beträchtliche Aufwertung der RS an den Rand gedrängt, verschwand schon im August 1993 von der Bildfläche.

Neue Verkleidung, Fahrwerk von der K 1

Was war neu bei der K 1100 RS? An das unveränderte Oberteil der seit 1983 verbauten RS-Verkleidung mit seinem Rechteckscheinwerfer hatten die Designer weit nach hinten und unten gezogene Seitenteile sowie einen mächtigen Motorspoiler mit markentypisch nierenförmigem Kühllufteinlaß angefügt. Zusammen mit den ebenfalls neuen Seiten- und Batterieblenden sah die RS jetzt wie ein richtiges Superbike aus. Mit ihrem von der K 1 übernommenen Fahrwerk (Marzocchi-Telegabel, Paralever-Schwinge mit Showa-Federbein, Dreifach-Scheibenbremsanlage) und dem verstärktem Gitterohrrahmen mit V-förmige Zusatzstreben am Steuerkopf und an der hinteren Stützstrebe sowie dem mittragenden Triebwerksblock) war die 1100er RS ein Musterbeispiel an Stabilität und Fahrsicherheit und letztlich der Maßstab in ihrer Klasse. So gewann sie mit Bravour mehrere Vergleichstests gegen so potente und technisch aufwendig gebaute Gegnerinnen wie Yamaha GTS 1000, Kawasaki ZZ-R 1100 oder Honda CBR 1000. Das hervorragende Abschneiden im Test wie im Alltag bewog auch den Autor dieses Buches zum Kauf einer RS, was er auf vielen tausend Kilometern nicht bereute.

Überzeugend waren vor allem das satte Drehmoment und das unvergleichliche Durchzugsvermögen des schon bei der K 1100 LT verwendeten 16-Ventil-Triebwerks mit 100 PS bei 7500/min^{-1} und 107 Nm bei 5500/min^{-1}. Der bärenstarke Motor schöpfte seine Kraft stets aus dem Vollen, erlaubte auf den seinerzeit oft nur schwach befahrenen Autobahnen Reisegeschwindigkeiten von 180 km/h und mehr, ließ Überholvorgänge auf wenige Sekunden schrumpfen, benahm sich aber auch im Stadtverkehr und auf schwierigen Strecken äußerst manierlich.

Sicheres Fahrverhalten, gutes Handling

Es war problemlos möglich, rechtwinklige Ecken im dritten Gang zu umrunden, selbst bei Drehzahlen von 1500 Touren zog der Einspritzmotor sauber durch. Zudem war die mit (zunächst aufpreispflichtigen) Elementen wie G-Kat, ABS und Koffern ausgerüstete und entsprechend schwere RS des Autors (rund 280 kg) nach damaligen Maßstäben relativ sparsam: 4,6 bis 6,4 l/100 km.

Die vom Vorläufermodell übernommene Hinterachsübersetzung von 1 : 2,81 paßte in allen fünf Gängen genau und ließ die Maschine Spitzengeschwindigkeiten von knapp 230 km/h erreichen (Meßwert *„Motorradfahrer"* 2/1993: 225 km/h solo, 204 km/h mit zwei Personen). Seitenwindprobleme gab es trotz der großen Angriffsflächen kaum, nur bei starken Böen hieß es locker zu bleiben und den ausweichenden Vorbau sauber auszusteuern.

Versäumt hatte BMW es leider, das Oberteil der Verkleidung zu modernisieren; die Klarsichtscheibe war nach wie vor zu kurz. Mittelgroße Fahrer wurden vom Fahrtwind voll am Kopf getroffen, was vor allem bei mittleren Geschwindigkeiten (120 bis 150 km/h) zu

Steckbrief BMW K 1100 RS

Bauzeit	1992 bis 1997
Motor, Ventile/Zyl., Kühlung	Reihe 4, 4V/Zyl., Dohc, flüssiggekühlt
Einheiten	12 184
Hubraum, Bohrung x Hub	1092 cm^3, 70,5 x 70 mm
Leistung	100 PS bei 7500/min^{-1}
Gemischaufbereitung	elektronisch, Bosch-Motronic DMA/MA 2.4
Getriebe, Antrieb, Radstand	5-Gang, Kardan, 1565 mm
Rahmen	Gitterrohr, Motor mittragend
Vorderradführung	Marzocchi-Telegab., 41,7-mm-Standrohre
Hinterradführung	Paraleverschwinge, 1 Federbein rechts
Bremsen vorn / hinten	2 Scheiben 305 / 1 Scheibe 285 mm, gelocht
Reifen vorn / hinten	120/70 VR 17 / 160/60 VR 18
Leergewicht vollget. /Tank	268 kg / 22 Liter
Höchstgeschwindigkeit	228 km/h (Werksangabe)
Preis	22 400.- DM (1992)

Oben: Unsere Testmaschine von 1993 beim Schäferstündchen in der Nähe von Euskirchen, wo sich die „Motorradfahrer"-Redaktion befand. Im Sattel: Andy Seiler, später Pressesprecher von Kawasaki. Rechts noch einmal die phantastische Spezial-RS von 1994.

Fotos: S. 56, 57 o: Archiv Hans J. Schneider, Fotograf nicht zu ermitteln (Hans König?); S. 56 u: Hans J. Schneider: S. 57 u: Frank Ratering

enormen Verwirbelungen und gehörschädigenden Windgeräuschen führte. Erst über 160 km/h war die RS so richtig in ihrem Element, fraß die Kilometer gierig in sich hinein, zwang den Fahrer allerdings auch, sich hinters Cockpit zu ducken. Der auf Arme und Schultern treffende Winddruck war dann gerade so stark, daß man bequem dem Orkan trotzen konnte, der von vorn die Maschine traf. Unter 140 km/h allerdings war der Druck fast völlig weg, was auf langen Strecken mit Tempolimit (Autobahn-Neubau Berlin-Hannover oder Autobahnen in Belgien, Italien und der Schweiz) zu einer starken Belastung und Übermüdung der Oberarme führte.

Oben: das in zeitlosem Schwarz-Silber lackierte Sondermodell von 1995/96 mit perfekt polierter Teleskopgabel. Die Auspuffanlage bestand aus Edelstahl, der Schalldämpfer war rund und kürzer als bei der alten K 100.

Unten: Basismodell in gewöhnungsbedürftigem Blau-Metallic mit Sitzbank in empfindlichem Weiß.

Auf langen Strecken beschwerten sich Sozia oder Sozius schon mal über die Sitzposition, die stark angewinkelte Beine erzwang und daher ermüdend wirkte. Philipp, einer der Söhne des Autors, fiel nach einer 700-km-Nonstop-Fahrt von Köln in die Normandie fast steif vom Rücksitz. Die Zuladung lag mit 217 kg im Rahmen des Klassenüblichen.

Die Verkleidung bot einen im Vergleich zur alten RS deutlich verbesserten Wetterschutz. Selbst bei Starkregen wurde der Pilot kaum naß. Im Sommer hingegen, und dann vor allem im Kurzstreckenverkehr, leitete die Hülle die vom Motor abstrahlende Wärme so stark nach oben, daß man es nur in (sicherheitstechnisch weniger ratsamen) Jeans aushalten konnte. In der kalten Jahreszeit dagegen kehrte sich der Nachteil in einen entscheidenden Vorzug um: Füße und Beine wurden ordentlich beheizt.

Traummotorrad für alle Gelegenheiten

Die neue Super-BMW war ein Traummotorrad für Alltag und Reise und damit für Leute, die Wert auf relativ umweltverträgliches, souveränes und störungsfreies Vorwärtskommen legten. Für Sport und Rennstrecke war die K 1100 RS indes nicht gedacht. Bei einem Leergewicht von 268 kg (ohne ABS und Koffer) und einem Radstand von 1565 mm verbot sich wettbewerbsmäßiges Knieschleifenlassen von selbst. Eine verstärkte Lichtmaschine (jetzt 14 Volt, 700 Watt wie beim Vierventil-Boxer) war für eine K 1100 RS wichtiger als ein hochgelegter Schalldämpfer. Außerdem hatte BMW dem neuen Sporttourer einen vierfach verstellbaren Vorderbremshebel, einen besser geformten Schalthebel und eine schwingungsentkoppelte Fußrastenanlage für Fahrer und Beifahrer spendiert.

Zum Modelljahr 1993/94 war die K 1100 RS auf Wunsch auch mit dem neuen ABS II erhältlich, das wesentlich zur passiven Sicherheit beitrug. Ab Modelljahr 1994/95 gehörten Temperatur- und Benzinstandsanzeige zur Grundausstattung.

Das Ende 1994 aufgelegte Sondermodell der K 1100 RS (wie vom Autor gekauft) war serienmäßig mit ABS ausgerüstet und kostete mit 25 300 DM immerhin 1800 DM mehr als die Basisversion. Ansonsten unterschied sich die Spezial-RS nur durch die Lackierung „Marrakeschrot" und die große, schwarze Modellbezeichnung auf den Seitenteilen von der Normal-Variante. Das zweite und letzte Sondermodell in „Nachtschwarz/Arktissilber-Metallic" mit großen Schriftzügen und polierter Telegabel ging 1995/96 an den Start.

Die letzten fünf der 12 184 produzierten Exemplare rollten 1997 vom Band, parallel zur stark veränderten K 1200 RS. Kenner wissen, daß die K 1100 RS trotz ihrer kleinen Schwächen vielleicht die beste K war, die je gebaut wurde.

Auch legendär:

K 1100 LT

1992-1999: 1092 cm³, 100 PS

Supertourer haben Tradition bei BMW. Den Auftakt machte 1978 das Boxermodell R 100 RT, 1984 folgte die fortschrittliche K 100 RT, die sich zwei Jahre später zur LT amerikanischen Zuschnitts mauserte. Die vollverkleideten Maschinen wurden in großer Stückzahl und weltweit an Behörden verkauft, meist mit spezieller Zusatzausrüstung. Aber auch Privatleute fanden zunehmend Gefallen an den Luxus-Motorrädern.

Die 1992 präsentierte K 1100 LT war mit ihrem Gesamtkonzept perfekt zugeschnitten auf die Tourenfahrer der neuen Generation, die Komfort und Luxus, Reichweite und Zuverlässigkeit, aber auch Prestige und Sicherheit wünschten. Dafür legten sie schon zum Serienstart gern 22 850 DM und mehr auf den Tisch.

Noch vor der K 1100 RS bot die LT die hochkarätige Antriebstechnik der K 1 mit dem auf 1092 cm³ erweiterten 16-Ventil-Dohc-Vierzylinder und elektronischer Benzineinspritzung. Verstärkter Gitterohrrahmen, Marzocchi-Telegabel und Paralever-Schwinge sorgten für spurstabiles Fahrverhalten. Die ausladende Verkleidung und die serienmäßigen Koffer trieben indes das Leergewicht auf 290 kg hoch.

Die K 1100 LT war mit 22 757 verkauften Einheiten äußerst erfolgreich. Elektrisch verstellbare Windschutzscheibe, Komfort-Sitzbank, Tourenkoffer und Topcase gehörten zur Serienausstattung. Oben: das luxuriöse und rund 30 000 DM teure Modell Highline von 1997. Zierlinien veredelten die Sonderlackierung.

K 75 S

1985-1995

740 cm³, 75 PS

Als preisgünstigere Alternative zur noblen Vierzylinder-K 100 legte BMW ab 1984 vier verschiedene Modelle mit Dreizylinder-Dohc-Motor, 740 cm³ und 75 PS auf: die Basis K 75 1984 bis 1996, die K 75 C von 1985 bis 1990, die oben im Bild gezeigte, auf sportlich getrimmte K 75 S von 1985 bis 1995 und die K 75 RT von 1989 bis 1997. Alle Modelle zusammen brachten es auf 68 011 produzierte Einheiten, was einer der größten BMW-Erfolge war.

Fotos: S. 58 o, u: BMW Presse, BMW Classic Archiv; S. 58 ur: Hans J. Schneider; S. 59 o, ur: BMW Presse, BMW Classic Archiv; S. 59 ul: Hans König

1996-2001 (Phase 1)

BMW K 1200 RS

Sprung nach vorn

Um die Dominanz der Japaner im Supersportbereich zu brechen, brachte BMW 1996 die völlig neu entwickelte K 1200 RS mit Leichtmetall-Gußrahmen und Telelever-Vorderradführung heraus. Der längs liegende 16-Ventil-Vierzylinder leistete bei 1171 cm^3 ungedrosselt nun 130 PS.

Knallig-sportlich wirkte die RS in „Dakargelb/Arktisgrau-Metallic" mit auffälligem Zielflaggenmuster. Ins Auge sprang auch die Lackierung in „Marrakesch-Rot". Gegen Aufpreis waren Koffer samt Spezialhaltern und Gepäckbrücke lieferbar. Die Sitzbanklinie stieg in bester Honda-Manier steil nach hinten an und lief in einem schmalen Heck mit kräftigem Alubügel und einer Leuchteneinheit mit Blinkern, Rück- und Bremslicht aus.

Fotos: S. 60, 61: BMW Presse, BMW Classic Archiv

1996 bis 2001: BMW K 1200 RS

Gut ablesbare Rundinstrumente hatten nun die im Sonnenlicht reflektierenden und keineswegs eleganten Rechteck-Uhren der alten K-Modelle ersetzt. Komplett neu waren der LM-Gußrahmen und die Telelever-Vorderradführung. Der weiterentwickelte 16-Ventil-Motor saß 3 cm höher als früher.

Oft hat BMW auf neue Tendenzen nur zögernd reagiert. Den Vorwurf konnte man den Bayern im Zusammenhang mit der K 1200 RS nicht mehr machen: Bei der im September 1996 auf der Kölner IFMA erstmals gezeigten Super-BMW handelte es sich nicht um eine routinemäßige Weiterentwicklung bekannter Strukturen, sondern um eine in nahezu allen Details modifizierte Konstruktion, die mit ihrem weiterhin längsliegenden Vierzylindermotor zwar der K-Philosophie treu blieb, ansonsten aber nicht mehr viel gemein hatte mit den Vorläufermodellen. Daß es den neuen Sporttourer erstmals auch in einer ungedrosselten Version mit 130 PS gab, war zumindest für die Zeitschrift *„Motorrad" „eine politische Sensation".* Der Preis war mit 27 400 DM am oberen Ende der Skala angesiedelt. In den Handel kam die Maschine im Frühjahr 1997.

Radikal geändert hatte BMW die Optik. Die K 1200 RS sah – anders als die älteren Typen – aus wie ein modernes Superbike aus Japan und appellierte vom Auftritt her (besonders im frechen Zielflaggendesign) mehr an den Sportinstinkt der Fahrer als alle BMW-Modelle vorher. Sie trumpfte auf mit unlimitierter Leistung und provozierte damit die sonst so fixen Japan-Importeure, die in diesem Punkt damals noch zögerten und sich zunächst noch wie hypnotisiert an die freiwillige, inzwischen angestaubte 100-PS-Beschränkung von 1978 hielten.

Weniger gut ins Bild paßte, daß die neue RS mit 285 kg Leergewicht so schwer wie ein Tourer geworden war. Vergessen waren die Zeiten, als BMW sich rühmen konnte, mit gut 200 kg leichten Boxern (R 100 S, R 100 RS) die agilsten Sport-Tausender auf dem Weltmarkt anzubieten. Das war Ende der 1970er, Anfang der 1980er Jahre zu Zeiten der legendären Zweizylinder-Boxer-Modelle – Schwamm drüber!

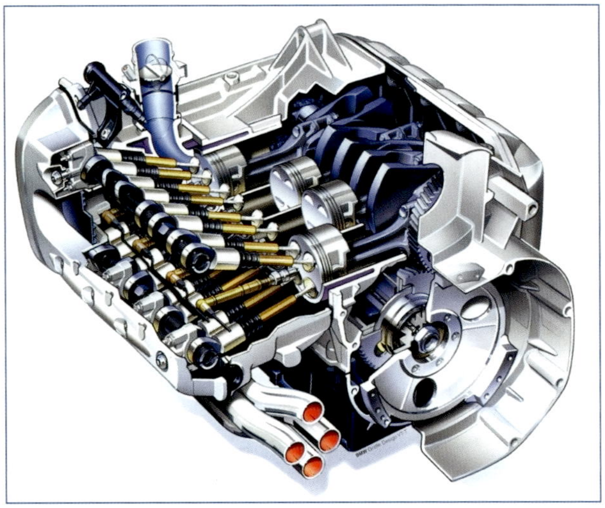

Um den Hubraum auf 1171 cm^3 zu bringen, hatte man gegenüber der K 1100 RS bei gleicher Bohrung von 70,5 mm den Hub von 70 auf 75 mm verlängert, was dem Drehmoment und damit dem Antritt zugutekam. In der 100-PS-Version für Deutschland erreichte die K 1200 RS 225 km/h, mit 130 PS kam sie auf damals unerhörte 245 km/h. Dabei drehte die Kurbelwelle 9000mal in der Minute – spektakulär. Ab Werk verfügte die neue 1200er nicht nur über das ABS II und einen geregelten Dreiwege-Doppel-Katalysator, sondern auch als erste BMW über ein feinabgestuftes Sechsgang-Getriebe mit Hydraulik-Kupplung.

Ursprünglich war eine komplette Neukonstruktion des etwas rauh laufenden Vierzylinders geplant gewesen, doch die Millionen

dafür wurden nicht bewilligt. Stattdessen konstruierten die Ingenieure einen komplett neuen Rahmen und hängten den Triebwerksblock elastisch auf. Mit Feinarbeit im Detail wurde der Motor leiser und vibrationsärmer gemacht. Staudruckaufladung, Doppel-Kühlsystem, Ölkühler und neue Motronic MA 2.4 gehörten ebenfalls zu den Verbesserungsmaßnahmen.

Leichtmetall-Brücken- statt Gitterrohrrahmen

Vom Gitterrohrrahmen hatte man sich verabschiedet: Rückgrat der K 1200 RS war ein mit modernster Computertechnik verfeinerter, sehr kompakter Rahmen aus hochfestem Leichtmetallguß, der eng am Motor anlag und eine verwindungssteife Brücke zwischen Vorder- und Hinterradführung bildete. Am Heck war ein Hilfsrahmen aus leichtem Stahlrohr angebracht. Der Motor hing mitsamt dem Getriebe zu Gunsten größerer Schräglagenfreit drei Zentimeter höher im Fahrzeug

Von vornherein war der Rahmen so konstruiert worden, daß er zur unkonventionellen Telelever-Vorderradführung paßte, die ab 1993 mit den Boxertypen R 1100/850 R, R 1100 GS und R 1100 RT als wichtige Innovationen der Fahrwerkstechnik eingeführt worden war. Der Telelever war eine clevere Synthese aus Telegabel und Schwinge. Vier Bauelemente gehörten zum System: zwei Gabelholme mit relativ dünnen Stand- und Gleitrohren, ein am Motor gelagerter Längslenker, ein zentrales Federbein und eine obere Gabelbrücke mit Kugelgelenk. Bremsnickausgleich und ölhydraulischer Lenkungsdämpfer optimierten die Radführung zusätzlich.

Die 1987 eingeführte Paralever-Hinterradführung war im Prinzip unverändert vom Vorläufermodell übernommen worden. Die patentierte Doppelgelenkschwinge reduzierte auch bei der R 1200 RS die Lastwechselreaktionen des Kardanantriebs weitgehend, verlängerte den Radstand und sorgte so für gute Bodenhaftung des Hinterrads und sauberen Geradeauslauf. Die Dreischeibenbremse war unverändert von der K 1100 RS übernommen worden. Gut zum sportlichen Auftritt der K 1200 RS paßten die filigranen 17-Zoll-LM-Gußräder mit jeweils fünf Doppelspeichen und breiter Bereifung: 120/70 ZR 17 vorn, 170/60 ZR 17 hinten.

Oben rechts: Die im Detail verbesserte K 1200 RS der zweiten Phase kam im Sommer 2001 auf den Markt und wurde bis 2005 produziert.

Unten: K 1200 RS der ersten Phase, wie sie von 1996 bis 2001 im BMW-Werk Berlin-Spandau vom Band lief.

Steckbrief BMW K 1200 RS Phase 1

Bauzeit	1996 bis 2001
Motor, Ventile/Zyl., Kühlung	Reihe 4, 4V/Zyl., Dohc, flüssiggekühlt
Einheiten	21 617
Hubraum, Bohrung x Hub	1171 cm³, 70,5 x 75 mm
Leistung	100 (offen 130 PS) bei 8750/min⁻¹
Gemischaufbereitung	elektronisch, Bosch-Motronic DMA
Getriebe, Antrieb, Radstand	5-Gang, Kardan, 1555 mm
Rahmen	Leichtmetallguß, Motor mittragend
Vorderradführung	BMW-Telelever, Standrohre 35 mm Ø
Hinterradführung	Paraleverschwinge, 1 Federbein rechts
Bremsen vorn / hinten	2 Scheiben 305 / 1 Scheibe 285 mm, gelocht
Reifen vorn / hinten	120/70 ZR 17 / 170/60 ZR 17
Leergewicht vollget. /Tank	290 kg / 21 Liter
Höchstgeschwindigkeit	245 km/h (225 mit 100 PS,Werksangabe)
Preis	27 400.- DM (1996)

Dank der völlig neu konstruierten Vollverkleidung unterschied sich die neue Top-BMW optisch sehr stark von den Vorläufermodellen. Die Kanten und Ecken waren windschlüpfigen Rundungen gewichen, die Front wurde nicht mehr geprägt vom klotzigen Rechteckscheinwerfer, sondern von einer Doppelscheinwerferanordnung, wie sie die Japaner nicht anders gemacht hätten. Der große Erfolg der K 1200 RS, der weitere 1,2-Liter-Modelle folgen sollten, bestätigte die Richtigkeit der neuen BMW-Strategie. Von in diesem Kapitel gezeigten Typ der Phase 1 wurden 21 617 Exemplare gebaut. Die ab 2001 verkaufte K 1200 RS der zweiten Generation fand bis 2005 weltweit noch einmal 16 325 Käufer.

Fotos: S. 62, 63 alle: BMW Presse, BMW Classic Archiv

1989-1994

Buell RSS 1200

Ritt auf dem Bullen

Ein besonderes Fahrerlebnis vermittelte die von dem US-amerikanischen Spezialunternehmen produzierte Buell RSS 1200, die vom 1,2-Liter Stoßstangen-V-Twin der Harley-Davidson Sportster angetrieben wurde. Alles war extravagant an dem fast 35 000 DM teuren Motorrad, bis hin zum längs liegenden Federbein.

Anfang der 1980er Jahre gründete der Harley-Ingenieur Erik Buell sein eigenes Unternehmen für den Bau von sportlichen Motorrädern. Nach ersten Versuchen 1983 mit dem vierzylindrigen Zweitakt-Rennsportmodell RW 750 präsentierte er 1985 die erste Maschine mit V2-Motor von Harley-Davidson. Es folgten 1000er und 1200er Modelle, bis Harley-Davidson 1993 49 Prozent der Buell-Aktien übernahm. Die erste Maschine, die aus dieser Kooperation hervorging, war 1995 die S2 Thunderbolt, deren Höcker sich für das Fahren zu zweit abnehmen ließ.

Wir hatten 1992 die Gelegenheit, eine RS 1200 zu testen, wie sie seit 1989 gebaut wurde. Die Buell machte schon äußerlich mächtig Eindruck, sie war lang, niedrig, bullig – und skurril. Auf der rechten Seite ein sich windendes Auspuffgewürm aus dicken Edelstahlrohren und der bekannte, ungewohnt stark schräg gestellte Harley-Luftfilterdeckel, hinter dem ein biederer Standard-Vergaser mit 40 mm Durchlaß das Benzin-Luftgemisch in die Brennräume der Zylinder schaufelte, die sich größtenteils unter Tank und Halbschale versteckten. Unter dem Motor ein gewaltiges, längs liegendes Federbein, vorn ein Rechteckscheinwerfer à la Ducati 900 SS; knapp geschnittene Halbverkleidung, massiges Heck, filigrane 17-Zoll-Gußräder, Instrumente wie von einer alten Norton. Exklusivität war hundertprozentig garantiert, dafür sorgte schon der sündhaft hohe Preis von 34 980 DM.

Auf der Testfahrt von Frankfurt nach Köln störte nur die unbequeme Sitzposition, die ein starkes Abwinkeln der Beine verlangte. Der langhubig ausgelegte Motor (Bohrung x Hub 88,8 x 96,8 mm), der von der Harley Sportster 1200 stammte, arbeitete gleichmäßig und lieferte schon ab 2000 Umdrehungen pro Minute kräftigen Schub. Ab 3000 Touren ließen die Vibrationen etwas nach, und die Rückspiegel hörten auf, zu zittern. Typisch Harley: Die Kraft des stoßstangengesteuerten V-Twins kam aus dem Hubraum von satten 1199 cm^3, begnügte sich aber mit 59 PS. Gleichwohl schaffte das Monstrum eine Spitze von 184 km/h und beschleunigte in nur 5,0 Sekunden aus dem Stand auf 100 km/h (Meßwerte).

Trotz ihrer massigen Erscheinung wog die Buell nur 220 kg und erreichte daher mit nur 59 PS eine Spitze von 184 km/h. Der Verbrauch war mit 7,2 l/100 km artgerecht. An die Sitzposition mit stark angewinkelten Beinen mußte man sich gewöhnen. Das Cockpit ähnelte mit seinen drei Rundinstrumenten dem klassischer englischer Motorräder.

Steckbrief Buell RSS 1200

Bauzeit	1989 bis 1994
Motor, Ventile/Zyl., Kühlung	V2-Zyl., 2V/Zyl., Ohv (4 Wellen), luftgekühlt
Einheiten	keine Angaben
Hubraum, Bohrung x Hub	1199 cm^3, 88,8 x 96,8 mm
Leistung	59 PS bei 5200/min^{-1}
Gemischaufbereitung	1 Gleichdruckvergaser 40 mm Durchlaß
Getriebe, Antrieb, Radstand	5-Gang, Kette, 1397 mm
Rahmen	Gitterrohr, Motor mittragend
Vorderradführung	Upside-Down-Gabel, Standrohre 40 mm Ø
Hinterradführung	Kastenschwinge, 1 Federbein liegend
Bremsen vorn / hinten	1 Scheibe 320 / 1 Scheibe 230 mm, gelocht
Reifen vorn / hinten	120/70 VR 17 / 170/60 VR 17
Leergewicht vollget. /Tank	220 kg / 19 Liter
Höchstgeschwindigkeit	184 km/h (Testwert)
Preis	34 980,- DM (Ende 1992)

Was war das Geheimnis der Buell? Nun, der superleichte Gitterrohrrahmen aus hochwertigem Chrommolybdänstahl, der den Motor von oben umfaßte und als tragendes Element integrierte. Die leichte Grundkonstruktion und der radikale Verzicht auf komfortfördernde Anbauteile hielten das Leergewicht der vollgetankten Maschine mit 220 kg in sehr engen Grenzen. Die RSS 1200 war nicht schwerer als die anerkannt schnelle BMW R 100 S/CS, wie sie bis 1984 gebaut worden war. Sogar die normalerweise obligate zweite Bremsscheibe am Vorderrad, das von einer Upside-down-Gabel geführt wurde, hatte Erik Buell weggelassen, um Gewicht zu sparen. Eine Buell RSS 1200 gefahren zu haben, blieb mir als beeindruckendes Erlebnis in Erinnerung.

1997-2002

Buell M2 Cyclone

Von einem anderen Stern

Wer Ende der 1990er Jahre ein absolut einzigartiges Motorrad suchte, kam an der 18 000 DM teuren Buell M2 Cyclone nicht vorbei. Alles war anders an dieser Maschine, angefangen beim unkonventionellen Design über das spurstabile Leichtbau-Fahrwerk bis hin zum auf 86 PS getunten Evo-V-Twin aus der Sportster 1200 von Harley-Davidson.

Sie war ab Mitte der 1990er Jahre das Basismodell der kleinen, aber feinen Buell-Palette: die M2 Cyclone. Von der teureren X1 Lightning unterschied sie sich durch ein etwas zurückhaltenderes Styling, eine etwas schlichtere Ausstattung und Vergasertechnik statt Einspritzung. Als sportliches Allroundmotorrad nach amerikanischem Geschmack stellte die M2 ihre unkonventionelle Technik frank und frei zur Schau gestellt, Überflüssiges fand sich nirgends. Freude machten das handliche und spurstabile Fahrwerk, die kraftvollen Bremsen und der drehmomentstarke „Thunderstorm"-Zweizylinder-Motor.

Buelltypisch war das monumental aufragende Triebwerk mit seinen beiden im Winkel von 45° angeordneten Zylindern vom Evo-V2 der Harley Sportster 1200 abgeleitet. Doch in der Cyclone wirkte das von einem Gleichdruckvergaser mit 40 mm Durchlaß wesentlich agiler, entwickelte es doch in der M2 86 PS bei vergleichsweise niedrigen 6100/min^{-1}. Auch das maximale Drehmoment von 103 Nm bei 5700/min^{-1} konnte sich sehen lassen. Fünfgang-Getriebe und Zahnriemen übertrugen die Kraft aufs 17-Zoll-Hinterrad. In der Höchstgeschwindigkeit stand die unverkleidete Cyclone der windschnittigeren und der mit 88 PS stärkeren Lightning etwas nach, doch wer sich traute, konnte den Donnerbolzen auf 200 km/h hochjagen.

Während bei der M2 der gleiche Gitterrohrrahmen wie bei der X1 verwendet wurde, wobei auch hier der eingehängte Antriebsblock mittragend war wie bei der X1, unterschieden sich die Fahrwerkselemente in wichtigen Details. So stand die Showa-Telegabel bei einem Lenkkopfwinkel von 25 Grad (X1: 23 Grad) und einem Nachlauf von 97 mm (X1: 89 mm) etwas schräger, was dem Geradeauslauf zugutekam. Die Standrohre waren mit 43 mm Durchmesser etwas kräftiger ausgelegt. Gabel und Federbein waren in der Federbasis einstellbar, die Gabel zusätzlich in der Dämpfungs-Zugstufe, das Federbein in der Druckstufe.

Drei Pendelstützen gewährleisteten die Spurstabilität des Fahrwerks. Sie verbanden die Motor-/ Getriebeeinheit mit dem Rahmen und verhinderten Querbewegungen des Motors (ähnlich wie bei der Norton Commando von 1967). Keine Unterschiede zur X1 zeigten Bremsanlage (je eine Scheibe vorn und hinten, Sechskolbenzange vorn), 17-Zoll-Gußräder und ZR-Breitreifen. Der Tank der M2 faßte mit 19 Litern zwei Liter mehr, das Leergewicht war mit 222 kg etwas höher. Was M2-Fahrer besonders schätzten, war die entspannte, halbaufrechte Sitzposition – ideal für Kurzstrecken. Trotzdem war auch die M2 kein Motorrad für Anfänger. Es bedurfte schon einiger Erfahrung, die Urgewalt des getunten V-Twins sauber auf den Asphalt zu bringen.

Wie alle Buell-Motorräder war auch die M2 Cyclone eine unkonventionelle Synthese aus modernem Fahrwerk und klassischer Harley-Motortechnik. Der 86 PS starke V-Twin sorgte für fulminante Fahrleistungen und war auch auf kurvenreichen Strecken gut beherrschbar. Einzigartig: das unter dem Motor liegende Federbein und die Auspuffanlage.

Steckbrief Buell M2 Cyclone

Bauzeit	1997 bis 2002
Motor, Ventile/Zyl., Kühlung	V2-Zyl., 2V/Zyl., Ohv (4 Wellen), luftgekühlt
Einheiten	keine Angaben
Hubraum, Bohrung x Hub	1199 cm^3, 88,8 x 96,8 mm
Leistung	86 PS bei 6100/min^{-1}
Gemischaufbereitung	1 Gleichdruckvergaser 40 mm Durchlaß
Getriebe, Antrieb, Radstand	5-Gang, Zahnriemen, 1410 mm
Rahmen	Gitterrohr, Motor mittragend
Vorderradführung	Upside-Down-Gabel, Standrohre 43 mm Ø
Hinterradführung	LM-Bogenschwinge, 1 Federbein liegend
Bremsen vorn / hinten	1 Scheibe 340 / 1 Scheibe 230 mm, gelocht
Reifen vorn / hinten	120/70 ZR 17 / 170/60 ZR 17
Leergewicht vollget. /Tank	226 kg / 19 Liter
Höchstgeschwindigkeit	200 km/h (Werksangabe)
Preis	17 995,- DM (Ende 1999)

Für das Modelljahr 2001 verbesserte Buell M2 und X1 in zahlreichen Details. So wurde zum Beispiel das unter dem Motor längs liegende Showa-Federbein modifiziert. Das Schaltgestänge konnte jetzt verstellt werden. Die aus Kunststoff bestehenden Verkleidungselemente wurden nicht mehr lackiert, sondern beim Zulieferer Dupont durchgefärbt. Das hinter dem schmalen Windabweiser liegende Cockpit bekam einen Drehzahlmesser.

Ab Februar 1998 hielt Harley-Davidson mit 98 Prozent die Mehrheit der Firmenanteile, 2003 kaufte Harley auch die bei Erik Buell verbliebenen zwei Prozent. Am 15. Oktober 2009 wurde das Ende der Serienproduktion von Motorrädern der Marke Buell bekanntgegeben.

Fotos: S. 66, 67 alle: Presse Buell/Harley-Davidson

1991-1993

Cagiva Elefant 900 i.e.

Grauer Star

Zwei Jahre vor BMW brachte Cagiva eine zweizylindrige Super-Enduro heraus, die auf der siegreichen Paris-Dakar-Maschine von 1990 basierte. Für vehementen Vortrieb sorgte der L-förmige, desmodromisch gesteuerte Ohc-Motor der Ducati 851 und der SS 900. Der hohe Preis von rund 18 500 DM verhinderte jedoch eine größere Verbreitung des Elefanten.

Den Sieg von Edi Orioli bei der Rallye Paris-Dakar 1990 auf Cagiva war für die italienische Motorradmarke stark motivierend – man wollte den Erfolg auf die Serie abfärben lassen. Also präsentierte Cagiva 1991 eine Replika der siegreichen Werksmaschine, die Elefant 900 i.e. „Lucky Explorer" (Lucky Strike war Sponsor des Dakar-Teams). Die neue Super-Enduro hatte das Design der Werksrenner und war mit elektronischer Magneti Marelli-Einspritzanlage, Öhlins-Federbein hinten sowie Marzocchi-Gabel und 19-Zoll-Vorderrad ausgerüstet. Doch der hohe Neupreis von ca. 18 500 DM (Honda XRV 750 Africa Twin damals: 10 500 DM) führte dazu, daß nur 1000 Maschinen dieses Typs abgesetzt werden konnten.

Doch Cagiva gab nicht auf, sondern brachte Ende 1991 eine zivile Version heraus, die Elefant 900 i.e. GT. Im Spätsommer 1992 konnten wir ein Exemplar testen. Die Headline des Berichts im *„Motorradfahrer"* vom September lautete: *„Jumbo im Joggingdress."* Von der Lucky Strike-Version unterschied sich das Modell u.a. durch eine schlichte Lackierung in Grau-Metallic, ein Sechsgang-Getriebe, eine stärkere Lichtmaschine, kürzere Federwege für eine niedrigere Sitzhöhe von 840 mm und eine schlichte graue Metalliclackierung. Doch geblieben war der hohe Preis: 18 490 DM inkl. Nebenkosten.

Chassis und Fahrwerk boten keine Sensationen, waren aber mit einem verwindungssteifen Doppelschleifen-Rohrrahmen aus Chrommolybdänstahl, einer Marzocchi-Telegabel mit dickeren Standrohren (45 statt 42 mm) und einer Leichtmetall-Kastenschwinge solide ausgelegt. *„Das Fahrwerk bietet hohe Sicherheitsreserven"*, befand die Zeitschrift. Weder Längsrillen auf Autobahnen noch Seitenwindböen oder Schlaglöcher bei großer Schräglage brachten die mit 225 kg (vollgetankt) nicht allzu schwere Cagiva aus der Ruhe. Die langen Federwege boten zudem besten Fahrkomfort und trugen wesentlich zu den ausgezeichneten Offroad-Qualitäten bei. Nicht ganz zufriedenstellend arbeitete die Bremsanlage mit je einer gelochten Scheibe vorn und hinten.

Für beachtlichen Vortrieb sorgte der luftgekühlte und kurzhubige V2-Zylinder-Motor der Ducati 851 mit Zylinderköpfen der

Dank der langen Federwege und des soliden Fahrgestells hatte die Cagiva Elefant ausgezeichnete Geländeeigenschaften. Aber auch auf der Straße überzeugte sie durch Fahrstabilität und Komfort. Das reich bestückte Cockpit lag gut im Blickfeld, die Frontscheibe schützte vor Wind und Dreck. Wie bei der Werksrennmaschine der Rallye Paris-Dakar war die Frontverkleidung weit hochgezogen.

SS 900 (904 cm^3 Hubraum, 72 PS bei 8000/min^{-1}. *„Eigentlich schade, daß die Cagiva-Designer das Prachtstück zwischen der voluminösen Tankverkleidung und dem Motorschutz fast ganz versteckt haben"*, mäkelte Tester Peter Mergelkuhl. Die Elefant war vor dem Erscheinen der BMW R 1100 GS zwei Jahre später die stärkste Enduro auf dem Markt. Zwei Ölkühler schützten vor Überhitzung. Typisch Ducati war die desmodromische Zwangssteuerung der jeweils zwei Ventile pro Zylinder über je eine zahnriemengetriebene Nockenwelle. Im Test erreichte die 900 i.e. solo einen Spitze von 183 km/h. Die elektronisch gesteuerte Weber-Benzineinspritzung senkte zwar die Schadstoffe im Abgas, aber nicht den Verbrauch: Unsere Cagiva konsumierte im Schnitt 6,9 l/100 km. Zuletzt wurde die Elefant mit Vergasermotoren (748 cm^3 bzw. 904 cm^3), und Fahrwerken mit weniger Federweg angeboten.

Steckbrief Cagiva Elefant 900 i.e. GT

Bauzeit	1991 bis 1993
Motor, Ventile/Zyl., Kühlung	V2 Ducati, 2V/Zyl., Ohc, Desmo, Luft/Öl
Einheiten	keine Angaben
Hubraum, Bohrung x Hub	904 cm^3, 92 x 64 mm
Leistung	72 PS bei 8000/min^{-1}
Gemischaufbereitung	elektronische Weber-Einspritzanlage
Getriebe, Antrieb, Radstand	5-Gang, Kette, 1570 mm
Rahmen	Doppelschleife Spezialstahl, 2 Unterzüge
Vorderradführung	Marzocchi-Telegab., Standrohre 45 mm Ø
Hinterradführung	LM-Kastenschwinge, Zentral-Federbein
Bremsen vorn / hinten	1 Scheibe 320 / 1 Scheibe 240 mm, gelocht
Reifen vorn / hinten	100/90 VR 19 / 140/80 VR 17
Leergewicht vollget. /Tank	225 kg / 24 Liter
Höchstgeschwindigkeit	183 km/h (Testwert)
Preis	18 490,- DM (September 1992)

Fotos: S. 68/69 alle: Hans J. Schneider

1989-1993

Ducati 888

Für Champions

Die auf der 851 basierende Ducati 888 bestritt von 1989 bis 1993 erfolgreich die Superbike-Mei-ster-schaften in Europa und den USA. Der bereits ab 1986 entwickelte Vierventil-Dohc-V-Twin setzte sich danach auch in den Serienmodellen durch, ebenso wie Benzineinspritzung und Flüssigkühlung.

Die Aufnahmen auf diesen Seiten zeigen eine von Axel Koenigsbeck im Sommer 2021 fotografierte Ducati 888 Strada in der in Deutschland zulassungsfähigen 98-PS-Version. Die Werks-Rennmaschinen leisteten anfangs 112, später bis zu 140 PS, zunächst als Typ 851, dann als 888. Bereits im Auftaktjahr der für 1988 neu geschaffenen Superbike-WM gewann Ex-Halbliter-Weltmeister Marco Luccinelli mit der neuen Desmoquattro zwei der siebzehn Wertungsläufe und wurde am Ende respektabler Fünfter. 1989 holte der Franzose Raymond Roche mit fünf Siegen Bronze, um dann 1990 den ersten WM-Titel für Ducati klarzumachen. Nach ihm dominierte der von Suzuki zu den Roten gewechselte US-Fahrer Doug Polen die WM vor Roche. Mittlerweile waren 888 cm³ Hubraum für den 1991 und 1992 siegreichen V-Zweizylinder Standard.

Fotos: S. 70/71 alle: Axel Koenigsbeck

Die Revolution begann 1986 im Kopf, und zwar im Kopf des Ducati-Ingenieurs Massimo Bordi, der im Rahmen seiner Doktorarbeit einen Vierventil-Zylinderkopf mit zwei obenliegenden Nockenwellen entwickelte, der in doppelter Ausführung einem neuen Rennmotor mit Flüssigkühlung und zentraler Benzineinspritzung ein starkes Plus an Leistung bescherte. Nach einem ersten Renneinsatz der 95 PS starken 748 i.e. wurde das Konzept weiterentwickelt – zum 115 PS starken V2-Desmoquattro mit mehr Bohrung und Hub. Das neue Vierventil Rennmotorrad hörte hubraumspezifisch auf die Bezeichnung 851 und gewann 1987 auf Anhieb die Battle-of-Twins in Daytona.

Für die Superbike-Saison 1988 wurde, wie die Homologation es vorschrieb, eine Serie von 200 Exemplaren produziert und an Rennfahrer und Sammler verkauft. Es folgte unter der Typbezeichnung 851 Strada eine weitere Serie von 300 Exemplaren. Die 851 wog nur 158 kg und leistete zuletzt 128 PS – eine Kampfansage an die japanische Konkurrenz. 1988 wurde durch Aufbohren der Zylinder auf 94 mm aus der 851 die 888, wobei die Ziffer wieder dem Hubraum entsprach. 130 PS wuchtete der neue Motor auf die Kurbelwelle. Die Ducatis waren bald in aller Welt siegreich, gewannen 1991 die Superbike-Europa-Meisterschaft.

Rennmaschine und Strada wurden ständig weiterentwickelt. Das 888-Superbike von 1992 wies zwei vertikal geteilte Motorgehäusehälften auf, das Gemisch wurde von einer elektronisch gesteuerten Weber-Marelli-Einspritzanlage mit vier Düsen pro Zylinder erzeugt. Die 888 war die erste Rennmaschine mit Saugrohreinspritzung. 1992 brachte der Dohc-V2-Vierventiler 140 PS an die Kurbelwelle, bei 11 000/min^{-1}; das waren noch 133 PS am Hinterrad. Die Höchstgeschwindigkeit des trocken nur 142 kg schweren Superbikes 888 lag bei 290 km/h.

Stilgebend war der Gitterrohr-Rahmen aus Chrommolybdän-Stahl, bei dem der Motor mittragend war. Hinterrad-Kastenschwinge mit Öhlins-Zentralfederbein, Upside-Down-Telegabel mit 42 mm dicken Standrohren, ebenfalls von Öhlins, Dreifach-Scheibenbremsanlage von Brembo und 17 Zoll breite LM-Räder bildeten das Fahrwerk, wobei all diese Teile mehr oder weniger unverändert in die Großserie von Ducati einflossen. Der 20-Liter-Tank und viele Verkleidungsteile bestanden aus Kohlefasermaterial. 1993 leistete eine auf 926 cm^3 gebrachte 888 143 PS bei 11 500/min^{-1}.

Steckbrief Ducati 888 Racing-Version

Bauzeit	1989 bis 1992
Motor, Ventile/Zyl., Kühl.	V2 Ducati, 4V/Zyl., Dohc, Desmo, flüss.gek.
Einheiten	keine Angaben
Hubraum, Bohrung x Hub	888 cm^3, 94 x 54 mm
Leistung	130-140 PS bei 11 000/min^{-1}
Gemischaufbereitung	Marelli-Saugrohreinspritzung
Getriebe, Antrieb, Radstand	6-Gang, Kette, 1430 mm
Rahmen	Gitterrohrrahmen, Motor mittragend
Vorderradführung	Upside-Down-Telegabel
Hinterradführung	LM-Kastenschwinge, Zentral-Federbein
Bremsen vorn / hinten	2 Scheiben 320 / 1 Scheibe 245 mm, gelocht
Reifen vorn / hinten	120/60 ZR 17 / 180/50 ZR 17
Leergewicht trocken / Tank	142 kg / 19 Liter
Höchstgeschwindigkeit	290 km/h (Werksangabe)
Preis	27 500,- DM (98-PS-Modell Deutschland)

Unten: Ducati ST 4 von 1998 mit 916 cm³ großem und 105 PS starkem Desmoquattro-Twin, Flüssigkühlung, Sechsganggetriebe, Updside-Down-Gabel, 17-Zoll-Rädern und 320- bzw. 245 mm-Bremsscheiben. Die bedingt tourentaugliche ST 4 schaffte bis zu 240 km/h Spitze. Sie wird heute als Seltenheit teuer gehandelt.

Auch legendär: Strada-Modelle, ST 4

1993: 888 cm³, 113 PS; 2000: 916 cm³, 105 PS

1988 folgten von den Rennern abgeleitete Straßenmodelle – zuerst die 851 Strada mit immerhin 102 PS. Für sie gab es einen für die WM-Homologation wichtigen Superbike-Kit mit enger abgestuftem Renngetriebe und 120 PS. Die Kit-Strada lief auf 17-Zoll-Rädern, die Strada vorne auf 16, hinten auf 18 Zoll.

Noch während der laufenden Rennsaison 1988 bohrte Ducati die Zylinder um zwei Millimeter auf. Damit stieg der Hubraum auf 888 cm^3, doch bis 1990 hieß das WM-Superbike 851, obwohl man 1989 mit noch größeren Bohrungen und 919 cm^3 experimentierte. Bald aber kehrte man zu 888 cm^3 zurück. Ab 1989 lief die Strada wie die SB-Kit-Ducati auf 17-Zoll-Rädern.

Mit der 888 Strada von 1993 stieg die Leistung auf 113 zulassungskonforme PS. Für Deutschland bot Importeur DNL in Frechen eine elektronisch gedrosselte 98-PS-Ausführung für 27 500 DM an. 10 500 DM zusätzlich kostete die 128 PS starke 888 Racing

Im blauen Feld oben und rechte Seite oben, rechts: Ansichten der 1993 vorgestellten 916, die mit ihrem progressiven Design und ihrer Performance begeisterte.

von 1993, die auf 926 cm^3 Hubraum aufgestockt worden war.

Mit der ST-Serie brachte Ducati sportliche, aber betont alltagstaugliche Motorräder heraus. Im Gegensatz zur zweiventiligen ST 2 besaß die ST 4 einen flüssiggekühlten Desmo-Twin mit vier Ventilen pro Zylinder. Der 916 cm^3 große V2 produzierte 105 PS bei 9000/min^{-1}. Der 21-Liter-Tank der trocken 215 kg schweren Maschine ermöglichte hohe Reichweiten.

Ducati 916, 996

1993-1998, 1999-2001: 916, 996 cm³, 112,8 PS

Es ging ein Rauschen durch den Motorpressewald, als Ducati im Herbst 1993 das neue Superbike 916 vorstellte und damit die 888 ablöste. Alles an diesem italienischen Sportmotorrad war fast schon eine Provokation, vor allem die tief geduckte Front mit beiden fast schlitzartigen Scheinwerfern. Auch hinsichtlich des Fahrwerks brach Ducati mit der Tradition und rüstete die 916 an der

Fotos: S. 72 u, S. 73 l, r: Axel Koenigsbeck; S. 73 o: Prospekt Ducati; S. 73 ul, ur: Motorrad News

SUPERBIKE '916'

Die Vorgaben bei der Entwicklung der '916' waren hoch:
Das technisch Machbare wurde - wo sinnvoll - realisiert und der technologische Vorsprung ausgebaut.
Das Design ist gänzlich neu - aber dennoch unverkennbar italienisch.
Modernste Fahrwerksgeometrie, Einarmschwinge und unter die Sitzbank verlegte Auspuffanlage
sind dabei die auffälligsten Merkmale.

Hinterhand mit einer massigen Leichtmetallguß-Einarmschwinge aus, die sich über ein justierbares Zentralfederbein gegen den grundlegend geänderten Gitterrohrahmen abstützte. Vorn lief das Rad in einer kräftig verstärkten, einstellbaren Upside-Down-Telegabel mit nun 43 mm dicken Standrohren. Die bewährte Dreischeiben-Bremsanlage von Brembo verzögerte die 195 kg schwere 916 rapide. Die Bereifung war in die Breite gegangen: 120/70 x 17 vorn, 190/50 x 17 hinten, aufgezogen auf goldfarben eloxierten Dreispeichen-Leichtmetallrädern. Der nun 916 cm³ Hubraum bietende, mit 11,0 : 1 hochverdichtete, flüssiggekühlte und von der Weber-Marelli-Einspritzanlage alimentierte Dohc-Desmoquattro-V-Twin lieferte laut Werk in der Serie 112,8 PS, was für 260 km/h Vmax reichte. In der Rennmaschine produzierte der für die Superbike-Wettbewerbe auf 955 cm³ gebrachte Zweizylinder 150 PS. In der einsitzigen Version SP von 1995 kostete die 916 beachtliche 37 500 DM. Es folgten 1995 die 916 Biposto, 1998 die 916 SPS mit 128 PS.
Auch das Nachfolgemodell 996 gehörte in die Kategorie Superbike. Schon beim Vorläufermodell 916 SPS von 1998 war der Hubraum durch Erweiterung der Zylinderbohrung von 94 auf 98 mm (bei gleichem Hub von 66 mm) auf 996 cm³ gewachsen. Die Leistung betrug unverändert 112,8 PS bei 9000/min^{-1}. Die 996 Biposto von

Mit ihrem auf 996-cm³-Hubraum produzierte die 996 mehr Drehmoment als die 916. Unverändert waren Gitterrohrrahmen und Einarmschwinge.

1999 besaß zwei Einspritzdüsen pro Zylinder, ein verstärktes Motorgehäuse und eine verstärkte Bremsanlage. Für 2001 erhielt die 996 R einen neu konstruiertem Testastretta-Motor mit 136 PS. 202 folgte die 998 mit auf 100 mm vergrößerten Zylinderbohrungen und 12,7 PS bei 9750/min^{-1}.

1993-1997

Ducati SS 600

Schnell und zornig

Mit der SS 600 ergänzte Ducati im Herbst 1993 die Supersport-Palette. Bis auf Hubraum und Bremsanlage war die neue Mittelklasse-Maschine mit den stärkeren Modellen identisch. Auch sie wurde von dem klassischen, hier 53 PS starken Desmo-V-Twin befeuert.

Mit ihrem freiliegenden Gitterrohrrahmen aus Chrommolybdänstahl, Upside-Down-Telegabel, Dreispeichen-LM-Rädern mit 17-Zoll-Breitreifen, dem aufgesetzten Sporttank und der schlanken Verkleidung waren die Supersport-Modelle von Ducati unverwechselbar und eine Klasse für sich. Wie die Fahraufnahme rechts zeigt, zwang das kompromißlos auf Sportlichkeit ausgelegte Motorrad den Piloten in eine geduckte Sitzposition mit stark angewinkelten Beinen.

Fotos: S. 74, 75 alle: Hans König

1993 bis 1997: Ducati SS 600

Wer heute eine Ducati kauft, wendet sich bewußt ab vom Fortschritt um jeden Preis, will Technik und Fahrspaß pur. (...) Das Direkte ist es, was an diesen Motorrädern so faszinierend ist." Mit diesem Statement leitete der Autor in Heft 6/1994 den Test der Ducati SS 600 in der Zeitschrift *„Motorrad News"* ein, die er konzipiert hatte und seit Anfang des Jahres für den Syburger-Verlag redaktionell leitete. Die auf dem Mailänder Salon im Herbst 1993 erstmals gezeigte Maschine sollte als neues Mittelklasse-Modell die Lücke zwischen der SS 400 und den Topmodellen SS 750 und SS 900 schließen. Der Preis war mit 12 700 DM durchaus konkurrenzfähig.

Die 600er sah den übrigen Typen mit ihrer weit heruntergezogenen Vollverkleidung (wahlweise Halbverkleidung) und dem sauber integrierten Rechteckscheinwerfer nicht nur zum Verwechseln ähnlich. Alle wesentlichen Bauteile außer Triebwerk und Bremsanlage waren identisch: Gitterrohrrahmen aus Chrommolybdän-Stahl, Upside-Down-Gabel mit 41 mm dicken Standrohren, breit bereifte Dreispeichen-Leichtmetallräder, 17,5-Liter-Tank mit Schnellverschluß, schön gestaltetes Cockpit mit Benzinstand-Warnleuchte (einen Hahn suchte man vergeblich), Doppelsitzbank. Auch bei der SS 600 wurde das Hinterrad von einer Cantilever-Schwinge geführt. Daher lassen sich die grundsätzlichen Aussagen hinsichtlich Fahrwerk und Charakteristik auch auf die großen Modelle SS 750 und SS 900 anwenden.

„Die neu geschaffene SS 600 entspricht dem Wunsch zahlreicher Ducati-Freunde, die ausgeprägte Charakteristik der Supersport-Modellreihe auch in der beliebten Mittelklasse erleben zu können. Einzigartige Kraftentfaltung, faszinierende Technik, perfektes Handling und absolute Individualität. Ducati 600 Supersport – der Aufstieg in die Elite!" Understatement war nicht die Sache des italienischen Edelproduzenten, wie der Prospekt von 1994 zeigte.

Erst 1946 stieg Ducati ins Zweiradgeschäft ein. 1953 erfolgte die Aufteilung in die Ducati Elettronica S.p.A. und den Motorradhersteller Ducati Meccanica S.p.A. Ein Jahr später trat Fabio Taglioni als Chefkonstrukteur in die Dienste der Meccanica, berühmt geworden durch seine Entwicklung der desmodromischen Ventilsteuerung, die bis heute technisches Merkmal der Ducati-Motoren ist. Auf Basis des ersten L-förmigen V2-Twins der Pantah von 1977 entstanden ab den späten 1980er Jahren die erfolgreichen, luftgekühlten Supersport-Desmodue-Zweiventiler mit Desmodromik: SS 400, SS 600, SS 750, 900, Multistrada 620 und die verschiedenen Monster-Typen ab 1993. Nach verschiedenen Kooperationen, u.a. mit Cagiva in Arese, wurde Ducati im April 2012 (über die VW-Tochter Lamborghini) von Audi übernommen. 2022 verkaufte die Marke weltweit über 61 500 Maschinen.

Steckbrief Supersport SS 600

Bauzeit	1993 bis 1997
Motor, Ventile/Zyl., Kühlung	V2, 2V/Zyl., Ohc, Desmo, luft-/ölgekühlt
Einheiten	keine Angaben
Hubraum, Bohrung x Hub	583 cm³, 80 x 58 mm
Leistung	73 PS bei 8250/min^{-1}
Gemischaufbereitung	2 Vergaser Mikuni 38 mm Durchlaß
Getriebe, Antrieb, Radstand	5-Gang, Kette, 1410 mm
Rahmen	Gitterrohrrahmen, Motor mittragend
Vorderradführung	Upside-Down-Telegabel
Hinterradführung	Cantileverschwinge, Zentralfederbein
Bremsen vorn / hinten	1 Scheibn 320 / 1 Scheibe 245 mm, gelocht
Reifen vorn / hinten	120/60 R 17 / 160/60 R 17
Leergewicht trocken / Tank	185 kg / 17,5 Liter
Höchstgeschwindigkeit	178 km/h (Testwert)
Preis	12 700,- DM (Juni 1994)

Bei einem Durchschnitts-Testverbrauch von 6,3 l/100 km kamen wir 270 km weit. Das Gemisch wurde – wie bei anderen Ducati-Modellen dieser Zeit – noch von zwei 38er Mikuni-Vergasern aufbereitet. Die stärkeren SS-Typen brauchten etwa einen halben Liter mehr auf 100 km. Gespart hatte man nur bei den Bremsen (je eine Scheibe vorn und hinten) und natürlich war der Hubraum kleiner: Die SS 600 entwickelte bei 583 cm³ 53 PS bei 8250/min^{-1}, war wahlweise auch mit 34 PS zu haben, was dann die Fahrfreude aber ziemlich beschränkte.

Anders als die im gleichen Jahr erschienene Ur-Monster M 900 war die Mittelklasse-SS nicht für das Bummeln in der City gedacht. Denn die Sitzhaltung war konsequent sportlich, die Arme mußten kräftig angewinkelt werden – ermüdend auf längeren Strecken. Ich empfahl das Trainieren von Liegestützen vor der Fahrt und merkte an: *„Spitze Knie sind ebenso von Vorteil wie kurze Beine. Der Abstand zwischen Sitzfläche und Fußrasten ist mit 44/42 cm wirklich minimal. Ein mitreisender Sozius fühlt sich auf dem Notsitz wie auf einem Schwebebalken."* Gewöhnungsbedürftig war auch der typisch große Wendekreis mit seinen harten Lenkanschlag-Begrenzern.

Auf freier Strecke erfreute die 600er wegen ihres niedrigen Gewichts (185 kg vollgetankt) durch perfekte Beherrschbarkeit und gutes Handling in Kurven, in die sie indes wie alle Modelle der Baureihe mit etwas Nachdruck hineingezwungen werden mußte. Aber komfortabel war die SS nicht: Querrillen und Unebenheiten schlugen dank der straff abgestimmten Federelemente brutal auf den Fahrer oder die Fahrerin durch. Schnelle Autobahnfahrt war zudem nicht die Sache der Supersport-Ducatis; bei Bodenwellen in langezogenen Biegungen konnten sie schon mal leicht unruhig werden.

Der klassische V-Twin mit seiner desmodromischen Ventilsteuerung und dem Ventiltrieb mittels gekapselter Zahnriemen entließ seine unvergleichlichen Arbeitsgeräusche (im Leerlauf und leicht darüber Zündung für Zündung hörbar) durch eine rechts verlegte Zwei-in-eins-Auspuffanlage. Der Ohv-Motor dreht hoch bis 8000/min^{-1} und ließ dann ein zorniges Brummen vernehmen. Die geniale Desmodromik erlaubte sogar Drehzahlen bis 9000/min^{-1}. Wir maßen eine Spitzengeschwindigkeit von 178 km/h im fünften Gang, wobei der Tacho 192 „Sachen" anzeigte. *„Dies gehört zu jener Art von Bluff, den wir einem italienischen Produkt zu allerletzt übelnehmen würden"*, meinte der Autor schmunzelnd bei der Rückgabe der Testmaschine.

Auch legendär:

SS 400 1991-1997: 398 cm³, über 50 PS
SS 750 1991-1997: 748 cm³, 66 PS
SS 900 1991-1997: 904 cm³, 78 PS

Als moderne Nachfolgerinnen der Ducati-Klassiker mit Königswellenmotor traten 1991 gleich drei neu entwickelte Modelle mit Nockenwellenantrieb über Zahnriemen an: SS 400 (in Italien bis 1993 auch SS 350), SS 400, SS 750 und SS 900. Alle Typen wurden vom drehfreudigen V-Twin mit desmodromischer Ventilsteuerung und je einer obenliegenden Nockenwelle pro luft-/ölgekühltem Zylinder angetrieben. Statt der anfälligen Weber-Vergaser sorgten nun je zwei 38er Mikuni-Vergaser für die Gemischaufbereitung. Japanische Elektrik- und Zündanlagen von Kokusan sowie Federelemente von Showa verbesserten die Qualität der Motorräder. Während die Modelle bis 750 cm³ mit je einer Bremsscheibe ausgerüstet waren, besaß die SS 900 eine Doppelscheibe vorn. Eine teure Upside-Down-Telegabel war Standard bei allen Modellen (das alte SS 900-Modell 1989/90 war mit einer normalen Telegabel von Marzocchi ausgerüstet gewesen).

Sitzposition und Fahrwerk waren kompromißlos auf Sportlichkeit getrimmt (s.a. Bericht SS 600, gebaut ab 1993). Komfort war nicht die Stärke der roten Renner aus Bologna. Ölkühler, 5-Gang-Getriebe und Kupplung stammten aus der 851-Reihe. Lieferbar waren die Supersport-Ducatis in Rot oder Schwarz, mit Voll- oder Halbverkleidung (Carenata/Nuda). Die anspruchsvolle Technik und das exklusive Sportdesign kamen bestens an beim Publikum: Alle Modelle verkauften sich außerordentlich gut.

SS 900 Superlight
1992-1998: 904 cm³, 78 PS

„Motorrad News" bezeichnete die SS 900 Superlight als *„Landstraßenbrenner für genußsüchtige Solisten"* (Heft 5/1992). Die wie das Basismodell 78 PS starke Maschine machte unwidersprochen großen Spaß, erforderte aber einen disziplinierten und erfahrenen Piloten, der wußte, wie man eine Ducati bändigen konnte. Die Superlight war durch den Einsatz von Kohlefaserteilen im Gewicht reduziert worden (195 statt 199 kg). Zu den Besonderheiten gehörten Rennhöcker mit plakativen Startnummernfeldern, geänderte Auspuffanlage mit Kohlefaser-Schalldämpfer und eine auffällige Bremsmomentabstützung am Hinterrad.

Jahr für Jahr führte Ducati (auch für die Grundmodelle) kleinere Modellpflegemaßnahmen durch, z.B. Materialänderung der Zylinderstehbolzen, verbesserte Kolbenringe, Auslaßventilführung in Bronze-Messing, Vergaserbeheizung, verstärkte Hinterradschwinge, Ölthermometer, optimiertes Motorgehäusebelüftungsventil, größerer Vorderradachsdurchmesser, Kupplungs- und Bremszylinder mit externen Flüssigkeitsbehältern.

Fotos: S. 76 alle: Hans König; S. 77 u: Prospekt Ducati; S. 77 beide r: Hans J. Schneider

1993-1999

Ducati Monster 900

Technik als Blickfang

Die 1993 vorgestellte, unverkleidete Ur-Monster M 900 war ein Meilenstein der jüngeren Ducati-Geschichte. Sie entsprach auf beeindruckende Weise dem damaligen Trend zum „Naked Bike". Der 73 PS starke V2 aus dem Sportmodell SS 900 sorgte für atemberaubende Fahrerlebnisse.

Zwar wurde die Monster gern als „Macho-Motorrad" bezeichnet, doch auch Frauen kamen mit dem überaus handlichen Zweirad gut zurecht. Keine andere Maschine stellte damals hochwertige Technik so unverhüllt zur Schau. Auf einen Drehzahlmesser hatte Ducati verzichtet.

Fotos: S. 78, 79 alle: Frank Ratering

Der *„Motorradfahrer"* war begeistert: *„Der Hammer der Saison kommt von Ducati und heißt M 900 Monster."* (Heft 5 vom Mai 1993). *„Eine unverkleidete Ducati – das gab's schon lange nicht mehr. Die M 900 Monster verbindet italienische Zweizylinder-Charakteristik und viel Power mit dem modischen Trend zum Naked Bike. Könnte sein, daß es auch hierzulande eine Menge Leute gibt, die mit einem derartigen Kraftprotz unverhüllt Power und Potenz vorgeben wollen."* Wie unser Aufmacherfoto beweist, fühlten sich auch motorradbegeisterte Frauen von der Monster angezogen. Ducati-Importeur DNL orderte in Bologna vorsorglich 250 Exemplare und war zuversichtlich, nicht auf der heißen Ware sitzenzubleiben – trotz des hohen Preises von 19 250 DM pro Exemplar.

Bei unserer Versuchsfahrten in Italien zeigte sich sofort, daß man mit dem unkonventionellen Einsitzer viel Spaß auf Landstraßen haben konnte, obwohl er so aussah, als sei er nur zum Driften gemacht. Auch bei späteren Fahrten in der Eifel gefiel die M 900 durch ihre vorbildliche Handlichkeit, was vor allem mit dem geringen Gewicht (184 kg trocken) und dem kurzen Radstand (1430 mm) zusammenhing. Das Fahrgefühl war ein ganz anderes, ein viel unbeschwerteres und spielerisches als das bei einer Ducati SS 900, von der man die Monster technisch abgeleitet hatte. Die Sportmodelle der Marke liefen perfekt geradeaus, aber in Kurven mußte man sie hineinzwingen.

Den filigranen Gitterrohrahmen aus hochwertigem Chrommolybdänstahl trug die Monster ebenso stolz zur Schau wie die teure Upside-Down-Telegabel, die bemerkenswerterweise nicht von Marzocchi kam, sondern vom japanischen Konkurrenten Showa und nicht verstellbar war. Das Heck wurde von einer Kastenschwinge aus Stahl mit einem progressiv wirkenden, einstellbaren Zentralfederbein von Boge auf Kurs gehalten. Den Bodenkontakt stellten 17-Zoll-Räder aus Dreispeichen-Leichtmetall-Druckguß her, bereift mit Michelin-Pneus der Größen 120/70 x 17 und 170/60 x 17 – was damals als „überbreit" galt.

Die Monster M 900 sah mit ihren dicken Reifen aus, als sei sie zum Driften gemacht. Doch Landstraßen und Boulevards waren ihre Domäne, wo sie damals gehöriges Aufsehen erregte. Hochwertige Chassis- und Fahrwerkstechnik sowie der vom Sportmodell SS 900 stammende V2-Motor waren ein perfektes Beispiel italienischer Motorradbaukunst.

„Die Gesamtgeometrie wurde so ausgelegt, daß der Fahrer richtig ‚in' der Maschine sitzt", bemerkten die Tester. *„Die Lenkerposition wird auf Landstraßen als angenehm empfunden, ein Autobahnmotorrad ist die Monster sowieso nicht."* Aber: *„Während trotz der überbreiten Reifen kein Aufstellmoment registriert werden konnte, sind Lastwechselreaktionen deutlich spürbar."* Immerhin war der Geradeauslauf der nur 2090 mm langen Maschine untadelig.

Angetrieben wurde die Monster vom bewährten V2-Motor der SS 900 mit seinen desmodromisch gesteuerten Ventilen und den von Zahnriemen in Drehung versetzten Einzelnockenwellen pro Zylinderkopf. Die 73 PS, die bei 7250/min^{-1} erreicht wurden, hatten mit dem verkappten Dragster leichtes Spiel. *„Der 90-Grad-V2 verführt über den ganzen Drehzahlbereich hinweg zu scharfer Gangart. Spaß macht dieses Motorrad zweifellos – zumindest dann, wenn ein Könner sich hinter dem Lenker duckt."* Das kurz abgestufte Sechsganggetriebe trug deutlich zur Agilität der Maschine bei. Nicht up-to-date war, daß die M 900 weder über elektronisch gesteuerte Einspritzung, noch zeitgemäße Abgasentgiftung verfügte, sondern von zwei 38er Mikuni-Vergasern beatmet wurde. Verzögert wurde standesgemäß mit zwei Scheiben vorn (320 mm) und einer Scheibe hinten (245 mm). Warum das einsitzige Motorrad aber mit Sozius-Fußrasten ausgerüstet war, blieb unergründlich.

Bei unseren Fahrversuchen in Italien und später im deutschen Mittelgebirge erfreute die M 900 durch spielerisches Handling und Leistung im Überfluß. Allerdings erforderte sie die starke Hand eines Könners.

Der 90-Grad-V2 war ein guter Bekannter. Die je zwei Ventile pro Zylinder wurden desmodromisch über je eine zahnriemengetriebene Nockenwelle gesteuert. Die Plastikabdeckungen schützten den Zahnriemenantrieb.

Steckbrief Ducati M 900 Monster

Bauzeit	1993 bis 1999
Motor, Ventile/Zyl., Kühlung	V2, 2V/Zyl., Ohc, Desmo, luft-/ölgekühlt
Einheiten	keine Angaben
Hubraum, Bohrung x Hub	904 cm^3, 92 x 68 mm
Leistung	73 PS bei 7250/min^{-1}
Gemischaufbereitung	2 Vergaser Mikuni 38 mm Durchlaß
Getriebe, Antrieb, Radstand	6-Gang, Kette, 1430 mm
Rahmen	Gitterrohrrahmen, Motor mittragend
Vorderradführung	Showa-Upside-Down-Telegabel
Hinterradführung	Kastenschwinge, Boge-Zentral-Federbein
Bremsen vorn / hinten	2 Scheiben 320 / 1 Scheibe 245 mm, gelocht
Reifen vorn / hinten	120/70 VR 17 / 170/60 VR 17
Leergewicht trocken / Tank	184 kg / 18 Liter
Höchstgeschwindigkeit	180 km/h (Ca.-Wert)
Preis	19 250,- DM (Mai 1993)

Fotos: S. 80, 81 rote M 900 alle: Hans König; gelbe M 900:Frank Ratering

Sportster-Modelle

1986-2003

Harley-Davidson Sportster

Flott durch die Kurve

Das seit 1957 gebaute Harley-Einsteiger-Modell Sportster ist eine Legende und lebt selbst im 21. Jahrhundert mit modernster Motortechnik weiter. Keine andere Harley war und ist so agil. Die seit den späten 1980ern und bis Anfang der 2000er produzierten Modelle waren klassische Harleys mit Doppelschleifenrahmen und Evolution-V-Twin.

1957, ein Jahr das in Erinnerung geblieben ist, und zwar vor allem deshalb, weil die Sowjetunion am 4. Oktober mit „Sputnik I" den ersten Satelliten in eine Erdumlaufbahn schoß. Die Amerikaner waren nicht amüsiert und revanchierten sich auf charmante Weise: Die 1903 gegründete Motorradschmiede Harley-Davidson präsentierte mit dem Modell Sportster eine Maschine, die alle Konkurrenzmodelle überleben und in stetig verbesserter Form auch noch in den 2020er Jahren ihre Käufer finden würde – ab 2021 z.B. mit der Sportster S (Revolution-Max-V2, 1252 cm³ Hubraum, 122 PS, vier Ventile und zwei obenliegende Nockenwellen pro Zylinder, elektronisch gesteuerte Saugrohreinspritzung, Flüssigkühlung). Die Sportster S war eine High-Tech-Maschine, die mit den ursprünglichen Sportster-Modellen nicht mehr viel gemeinsam hatte.

Die erste Sportster XL 883 von 1957 war mit ihrem luftgekühlten V-Twin einfacher gestrickt, doch sie war die erste Harley, bei der die Ventile nicht mehr seitengesteuert waren, sondern oben in den zunächst gußeisernen Zylinderköpfen („Ironhead") saßen und einzeln sowie auf höchst aufwendige Weise von vier untenliegenden, zahnradgetriebenen Nockenwellen und langen Stößelstangen betätigt wurden (Ohv-Steuerung). Der mächtige, bis 1972 weiterentwickelte, 883 cm³ Hubraum und 42 PS, später 56 PS bietende V2-Motor saß samt Getriebe unverdeckt in einem schlanken Rohrrahmen. Bis 1986 wurden die 1000er XLH-Modelle in Milwaukee zusammengeschraubt (nun 998 cm³, 61 PS).

Eine Zeitenwende bei Harley war 1984 die Einführung des komplett neu konstruierten Evolution-Motors, der z.B. wartungsfreie Hydrostößel für die weiterhin verbaute Viernockenwellen-Steuerung besaß. Zwei Jahre später hielt das neue Triebwerk auch in der Sportster Einzug, bei den Grundmodellen nun wieder im Hubraum auf 883 cm³ reduziert. Ab 1986 und bis 2003 bot Harley

Die Zielgruppe war in den 1990ern längst nicht mehr auf männliche Käufer beschränkt – auch Frauen hatten Spaß im Sattel einer Sportster XL 883 z.B.

parallel 1100er und 1200er XLH- und XL-Sportster an. Ab 2003 folgten im Zuge aufwendiger Modellpflege- und Entwicklungsmaßnahmen zahlreiche weitere Sportster-Varianten.

Ende der 1990er und Anfang er 2000er Jahre umfaßte die Sportster-Palette fünf Modelle des Typs XL/2: XL 883, XL 883 Hugger, XL 53 C Custom mit jeweils 883 cm³ Hubraum und 53 PS sowie die 1,2-Liter-Typen XL 1200 S Sport und XL 1200 C Custom mit 1199 cm³ und 61 bzw. 58 PS. Das Leergewicht bewegte sich zwischen 235 und 245 kg, der Radstand war mit 1505 bis 1515 mm harleytypisch lang. Der Tank erlaubte mit 12,7 Litern keine allzu großen Reichweiten. Billig war das Vergnügen der Importware nicht: Die deutschen Harley-Händler verlangten je nach Modell zwischen 13 950 und 19 950 DM.

Steckbrief Harley-Davidson Sportster 883

Bauzeit	1986 bis 2003
Motor, Ventile/Zyl., Kühlung	V2 Zyl., 2V/Zyl., Ohv (4 Wellen), luftgekühlt
Einheiten	keine Angaben
Hubraum, Bohrung x Hub	883 cm³, 76,2 x 96,8 mm
Leistung	53 PS bei 6000/min⁻¹
Gemischaufbereitung	1 Gleichdruckvergaser 40 mm Durchlaß
Getriebe, Antrieb, Radstand	5-Gang, Zahnriemen, 1592 mm
Rahmen	Doppelschleifen-Stahlrohr
Vorderradführung	Telegabel, Standrohre 39 mm Ø
Hinterradführung	Zweiarmschwinge, 2 Federbeine
Bremsen vorn / hinten	1 Scheiben 292 / 1 Scheibe 292 mm, gelocht
Reifen vorn / hinten	100/90 HR 19 / 130/90 HR 16
Leergewicht vollget. / Tank	235 kg / 12,5 Liter
Höchstgeschwindigkeit	168 km/h (Testwert)
Preis	13 950,- DM (Ende 1999)

Im Fahrbetrieb war die Einsteiger-Harley die agilste und handlichste Maschine aus Milwaukee und auf jeden Fall ein Sportmotorrad im klassischen Sinn: kernig, schnörkellos, langlebig. Fahrer oder Fahrerin saßen tief auf dem satt gepolsterten Solositz. Foto oben: Sportster XL 883 mit 53 PS von 1999/2000 bei sportlicher Kurvenfahrt. Unten: Sportster XL 1200 Sport mit 61 PS, LM-Gußrädern und Doppelbremsscheibe vorn.

Fotos: S. 82, 83 alle: Harley-Davidson Presse

Touring-Modelle

1994-1996

Harley-Davidson Road King

Kreuzfahrtschiff

1995 testeten wir die damals rund 31 000 DM teute Electra Glide Road King. Sie war mit dem Evo-Motor ausgerüstet, der es mit dem 325 kg schweren Monstrum nicht leicht hatte. Aber Design, Ausstattung und Charakteristik entsprachen genau dem Geschmack der Klientel.

Mit Windschild, klassischem Zentralinstrument, zweistufiger Komfort-Sitzbank, Trittbrettern, aerodynamisch geformten Gepäckkoffern, viel Chrom und eleganter Zwei-in-eins Auspuffanlage entsprach die Road King den Ansprüchen der E-Glide affinen Käuferschicht.

Fotos: S. 84, 85 alle: Frank Ratering

Links: Die Zusatzscheinwerfer dieser Road King von 1999 entstammten dem überaus reichhaltigen Harley-Zubehörprogramm. Die abgebildete Maschine war mit dem damals neuen, 1449 cm³ großen Twin Cam 88-Motor ausgerüstet, der 68 PS leistete.

Unten: Unsere Testmaschine mit den 1338 cm³ Evo-Motor, der sich äußerlich durch den runden Luftfilterdeckel vom Twin Cam 88-Triebwerk mit ovalem Deckel unterscheidet.

Die Road King war in jeder Hinsicht eine Wucht. Der Autor ordnete die überschwere Harley in *„Motorrad News"* (Heft 5/1995) entsprechend ein: *„Wer in einer Harley-Davidson mehr sieht als ein Motorrad, und das dürften nicht wenige sein, wird sie respektvoll beim vollen Namen ansprechen: Electra Glide Road King. Wie das klingt! Es erzählt davon, daß diese Harley zum Beispiel einen elektrischen Anlasser hat, was nicht immer selbstverständlich war (und unter Puristen immer noch verpönt ist). Es suggeriert, daß wir es nicht mit einem schlichten Zweirad zu tun haben, sondern mit einem Gleiter. Dann der Beiname ‚Road': Was anders kann das bedeuten als: Der Weg ist das Ziel! Oder: Das stundenlange Gleiten über den Highway ist die Bestimmung, der amerikanische Way of Life ist der Traum. Und ‚King'? Nannten sie nicht jenen Elvis so? Er war kein König der Landstraße, aber der King of Rock'n Roll. King steht für Majestät. Wer so was baut, ist Hoflieferant. Wer so was fährt, ist einfach der King."*

„Doch wir sind nicht in Amerika, sondern auf der deutschen Autobahn, die nicht als Traumsstraße, sondern als Rollbahn für tarnfarbene Kolonnen konzipiert wurde." Fürs Rasen war das 325 kg schwere Monstrum jedenfalls nicht gemacht. Beim gleichzeitigen Auftreten von Quer- und Längsrillen neigte sie dazu, sich aufzuschaukeln. Aus King wurde dann King Kong. Wer sie aber gemütlich-touristisch bewegte, konnte feststellen, daß die Electra Glide der mittleren 1990er die Unarten der frühen Modelle mit ihren Vibrationen weit-

gehend abgeschüttelt hatte. Die Kraft wurde wie bei Dyna und Softail über Duplexkette, Ölbadkupplung, Fünfgang-Getriebe und Zahnriemen aufs Hinterrad übertragen.

Unsere Testmaschine war noch mit dem elf Jahr zuvor präsentierten Evo-Motor ausgerüstet, der einen Hubraum von 1338 cm³ besaß und bei 5000/min⁻¹ nur 60 PS produzierte, was gerade mal für eine Höchstgeschwindigkeit von 144 km/h reichte. Der mager

Verzögert wurde die Road King mit einer Dreischeiben-Faustsattelbremse mit durchweg 292 mm Scheiben-Durchmesser. Bei einem zulässigen Gesamtgewicht von 571 kg waren starke Bremsen unabdingbar. Was die Maschine besonders beliebt machte: Mit wenigen Handgriffen ließ sich der massige Tourer in einen Cruiser verwandeln, denn Scheibe, Soziussitz und Koffer waren abnehmbar. Die Schutzbügel ließen das Motorrad noch wuchtiger erscheinen.

eingestellte Einfachvergaser hatte den üblichen Durchlaß von 40 mm. Wie bei allen Harley-Motoren mußten die Ventile dank der Hydrostößel niemals nachgestellt werden. Die Motoraufhängung war silentblockgelagert und damit vom Chassis entkoppelt.

1999 ersetzte Harley das Evo-Triebwerk durch die neue Motorengeneration Twin Cam 88. Mit dem Evo-Konzept waren die verschärften Emissions- und Geräuschgrenzwerte nicht mehr einzuhalten gewesen. Die darauffolgenden Modifikationen hatten die Leistung der bisherigen Motoren immer weiter reduziert. Der Twin Cam 88 war ebenfalls ein luftgekühlter 45°-V2-Motor, jedoch mit nur noch zwei untenliegenden Nockenwellen, mit 1449 cm³ Hubraum. Electra Glide Standard und Road King wurden zunächst noch länger mit der Vergaserversion des Twin Cam 88 ausgerüstet, während die neueren Topmodelle Road King Classic, Electra Glide Ultra Classic und Road Glide den Treibstoff über eine elektronisch gesteuerte Weber-Einspritzanlage mit 38-mm-Saugrohr bezogen.

Nicht gefallen haben uns bei der Testmaschine die mangelhafte Diebstahlsicherung, die unpraktische Blinkerbetätigung und die nicht stilechte digitale Kilometeranzeige. Auch das Fahrwerk war, wie oben bereits angedeutet, nicht nach unserem Geschmack: *„Die mit schönen Hülsen aufgewertete Telegabel sieht dicker aus als sie ist und steckt weniger weg, als sie sollte. Dem ganzen Fahrwerk fehlt's an der nötigen Feinabstimmung, die Gabel spricht schlecht an, wirkt auf rauherem Untergrund stuckerig. Und den Federbeinen hinten mangelt's einfach an Federweg. 76 mm sind bei 571 kg erlaubtem Gesamtgewicht wohl ein Versehen."*

In meinem Fazit schrieb ich: *„Die E-Glide ist zumindest in stilistischer Hinsicht konsequent gebaut. Wer 50er-Jahre-Design mag, wird sie anhimmeln. Doch wer richtig motorradfahren will, sollte sich woanders umsehen. Harley-Riding ist eben in erster Linie ein Kult."* Und Kult kann kosten: 30 980 DM in unserem Fall...

Steckbrief Electra Glide Road King Evo

Bauzeit	1989 bis 1994
Motor, Ventile/Zyl., Kühlung	V2 Zyl., 2V/Zyl., Ohv (4 Wellen), luftgekühlt
Einheiten	keine Angaben
Hubraum, Bohrung x Hub	1338 cm³, 88,8 x 108 mm
Leistung	60 PS bei 5000/min⁻¹
Gemischaufbereitung	1 Gleichdruckvergaser 40 mm Durchlaß
Getriebe, Antrieb, Radstand	5-Gang, Zahnriemen, 1592 mm
Rahmen	Doppelschleifen-Stahlrohr
Vorderradführung	Telegabel, Standrohre 41 mm Ø
Hinterradführung	Stahlschwinge, 2 Federbeine
Bremsen vorn / hinten	2 Scheiben 292 / 1 Scheibe 292 mm, gelocht
Reifen vorn / hinten	MT 90 B 16 / MT 90 B 16
Leergewicht vollget. / Tank	325 kg / 19 Liter
Höchstgeschwindigkeit	144 km/h (Testwert)
Preis	30 980,- DM (Mai 1995)

Auch legendär: Road Glide

1999/2000: 1449 cm³, 67 PS

Die Vollverkleidung der Road Glide mit ihrem seltsam abgedeckten Doppelscheinwerfer war sicher nicht jedermanns Geschmack. Einige bezeichneten sie sogar als *„häßlichste Harley aller Zeiten."* Der Twin Cam-88-Motor leistete 67 PS und sorgte, wenn man unbedingt wollte, für eine Spitze von 155 km/h.

Fotos: S. 86 u, 87 l: Frank Ratering; S. 86 o, 87 r: Harley-Davidson Presse

Softail-Modell

1988-2000

Harley-Davidson Softail

Buntes Programm

Die ab 1988 produzierten Softail-Modelle (1338, später 1449 cm³) unterschieden sich von den klassischen Typen durch Cantileverschwinge und Federelemente, die unter dem Rahmen lagen. Mit der Zeit entstand eine Palette aus ganz verschiedenen Kreationen von der Softail Standard über Night Train und Springer Softail bis zur massigen Fat Boy.

Mit ihren beiden verdeckten Unterflur-Federbeinen sahen sie älter aus als sie waren: die Softail-Modelle von Harley-Davidson. Auf den ersten Blick erinnerten sie an die urigen Hardtail-Typen mit Starrahmen, die bis in die frühen 1950er Jahre hinein gebaut wurden und gänzlich ohne Hinterradfederung auskamen. Die erste Softail-Harley kam 1983 auf den Markt und war mit ihrem fortschrittlichen Cantilever-Fahrwerk ein Meilenstein der Marke. Von der Hinterradführung aber einmal abgesehen stammte die FXST 80 von der Low Rider ab, die ihrerseits wiederum 1977 aus der parallel weiterproduzierten Super Glide hervorgegangen war. Im Laufe der Zeit kamen zahlreiche Varianten hinzu, darunter ab 1988 die einzigartigen Typen mit Springer-Gabel. Softail-Typen wie die Fat Boy oder Heritage haben, wie die mit FL beginnenden Modellkürzel schon besagten, andere Wurzeln: Sie basierten auf der Electra Glide und wurden lediglich im Heckbereich mit der Softail gekreuzt. Die gesamte Modellpalette von Harley-Davisdon wurde schon immer nach dem (kostensenkenden) Baukasten- und Gleichteilesystem zusammengestellt.

Links: Die Night Train von 1999 war ein exklusiver Factory-Chopper mit extralanger Telegabel und schmalem 21-Zoll-Speichen-Vorderrad.
Rechts: die E-Glide-ähnliche Heritage Springer mit Telegabel im Stil der Frühzeit und dicken 16-Zoll-Reifen.

Wurde die erste Softail noch vom 1340er Evolution-Vergasermotor angetrieben, arbeitete in den modernen Modellen der 1999 eingeführte Twin Cam 88 B, der sich vom Twin Cam 88 durch ein Ausgleichswellensystem unterschied und wahlweise mit Benzineinspritzung geliefert wurde. Obwohl der V-Twin (anders als bei den Dyna-Typen) starr mit dem Rahmen verschraubt war, hielten sich die Vibrationen in Grenzen. Ab dem Modelljahr 2000 verfügten alle Softail-Modelle nicht nur über dieses kultivierte V2-Triebwerk, sondern auch über einen neu konstruierten, verstärkten Rahmen, neue Bremssysteme und zahlreiche Verbesserungen im Detail.

1999/2000 umfaßte die Softail-Baureihe folgende Modelle (alle angetrieben vom Twin Cam 88 B, 1449 cm^3, 63 PS): Softail Standard (FXST), Night Train (FXSTB), Softail Deuce (FXSTD/1), Springer Softail (FXSTS), Heritage Springer (FLSTS), Fat Boy (FLSTF/1), Heritage Softail Classic (FLSTC/1). Leer brachten die Typen zwischen 305 und 340 kg auf die Waage, die Radstände lagen zwischen 1630 (Heritage Springer) und 1697 mm (Softail Standard). Unstrittig gehörten die aufwendig gestalteten Softail-Harleys zur absoluten Motorrad-Oberklasse; die Preise fingen in unserem „Beobachtungszeitraum" Ende der 1990er Jahre bei 30 000 und 40 000 DM an. Auf diesen Seiten zeigen wir einige Beispiele der heterogenen Softail-Reihe.

Steckbrief Harley Softail Standard 88 B

Bauzeit	1999 bis 2006
Motor, Ventile/Zyl., Kühl.	V2, 2V/Zyl., Ohv, Twin Cam 88 B , luftgek.
Einheiten	keine Angaben
Hubraum, Bohrung x Hub	1449 cm^3, 95,3 x 101,6 mm
Leistung	63 PS bei 5300/min^{-1}
Gemischaufbereitung	1 Gleichdruckvergaser 40 mm Durchlaß
Getriebe, Antrieb, Radstand	5-Gang, Zahnriemen, 1697 mm
Rahmen	Doppelschleifen-Stahlrohr
Vorderradführung	Telegabel, Standrohre 41 mm Ø
Hinterradführung	Cantileverschwinge, Federbeine längs
Bremsen vorn / hinten	1 Scheibe 292 / 1 Scheibe 292 mm, gelocht
Reifen vorn / hinten	MT 90 H 21 / MT 90 H 16
Leergewicht vollget. / Tank	305 kg / 18,9 Liter
Höchstgeschwindigkeit	170 km/h (Werksangabe)
Preis	30 400,- DM (Ende 1999)

Oben: Die Fat Boy war mit ihrem massiven Erscheinungsbild und den 16-Zoll-Scheibenrädern eine echte Sensation. Auch sie war mit Cantilever-Schwinge und Twin Cam 88 B ganz auf Softail-Kurs. Als Vergasermodell kostete sie 1999/2000 37 100, mit Einspritzung 38 650 DM. Unten: die Softail Standard mit 21-Zoll-Vorderrad für schlappe 30 400 DM.

Fotos: S. 88, 89 alle: Harley-Davidson Presse

Dyna-Modelle

1994-2000

Harley-Davidson Super Glide

Gemütlich choppern

Schon 1971 erschien eine Super Glide, noch mit 1200er V-Twin. Doch erst die Modelle mit 1340er Evo-Motor ab 1984 und die Versionen mit dem bulligen 1,45-Liter-Twin Cam ab 1999 machten richtig Spaß beim Fahren, was den Zusatztitel „Dyna" voll rechtfertigte.

Die Super Glide (hier die 1994er Ausgabe) zeigt mit ihrer langen Gabel, dem 19-Zoll-Vorderrad in Speichenversion, dem stark gekröpften Lenker und der Stufensitzbank, daß sie im Kern ein Softchopper ist. Tiefer kann man bei einer Harley jedenfalls nicht sitzen. Für den kleinen Mittagsschlaf aber ist die Bank etwas zu schmal.

Fotos: S. 90, 91 alle: Frank Ratering

1994 bis 2000: Harley Super Glide

Bis Anfang der 1980er Jahre stand die Motorrad-Produktion von Harley-Davidson im Wesentlichen auf zwei Beinen: der Sportster und der Electra Glide. Der Ansturm der Japaner, der 1968 mit der Honda CB 750 begann, machte den Verantwortlichen in Milwaukee schlagartig klar, daß von einer schnellen Erweiterung der Modellpalette die Zukunft des Unternehmens abhing. 1971 war es so weit: Die FX 1200 Super Glide kam auf den Markt und mit ihr ein Motorrad, das im Vergleich zur leicht übergewichtigen Electra Glide sportlich und dynamisch wirkte. Klares Design ohne überflüssige Schnörkel, Verzicht auf Anbauteile wie Verkleidung oder Koffer und ein drehmomentstarker 1,2-Liter V-Twin waren die wesentlichen Merkmale dieses klassischen Cruisers.

Im Laufe der Jahre wurden zahlreiche Varianten von der Super Glide abgeleitet, der Low Rider (ab 1977), die Fat Bob (ab 1979), die Sturgis (ab 1980), die Wide Glide (ab 1983) und die Sport Glide (ab 1984). Ab diesem Jahr war die Super Glide mit dem damals neuen 1340er Evolution-Motor ausgerüstet. 1991 erschien mit der Dyna Glide Sturgis erstmals eine Super Glide-Spielart, die den Zusatznamen „Dyna" (für „Dynamic") trug. Das Bike besaß unter anderem geschmiedete Rahmenverbinder und ein fälschungssicheres Typenschild. In den 1990ern liefen fünf Harleys unter dem Namen „Dyna Glide": Super Glide (FX), Super Glide Sport (FXDX), Super Glide T-Sport (FXDXT), Low Rider (FXDL), Wide Glide (FXDWG). Ab 1999 wurden alle Dyna-Typen vom modernisierten Twin Cam 88-Motor mit 1449 cm³ und 68 PS angetrieben. Den längsten Radstand hatte die Wide Glide mit ihrer schräg laufenden Telegabel: 1678 mm.

Trotz des hohen Leergewichts von 280 bis 310 kg galten die einzelnen Typen als die Handlichen und Gutmütigen unter den Harleys. Dank des kräftig überarbeiteten Fahrwerks mit konventioneller Zweiarmschwinge und zwei Federbeinen war nun auch vor allem mit den Twin Cam 88-Modellen ab 1999 sportlich-flotte Fortbewegung möglich, bis hinauf zu 170 km/h. Der Reiz lag aber eher im faszinierenden Beschleunigungsvermögen und dem satten Schlag des großvolumigen Motors.

Foto oben rechts: das klassische Basis-Modell der Dyna-Palette, die Super Glide. Die hier gezeigte Version von 1999 war mit den optionalen LM-Gußrädern ausgerüstet, vorn im Durchmesser 19, hinten 16 Zoll groß.

Unten: Unsere Testmaschine von 1994, die mit dem 1340er Evo-Motor ausgerüstet war, zu erkennen am runden Luftfilterdeckel. Der hochgezogene Buckhorn-Lenker machte die Super Glide fast zu einem Chopper. Das 1999er Modell Glide beaß den 1449er TC 88 mit ovalem Deckel.

Steckbrief Harley Dyna Super Glide 88 B

Bauzeit	1999 bis 2006
Motor, Ventile/Zyl., Kühl.	V2, 2V/Zyl., Ohv, Twin Cam 88 B, luftgek.
Einheiten	keine Angaben
Hubraum, Bohrung x Hub	1449 cm³, 95,3 x 101,6 mm
Leistung	68 PS bei 5500/min⁻¹
Gemischaufbereitung	1 Gleichdruckvergaser 40 mm Durchlaß
Getriebe, Antrieb, Radstand	5-Gang, Zahnriemen, 1595 mm
Rahmen	Doppelschleifen-Stahlrohr
Vorderradführung	Telegabel, Standrohre 41 mm Ø
Hinterradführung	Cantileverschwinge, Federbeine längs
Bremsen vorn / hinten	1 Scheibe 292 / 1 Scheibe 292 mm, gelocht
Reifen vorn / hinten	100/90 H 19 / 130/90 H 16
Leergewicht vollget. / Tank	290 kg / 18,6 Liter
Höchstgeschwindigkeit	170 km/h (Werksangabe)
Preis	27 450,- DM (Ende 1999)

Schon der alten Super Glide mit ihrem 56 PS starken Evo-Ohv-Motor, die wir 1994 testeten, mangelte es nicht an Charakter. Der Fan mußte 23 200 DM auf den Tisch legen, wenn er in die Welt der Big Twins einsteigen wollte. Aber das war augenscheinlich nicht wirklich viel: *„Preisbrecher! 7000 DM weniger als für die anderer 1340-Kubik-Harleys"*, tönte *„Motorrad News"*. In Deutschland und Österreich wurde das Dyna-Einstiegsmodell offiziell nur mit klassischen Drahtspeichenrädern angeboten, in den USA und anderen Ländern waren Leichtmetallgußräder serienmäßig. Wie das Urmodell von 1971 begeisterte die Super Glide auch 1994 noch durch ihre schnörkellose Linienführung und die unverhüllt zur Schau gestellte Antriebstechnik. Der Zeit voraus war Harley-Davidson mit dem in den 1980ern eingeführten Zahnriemenantrieb für das Hinterrad.

Dem defensiven Gesamtcharakter der Maschine entsprach die einfach gestrickte Fahrwerksauslegung: Die konventionelle Telegabel begnügte sich mit 39 mm starken Standrohren, die Federbeine waren lediglich in der Federbasis verstellbar. Gutes Handling garantierte der steile Lenkkopfwinkel von 28 Grad. Eine einzige, allerdings 292 mm große Scheibenbremse mußte genügen, um das 19-Zoll-Vorderrad zu verzögern. Mit 280 kg war die 1994er Super Glide die leichteste Dyna-Version. Technisch basierten die übrigen Typen der Baureihe auf der Standard-Super Glide. Gabel-, Rad- und Sitzbank-Änderungen, Lackierungen, Verkleidungs- und Ausstattungsdetails machten den Unterschied.

Auch legendär: Low Rider

1999: 1449 cm³, 68 PS

Die erste Low Rider tauchte 1977 auf und war ein direkter Ableger der frühen Super Glide mit 1200er V-Twin. 1979 bekam sie den weltweit stärksten Serienmotor, den 1340er Shovelhead. Im gleichen Jahr trat die Fat Bob 1340 an. Beide Maschinen waren so etwas wie eine Electra Glide im Sportanzug. Der Autor hatte das Vergügen, diese und andere Modelle 1979 in Florida zu fahren – es war ein unvergeßliches Erlebnis.
1993 wurde die Low Rider in die Dyna-Familie integriert und bekam den neuen Rahmen. Äußerlich veränderte sich dieses Motorrad bis zur Ablösung 2007 kaum. Doch die Technik wurde im Laufe der Zeit modifiziert, vom Evo-V2 1986 bis zum 1,45-Liter-Twin Cam 88 1999. Man saß schon immer – dem Namen entsprechend - sehr tief auf der Low Rider. 2000 wurde die Sitzhöhe abermals abgesenkt, auf 640 mm. Um dahin zu kommen, hatte Harley-Davidson Gabel und Federbeine beträchtlich verkürzt. Auch der Nachlauf war vergrößert worden.

Foto oben: Die Dyna Low Rider von 1999 ging auf das 1200er Modell von 1977 zurück. Niedrige Sitzposition, großer Nachlauf und 19-Zoll-Drahtspeichen-Vorderrad waren typisch für diese Maschine. Foto unten: 1999 erschien mit der Super Glide T-Sport eine besonders tourenfreundlich ausgestattete Version der Dyna-Flotte mit Lenkerverkleidung und Softbags. Sie war mit 32 850 DM etwas „billiger" als die Low Rider.

Super Glide T-Sport

1999: 1449 cm³, 68 PS

Die neue, 1999 eingeführte T-Sport tratt das Erbe der Dyna Convertible mit dem 1340er Evo-Motor an, die Mitte der 1990er Jahre vom Band lief. Sie erweiterte die Dyna Glide-Baureihe um eine Touring-Version mit sportivem Touch und außergewöhnlichem Look. Während andere Sport-Tourer 260 oder 270 kg auf die Waage brachten, trat die T-Sport mit 310 kg an. Das Gesamtgewicht lag bei rund einer halben Tonne. Der mächtige Twin Cam 88 machte aber auch diese Harley ordentlich mobil.
Spezifisch war die an der Gabel montierte Lenkerverkleidung mit einstellbarer, leicht getönter Windschutzscheibe. Eine neu gestaltete, breite Touring-Sitzbank sorgte in Verbindung mit ergonomisch richtig positionierten Fußrasten für eine relaxte Sitzposition. Die Federelemente an Front und Heck waren wie bei der einfacher ausgerüsteten Dyna Glide Sport voll einstellbar. Vorne hatte die T-Sport zwei Bremsscheiben.

Fotos: S. 92, 93 alle: Harley-Davidson Presse

1992-2002

Honda CB 750 Seven Fifty

Allround-Star

Mit dem zeitlos eleganten Retrobike CB 750 Seven Fifty traf Honda genau den Publikumsgeschmack der 1990er Jahre. Aber auch wenn die 750er nostalgisch aussah – die Technik war in vielen Punkten vom Feinsten. Letztlich war die 750er das perfekte Alltagsmotorrad.

Der monumentale, 73 PS starke Vierzylindermotor mit Vierventiltechnik und zwei obenliegenden Nockenwellen basierte auf dem Triebwerk der bis 1988 gebauten CBX 750 F. Zu den Feinheiten gehörten die einstellbaren Federbeine mit Ausgleichsbehältern. Foto rechts: Beim Hintergrund handelt es sich keineswegs um eine deutsche Mittelgebirgslandschaft, sondern um sanfte Hügel südlich Melbourne im australischen Bundesstaat Victoria.

Fotos: S. 94 Archiv H.J. Schneider, Fotograf nicht zu ermitteln (Hans König?); S. 95 o Franz-J. Schermer; S. 95 H.J. Schneider

Seit die CBX 750 F 1988 in der Versenkung verschwand, hatte Honda in der Dreiviertelliterklasse keinen Reihenvierzylinder mehr auf Lager. Als Kawasaki 1990 mit der traumhaften, im Stil der 1970er gestalteten und unverkleideten Zephyr 750 die Retro-Welle auslöste, hatten die Marketing-Strategen von Honda keine andere Wahl, als schleunigst ebenfalls ein nostalgisch angehauchte 750er herauszubringen. Von oben machte die Suzuki GSX 1000 G Druck, und nach der neuen BMW R 100 R Roadster standen die Kunden Schlange. Im November 1991 stand dann die Honda CB 750 Seven Fifty auf dem Mailänder Salon, im Februar 1992 hatten wir die (von Honda Japan gesponserte) Gelegenheit, die neue 750er in Australien probezufahren.

Im „*Motorradfahrer*" vom April 1992 schrieb der Autor: „*Gute Laune kam sofort schon deshalb auf, weil die CB 750 ein Motorrad ist, das vom Fahrer keinerlei Eingewöhnung verlangt. Draufsetzen, starten, Gas geben, Kurvenschwingen – alles paßt auf Anhieb (...), der Motor schnurrt, die Bremsen parieren.*" Im ungewohnten australischen Linksverkehr war das Gold wert, man mußte sich nur auf den Straßenverlauf konzentrieren.

Honda hatte für dieses Motorrad keinen neuen Antrieb entwickeln müssen, bot doch das Dohc-Vierventil-Triebwerk der von 1984 bis 1988 gebauten CBX 750 F RC 17 mit seinen 91 PS eine perfekte Basis für künftige Modelle. Der Kurzhuber mit seinem hydraulischen Ventilspielausgleich wurde von reiner Fahrtwind- auf Luft-/Ölkühlung umgestellt, im Detail überarbeitet und in der Leistung

Oben: Die CB 750 Seven Fifty wurde bis 2002 nahezu unverändert gebaut. Die elegant geschwungene Tank-/Sitzbankkombination war zeitlos schön. 1996 wurde das Motorrad leicht überarbeitet, wobei die augenfälligste Änderung die nun schwarze Beschichtung der Antriebseinheit war. Dohc-Vierventil-Technik, Ölkühler, Gußräder und Dreischeiben-Bremsanlage machten aus der Seven Fifty eine Maschine für anspruchsvolle Kenner. Eher konventionell: die vier Keihin-Vergaser und die Zweiarm-Stahlschwinge.

Links: Der Autor Mitte Februar 1992 bei seiner ausgedehnten Probefahrt über australische Landstraßen südlich von Melbourne im Bundesstaat Victoria. Auch für die CB 750 bot Honda viel Zubehör an, darunter voluminöse Koffer. Die Sitzposition erlaubte ermüdungsfreies Fahren über weite Entfernungen.

reduziert. Übrig blieb eine Nennleistung von 73 PS, die bereits bei 8500/min^{-1} anlagen und locker für eine Spitze von 195 km/h reichten. Vier Gleichdruckvergaser von Keihin mit 34 mm Durchlaß lieferten das Gemisch. Zeitweilig gab es die anfangs 10 825 DM teure Seven Fifty auch mit 50 PS. Im Fahrbetrieb überzeugte der Motor durch seinen kultivierten, vibrationsarmen Lauf und die gleichmäßige Leistungsabgabe.

Mit dem neu konstruierten, durch zwei Unterzüge ergänzten Stahl-Zentralrohrrahmen, der 41er Telegabel und der von zwei Federbeinen mit Ausgleichsbehältern abgestützten Stahlkastenschwinge bot die Seven Fifty fahrwerksseitig solide und ohne Tadel funktionierende Standardtechnik. Sie lief von Anfang an auf Reifen in den Größen 120/70 ZR 17 und 150/70 ZR 17 und wurde über drei große Bremsscheiben verzögert. Die 750er war in Kurven ungemein agil, lief aber auf der Geraden trotzdem perfekt geradeaus. Sie war ein grundehrliches Alltagsmotorrad, das weder Fahrer, noch Werkstätten überforderte und nahezu unverändert bis 2002 gebaut wurde.

Steckbrief Honda CB 750 Seven Fifty

Bauzeit	1992 bis 2002
Motor, Ventile/Zyl., Kühlung	Reihe 4, 4V/Zyl., Dohc, luft-/ölgekühlt
Einheiten	keine Angaben
Hubraum, Bohrung x Hub	747 cm^3, 67 x 53 mm
Leistung	73 PS bei 8500/min^{-1}
Gemischaufbereitung	4 Keihin-Vergaser, 34 mm Durchlaß
Getriebe, Antrieb, Radstand	5-Gang, Kette, 1495 mm
Rahmen	Zentralrohr Stahl, zwei Unterzüge
Vorderradführung	Telegabel, Standrohre 41 mm Ø
Hinterradführung	Stahlschwinge, 2 Federbeine
Bremsen vorn / hinten	2 Scheiben 296 / 1 Scheibe 240 mm, gelocht
Reifen vorn / hinten	120/70 ZR 17 / 150/70 ZR 17
Leergewicht vollget. /Tank	235 kg / 20 Liter
Höchstgeschwindigkeit	195 km/h (Testwert)
Preis	10 865,- DM (1993)

Instrumente, Lenkerpartie und Blinkergehäuse mit viel glänzendem Metall erinnerten an den Stil der 1970er Jahre.

Auch legendär:
NTV 650, Hawk
1988-1998: 647 cm³, 60/55 PS

Die 1988 eingeführte Honda NTV 650 Revere löste die VT 500 E ab und besaß wie diese und die legendäre CX 500 Kardanantrieb. Der neu konstruierte, nun mit der Kurbelwelle quer eingebaute V-Twin war durch Vergrößerung von Bohrung und Hub auf 647 cm^3 aufgestockt worden und verfügte weiter über die Dreiventil-Technik mit obenliegenden, kettengetriebenen Einzelnockenwellen samt Doppelzündung.

Neben der ungedrosselten 60-PS-Ausführung gab es die Maschine auch mit 50 oder 27 PS (57 bzw. 34 PS ab 1994). Der Brückenrahmen aus Stahlprofilen verband Lenkkopf und Lagerung für die Pro-Arm-Monoschwinge. Bereit waren die dreispeihigen Gußräder mit 110/80 x 17 vorne und 150/70 x 17 hinten. Die vordere der beiden Scheibenbremsen war mit 315 mm Durchmesser üppig dimensioniert. Allein in Deutschland fand die 1989 immerhin 10 045 DM teure NTV RC 33 rund 10 000 Abnehmer.

Oben, unten links: die unverwüstliche NTV 650 mit ihren zwei flüssiggekühlten Dreiventilzylindern.

Links: Die sportliche Hawk mit Kettenantrieb erschien 1989 als Bros in Japan, 1988 als GT Hawk in den USA. Rund 2000 „Falken" kamen nach Westdeutschland. Mit ihrem langlebigen Motor wurde sie gerne bei Langstreckenrennen eingesetzt.

Fotos: S. 96 o: Honda Presse; S. 96 u: Franz-J. Schermer; S. 97 alle: Hans J. Schneider

1992-2001

Honda CB 1000/1300

Schwergewicht mit Bärenkraft

Die auf vollen Touren aus Japan und den USA herüberschwappende Retro-Welle veranlaßte auch Honda, imposante Big Bikes ohne Verkleidung mit schön zur Schau gestellter Vierzylindertechnik auf den Markt zu bringen. Dank gut abgestimmter Fahrwerkstechnik ließen sich die schweren Motorräder erstaunlich gut beherrschen.

Nach dem Produktionsstopp der CB 1100 F Ende 1985 bot Honda lange Zeit kein unverkleidetes Big-Bike an. Erst für 1993 wagte die deutsche Niederlassung mit der Ende 1992 auf der Tokyo Motorshow präsentierten CB 1000 Big One eine Rückkehr in die Klasse, in der z.B. Suzuki bereits mit der GSX 1100 G und Kawasaki mit der Zephyr 1100 vertreten waren. Der auf 98 PS gedrosselte Dohc-Reihenvierzylinder mit seinen 16 Ventilen aus der CBR 1000 F besaß vier im Durchlaß auf 34 mm verkleinerte Vergaser sowie flachere Nockenprofile für einen durchzugsstärkeren Charakter. Statt fünf standen sechs Gänge zur Verfügung.

Immerhin hatte Honda für die trocken 235 kg schwere CB Big One einen eigenständigen Doppelschleifenrahmen mit weit auseinanderstehenden Unterzügen entworfen, die in voller Schräglage aufsetzen konnten. Die Reifendimension waren im Hinblick auf das Handling mit 120/70 x 18 und 170/60 x 18 nicht allzu üppig ausgefallen. Die Federung der Hinterradschwinge aus Stahl oblag zwei auf dem Kopf stehenden Gasdruckdämpfern von Showa. Trotz ihres beeindruckenden Auftritts flog die CB 1000 bereits Ende 1995 wieder aus dem offiziellen Deutschland-Programm.

Ein Jahr nach der 1997 vorgestellten X4 1300 ließ Honda die Big One mit der CB 1300 wieder auferstehen. Die Nachfolgerin der

Oben: Anders als die CB 1000 täuschten die 1300er Big-Bikes der späten 1990er mit ihren verrippten Zylindern Fahrtwindkühlung vor. Links: die in Tokyo 1992 gezeigte Big One.

klassisch schlichten Tausender wurde vom gleichen Dohc-Vierzylindermotor wie die X4 befeuert, in Deutschland mit 100 PS bei freundlichen 6500/min^{-1}.

Wie die X4 lief die CB 1300 auf Dreispeichen-Gußrädern, deren vorderes mit 130/70 x 17 allerdings anders bereift war. Fahrwerkstechnisch wies sie eine weitere Besonderheit auf: Die beiden Federbeine im Heck stützten sich über Pro-Link-Hebel an der Kastenschwinge ab und dämpften die Hinterhand des frappierend handlichen, immerhin vollgetankt 257 kg schweren Boliden. 215 km/h waren erreichbar – wenn man den Fahrtwind aushielt.

Steckbrief Honda CB 1000/1300

Bauzeit	1992 bis 2001
Motor, Ventile/Zyl., Kühlung	Reihe 4, 4V/Zyl., Dohc, flüssiggekühlt
Einheiten	keine Angaben
Hubraum, Bohrung x Hub	998/1284 cm^3, 77 x 53,6 / 78 x 67,2 mm
Leistung	98 PS bei 8 500/min^{-1}, 100 PS bei 6500/min^{-1}
Gemischaufbereitung	4 Keihin-Vergaser, 34 mm Durchlaß
Getriebe, Antrieb, Radstand	6-Gang, Kette, 1495 / 1545 mm
Rahmen	Stahlrohrdoppelschleife, 1 Unterzug
Vorderradführung	Telegabel, Standrohre 43 mm Ø
Hinterradführung	Zweiarm-/Pro-Link-Schwinge
Bremsen vorn / hinten	2 Scheiben 310/276 / 1 Scheibe 276/242 mm
Reifen vorn / hinten	120/70 x 18-170/60 x 18 / 130/70 x 17-190/60 x 17
Leergewicht vollget. / Tank	257 kg vollgetankt / 20/22 L
Höchstgeschwindigkeit	210/215 km/h (Werksangabe)
Preis	keine Angaben

Die von 1993 bis 1995 in Deutschland angebotene CB 1000 Big One war ein wunderschöner Neo-Klassiker mit bärenstarkem Einliter-Vierzylinder. Der flüssigkeitsgekühlte Zylinderblock präsentierte sich schnörkellos ohne Pseudo-Kühlrippen. Rahmen und Schwinge waren eigens entwickelt worden, die anderen Elemente waren Großserienteile.

Fotos: S. 98 o, ul, 99 u: Hans J. Schneider; S. 98 M: Axel Koenigsbeck; S.99 o: Winni Scheibe

1989-1999 (SC 24)

Honda CBR 1000 F

Schalentier

Die Honda CBR 1000 F war vor allem ab dem Modelljahr 1992/93 mit ihrer windschnittigen und zeitlos schönen Karosserie eine Klasse für sich. Der bärenstarke Dohc-Vierzylindermotor hatte mit der schweren Maschine keine Mühe. Zudem war die große CBR auch noch komfortabel.

Links: Ab Herbst 1992 ließ das komplett bestückte Cockpit der CBR 1000 F keine Wünsche offen. Die Gabelbrücken bestanden aus Leichtmetall. Oben: Modell 1996 mit drei Bremsscheiben und dem „Dual Combined Brake System". Rechte Seite: der Autor beim Test der CBR 1000 F im Sommer 1994. Bereits im Schatten herrschten 35 Grad. In der Sonne war die Temperatur fast unerträglich, wenn man Helm und schwere Kombi trug. Entsprechend anstrengend war es, die über 270 kg schwere Honda auf Kurs zu halten und um die Ecke zu zwingen.

Fotos: S. 100 o: Honda Presse; S. 100 ul: Frank Ratering; S. 101: Frank Ratering; S. 102: Cover „Motorrad News" 9/1994

Als 1987 die Urversion der CBR 1000 F mit dem Code SC 21 erschien, war das für viele eine Provokation: Das leistungsstarke Vierzylinder-Motorrad sah mit seiner auffälligen, die gesamte Technik verbergenden Vollverkleidung aus wie von einem anderen Stern. Rechteckscheinwerfer und Rückspiegel waren in die Front integriert, Tank und Sitzbank gingen fließend ineinander über.

Die Philosophie der Vollverschalung wurde 1989 gekonnt auf die zweite Version des 1000er Sporttourers übertragen, auf den Typ SC 24. Die Maschine wirkte jetzt gestreckter und eleganter, kreative Farbapplikationen lockerten die seitlichen Flächen auf. Die neue CBR 1000 F verkaufte sich bestens über die gesamten 1990er Jahre hinweg – bis Ende 1999, als das letzte Exemplar vom Band lief, ohne eine direkte Nachfolgerin bekommen zu haben.

In all den Jahren wurde das Motorrad ständig verbessert. Für die erste SC 24 von 1989 hatte Honda den Motor überarbeitetet (neue Kurbelwelle, stärkere Lichtmaschine) und breitere Bereifung aufgezogen. 1991 erhielt die CBR eine andere Verkleidungsscheibe und die Schaltereinheiten von der Pan-European. Auf der IFMA 1992 zeigte sich die CBR 1000 F mit neu gezeichneter, eleganterer Verkleidung ohne die beiden Lufteinlässe vorn, einem leicht halbmondförmigen Scheinwerfer und einem neuen Cockpit.

1992 präsentierte Honda mit der CBR 1000 F erstmals auch seine Dual-CBS-Bremsanlage, bei der die Fußbremse nicht nur wie üblich auf die hintere Bremsscheibe, sondern auch auf die vordere Bremse wirkte; dabei wurde Druck auf die jeweils zwei äußeren Bremskolben der drei Bremssättel ausgeübt. Man konnte also im normalen Fahrbetrieb zuverlässig allein mit der Fußbremse verzögern und bei Bedarf zusätzlich die Handbremse einsetzen. Vorne tat eine standfeste 310er Doppelscheiben-Bremsanlage Dienst, hinten eine einfache Scheibe mit 256 mm Durchmesser.

Die fast 20 000 DM teure CBR, die wir im glühend heißen Sommer 1994 testeten, entsprach der modernisierten Version mit der

Ganz oben: unsere Testmaschine von 1994. Honda verlangte damals fast 20 000 DM für den Sporttourer. Oben: eine CBR von 1993 mit der bereits modernisierten Karosserie. Zahlreiche Öffnungen und Schächte ließen die Luft zirkulieren. Rechts: der Dohc-Vierzylinder-16-Ventilmotor.

Steckbrief Honda CBR 1000 F SC 24

Bauzeit	1989 bis 1999
Motor, Ventile/Zyl., Kühlung	Reihe 4, 4V/Zyl., Dohc, flüssiggekühlt
Einheiten	keine Angaben
Hubraum, Bohrung x Hub	998 cm^3, 77 x 53,6 mm
Leistung	135 PS bei 9500/min^{-1}
Gemischaufbereitung	4 Keihin-Vergaser, 36 mm Durchlaß
Getriebe, Antrieb, Radstand	6-Gang, Kette, 1500 mm
Rahmen	Stahl-Kastenprofil, Motor mittragend
Vorderradführung	Telegabel, Standrohre 41 mm Ø
Hinterradführung	Pro-Link-Schwinge, 1 Zentralfederbein
Bremsen vorn / hinten	2 Scheiben 310 / 1 Scheibe 256 mm
Reifen vorn / hinten	120/70 VR 17 / 170/60 VR 17
Leergewicht vollget. /Tank	271 kg / 22 Liter
Höchstgeschwindigkeit	223 km/h (Testwert)
Preis	19 610,- DM (September 1994)

schnittigeren Verkleidung und Dual-CBS. Antriebsquelle der großen CBR war bei dieser Maschine nach wie vor der flüssigkeitsgekühlte Dohc-Reihen-Vierzylinder mit je vier Ventilen pro Zylinder und einer Ausgleichswelle zur Dämpfung der Vibrationen. Das Kraftstoffgemisch wurde von einem 36er Vergaserquartett aufbereitet, die Übertragung der 135 PS bei 9500/min^{-1} und 103,5 Nm bei 8500/min-1(ungedrosselt) erfolgte per Sechsgang-Getriebe und O-Ring-Kette. Für Deutschland war das *„Schalentier“* über verengte Ansaugstutzen auf 100 respektive 98 PS bei 9000/min^{-1}, das maximale Drehmoment auf 87 Nm bei 8500 min^{-1} gezähmt worden. Dank der aerodynamisch ausgefeilten Verkleidung erreichte die CBR selbst mit Leistungsbeschränkung in unserem Test (gemessene) 223 km/h. Der Tachometer zeigte dabei 241 km/h an.

Bei der schweren CBR neigte man aber eher dazu, bei mittleren Drehzahlen zügig, aber nicht übertrieben dynamisch vorwärtszustreben; nur selten nutzte man die bei 9500 Touren zur Verfügung stehenden 98 PS. Der Autor, der die CBR damals für *„Motorrad News“* (Heft 9/1994) testete, schrieb: *„Zurückhaltung empfiehlt sich schon allein aus Rücksicht auf den Geldbeutel: Bei Volldampf schluckt die bullige 1000er über acht Liter auf 100 Kilometer; im Durchschnitt sind es immer noch 7,3 Liter. Eine vergleichsweise herangezogene zweite CBR des gleichen Typs brachte es sogar auf 7,8 Liter. Die Reichweite lag je nach Fahrweise zwischen 230 und 290 Kilometern - ein nur durchschnittlicher Wert für ein Langstreckenmotorrad.“*

Fahrwerksseitig gab sich der beliebte Sporttourer traditionell. Der kompakte Reihenvierzylinder hing als mittragendes Bauteil in einem Brückenrahmen, der aus Stahlrohren und -profilen zusammengeschweißt war. Das vordere der seit 1989 mit 120/70- und 170/60-bereiften 17-Zoll-Räder wurde von einer (anfangs luftunterstützten) Gabel mit 41er Standrohren geführt. Ein Zentralfederbein stützte die Stahl-Kastenschwinge im Heck ab.

Schnelles Reisen auf Autobahnen und gut ausgebauten Landstraßen war die Domäne des Sporttourers. Fahrer und Sozia saßen bequem auf der breiten Bank und waren von der modernisierten Verkleidung gut vor Wind und Wetter geschützt. Die Kunststoffteile waren sauber eingepaßt, nichts klapperte oder rappelte. Enge Kurven waren dagegen nicht das Ding der Honda: *„Wie beim Mercedes merkt man erst in engen Kurven, wie wir schwer die Fuhre wirklich ist – 271 kg bringt eine vollgetankte CBR 1000 F auf die Waage. (...) Es ist Schwerarbeit, diese Maschine über Handlingkurse zu wuchten“*, notierte der Autor damals. Aber er war angetan vom Triebwerk: *„Der Reihenvierzylinder singt unaufdringlich sein Lied, bläst die Melodie auf zwei mächtigen Endschalldämpfern. Das macht was her und gibt dem Motorrad die nötige Kompetenz.“*

Stets auf dem Tank im Blickfeld: Warnhinweis für die Dual-CBS-Bremse.

Auch legendär:

CBR 1100 XX Super Blackbird RC 35

1996-2007: 1137 cm³, 160 (152, 98) PS

Die CBR 1100 XX war zwischen 1996 und 1998 mit ihren 160 PS das schnellste Serienmotorrad der Welt und sollte als erste normal käufliche Maschine die 300-km/h-Markeknacken. Im Test schaffte sie „nur“ 290 km/h, doch das war beeindruckend genug. Erst 1999 konnte die Honda von der Suzuki Hayabusa in der Endgeschwindigkeit überboten werden. Der Vierzylinder-16-Ventil-Motor mit seinen zwei obenliegenden Nockenwellen basierte auf dem Triebwerk der CBR 900 RR, wies aber deutlich größere Zylinderbohrungen auf.

Die Vierfach-Vergaser-Batterie wurde 1999 von einer elektronisch gesteuerten Einspritzanlage mit G-Kat abgelöst. Der Profil-Brückenrahmen und die Pro-Link-Schwinge bestanden überwiegend aus Leichtmetall. Vier-in-zwei-Abgasanlage, aerodynamisch ausgefeilte Vollverkleidung und Dreifach-Scheibenbremse mit Dual-CBS gehörten zum Grundkonzept. Preis 2001: 12 690 Euro.

Bis 1999 wurden 55 289 XX-Exempla produziert, bis 2007 waren es insgesamt 85 138. Oben das 1999er Mode, unten die 2000er Version im Test.

Fotos: S. 102 o: Frank Ratering; S. 102 ul: Hans J. Schneider; S. 102 r: Honda Presse; S. 103 ul beide: Frank Ratering; S. 103 or: Honda Presse; S. 103 ur: Motorrad News

1990-1998 (RC 36)

Honda VFR 750 F

Sanfte Gewalt

Der 1985 eingeführte, 1990 runderneuerte und für 1994 nochmals verbesserte Sporttourer VFR 750 F mit Dohc-Vierzylinder-V-Motor war ein technisch aufwendig konstruiertes Motorrad, das auf der Rennstrecke eine gute Figur abgab, aber sich auch im Alltag problemlos fahren ließ.

Mit ihrer schlanken Verkleidung und der Höckersitzbank präsentierte sich die VFR 750 F als elegantes Sportmotorrad.
Rechts: Der Autor konnte den leistungsstarken Sporttourer Mitte Oktober 1993 auf der andalusischen Rennstrecke von Jerez ausgiebig testen und zeigte sich nach vielen schnellen Runden begeistert von Beherrschbarkeit und Straßenlage.
Die Grafik oben rechts zeigt das komplizierte Räderwerk der Nockenwellen- und Ventilsteuerung des Dohc-Vierzylindermotors.

Fotos: S. 104: Hans König; S. 105: Honda Presse für Schneider; S. 105 o: Honda Presse

1990 bis 1998: Honda VFR 750 F

Der flüssiggekühlte Vierzylinder-V-Motor mit seinen zwei Nockenwellen pro Zylinderbank und seinen 16 Ventilen leistete in der gedrosselten Deutschland-Version 98 PS.

Unten: Rahmen und Einarmschwinge bestanden aus Leichtmetall. Drei Bremsscheiben verzögerten die 17-Zoll-Gußräder im Stil der NR 750.

Mit betont dezentem Äußeren präsentierte sich die erste VFR 750 F RC 24 im Herbst 1985 als Wolf im Schafspelz. *„Wir wollen keine Renn-Replika auf die Räder stellen, sondern ein Sportmotorrad, das den Ansprüchen auf öffentlichen Straßen gerecht wird“,* zitierte *„Motorrad“* in Heft 20/85 Isamu Goto, den damaligen Chef von HRC sowie vom japanischen R&D-Zentrum. Unter der schlichten, in Perlmutweiß lackierten und auf jegliches Dekor verzichtenden Schale verbarg sich allerdings topmoderne Technik, die beim Ventiltrieb Details der späteren NR 750 vorwegnahm. Das zahlte sich aus: Bis 1990 fand die erste VFR 750 F rund 30 000 Käufer.

Für die Saison 1990 brachte Honda mit der RC 36 praktisch eine neue VFR 750 F heraus. Äußerlich ließ sie sich mit ihrem Doppelscheinwerfer (Abblend- und Fernlicht waren nun getrennt) sofort von der RC 24 unterscheiden. Die neu gestaltete Verkleidung wies an den Flanken lediglich noch einen einzigen Lüftungsschlitz auf. In den Zylinderköpfen des flüssiggekühlten Dohc-V4-Motors wurden die Ventile, die weiterhin von zahnradgetriebenen Nockenwellen betätigt wurden, nun in einem engeren Winkel zueinander gestellt und über Tassenstößel mit innenliegenden Einstellplättchen direkt betätigt; die Schlepphebel entfielen. Damit bauten die Köpfe kompakter, die Einstell-Intervalle konnten gefahrlos von 12 000 auf 36 000 km erhöht werden. Auf der Auslaßseite übernahm nun eine Vier-in-eins-Anlage die Schalldämpfung.

Diverse Verbesserungen kamen daneben dem Leichtmetall-Chassis und dem Fahrwerk zugute. Mittels unterhalb der beiden Hauptrohre verschweißter Vierkantprofile war der LM-Rahmen zusätzlich versteift worden. Vom Renner RC 30 hatte die neue VFR das Pro-Arm-Einarmschwingenkonzept mit multiverstellbarem Zentralfederbein sowie das Raddesign. Die Leichtmetallräder mit ihren U-Profil-Speichen waren breiter bereift, vorne mit 120/70 VR 17 und hinten mit 170/60 VR 17. Die Telegabel mit ihren 41 mm dicken Standrohren war zwar innen optimiert worden, mußte jetzt aber ohne Verstellmöglichkeiten, Luftunterstützung und Anti-Dive auskommen. Da hatte der Rotstift sein Werk getan.

Das Gewicht des Sporttourers hatte zugenommen: Mit 216 Kilo trocken war die erste Version der RC 36 rund 15 Kilo schwerer als die RC 24. Das Fahrverhalten war dennoch untadelig geblieben.

Die beiden Fotos zeigen die Seite und das Cockpit der von 1990 bis 1993 gebauten VFR 750 F RC 36 I. Hinsichtlich Sitzbank und Verkleidung gibt es starke Unterschiede zur RC 36 II. Rechte Seite: Kurvenhatz in Jerez, Schokoladenseite der VFR 750 F.

Ein geringfügig längerer Radstand, eine etwas flacher angestellte Gabel sowie der weiter nach vorne gerückte Motor garantierten weiterhin Spurtreue und Handlichkeit.

Die nächste größere Modellpflege erfolgte für 1994. Dabei stand eine Gewichtsreduzierung im Vordergrund. Die wiederum im Styling geänderte Verkleidung (an einem Lüftungsschlitz mit Ziergitter à la Ovalkolben-NR erkennbar) war ebenso erleichtert worden wie Telegabel, Rahmen und Auspuff. Von der NR 750 hatte die weiterhin mit dem Werkscode RC 36 bezeichnete VFR das Raddesign übernommen, vorne mit sechs, hinten mit fünf Speichen. Insgesamt war der Sporttourer etwa 10,0 kg leichter geworden.

Der 16-Ventil-V4-Motor, der in der Ausführung für Europa 98 PS bei 10 000/min^{-1} leistete, war beim 1994er Modell lediglich im Bereich der Atemwege optimiert worden. Für die Gemischaufbereitung sorgten nun vier Gleichdruck-Flachschieber-Vergaser mit je 34 mm Durchlaß, wie sie auch bei CBR 600 und CBR 900 Fire Blade

verwendet wurden. Eine neue Auspuffanlage machte die VFR trotz wegrationalisiertem Vorschalldämpfer deutlich leiser. Im Hinblick auf die Tourentauglichkeit erhielt der Tank mit 21 Litern nun zwei Liter mehr Kapazität. Was auch notwendig schien, denn besonders sparsam war die letzte VFR 750 F nicht. Bis zu zehn Liter Verbrauch auf 100 km ermittelte der *„Tourenfahrer"* (Heft 4/1994) auf schnellen Autobahnetappen, kam aber zu dem positiven Urteil, *„daß die letzte*

Steckbrief Honda VFR 750 F RC 36 II

Bauzeit	1993 bis 1998
Motor, Ventile/Zyl., Kühlung	V4, 4V/Zyl., Dohc, flüssiggekühlt
Einheiten	keine Angaben
Hubraum, Bohrung x Hub	748 cm^3, 70 x 48,6 mm
Leistung	98 PS bei 10 000/min^{-1}
Gemischaufbereitung	4 Gleichdruck-Vergaser, 34 mm Durchlaß
Getriebe, Antrieb, Radstand	6-Gang, Kette, 1470 mm
Rahmen	Leichtmetall, Triple-Box-Holme
Vorderradführung	Teleskopgabel, Standrohre 41 mm Ø
Hinterradführung	Pro-Arm-LM-Schwinge, 1 Zentralfederb.
Bremsen vorn / hinten	2 Scheiben 296 / 1 Scheibe 256 mm
Reifen vorn / hinten	120/70 ZR 17 / 170/60 ZR 17
Leergewicht trockern	219 kg / 19 Liter
Höchstgeschwindigkeit	220 km/h (Werksangabe)
Preis	18 795,- DM (Dezember 1993)

Fotos: S. 106 o: Honda Presse; S. 106 M, ul, ur: vermutlich Hans J. Schneider; S. 107 o: Honda Presse für Schneider; S. 107 u: vermutlich H. J. Schneider

Links: Honda Motor Europe lud Mitte Oktober 1993 110 Fachjournalisten aus allen europäischen Ländern nach Jerez in Südspanien ein. Hier sieht man gut die Vier-in-eins-Schalldämpfung des rassigen Sporttourers.

Unten: Blick auf die Einarm-Hinterradschwinge aus Leichtmetall mit Zentralfederbein und Kettenantrieb.

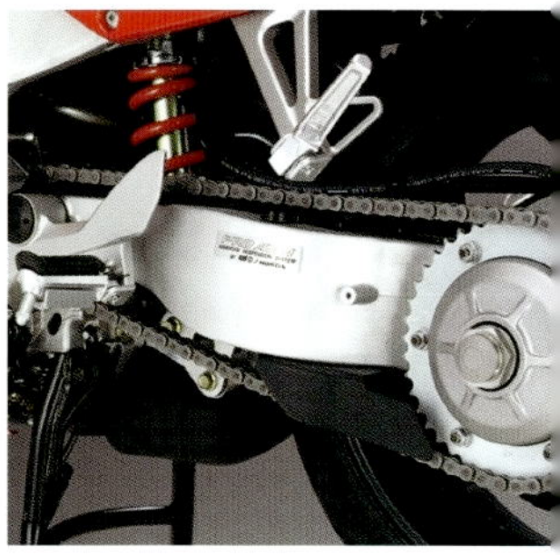

Rechts oben: Honda-Deutschland-Vertriebsdirektor Wolfgang Murrmann als Gastgeber der deutschen Testmannschaft. Bei der knallgelben Maschine handelt es sich um die Nachfolgerin der 750er VFR, die als VFR (800) RC 46 1998 auf den Markt kam und deren auf 782 cm³ aufgestockter V-Vierzylinder 108 PS bei 10 500/min^{-1} leistete. Spitze: 245 km/h.

Evolutionsstufe von Hondas Erfolgsmodell ein weiterer Schritt in Richtung perfektes Motorrad ist.“ Und beileibe nicht der letzte, wie die auf 782 cm³ aufgestockte VFR ab 1998 bewies.

Auch die Zeitschrift *„Motorrad News“* war begeistert. Chefredakteur Hans J. Schneider schrieb in Heft 12/1993: *„Mit der neuesten Version der VFR 750 F ist es Honda gelungen, ein ohnehin schon gutes Motorrad noch besser zu machen. Flotte Runden auf dem Grand Prix-Kurs Jerez de la Frontera und ausgiebige Probefahrten auf den angrenzenden Landstraßen haben wieder einmal gezeigt, daß Honda perfekte Motorräder bauen kann. Die neue VFR ist schnell, aber sie überfordert den Fahrer nicht. Sie sieht supersportlich aus, aber erlaubt trotzdem eine entspannte Sitzposition. Sie liegt wie ein Brett auf der Straße, aber bietet doch genügend Komfort. So und nicht anders muß ein Sporttourer sein...“* Bei einem Preis von 18 795 DM war dieses Traummotorrad indes 2000 DM teurer als das Vorläufermodell.

Auch legendär:
VFR 750 R/RVF 750

1988-1993/1994-1999:
748/749 cm^3, 112/120 PS

Bis zu 150 PS stemmten die Rennversionen der ab 1987 produzierten Honda VFR 750 R auf die Kurbelwelle des Dohc-V4-Motors mit seinen zahnradgetriebenen Nokkenwellen. Schon die Basisversion der RC 30 brachte es bei 748 cm^3 Hubraum auf 112 PS. Technisch basierte das Motorrad auf den Werksrennern aus der FIM Endurance World Championship. Sie war eines der ersten speziell für den Rennsport entwickelten, normal käuflichen Serienmotorräder. Privatfahrer und Teams mußten 1992 z.B. für ein Exemplar 31 225 DM an Honda überweisen. Das Motorrad hatte technisch mit der VFR 750 F des Typs RC 36 (s. vorn) viel gemeinsam, so den Nockenwellenantrieb über eine Zahnradkaskade, den Leichtmetall-Brückenrahmen, die Dreischeiben-Bremsanlage, das Sechsganggetriebe und die LM-Einarmschwinge. Verkleidung, Tank und Sitzbank waren indes konsequent auf den Rennsport zugeschnitten. Hinten rollte die Renn-VFR aber auf einem 18-Zoll-Rad, das in 170/60 VR 18 bereift war. Die RC 30 gewann auf Anhieb die Superbike-Weltmeisterschaft und dominierte jahrelang die Rennen um die Tourist Trophy auf der Isle of Man 1992 importierte Honda Deutschland auch die hubraumschwächere VFR 400 R, die 61 PS bei 12 500/min^{-1} lieferte, das Ganze zum Exklusivpreis von 19 170 DM.

Ab der Saison 1994 setzte Hamamatsu das Nachfolgemodell RVF 750 vom Typ RC 45 in der Superbike-Meisterschaft ein. In der Saison 2000 wurde sie von der VTR 1000 SP-1 abgelöst. Die RC 45 wurde nur in Kleinserie gebaut, und zwar wieder als Einsitzer. Stückpreis: 44 480 DM. Der modifizierte 16-Ventilmotor leistete 120 PS bei 11 750 min/$^{-1}$. 1997 wurde John Kocinski mit der RC 45 Superbike-Weltmeister. Zweit- und Drittplazierungen in der WM sowie zahlreiche Siege bei Langstreckenrennen in Japan und den USA machten den Racer zur Legende.

Beide Fotos oben zeigen die VFR 750 R, wie sie bis 1998 gebaut wurde. Die schlanke Verkleidung, der Höckersitz und der aufgesetzte Tank wiesen das Motorrad als Rennmaschine aus. In Deutschland war sie für stolze 31 225 DM zu haben. Sie gewann auf Anhieb die Superbike-Weltmeisterschaft.

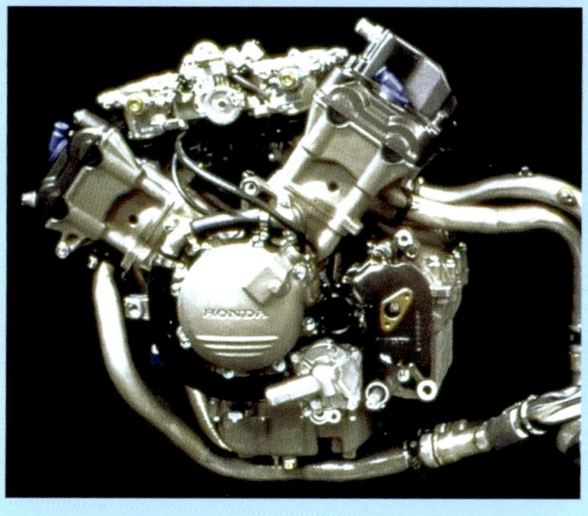

Links: Der V4-16-Ventil-Motor der RVF 750 leistete 120 PS. Die solide Zahnradkaskade machte den Motor drehzahlfest. Die Zahnräder saßen nicht mehr in der Motormitte wie bei der RC 30, sondern waren auf die rechte Seite gewandert. Das Gemisch bereitete eine elektronische Einspritzanlage auf. Trocken wog die RVF 750 nur 189 kg. Unten rechts: die RVF 750 von 1994.

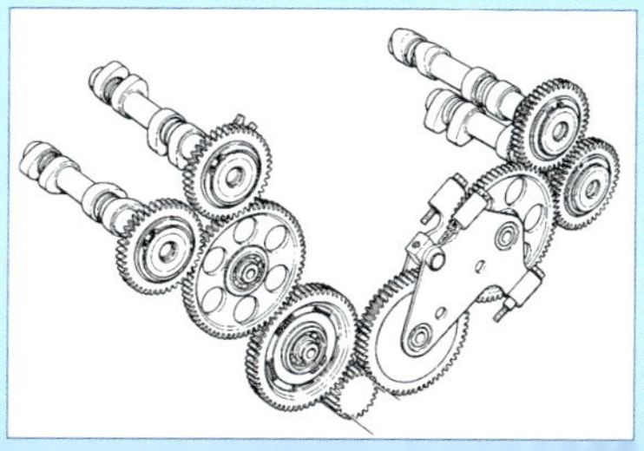

Fotos: S. 108 ol, ur: Hans J. Schneider; S. 108 or, ul: Honda Presse; S. 109 alle: Honda Presse

1986-2001

Honda CBR 600 F
Wolf im Schafspelz

Die CBR 600 F (Code PC 19) war 1986 die Antwort auf den Hochleistungs-Sporttourer GPZ 600 R, den Kawasaki im Jahr zuvor auf den Markt gebracht hatte. Den Antrieb besorgte ein Dohc-Vierventil-Vierzylindermotor mit 85 PS. In kurzen Abständen folgten verbesserte und stärkere Modelle bis zum Code PC 35 ab 2000 mit 109 PS.

Ein Jahr, nachdem Honda mit der VFR 750 F in der Dreiviertelliter-Klasse neue Maßstäbe gesetzt hatte, präsentierte das Unternehmen auf der IFMA 1986 ein weiteres Sportmotorrad, das dank regelmäßiger Modellpflege ebenfalls zu einem Dauerbrenner in der Modellpalette avancierte – die CBR 600 F (Typ PC 19) im damals üblichen kantigen Design. Sie brachte bei einer Drehzahl von 11 000/min^{-1} ungedrosselte 85 PS auf die Kurbelwelle und übertrug die spektakuläre Leistung über ein Sechsgang-Getriebe aufs Hinterrad. Der flüssiggekühlte Vierzylindermotor besaß nach Art des Hauses zwei obenliegende Nockenwellen und vier Ventile pro Zylinder. Die CBR 600 F, die sich in Deutschland 2000mal verkaufte, war Hondas Antwort auf die GPZ 600 R, mit der Kawasaki zur Saison 1985 die 600er Sportlerklasse neu begründet hatte.

Im Laufe der Jahre wurde der Mittelklasse-Sportler stetig weiterentwickelt. 1989 folgte der in einigen Details verbesserte Typ PC 23 mit nun 93 PS, der aber in Deutschland nur noch 1750 Käufer fand. Die japanische Konkurrenz schien davonzueilen. Doch bereits zu Beginn der Saison 1991 stand unter dem Werkscode PC 25 eine grundlegend neu konstruierte CBR 600 F in den Startlöchern. Laut ABE leistete der Motor jetzt volle 100 PS bei 12 000/min^{-1}, womit die Kawasaki ZZ-R zunächst einmal getoppt war.

Im insgesamt noch kompakter gehaltenen Motorblock sausten nun Kolben mit zwei Millimeter mehr Durchmesser auf und ab, ihr Hub hatte sich von 48 auf 45,2 mm reduziert, die Verdichtung war auf 11,6 : 1 gestiegen. Der obere Teil des Kurbelgehäuses und die Zylinderbank bildeten nunmehr eine untrennbare Einheit, die Antriebskette für die beiden Nockenwellen war von der Mitte an die rechte Motorseite gewandert. Die im Durchmesser mitgewachsenen Ventile wurden über Tassenstößel betätigt. Auch in der Peripherie hatte sich einiges getan: kennfeldgesteuerte Digitalzündung, Flachschiebervergaser mit 33 mm Durchlaß, größeres Schalldämpfervolumen. Ergebnis: Die 1991er CBR schaffte eine Spitze von 235 km/h. Bei 13 500/min^{-1} stoppte ein Drehzahlbegrenzer die Leistungsfreude der quirligen 600er.

Der CBR 600 F (Typ RC 25) von 1992 sah man nicht an, was unter der schlanken Schale steckte: ein Dohc-Vierzylinder mit 100 PS bei 12 000/min^{-1}. Einstellbare Telegabel und Pro-Link-Hinterradschwinge hielten die Rakete auf Kurs. Links ein Blick auf die reichhaltige und zweckmäßige Instrumentierung.

Obwohl die Verkleidung überarbeitet worden war, hatte die CBR ihre Sporttourer-Sitzergonomie behalten. Fahrwerksseitig setzte Honda auf einen noch kürzeren Nachlauf von nun 94 statt 104 mm und breitere Reifen auf Sechsspeichen-Rädern, vorne in 120/60 ZR 17, hinten in 160/60 ZR 17 bereift. Die Telegabel präsentierte sich mit neuer Abstimmung und 41er Standrohren. Für 1993 erhielt die PC 25 wieder neue Federelemente. Die Gabel war nun in Vorspannung und Zugstufendämpfung stufenlos einstellbar, beim Zentralfederbein im Heck ließ sich nun auch die Druckstufe justieren.

Die nächste umfangreiche Modellpflege erfolgte für 1995. Mittlerweile hießen die Mitbewerberinnen Yamaha FZR 600 R und Kawasaki ZX-6R, Suzuki stellte der GSX 600 F die RF 600 R zur Seite. Da mußte sich dann der CBR-Motor einige Eingriffe gefallen lassen. So überarbeitete Honda die Kurbelwelle, speckte Kolben samt Pleuel ab und erhöhte die Verdichtung auf 12,0 : 1. Einlaßseitig gab es neue Vergaser in Verbindung mit einem Ram-Air-System, ferner eine abermals geänderte Auspuffanlage. Am Fahrwerk wurden Rahmen und Gabelbrücken versteift, die Hinterradfelge von 4,5 auf fünf Zoll verbreitert sowie Telegabel-Dämpfung und Bremsen auf den neuesten Stand gebracht. Hinter der modifizierten Verkleidung thronte nun ein Tank mit 17 statt 16 Litern Fassungsvermögen.

Für 1997 erhielt die Stahlrahmen-CBR ihre letzte Frischzellenkur. Der Motor wurde auf 105 PS hochgepäppelt, was angesichts der inzwischen gekippten 100-PS-Selbstbeschränkung auch für den deutschen Markt ganz im Sinne des Zeitgeistes war. Dickere Bremsscheiben mit neuem Belagmaterial sorgten gleichzeitig für effektivere Verzögerung, abermals getunte Federelemente für eine noch bessere Straßenlage. Honda-Kenner Axel Koenigsbeck merkte kritisch an: *„Das fortwährende Bemühen der Honda-Konstrukteure um Erhöhung von Leistung und Agilität brachte die CBR 600 F letztlich auf ein Niveau, dem die meisten ihrer Eigner fahrerisch kaum gewachsen waren und das sich auf öffentlichen Straßen nicht mehr umsetzen ließ."*

Gleichwohl ging es weiter hin zum Extremen: 1999 kam die PC 33 mit Leichtmetallrahmen und LM-Schwinge auf den Markt, zudem mit verstärkter Telegabel und breiteren Reifen. Ein verkürzter Radstand, eine Leistuntg von 106 PS und eine Spitze von 240 km/h waren jetzt die Eckdaten. Für die Saison 2001 trat abermals eine runderneuerte CBR 600 F auf den Plan, die PC 35. Die nun verbaute, elektronisch gesteuerte Einspritzanlage und nicht zuletzt die aerodynamisch ausgefeilte, aggressiv aussehende Vollverkleidung trieb das Spitzentempo der auf 109 PS bei 12 500/min^{-1} gesteigerten Maschine auf 255 km/h. Die PC 35 wurde bis zum Modelljahr 2006 produziert. Als PC 41 erlebte die CBR 600 F ab 2011 eine Neuauflage, die bis 2013 vom Band lief.

Steckbrief Honda CBR 600 F PC 25

Bauzeit	1991 bis 1994
Motor, Ventile/Zyl., Kühlung	Reihe 4, 4V/Zyl., Dohc, flüssiggekühlt
Einheiten	keine Angaben
Hubraum, Bohrung x Hub	599 cm^3, 65 x 45,2 mm
Leistung	100 PS bei 12 000/min^{-1}
Gemischaufbereitung	4 Keihin-Vergaser, 33 mm Durchlaß
Getriebe, Antrieb, Radstand	6-Gang, Kette, 1410 mm
Rahmen	Stahlbrückenrohrrahmen
Vorderradführung	Telegabel, Standrohre 41 mm Ø
Hinterradführung	Pro-Link-Schwinge, 1 Zentralfederbein
Bremsen vorn / hinten	2 Scheiben 276 / 1 Scheibe 220 mm
Reifen vorn / hinten	120/60 ZR 17 / 160/60 ZR 17
Leergewicht vollget. /Tank	190 kg / 16 Liter
Höchstgeschwindigkeit	235 km/h (Werksangabe)
Preis	14 175,- DM (Mai 1992)

Oben: Die CBR 600 F vom Typ PC 31 war für 1995 in vielen Details verbessert worden. Das Foto zeigt MF-Redakteur Wulf Weis bei ersten Testfahrten im Oktober 1994.

Rechts: Sieht mit dem relativ unschuldigen Gesicht und der bequemen Sitzbank noch nach Sporttourer aus, ist aber eigentlich schon Supersport – die PC 35 von 2000 mit 109 PS. Verräterisch sind die Ram-Air-Hutzen. Rahmen und Pro-Link-Hinterradschwinge bestanden nun aus Leichtmetall. Die Spitzengeschwindigkeit von 240 km/h erforderte einen erfahrenen und charakterfesten Piloten.

Fotos: S. 110 beide: Hans J. Schneider; S. 111 o: Frank Ratering; S. 111 u: Honda Presse

1992-1995 (SC 28/33)

Honda CBR 900 RR

Feuerzeug

Mit der 1992 vorgestellten CBR 900 RR Fire Blade hatte Honda eine ganz heißes Eisen im Angebot, das den etablierten Supersport-750ern der Konkurrenz auf Anhieb davonzog. Trotz des hohen Preises von rund 20 000 DM verkaufte sich die Vierzylinder-Honda prächtig.

Oben: Die erste CBR 900 RR von 1992 mit 893 cm³ und 124 PS wog vollgetankt nur 207 kg und war mit perfekt gestalteter Vollverkleidung und Doppel-Rundscheinwerfer eine elegant-sportliche Erscheinung. Rechts: Die verbesserte SC 33 von 1996 mit 918 cm³ und 128 PS in voller Schräglage. Der flüssiggekühlte Vierzylindermotor (rechts oben) hatte vier Ventile pro Zylinder und zwei obenliegende Nockenwellen.

Fotos: S. 112 u: Spankowski/Honda; S. 112 o: Honda Presse; S. 113: Frank Ratering

Einen gewaltigen Aufwand betrieb Honda, um das neue Supersport-Motorrad CBR 900 RR bekannt zu machen: Im Februar 1992 ließ der japanische Zweiradgigant Fachjournalisten aus aller Welt nach Australien einfliegen und die Maschine auf der Rennstrecke Philip Island testen. Nebenbei wurden auch die CB 750 Seven Fifty und die NX 650 Dominator vorgestellt. Gratis konnten die Pressevertreter von einem teuren Incentiv-Programm profitieren, das in einer Pistenfahrt (mit Toyota-Geländewagen) durch das Outback zum Inselfelsen Uluru (Kolonialname: „Ayers Rock") gipfelte, den man damals noch besteigen durfte – was wir auch taten.

Die CBR 900 RR vom Urtyp SC 28 war fast ein Schock: Dreimal „R", das ließ sie einen auch spüren. Sie wollte immer Vollgas und maximale Schräglage, wir fühlten uns extrem gefordert. Wozu der Zirkus? Seit Produktionsende der VF 1000 R 1986 hatte Honda in der Oberklasse kein reinrassiges Sportmotorrad mehr zu bieten gehabt. Diesem Zustand sollte zur Saison 1992 die CBR 900 RR Fire Blade abhelfen, was nicht gerade einfach war, denn mit den Yamaha-Modellen FZR 750 R und 1000, den GSX-R-Typen von Suzuki und der Kawasaki ZXR 750 R war die Supersportkategorie dicht besetzt. Abgesehen von der GSX-R 750 hatten aber all diese Motorräder einen entscheidenden Nachteil: Sie waren zu schwer.

Und genau an diesem Punkt setzte Honda den Hebel an. Anstatt mit dem vollen Liter Hubraum auf PS-Suche zu gehen, beschränkte man sich auf 893 cm^3, achtete aber auf jedes Gramm Gewicht. Am Ende wog die „Klinge aus dem Feuer" gerade mal 207 Kilo mit vollem 18-Liter-Tank. Mit satten 124 PS bei 10 500/min^{-1} reichte dies denn erwartungsgemäß auch, um sämtliche 750er blaß aussehen zu lassen und den Big-Bikes mächtig einzuheizen. Über Honda Offenbach wurde die RR mit „nur" 100 respektive 98 PS angeboten. Mit 70 zu 58 mm war der flüssiggekühlte Reihenvierzylinder ausgesprochen kurzhubig ausgelegt. Für Drehfreudigkeit sorgten überdies pro Zylinder vier große, über zwei obenliegende, kettengetriebene Nockenwellen und Tassenstößel gesteuerte Ventile. Die Gemischaufbereitung übernahmen bis 2000 vier Gleichdruck-Flachschieber-Vergaser von Keihin mit je 38 mm Durchlass. Beim Chassis war Leichtmetall das Material der Wahl für den quer versteiften Kastenprofilrahmen aus einer verschweißten Kombination von Strangpreßprofilen und Schmiedeteilen, letztere im Bereich von Lenkkopf, Schwingenlager und Motorhalterungen. Das Heck aus Leichtmetall-Vierkantrohr war angeschraubt.

Links und oben: die in einigen Details verbesserte SC 28 der zweiten Serie von 1994. Auffällig waren vor allem die neu gestalteten Scheinwerfer.

Rechts: der Autor auf der CBR 900 RR SC 28 im Februar 1992 auf der Rennstrecke Philip Island südlich Melbourne. „Schon bei der ersten Annäherung spürt der Fahrer, daß dies ein Motorrad mit Ausstrahlung ist. Doppelscheinwerfer, schlanke Verkleidung, tiefe Sitzmulde, freiliegender Rahmen prägen das Design. Auch ein bißchen Show muß offensichtlich sein: Neben den Lampen sowie am Motorspoiler sollen siebartige Perforierungen Dynamik symbolisieren", schrieb er im „Motorradfahrer" vom April 1992.

Das vordere der beiden LM-Sechsspeichenräder wurde von einer herkömmlichen, vielfach einstellbaren Telegabel mit 45er Standrohren geführt. Das Hinterrad lief in einer zweiarmigen-LM-Kastenschwinge mit zusätzlichem oberem Verstärkungsbügel und einem verstellbaren Showa-Zentralfederbein mit Ausgleichsbehälter und Hebelabstützung. Entgegen dem Trend der damaligen Zeit hatte Fire Blade-Entwickler Tadao Baba für die vordere Bereifung auf 16 Zoll in der Breite 130/70 gesetzt. Auch der hintere Reifen fiel mit 180/55 ZR 17 ordentlich breit aus. Damit die RR nicht die Unarten früherer 16-Zoll-Maschinen an den Tag legte, hatte Honda gemeinsam mit Bridgestone speziell abgestimmte Radialreifen entwickelt. Mit Erfolg: *„Die Maschine läßt sich nach geringer Eingewöhnungsphase auf dem immerhin 128 mm breiten Vorderreifen her-*

vorragend lenken, ist zielgenau bis in den extremen Handlichkeitsbereich und reagiert beim Bremsen in Schräglage mit berechenbarer Aufstellneigung. Lediglich die Gegenkraft, die kurz vor dem Erreichen der maximal möglichen Schräglage aufgebaut wird und zusätzliches Drücken nötig macht, fiel mir unangenehm auf", schilderte Franz Josef Schermer seine ersten Eindrücke in *„MO"* 4/1992. Für einen ausführlichen Test (Heft 23/1992) rüstete *„Motorrad"* die CBR 900 RR vorne mit einem 17-Zoll-Rad und einem 120/70er Reifen aus. Damit legte die Maschine mehr Lenkpräzision an den Tag. *„Unter dem Strich werden die Nachteile der Serien-CBR beim Abbremsen und Einlenken von der geringfügig besseren Handlichkeit aber nicht kompensiert."* Perfekt arbeiteten die Bremsen (vorne 296 mm-Scheiben und Vierkolben-Festsättel von Nissin). Die Vollverkleidung wies neben den Rundscheinwerfern markante Perforierungen auf.

Modellpflege und Optimierungen 1994, 1996, 1998

Für 1994 wurde die 900er erstmals geändert: breitere Verkleidungsfront, höhere Windschutzscheibe, modifizierte Scheinwerfer aus Kunststoff, Tacho mit elektronischem Antrieb, Druckstufenverstellung für die Gabel. Die erste größere Renovierung fand für den Jahrgang 1996 statt. Durch Aufbohren der Zylinder um je einen Millimeter wuchs der Zylinderinhalt des verbesserten Typs SC 33 auf 918 cm^3, was die Leistung um vier PS erhöhte. Weitere Verbesserungen: leichtere Lichtmaschine, neu abgestimmtes Getriebe, optimierte Kupplung, Ölstandkontrolle über ein Schauglas. Rahmen und Hinterradschwinge wurden nochmals steifer ausgelegt, es gab neue Gußteile für die Schwingenaufnahme und stärkere Gabelbrücken. Ein flacherer und schmalerer Tank sowie ein etwas höherer Lenker machten die Sitzhaltung bequemer. Montiert wurde ein neuer Schalldämpfer aus Edelstahl. Doch die Konkurrenz hatte inzwischen mächtig zugelegt. Die Suzuki GSX-R 750 trat nun (offen) mit 126 PS bei 12 000/min^{-1} an, die Kawasaki ZX-7R mit 120 PS, die Yamaha YZF 1000 R Thunderace mit 145 PS bei nur 215 kg Gewicht. Bis dahin hatte Honda allein von der SC 28 rund 10 000 Stück zum Preis von jeweils 19 250 DM allein in Deutschland abgesetzt.

Um auf Erfolgskurs zu bleiben, frischte Honda die SC 33 für 1998 nochmals gründlich auf. Erkennbar war die 98er Version auf den ersten Blick an der neuen Scheinwerferpartie: Das Lampenduo war nun von einer einteiligen Scheibe geschützt. Insgesamt hatte man die Verkleidung auf bessere Aerodynamik getrimmt. Unter dem weiterhin 18 Liter fassenden Tank arbeitete nach wie vor der 918-cm^3-Motor, der es jetzt aber dank Feintuning auf 130 PS brachte. Am Fahrwerk fiel vor allem die neue Schwinge auf, deren Holme sich konisch nach hinten verjüngten. Die Gabelbrücken bestanden nunmehr aus Leichtmetall, die vorderen Bremsscheiben waren im Durchmesser auf 310 mm gewachsen.

Für das Modelljahr 2000 brachte Honda mit der SC 44 eine fünfte, neu durchkonstruierte Version der Fire Blade heraus: 929 cm^3 Hubraum, dank elektronisch gesteuerter Einspritzanlage 152 PS. Das neue 17-Zoll-Vorderrad erlaubte die Vergrößerung der beiden Bremsscheiben auf 330 mm. Der Hinterreifen war auf beachtliche 190/50 ZR 17 gewachsen. Honda entwickelte das erfolgreiche Konzept bis heute weiter. Seit 2020 läuft die Version SC 82 als CBR 1000 RR mit 998 cm^2 und 217 PS bei 14 500/min^{-1} vom Band.

Steckbrief Honda CBR 900 RR SC 28

Bauzeit	1992 bis 1995
Motor, Ventile/Zyl., Kühlung	Reihe 4, 4V/Zyl., Dohc, flüssiggekühlt
Einheiten	10 000 ca. in Deutschland
Hubraum, Bohrung x Hub	893 cm^3, 70 x 58 mm
Leistung	124 PS bei 10 500/min^{-1}
Gemischaufbereitung	4 Keihin-Vergaser, 38 mm Durchlaß
Getriebe, Antrieb, Radstand	6-Gang, Kette, 1405 mm
Rahmen	Leichtmetall-Profile, -Schmiedeteile
Vorderradführung	Telegabel einstellbar, Standrohre 45 mm Ø
Hinterradführung	LM-Schwinge verstärkt, 1 Zentralfederb.
Bremsen vorn / hinten	2 Scheiben 296 / 1 Scheibe 220 mm
Reifen vorn / hinten	130/70 ZR 16 / 180/55 ZR 17
Leergewicht vollget. /Tank	207 kg / 18 Liter
Höchstgeschwindigkeit	270 km/h (Werksangabe)
Preis	19 575,- DM (Mai 1992)

Oben rechts: Für 1996 wurde die Fire Blade neu durchkonstruiert und hörte jetzt auf den Typcode SC 33. Der Dohc-Vierzylinder hatte jetzt 218 cm^3 Hubraum und leistete 128 PS.

Unten: Eine wegweisende Konstruktion war der aus Profil- und Schmiedeteilen hergestellte Leichtmetallrahmen. Die LM-Schwinge besaß einen Verstärkungsbügel. Die Räder waren vorn 16, hinten 17 Zoll groß.

Fotos: S. 114 o, ul: Hans König; S. 114 ul Honda Presse für Hans J. Schneider; S. 115 o: Honda Presse; S. 115 u: Hans J. Schneider

1991-1992

Honda NR 750
Rugby statt Fußball

Die NR 750 mit V-Vier-Motor und ovalen Kolben von 1991 war ein Honda-Meilenstein, der das sportliche Image der Marke weiter stärkte. Die käufliche NR war eine zahme Version des Langstreckenrenners von 1987. Die 300 gebauten Exemplare kosteten 100 000 DM/Stück.

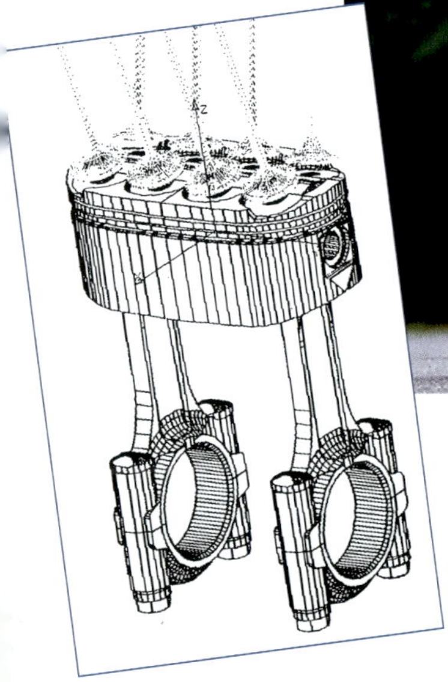

Die NR 750 war ein etwas gezähmter und zulassungsfähiger Ableger der Le Mans-Maschine von 1987, aber nicht minder rassig und technisch anspruchsvoll. Sensationell war die im Rennsport erfolgreich getestete Ovalkolben-Technik, wobei jeder der vier Kolben über zwei Pleuelstangen aus Titan auf die Kurbelwelle wirkte. Die exklusive Honda überzeugte auch durch ihr aufwendiges Fahrwerk aus hochwertigen Leichtmetallverbindungen.

Fotos: S. 116, 117 alle: Honda Presse

Fußball oder Rugby? Rund oder oval? Bis Ende der 1970er Jahre produzierten alle Fahrzeughersteller Kolben nach der Ball-Maxime – die Arbeitspferde im Motor waren im Querschnitt rund. Doch Honda dachte quer, um genauer zu sein: oval, und ließ mit extrem hohem Aufwand ovale Kolben für die neue Langstrecken-Rennmaschine entwickeln. Dort spielte der High Tech-Racer NR 750 gewissermaßen Rugby in einem Feld von Fußballern – und dies sehr erfolgreich.

Nachdem Honda 1977 die Rückkehr zum Motorsport angekündigt hatte, entstand 1978 der erste Motor-Prototyp K0 auf Basis eine XL 250 Motorgehäuses. Schon ein Jahr später ging Honda mit der Honda NR 500 OX an den Start, deren Vierzylinder-V-Motor Ovalkolben besaß und 100 PS leistete. 1980 brachte es der revolutionäre Motor bereits auf 120 PS, die NR 500 1X wurde bei drei Grand Prix (darunter beim deutschen GP) sowie in Donington und Misano eingesetzt. Für 1981 baute Honda den auf 130 PS erstarkten Motor in die NR 500 2X ein, der bereits bei sieben GP und vier weiteren internationalen Rennen Flagge zeigte. Mit der 135 PS starken NR 500 3X hielt man sich bei den GPs etwas zurück, um 1983 Versuche mit einer NR 250 Turbo durchzuführen, die es mit einem Parallel-Twin im Oktober auf unerhörte 153 PS brachte.

156,5 PS leistete die NR 750 NZO von 1985, mit einer Spitzenleistung von 159,7 PS im September. Der Ovalkolben-Renner lief 1987 u.a. bei den 24 Stunden von Le Mans und war die Basis für einen zulassungsfähigen Ableger. Mit ihren knapp 160 PS bei 15 500/min^{-1} war sie den Konkurrenz-Maschinen (je ca. 130 PS) überlegen und kam damit auf Startplatz 2. Im Rennen aber schied die Honda durch einen Defekt aus, hatte aber die Überlegenheit des Konzepts eindrucksvoll demonstriert. Zu eindrucksvoll, denn kurz darauf wurden Ovalkolben-Motoren von der FIM verboten.

Mit der offiziellen Einführung der käuflichen NR 750 warteten die Querdenker bei Honda noch über vier Jahre, weil man befürchtete, daß die Konkurrenz bei einem freiem Verkauf problemlos die außergewöhnliche Technik hätten studieren können. Immerhin waren mit der Ovalkolben-Technologie rund 200 Patente verbunden. Außerdem wollte man den serienmäßigen 750er Rennmotorrad-Modellen VTR, VFR und RVF nicht voreilig das Wasser abgraben.

Die Entwicklung von Rennmaschinen mit V4-Ovalkolben-Motor begann bereits 1979 mit dem Prototyp NR 500 OX. 1980 setzte Honda die NR 500 1X erstmals bei Grand Prix-Rennen ein. In der 750er Langstreckenversion brachte es das innovative Triebwerk auf rund 160 PS.

Den Ausschlag dafür, trotzdem an die Öffentlichkeit zu gehen, gaben zwei Überlegungen: Mit einer käuflichen Version konnte man zumindest einen Teil der immensen Entwicklungskosten wieder einspielen, und als Imageträger war das Super-Motorrad, dessen Racing-Vorläufer seit den 1980ern Schlagzeilen geliefert hatten, auch nicht zu verachten. Letztlich favorisierte Honda einen Kompromiß: Die NR 750 sollte ab Ende 1991 streng limitiert und nur bis zum Oktober 1992 zu haben sein. Potentielle Käufer sollten sich nicht nur zügig entscheiden müssen, sondern vor allem willens und in der Lage sein, für die NR satte 100 000 DM locker zu machen.

Der NR-Ovalkolben-Motor war ein technisches Meisterwerk, besser noch: ein Kunstwerk, auf das 200 Patente erteilt wurden. Die 32 Ventile (acht pro Zylinder) in den beiden Zylinderköpfen des flüssiggekühlten V4-Triebwerks wurden über zwei obenliegende, gemeinsam von einer Zahnradkaskade angetriebene Nockenwellen betätigt. Der Output bei der käuflichen NR 750 betrug 130 PS bei 14 000/min^{-1}. Das maximale Drehmoment von 72 Nm wurde erst bei 11 500/min^{-1} erreicht. Die Verdichtung war mit 11,7 : 1 sehr hoch.

Rechte Seite: Pressefotos von Maschinen der Kleinserie von 300 Einheiten.

Steckbrief Honda NR 750 RC-40

Bauzeit	1991 bis 1992
Motor, Ventile/Zyl., Kühlung	V4, 8V/Zyl., Dohc, ovale Kolben, flüssiggek.
Einheiten	300
Hubraum, Bohrung x Hub	747,7 cm³, 101,2/50,6 x 42 mm
Leistung	130 PS bei 14 000/min^{-1}
Gemischaufbereitung	PGM-FI-Einspritzung
Getriebe, Antrieb, Radstand	6-Gang, Kette, 1435 mm
Rahmen	LM-Kastenprofil
Vorderradführung	Upside-Down-Gabel, Standrohre 45 mm Ø
Hinterradführung	LM-Pro-Link-Schwinge, 1 Federbein
Bremsen vorn / hinten	2 Scheiben 310 / 1 Scheibe 220 mm
Reifen vorn / hinten	130/70 ZR 17 / 180/55 ZR 17
Leergewicht vollget. /Tank	223 kg / 17,3 Liter
Höchstgeschwindigkeit	über 260 km/h (Werksangabe)
Preis	100 000,- DM

Trotzdem war die Kleinserie von 300 Exemplaren im Handumdrehen ausverkauft. Die pompöse Pressevorstellung der NR 750 mit dem Code RC-40 ,fand am 3. Oktober 1991 in der Nähe von Genf statt. Die geladene Journaille konnte sich beim Diner u.a. an *„Filet de dorade à la crème de lentilles“* und Wein der Domaine des Ambassadeurs laben. Der sich ergebende Promille-Grad spielte keine Rolle, denn das NR-Showmodell durfte nicht gefahren werden.

In der zulassungsfähigen Version war die Ovalkolben-Honda logischerweise eher auf die Ansprüche von Technikfans und betuchten Sammlern als auf die Bedürfnisse von Rennfahrern zugeschnitten. So zeigte sich die käufliche NR 750 deutlich gemäßigter in der Leistung als die rund 160 PS starke Rennversion: In den meisten Ländern kam sie mit 130 PS bei 14 000/min^{-1} auf den Markt, in Deutschland nur mit absprachegerechten 100 PS, und bot damit nicht mehr als eine VFR oder andere sportliche 750er.

Dabei war die NR mit trocken 223 Kilo auch noch deutlich schwerer als die knapp 190 Kilo wiegende VFR-R. Auf den ersten Blick war das enttäuschend, doch Honda wollte angesichts der kritischen Einstellung jener Jahre gegenüber allzu zu viel PS nicht unbedingt als Urheber einer neuen Runde des Wettrüstens in Verruf geraten. Im Test von *„MO“* (Heft 1/1992) korrigierte der renommierte Motorradjournalist Alan Cathcart das Zerrbild, das beim Studium des Datenblattes für die marktfähige NR 750 entstehen konnte: *„Die NR ist alles andere als ein überteuerter, übergewichtiger, untermotorisierter Eisenhaufen. Es ist nur so, daß wir während all der Jahre des Wartens von einer Cyber-Hyper-Langstrecken-NR-Replika träumten. (...) Doch dieses Traumbild vernebelt den klaren Blick auf die wirkliche NR von heute.“*

Fotos: S. 118 o: Hans J. Schneider; S. 118 u, 119 beide: Honda Presse

Und die bot Technikbegeisterten immer noch genug Stoff zum Träumen. Herz des mit seiner rassigen Vollverkleidung und den aggressiv dreinschauenden Doppelscheinwerfern auch optisch exklusiven Supersportlers war ein kompakter V4-Motor mit 90-Grad--Zylinderwinkel und zwei obenliegenden, von einer Zahnradkaskade angetriebenen Nockenwellen, die über Tassenstößel auf die Ventile einwirkten. Die Kolben waren über jeweils zwei Titanpleuel ohne Hubzapfenversatz an die Kurbelwelle gekoppelt.

Die Kolbenform ermöglichte es, pro Zylinder acht Ventile und zwei Zündkerzen unterzubringen, was gedanklich auch der Ansatz gewesen war, mit dem Konstrukteur Soichiro Irimajiri bereits ab Mitte der 1970er Jahre wieder konkurrenzfähige Honda-Viertaktmotoren für die Straßen-WM entwickeln wollte, die mittlerweile von Zweitaktern beherrscht war. Anders als die Legende behauptet waren die Kolben nicht streng oval geformt. Vielmehr folgte die Kontur der Anordnung der Ventilpaare in den Brennräumen; das kurz gehaltene Kolbenhemd wies auf jeder Längsseite vier Halbrundungen auf.

Alles in allem demonstrierte Honda bei seinem gerne, aber fälschlicherweise mit einem Achtzylinder gleichgesetzten NR-Motor (vier Brennräume können sich auch durch ungewöhnliche geometrische Formen nicht vermehren) sein ganzes, in Jahrzehnten gereiftes Know-how an raffinierter Viertakttechnik, die bei diesem Motor in einer nie dagewesenen, äußerst aufwendig gesteuerten Achtventilanordnung gipfelte. Für die Aufbereitung des Kraftstoff-Luft-Gemischs sorgte die prozessorgesteuerte PGM-FI-Einspritzung, die bereits bei verschiedenen Oberklasse-Modellen der Marke Standard war.

Stärker als beim leistungsreduzierten Motor offenbarte sich die Nähe zum Rennsport in der Konzeption des hochwertigen Fahrwerks mit seinem Leichtmetall-Kastenprofilrahmen, der für jene Zeit noch extravaganten, von Showa gefertigten Upside-Down-Gabel mit 45er Gleitrohren und geschmiedeten Aluminium-Brükken sowie der Monoschwinge aus gegossenem Leichtmetall. Die Federelemente waren justierbar, das Heckfederbein besaß einen Ausgleichsbehälter.

Serienmäßig lief die NR auf teuren Magnesium-Gußrädern mit speziellen Michelin-Hi-Sport-Reifen in den Größen 130/70 ZR 16 vorn und 180/55 ZR 17 hinten.

Oben links: Kastenprofilrahmen und Pro-Link-Hinterradschwinge bestanden aus Leichtmetall. Die Upside-Down-Telegabel hatte Standrohre, die mit 45 mm Durchmesser überdurchschnittlich kräftig waren. Vorne verzögerten große 310-mm-Bremsscheiben die über 260 km/h schnelle Maschine. Der Tank faßte 17 Liter.

Die Grafik zeigt u.a. das komplizierte Räderwerk für die Steuerung der beiden obenliegenden Nockenwellen.

Unten: Das Design von Verkleidung und Tank-Sitzbank-Kombination war umwerfend. Rechts und links waren die beiden Kühler eingelassen.

Obwohl die käufliche NR 750 wegen ihrer langen Übersetzung etwas Mühe hatte, die versprochenen 263 km/h zu erreichen, war sie zu Zeiten, in denen eine Suzuki GSX-R 1000 in puncto Beschleunigung und Biß deutlich beeindruckendere Fahrleistungen geradezu zum Wühltischpreis lieferte, das absolute Technik-Highlight. Die NR stellte eben mehr dar als einen beliebigen Fixpunkt am ständig erweiterten Horizont der Superlative. Die historische Bedeutung und der Nimbus der NR 750 wurden keineswegs dadurch beeinträchtigt, daß die seit 1978 entwickelten Ovalkolbenrenner der NR 500-Serie sich im GP-Sport nicht hatten durchsetzen können.

Letztlich aber blieben gewisse Zweifel. *„Nach all den Jahren sitzt du auf einem der sieben Motorrad-Weltwunder, weißt, daß unter dem feuerroten Ballkleid nichts beim Alten geblieben ist, erwartest beim Druck aufs Anlasserknöpfchen, daß gleich die neue Zeit eingeläutet wird – und nichts Sensationelles passiert“,* reflektierte Cathcart treffend seine Eindrücke mit der käuflichen NR. Europa-Motorradverkaufsleiter Morizumi drückte es bei der Präsentation in Genf blumig aus: *„Ich bin sicher, daß jemand, der Motorradfahren liebt, tiefes Einfühlungsvermögen zu seiner Maschine hat. Natürlich ist das Gefühl der Begeisterung bei uns besonders stark. Und die NR 750 ist eine Kristallisierung dieser Leidenschaft.“*

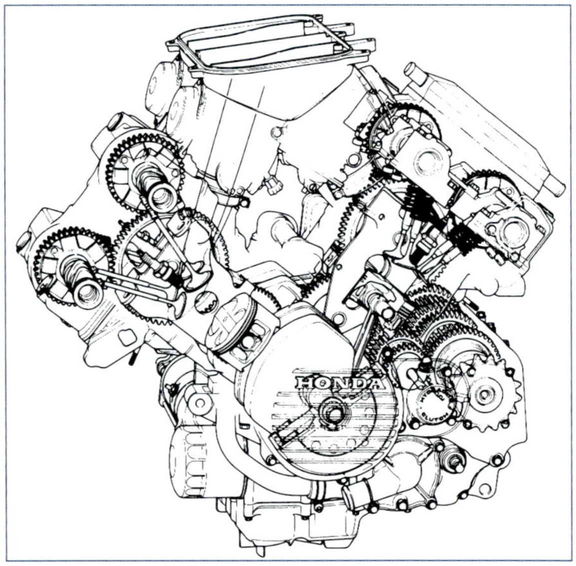

Auch legendär:
VTR 1000 F Fire Storm SC 36

1996-2000: 996 cm³, 110/98 PS

Ganz oben und darunter: Die von 1996 bis 199 gebaute VTR 1000 SC 36 Fire Storm bot anspruchsvolle Motor- und Fahrwerkstechnik, sah aber noch relativ zivil aus. Gekühlt wurde flüssig über zwei in die Verkleidung eingelassene Kühlschächte. Höckersolositz und tief herunter gezogener Lenker waren auf sportliche Gangart zugeschnitten.

Rechts: der 110 PS starke Vierventil Dohc-V2-Motor, anfangs mit Vergasern.

Mit den VT-, NTV- und XLV-Modellen hatte Honda im V-Twin-Segment bereits viel Erfahrung gesammelt. Es fehlte nur noch ein großvolumiges Sportmotorrad mit einem V-Zweizylinder. Auf der IFMA 1996 war es dann so weit: Honda präsentierte mit der VTR 1000 F unter dem vielverheißenden Beinamen „Fire Storm“ eine leichte und schlanke Sportmaschine, die zumindest von der Silhouette her stark an Ducati erinnerte. Dumm aber, daß Suzuki auch nicht geschlafen hatte: Der Honda-Konkurrent stellte zeitgleich die TL 1000 S mit immerhin 15 PS mehr Leistung aus.

In den Zylinderköpfen des extrem kurzhubig ausgelegten Motors (996 cm³, Bohrung x Hub 98 x 66 mm) steuerten je vier Ventile die Gaszufuhr; betätigt wurden sie über je zwei kettengetriebene Nockenwellen und Tassenstößel. Die Aufbereitung des Kraftstoff-Luft-Gemisches übernahmen zwei Keihin-Gleichdruckvergaser mit 48 mm Durchlaß.

Der Verzicht auf exklusive Technik à la Ducati mit desmodromischem Ventiltrieb und elektronisch gesteuerter Saugrohreinspritzung wurde dem Honda-Käufer dadurch versüßt, daß die VTR mit 18 320 Mark Einstandspreis inklusive Fracht preisgünstiger war als alle großen Modelle der Italiener und daß sie mit 110 PS bei 9000/min⁻¹ deutlich besser im Futter stand als die am ehesten vergleichbare ST 2 mit 944 cm³ Hubraum.

Zum niedrigen Gewicht von nur 206 kg mit vollem 16-Liter-Tank trug maßgeblich der aus Strangprofilen und Gußteilen zusammengeschweißte Leichtmetall-Brückenrahmen bei. Der Ausleger für die Sitzbank war angeschraubt. Die Vorderradführung übernahm eine Telegabel mit 41er Standrohren. Kräftig ausgelegte Dreischeiben-Bremse und üppige 17-Zoll-Bereifung waren selbstverständlich. Die Höchstgeschwindigkeit gab das Werk mit 225 km/h an. 1999 folgte die VTR 1000 SP-1 mit der Honda den Rivalen Ducati auf der Rennstrecke angriff. Mit der Fire Storm SC 36 hatte hatte der 132 PS starke Supersportler nur das Grundkonzept gemein, im Detail handelte es sich um ein komplett eigenständiges Motorrad.

Die 1999 vorgestellte VTR 1000 SP-1 war ein neu konstruierter Supersportler, der mit nun 132 PS die Basis für den Rennsport darstellte. 2002 folgte die 135 PS (bei 10 000/min⁻¹) starke VTR 1000 SP-2 SC 45, gut für 280 km/h Spitze.

Fotos: S. 120 alle: Honda Presse; S. 121 uM: Axel Koenigsbeck; S. 121 o, r, u: Honda Presse

HONDA
Pan-European

1990-2002

Honda ST 1100 Pan-European

Reisekoffer

Die Honda ST 1100 (Typ SC 26) war ein gut ausgestatteter und extravagant gestylter Komforttourer, der mit seinem Dohc-V4-Motor trotz des hohen Gewichts beachtliche Fahrleistungen ermöglichte. Extras wie ABS und Traktionskontrolle werteten die Maschine zusätzlich auf.

Links: Die ST 1100 Pan-European mit TCS/ABS 1995 im Test. Das 315 kg schwere Motorrad erwies sich als bemerkenswert handlich, die Verkleidung erzeugte jedoch hinter der Scheibe spürbare Verwirbelungen. Oben: Modell der ersten Serie im Oktober 1991.

Fotos: S. 122, 123: Hans König; S. 114 ul: Honda Presse für Hans J. Schneider; S. 115 o: Honda Presse; S. 115 u: Hans J. Schneider

Zu den erfolgreichsten Vertretern der Supertourer-Maschinen gehörte neben der BMW K 1100 LT die Honda ST 1100 Pan-European, die 1990 auf dem Markt erschien und sofort großen Anklang fand. Denn nicht jedermanns Sache war die teure, pompöse und wenig dynamische Gold Wing. Honda hatte verstanden und zusammen mit dem Offenbacher Research & Development Center Europe einen großen Reisetourer entwickelt, der maßgeschneidert war für europäische Ansprüche, BMW Konkurrenz machen konnte und wie die Motorräder aus München, respektive Berlin, mit einem wartungsarmen Kardanantrieb und Fünfgang-Getriebe ausgerüstet sein mußte. Von daher bot es sich an, einen mit der Kurbelwelle längs eingebauten V4 einem Reihenmotor wie dem der CBR 1000 F vorzuziehen.

Mit den bisherigen V-Triebwerken von Honda hatte der fertige ST-Block nur den Zylinderwinkel von 90 Grad sowie die Dohc-Vierventiltechnik gemein. Die vier obenliegenden Nockenwellen wurden von Zahnriemen angetrieben. Um dem bei dieser Einbaulage auftretenden Rückdrehmoment entgegen zu wirken, rotierte die Kupplung gegenläufig zur Kurbelwelle. Der Motor hatte 1085 cm^3 Hubraum und lieferte bei $7500/min^{-1}$ 98 PS. Im Test erreichte die Maschine eine Höchstgeschwindigkeit von 213 km/h. Als unzeitgemäß wurde empfunden, daß die Abgase nicht durch elektronische Benzineinspritzung und einen geregelten Katalysator (wie bei BMW) reduziert wurden. Im Gegenzug glänzte der V4 mit einer bemerkenswerten Laufkultur. *„Das gewaltige maximale Drehmoment von 109 Nm bei $6000/min^{-1}$ erlaubt schaltfaules, entspanntes Fahren,*

Bis zur Ablösung durch die Pan-European 1300 SC 51 im Jahr 2002 wurde die ST 1100 allein in Deutschland circa 8400mal verkauft, was bei einem mittleren Preis von 25 000 DM ein respektabler Erfolg war. Es zahlte sich aus, daß Honda Japan bei der Entwicklung mit den Europäern zusammengearbeitet hatte. Alles an dieser Maschine war außergewöhnlich, vor allem das Design und der Antrieb mit V4-Dohc-Motor und Kardanwelle. Besonders markant: die sichtbaren Zylinderkopfdeckel und die runden Endschalldämpfer. Das einzelne Federbein aber versteckte sich hinter der Kunststoffverkleidung.

Die ST 1100 war als Langstreckenfahrzeug konzipiert worden und ideal für Motorradreisen zu zweit. Die Koffer waren serienmäßig. Ab 1996 besaß die Maschine eine Verkleidungsscheibe mit Schlitzen zur Verringerung des unangenehmen Sogs.

Links: Der 1,1-Liter-V4 Motor mit seinen vier obenliegenden Nockenwellen war mit der Kurbelwelle längs eingebaut; er leistete 98 PS. Die Kupplung rotierte zur Vermeidung des Rückdrehmoments gegenläufig.

wie es sich für einen Komfort-Tourer der Oberklasse gehört", urteilte „Motorrad News".

Rückgrat der ST 1100 war ein herkömmlicher Doppelschleifenrahmen aus Stahlrohr. Das 18-Zoll-Vorderrad mit 110/80er Bereifung wurde von einer 41er Gabel geführt. Hinten lief die Pan-European auf einem Reifen in 160/70-17, die zweiarmige Stahlrohrschwinge stützte sich rechts über ein Federbein mit zehnfach verstellbarer Federbasis und stufenlos justierbarer Zugstufendämpfung ab. Bei der Ur-ST ließ sich der Stoßdämpfer nur nach Demontage des rechten Koffers und Seitendeckels einstellen; ab dem 1992er Modell besaß die Verkleidung hierzu eine Öffnung.

Im Fahrbetrieb erwies sich die ST 1100 mit ihren 315 kg Leergewicht als zu schwerfällig. Ab 1992 gab es den Supertourer auch mit ABS und der elektronisch gesteuerten Traktionskontrolle TCS, was das Gewicht zusätzlich nach oben trieb. Nicht erfreulich war auch, daß die Honda-Front Turbulenzen im Kopf-, Schulter- und Beinbereich des Fahrers erzeugen konnte. Obwohl die Pan-European ein Autobahn-Motorrad war, verlangte sie in schnellen Biegungen eine gewisse Tempodrosselung, um Schwierigkeiten zu vermeiden. Grundpreis im Frühjahr 1995: 23 995 DM.

Um gewisse Probleme zu beseitigen, wurden Fahrwerk (Telegabel nun mit 43 mm dicken Standrohren und Anti-Dive) sowie Bremsanlage für 1996 verbessert. Gleichzeitig kam die ST 1100 in den Genuß des bereits in der CBR 1000 F verbauten Dual-CBS; erstmals bei einem Motorrad hatte Moto Guzzi Bremskraftverteilung und ein Antiblockiersystem kombiniert, später folgte Honda.

2002 wurde die 1100er ST durch die in allen Belangen optimierte ST 1300 abgelöst, die unter anderem eine völlig neue, aerodynamisch wesentlich bessere, modernere Verkleidung besaß, dazu endlich Benzineinspritzung und G-Kat. Der komplett überarbeitete V4-Motor (Nockenwellen jetzt mit Kettenantrieb) brachte es bei einem Hubraum von 1261 cm^3 auf 118 PS.

Ab 1992 war die ST 1100 mit einer Kombination aus ABS und Traktionskontrolle ausgerüstet. 1996 erschien die Verbundbremse Dual-CBS.

Steckbrief Honda ST 1100 Pan-European

Bauzeit	1990 bis 2002 (SC 26)
Motor, Ventile/Zyl., Kühlung	V4, 4V/Zyl., Dohc , flüssiggekühlt
Einheiten	8400 ca. in Deutschland
Hubraum, Bohrung x Hub	1085 cm^3, 73 x 64,5 mm
Leistung	98 PS bei 7500/min^{-1}
Gemischaufbereitung	4 Gleichdruck-Vergaser, 31,6 mm Durchlaß
Getriebe, Antrieb, Radstand	5-Gang, Kardan, 1555 mm
Rahmen	Stahlrohr-Doppelschleifenrahmen
Vorderradführung	Telegabel, Standrohre 41, dann 43 mm Ø
Hinterradführung	Pro-Link-Schwinge, 1 seitl. Federbein
Bremsen vorn / hinten	2 Scheiben 316 / 1 Scheibe 316 mm
Reifen vorn / hinten	110/80 x 18 / 160/70 x 17
Leergewicht vollget. /Tank	315 kg / 28 Liter
Höchstgeschwindigkeit	213 km/h (Testwert)
Preis	23 995,- DM (Mai 1995)

Fotos: S. 124 beide: vermutlich Winni Scheibe; S. 125 o: Archiv Hans J. Schneider, Fotograf nicht zu ermitteln; S. 125 M: Honda Presse; S. 125 u: Hans König

1995-1999

Honda VT 1100 C2

Monumental

1995 stellte Honda eine optisch sehr ansprechende Maschine im Cruiser-Style auf die verchromten Speichenräder. Der mächtige V-Twin der C2 ließ allerdings Schlag und Biß vermissen. 1999 löste man die C 2 durch die C3 Aero im Indian-Stil der 1930er Jahre ab.

1995 präsentierte sich die VT 1100 C2 als ein vom Chopper der ersten Serie (VT 1100 C) zum stilistisch gelungenen Cruiser gewandeltes Motorrad. Kennzeichen: fette Bereifung und weniger ausladender Lenker. Der mächtige 1,1-Liter V-Twin gab mit seiner Doppel-Auspuffanlage ein beeindruckendes Bild ab. Stilecht auch die beiden satt gepolsterten Einzelsitze. Die Kraft lief über Fünfgang-Getriebe und Kardanwelle zum Hinterrad.

Fotos: S. 126, 127 u: Hans J. Schneider; S. 127 o: Honda Presse

Als ersten Chopper, der sich auch in puncto Hubraum den Vorbildern aus Milwaukee annäherte, brachte Honda 1985 die VT 1100 C Shadow SC 23 auf den nordamerikanischen Markt. Über das deutsche Händlernetz war der große V-Twin erst in der Saison 1988 käuflich, nachdem Yamaha schon mit den XV 1000-Modellen und Suzuki mit der VS 1400 Intruder ordentlich abgesahnt hatten. Für den leicht langhubig ausgelegten V-Twin wählte Honda (wohl mit Blick auf Harley-Davidson) einen Zylinderwinkel von 45 Grad mit um 90° versetzten Hubzapfen auf der Kurbelwelle, um Vibrationen vorzubeugen. Im Zusammenspiel mit der Flüssigkeitskühlung, dem hydraulischen Ventilspielausgleich, Doppelzündung sowie einer recht effizienten Ansaug- und Auspuffdämpfung wirkte der Zweizylinder für einen Chopper fast schon zu kultiviert. Dazu kam, daß Honda die Leistung für 1988 von ursprünglich 78 PS bei 6000/min^{-1} auf 67 PS bei 5500/min^{-1} zurückgenommen hatte.

Ergebnis war ein bereits bei 3000/min^{-1} anstehendes Drehmomentmaximum von 98 Nm, doch waren der vierte und vor allem der fünfte Gang deutlich zu lang übersetzt. Dies hatte, so *„Motorrad"* im ersten Test (Heft 6/1988), *„katastrophale Auswirkungen auf das Durchzugsvermögen der Maschine."* Bald nahm Honda Deutschland das Modell wieder aus dem Programm, das aber 1994 mit nunmehr 60 PS bei 5000/min^{-1} ein kurzes Comeback feierte.

Nachdem die VT 1100 C gegen die Mitbewerber keinen Stich mehr bekam, war für 1995 ein Nachfolgemodell angesagt, die

VT 1100 C2 SC 32. Es blieb beim Hubraum von 1099 cm^3, Leistung und Drehmoment fielen jedoch mit 50 PS bei 4500/min^{-1} und 86 Nm bei 2500/min^{-1} sogar noch bescheidener aus als bei der SC 23. Um dem V-Twin mit seinen beiden obenliegenden Einzelnokkenwellen zumindest im Laufverhalten typische Chopperqualitäten mitzugeben, verzichtete man für die C2 auf den Hubzapfenversatz, hängten den Motor allerdings in Silentelementen auf.

Das Getriebe wurde passender abgestuft, die Kupplung erhielt eine mechanische anstelle der bislang hydraulischen Betätigung. Ansonsten blieb von den Dreiventil-Zylinderköpfen über die 36er Gleichdruck-Vergaser bis hin zum Kardanantrieb alles beim alten. Mit bedingtem Erfolg: *„Der Motor zieht satt von unten heraus und zeichnet sich durch hohe Elastizität aus. (...) Im oberen Drehzahlbereich tut sich der Langhuber allerdings schwer: ein Tribut an die Leistungsreduzierung und die lange Gesamtübersetzung"*, konstatierte der *„Motorradfahrer"* (Heft 7/1995). In Deutschland gab es die C2 auch in einer 34 PS-Ausführung.

Ganz oben: VT 1100 C, gebaut seit 1985, dann vorübergehend eingestellt; hier die Comeback-Version 1994. Rechts oben: Hochlenker und Zentralinstrument des 1994er Modells.

Unten: Die VT 1100 C3 Aero von 1999 zeigte sich im Stil einer Indian der 1930er Jahre. Typisch: das breite Vorderrad und die großen Kotflügel.

Steckbrief Honda VT 1100 C2 SC 32

Bauzeit	1995 bis 1999
Motor, Ventile/Zyl., Kühlung	V2, 3V/Zyl., Sohc, flüssiggekühlt
Einheiten	keine Angaben
Hubraum, Bohrung x Hub	1099 cm^3, 87,5 x 91,4 mm
Leistung	50 PS bei 4500/min^{-1}
Gemischaufbereitung	2 Gleichdruck-Vergaser, 36 mm Durchlaß
Getriebe, Antrieb, Radstand	5-Gang, Kardan, 1650 mm
Rahmen	Stahlrohr-Doppelschleife
Vorderradführung	Teleskopgabel, Standrohre 41 mm Ø
Hinterradführung	Rohrschwinge, 2 Federbeine
Bremsen vorn / hinten	1 Scheibe 316 / 1 Scheibe 276 mm
Reifen vorn / hinten	120/90 x 18 / 170/80 x 15
Leergewicht vollget. /Tank	280 kg / 15 Liter
Höchstgeschwindigkeit	152 km/h (Testwert)
Preis	20 245,- DM (Juni 1995)

Fahrwerksseitig unterschied sich die C2 durch ein mit 120/90 x 18 bereiftes, kleineres und breiteres Vorderrad sowie straffer und feiner abgestimmte Federelemente. Die Vorderrad-Einscheibenbremse saß nun auf der linken Seite.

Das zusätzliche Kürzel ACE stand für *„American Classic Edition"*. Mit Verzicht auf das barocke Styling ihrer Vorgängerin wurde die in Marysville komplettierte SC 32 (lediglich der Motor stammte noch aus Japan) dem damit verbundenen Anspruch gut gerecht. Große Kotflügel und Drahtspeichenräder ließen die C2 dezent klassisch erscheinen. Der Tank wirkte bei 15 statt 13 Litern Kapazität proportionierter, das vordere der beiden rechts geführten Krümmerrohre durchschnitt optisch nicht mehr die Motorsilhouette.

Noch mehr Retro war die Devise, als Honda der C2 1999 eine klassisch im Indian-Stil der 1930er Jahre aufgemachte Nachfolgerin bescherte, die VT 1100 C3 Aero. Tief heruntergezogene Kotflügel und eine Zwei-in-eins-Auspuffanlage rechts dominierten das Erscheinungsbild des flach und gestreckt wirkenden Cruisers. Zudem war der Radstand um 28 auf 1678 mm gewachsen. Der Vorderbau wirkte mit dem Reifen in 140/80 x 17, der verkleideten Gabel und dem dicken Scheinwerfer mächtiger als bei der C2. Doch nur von ihrem Aussehen her konnte die mit 52 PS bei 4750/min^{-1} ausgewiesene SC 39 begeistern. *„Wir haben lange suchen müssen, um ein Motorrad zu finden, daß ähnlich schlechte Durchzugswerte hat"*, ätzte Wolfgang Zeyen im *„Motorradfahrer"*.

Auch legendär:

VF 750 C

1993-1999: 748 cm³, 88 PS

Foto oben: die VT 1100 C2 im Test von „Motorrad News" Heft 6/1995. Der Autor kritisierte die schlechte Fahrwerksabstimmung und die schwachen Bremsen.

Unten: Die VF 750 C war ein rassiger Chopper mit typischen Merkmalen wie breitem Lenker, gestuften Sitzen und dickem Hinterrad, vom V4-Dohc-16-Ventil-Motor aber eher ein Motorrad, das zu sportlicher Fahrweise herausforderte. 88 PS reichten für Tempi bis 190 km/h. Das Design war rundum gelungen.

Als Custom-Cruiser produzierte Honda von 1993 bis 1999 die VF 750 C vom Typ RC 43 als Nachfolgerin der von 1982 bis 1987 gebauten, PS-schwächeren RC 09. Trotz der gestreckten Linie und des 17-Zoll-Vorderrads zielte im Grunde auch die RC 43 auf die Freunde von Motorrädern im Chopper-Gewand. Anders als die VT 1100 C2 hatte die 750er einen V4-Motor mit vier obenliegenden Nockenwellen und vier Ventilen pro Zylinder. Das Triebwerk entwickelte bei 748 cm^3 stolze 88 PS bei 9000/min^{-1} und befähigte das Motorrad zu chopper-untypischen 190 km/h. Die Kraft würde über Fünfgang-Getriebe und Kette aufs dick bereifte Hinterrad (150/80 x 15) übertragen. Vorn rollte die VF auf sportlich ausgelegten Pneus 120/80 x 17. Je eine Bremsscheibe vorn hinten sorgten für Verzögerung. Direkte Konkurrenz hatte die 16 000 DM teure VF 750 C nicht, denn sämtliche Mitbewerber setzten ausschließlich auf Twins. Gewaltige 1655 mm Radstand sowie 58 Grad Lenkkopfwinkel und 135 mm Nachlauf garantierten einen exzellenten Geradeauslauf.

Fotos: S. 128 alle: Honda Presse; S. 129 o: Frank Ratering; S. 129 M: vermutlich Hans König; S. 129 u: Honda Presse

1996-2004

Honda Valkyrie
Mammut-Cruiser

Ein Superlativ im Cruiser-Segment war die Honda F6C, die in Deutschland nicht, in den USA sehr wohl unter dem Namen „Valkyrie“ vermarktet wurde. Bärenstarke Sechszylinder-Technik aus der Gold Wing 1500/6 und ein artgerechtes Fahrwerk verliehen der Maschine ihren Charakter.

Links: die nostalgisch anmutenden Instrumente der F6C. Oben: Nur als Grauimport gelangte die in den USA zusätzlich angebotene Version F6 Interstate nach Deutschland. Mit Koffern Windschutz und extra bequemen Sitzen war sie für Langstrecken prädestiniert.

Rechte Seite: Die sechszylindrige F6C Valkyrie war auf allen Straßen ein absoluter Hingucker.

Fotos: S. 130, 131 alle: Axel Koenigsbeck

Richard Wagner. Oper von 1870 *„Die Walküre"*. Auf dem Walkürenfelsen treffen sich die Töchter Wotans, die Walküren, um gemeinsam mit den im Kampf gefallenen Helden, die sie aufgesammelt haben, nach Walhall zu ziehen. Na wunderbar. Größter Fan der Oper aus dem Nibelungenring: ein gewisser Führer, der es aber nicht nach Walhall geschafft hat.

Nun, mit dem Ritt der Walküren wollte Honda Offenbach nicht in Verbindung gebracht werden, als man 1996 beschloß, den neuen Sechszylinder-Cruiser, der in Amerika unter der Bezeichnung F6 Valkyrie vermarktet wurde, zu importieren. Daher ließ man das Cruiser-Flaggschiff in Deutschland unter dem profanen Kürzel F6C laufen. Einfallsreicher waren da die Niederländer mit „Flat Six".

Der flüssiggekühlte Boxermotor mit seinen zwei einzelnen, obenliegenden und zahnriemengetriebenen Nockenwellen stammte samt Fünfgang-Getriebe und Kardanwelle im Wesentlichen von der Gold Wing 1500/6, die von 1988 bis 2000 vom Band lief. Kaum ein anderes Motorrad wurde dem Begriff Cruising derart gut gerecht wie die Valkyrie mit ihrem ungeniert ins Freie ragenden Sechszylinder-Triebwerk nebst bauartbedingter, sonorer Geräuschkulisse. Während die Gold Wing nur einen Doppelvergaser besaß, protzte die in Marysville/USA gebaute F6C zwei Drei-Vergaser-Batterien und einer speziellen Auspuffanlage mit nostalgischen Chrom-Fischschwänzen.

Oben: Honda-Kenner Axel Koenigsbeck mit dem 1996er Modell der F6C.

Unten: Die niedrige Sitzhöhe, der breite, flache Lenker und die nach vorn verlegten Fußrasten ermöglichten eine entspannte und aufrechte Sitzposition. Die Optik war insgesamt darauf ausgelegt, aufzufallen.

Entgegen dem Anschein handelte es sich um eine echte Sechsrohranlage, denn die Krümmer liefen in den beiden Endschalldämpfermänteln einzeln weiter. In Sachen Wartungsfreundlichkeit gab es allerdings einen Rückschritt: Wie bei der Gold Wing 1800 entfielen auch bei der F6C die Hydrostößel.

Die über den Grauen Markt importierten Maschinen waren mit 105 PS, die über Honda Deutschland vertriebenen mit 98 PS (jeweils bei 6000/min^{-1}) ausgewiesen. Deutlicher fiel der Unterschied bei den Drehmomentangaben aus: 141 Nm bei 4200/min^{-1} standen 130 Nm bei 5000/min^{-1} gegenüber. Doch so oder so: Kraft war vom Antritt weg ausreichend vorhanden – bis hinauf zum Topspeed von sagenhaften 205 km/h. Der etwas rauhe Motor-Sound erinnerte an ältere Porsche 911. Die weit herunter gezogenen Schutzbleche, der große 20-Liter-Tank und die breite sattelförmige Sitzbank mit separatem Soziusteil und die überreiche Verchromung waren typische Chopper-Attribute.

Steckbrief Honda F6C Valkyrie

Bauzeit	1996 bis 2004
Motor, Ventile/Zyl., Kühlung	Boxer 6-Zyl., 2 V/Zyl., Sohc, flüssiggekühlt
Einheiten	keine Angaben
Hubraum, Bohrung x Hub	1520 cm^3, 71 x 64 mm
Leistung	105 PS bei 6800/min^{-1}
Gemischaufbereitung	6 Vergaser, 28 mm Durchlaß
Getriebe, Antrieb, Radstand	5-Gang, Kardan, 1710 mm
Rahmen	Stahlrohr-Doppelschleife
Vorderradführung	Upside-Down-Gabel, Standrohre 54 mm Ø
Hinterradführung	Zweiarmschwinge, 2 Federbeine
Bremsen vorn / hinten	1 Scheibe 316 / 1 Scheibe 296 mm
Reifen vorn / hinten	150/80 R 17 / 180/70 R 16
Leergewicht vollget. /Tank	331 kg / 20 Liter
Höchstgeschwindigkeit	205 km/h (Werksangabe)
Preis	20 000,- DM (ca.)

Trotz ihres Gewichts von immerhin 331 kg vollgetankt ließ sich die mit extra breiten Reifen der Dimensionen 150/80 R 17 und 180/70 R 16 besohlte SC 34 (Typcode) als überraschend handlich fahren. Rahmen und Verkleidung der F6C lehnten sich wie schon bei der VT 1100 C2 Shadow American Classic Edition an traditionelle Formen an. Getragen wurde das Monstrum von einem Doppelschleifen-Rohrrahmen, eine Upside-Down-Gabel mit 45er Gleitrohren führte das mächtige Vorderrad. Während die Valkyrie in den USA in drei Versionen angeboten wurde (Basis, F6 Valkyrie Tourer, F6 Valkyrie Interstate) wurde sie in Deutschland nur in der Grundversion vermarktet.

Mit einem umfangreichem Zubehörprogramm lockte Honda den Käufern zusätzlich zum Preis von rund 20 000 DM Geld aus der Tasche. Selbst die Rückfahrhilfe der GL 1500 ließ sich nachrüsten.

Ein Jahr nach Vorstellung der Valkyrie schob Honda USA die Interstate nach. Vom Prinzip her wies die SC 41 starke Ähnlichkeiten mit der Gold Wing auf, denn wie diese war sie mit lenkerfester Verkleidung, einer noch bequemeren Sitzbank und einem ausgeklügelten Koffersystem ein vollwertiger Supertourer. Die imposante Erscheinung wurde von vorn durch die markanten Doppelscheinwerfer unterstrichen, die dem Motorrad den Look einer Tour Glide von Harley-Davidson gaben – was wohl auch beabsichtigt war.

Als die Motorradindustrie Anfang der 1980er Jahre feststellen mußte, daß sich Chopper in der Mittel- und Oberklasse auf Dauer nur verkaufen ließen, wenn unter dem Tank ein V-Twin stampfte, wollte auch Honda von Vier-oder Sechszylindern in Custom-Modellen bald nichts mehr wissen. Vielmehr verfolgten sie nun die Linie der ersten VT-Twins weiter und kamen damit schnell an einen Punkt, an dem die japanischen Chopper respektive Cruiser vom Publikum als eigenständige Maschinen und nicht mehr als Plagiate von Harley-Davidson-Modellen wahrgenommen wurden.

Doch Honda wollte mehr, als in diesem Segment mit passablen Modellen bloß präsent zu sein. Das unentwegte Streben des Unternehmens nach dem Spitzenplatz gipfelte letztlich in der VTX 1800, dem hubraumstärksten V2-Cruiser der Welt, die 2001 in die Showrooms und auf die Boulevards rollte.

Oben: Die F6 Interstate unterschied sich durch Doppelscheinwerfer und Tourenausstattung deutlich vom Grundmodell F6C. Unten: Der von der Gold Wing 1500 entlehnte Ohc-Sechszylindermotor mit sechs Vergasern und 105 PS.

Auch legendär:
Gold Wing GL 1500/6
1987-2000: 1520 cm³, 98 PS

Die Motorradwelt stand Kopf, als Honda 1975 die erste Gold Wing herausbrachte. Flüssiggekühlter Vierzylinder-Boxermotor mit beidseitig zahnriemengetriebenen Nockenwellen und 82 PS aus rund 1000 cm³ Hubraum, dazu Kardanantrieb und eine ausgewogene Optik – die GL 1000, die bis 1980 vom Band lief, war zweifellos ein Meilenstein der Motorradgeschichte. BMW war so schockiert, daß ein eigenes Vierzylinder-Boxerprojekt („Wasserboxer") auf der Stelle gekippt wurde.

Der GL 1000 folgte 1980 die GL 1100 und 1984 die GL 1200, beide ebenfalls mit dem Vierzylinder-Boxer ausgerüstet. 1987 erschien mit der GL 1500/6 die erste Sechszylinderversion, die alle Vorläufervarianten in sämtlichen Punkten toppte: 1520 cm³, 98 PS, extravagante Vollverkleidung, 367 kg Leergewicht. Erst 2001 wurde das 1,5-Liter-Model durch die völlig neu entwickelte GL 1800 mit nun 118 PS, Benzineinspritzung, G-Kat und mit einer stilistisch umwerfend eleganten Karosserie abgelöst. Die plötzlich veraltet

wirkende GL 1500/6 war zu ihrer Zeit mit ihrer umfangreichen Grundausstattung aber das Maß der Dinge gewesen: Radio-/Kassettendeck, Verkabelung für Gegensprechanlage, Tempomat, Bordkompressor für das Einstellen des rechten der beiden Heckfederbeine, elektrische Rückfahrhilfe.

Ein Gedicht in Sachen Leistungsentfaltung und Laufkultur war der in der D-Version 98 PS starke und flüssiggekühlte Ohc-Sechszylinder-Zweiventilmotor, der wie sein direkter Vorgänger Hydrostößel für den Ventiltrieb besaß. Die Gemischaufbereitung dieses lange Zeit hubraumstärksten Serienmotorrads übernahm ein 36er Gleichdruck-Doppelvergaser.

Die von 1987 bis 2000 produzierte Gold Wing 1500/6 war im Supertourer-Segment sowohl technisch als auch von der Ausstattung her der unumstrittene Platzhirsch der 1990er Jahre. Die gewaltige Karosserie mit integrierten Koffern und Komfortbestuhlung sorgte für ein imposantes Erscheinungsbild. Der Sechszylinder-Boxermotor war ein Muster an Laufkultur.

Fotos: S. 132, 133 ol, ul: Axel Koenigsbeck; S. 133 or, ur: Honda Prospekt, Presse

1988-2000

Honda NX 650 Dominator

Feuerrotes Spielmobil

1992 präsentierte Honda eine vor allem stilistisch stark überarbeitete Version der erfolgreichen NX 650 Dominator. Sie ähnelte jetzt mehr einem Funbike, war aber trotzdem eine leistungsstarke Enduro geblieben. Die Serienausstattung war überdurchschnittlich.

Fotos: S. 134, 135 o: Hans J. Schneider; S. 135: Honda Presse

Der Markt für großvolumige Einzylinder-Enduros war Ende der 1980er, Anfang der 1990er Jahre heiß umkämpft. Zu den anspruchsvollsten Maschinen gehörte die 1988 erstmals vorgestellte Honda NX 650 Dominator. Doch bei einem Preis von 10 045 DM hatte sie gegenüber der japanischen und italienischen Konkurrenz einen schweren Stand (Suzuki DR 650 RSE 8660 DM, Xamaha XT 600 E 8915 DM). Gleichwohl verkaufte der deutsche Importeur in Offenbach allein 1991 23 702 Exemplare und sah daher keinen Grund, den Preis zu senken.

Honda ging dann einen anderen Weg und präsentierte für 1992 eine vor allem stilistisch kräftig überarbeitete Dominator. Tank und Verkleidung zeigten sich deutlich stärker gerundet und in aerodynamisch verbesserter Form, die Blinker saßen jetzt in der Verschalung. Im *„Motorradfahrer"* vom April 1992 ordnete ich die Honda-Marketingpolitik ein: *„Vom Erscheinungsbild her hat die Dominator einen großen Schritt Richtung Funbike getan und liegt damit haargenau im Trend."* Ins Auge sprang vor allem die Vorderradpartie mit dem tiefgesetzten Kotflügel und den klotzigen Gabel- und Bremsscheiben-Abdeckungen. Hinten grüßte eine aufwendige Doppel-Auspuffanlage.

Zu den sinnvollen Merkmalen gehörten die Handprotektoren, der elektrische Anlasser, die Motor-Schutzplatte, die rahmenfesten Sozius-Fußrasten und der breite Gepäckträger mit den starken Haltegriffen. Die Sitzbank war im Solobetrieb durchaus bequem. Mehr Reichweite erlaubte der von 13 auf 16 Liter Inhalt vergrößerte Tank. Klassenübliche Fahrleistungen garantierte der unverändert übernommene, fahrtwindgekühlte Einzylinder-Viertaktmotor mit 644 cm^3, obenliegender Nockenwelle, vier Ventilen und Dekompressionssystem für leichteres Anlassen. Wahlweise standen 44 PS bei 6000/min^{-1} zur Verfügung. Bei unseren Fahrten gefiel der Motor

Rechts: die erste Version der NX 650 von 1988 mit schmaler Sitzbank, deutlich kleinerer Cockpitverkleidung und außenliegenden Blinkern. Zweischeiben-Bremsanlage und endurotypische Speichenräder in 21 und 17 Zoll wurden später übernommen. Allein 1991 verkaufte Honda Deutschland fast 24 000 Dominator.

Links: Nachdem ich mit der NX 650 auf Philip Island unsanft zu Boden gegangen war, rappelte ich mich wieder auf und inspizierte die Maschine – sie hatte außer ein paar Kratzern keinen Schaden genommen. Ich startete den Motor wieder, fuhr zur Küste und warf einen Blick auf das hier haifischbewohnte Meer.

Unten: Designelemente der letzten Dominator-Version von 1998 bis 2000.

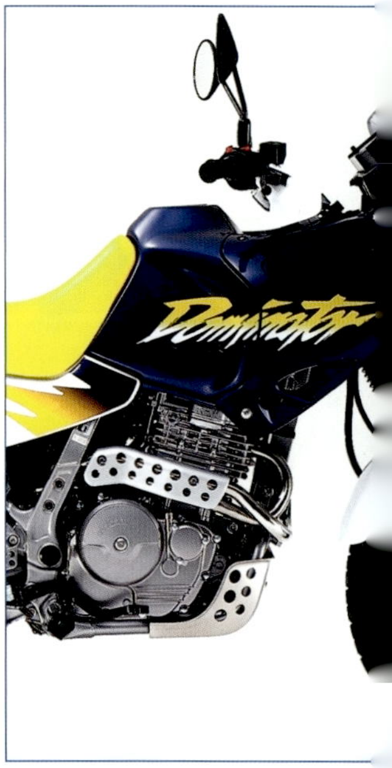

durch seinen kräftigen und vibrationsarmen Antritt aus niedrigen Drehzahlen heraus.

Ausgereift und belastbar waren Chassis und Fahrwerk: Profilstahlrahmen mit einfachem Unterzug, Telegabel mit 41-mm-Standrohren und 220 mm Federweg, Stahlschwinge mit Pro-Link-Zentralfederbein und 165 mm Federweg. Zwei Scheibenbremsen waren Serie, die Bodenfreiheit lag mit 245 mm über dem Durchschnitt. Weniger gut gefiel mir die Bereifung mit Trial Wing 41/42 von Bridgestone in 90/90 x 21 und 120/90 x 17: Sie erwies sich auf Asphalt als völlig unproblematisch, neigte aber auf trocken-harter Piste zu unvermitteltem Ausbrechen. Konsequenterweise flog ich in einer schnell gefahrenen Kurve mit der Dominator auf die Fresse. Ergebnis: blau-grün verfärbte linke Körperseite, Motorrad ohne jeden Schaden. Dominant eben.

Steckbrief Honda NX 650 Dominator

Bauzeit	1988 bis 2000
Motor, Ventile/Zyl., Kühlung	Einzylinder, 4V/Zyl., Ohc, luftgekühlt
Einheiten	24 000 ca. 1991 in Deutschland
Hubraum, Bohrung x Hub	644 cm³, 100 x 82 mm
Leistung	44 PS bei 10 500/min⁻¹
Gemischaufbereitung	1 Vergaser, 40 mm Durchlaß
Getriebe, Antrieb, Radstand	5-Gang, Kette, 1442 mm
Rahmen	Stahlrohrschleife, 1 Unterzug
Vorderradführung	Telegabel, Standrohre 41 mm Ø
Hinterradführung	Pro-Link-Schwinge, 1 Zentralfederbein
Bremsen vorn / hinten	1 Scheibe 256 / 1 Scheibe 220 mm
Reifen vorn / hinten	90/90 x 21 / 120/90 x 17
Leergewicht vollget. /Tank	167 kg / 16 Liter
Höchstgeschwindigkeit	162 km/h (Testwert)
Preis	10 355,- DM (Februar 1993)

Bildzeilen zur GB 500 Clubman:

Die ursprünglich nur für den amerikanischen und japanischen Markt vorgesehene XB 500 kam 1992 nach Deutschland und war schnell ausverkauft. Die Silhouette erinnerte mit Linienführung, Höckersitzbank und Lackierung stark an die Velocette Venom von 1965. Der 500er Ohc-Vierventilmotor stammte aus der Enduro XL 500 S und leistete 38 PS.

Auch legendär:
GB 500 Clubman

1985-1992: 498 cm³, 38 PS

Besonders konsequent ritt Honda 1985 bis 1990 international und dann für den deutschen Markt 1992 auf der Retro-Welle – mit der GB 500 Clubman, die mit ihrem stilechten Design und dem freiliegenden Einzylinder Viertaktmotor manchem europäischem Klassiker der 1960er Jahre sehr ähnlich sah. Besonders nahe kam die Optik an die englische Velocette Venom Clubman von 1965 heran: 18-Zoll-Speichenräder, kurzhubige Telegabel mit schwarzen Faltenbälgen, typisch langgestreckter Tank und Höcker-Sitzbank. Technisch basierte das nostalgisch in Schwarz mit Goldlinierung angebotene Motorrad auf der sechs Jahre lang produzierten XBR 500 mit ihrem Einschleifen-Rohrrahmen. Vom Charakter her wollte das quirlige Kurzhub-Triebwerk aus der seit 1978 gebauten Enduro XL 500 S aber nicht so recht passen. Es war nur leicht modifiziert worden, besaß ab Werk Kickstarter und E-Starter. Der Ohc-Vierventiler mit 498 cm³ und Trockensumpfschmierung produzierte unter teilweise deutlichen Vibrationen 38 PS, und dies bei gar nicht altbackenen 7500/min⁻¹. Spaß machte die Clubman vor allem auf kurvigen Landstraßen, und in der City stahl sie vielen anderen die Show. *„Ein Sammlerstück für alle, die Gefallen an klassischem, schnörkellosem Design finden"*, schrieb ich im Oktober 1992 im *„MF"*. Für die USA hatte Honda 4584, für Japan 1727 Exemplare gebaut. Die 1000 Clubman, die aus diesem Pool später nach Deutschland kamen, gingen weg wie warme Semmeln – zum Stückpreis von 7750 DM.

Fotos: S. 136 o:Axel Koenigsbeck; S. 136 ul: Hans J. Schneider; S. 136 ur: Honda Presse; S. 137 alle: Michael Fuchs

1987-1999

Honda XL 600 V Transalp

Universalgenie

Die 1987 präsentierte und über zehn Jahre lang immer wieder verbesserte Transalp 600 nahm unter den mittelschweren Enduros eine führende Rolle ein. Die robuste und leicht zu beherrschende Maschine war mit ihrem starken V-Twin ein prima Motorrad für alle Zwecke.

Die XL 600 V bot anspruchsvolle, aber unkomplizierte Technik: Rohrrahmen, Kastenschwinge, stabile Gabel, starke Bremsen, großer Tank, zuverlässiger und wartungsarmer V2-Zylindermotor mit Flüssigkühlung. Der Name war Programm: Mit der Transalp machte das Fahren auf kurvenreichen Strecken und Paßstraßen viel Spaß. Das Cockpit war reichhaltig bestückt.
Foto oben: eine privat aufgerüstete Transalp von 1993. Rechte Seite: Urmodell von 1987.

Fotos: S. 138 beide: Hans König; S. 139: Honda Presse

Transalp. Der Name läßt an eine Maschine denken, die auf gewundenen Bergstraßen und steilen Pässen zu Hause ist. Doch das ist nur ein Teil ihrer Persönlichkeit. Denn die Transalp erweist sich auf allen Strecken als durch und durch zuverlässiger Begleiter." Es traf sogar zu, was die Honda-Werbung versprach: Die 1987 eingeführte XL 600 V Transalp war in der Tat ein Universalgenie.

Um das Handling und die Anspruchslosigkeit einer Enduro mit Tourer-Eigenschaften zu kombinieren, hatte man die XL 600 V mit Verkleidung, tiefgelegtem Vorder-Kotflügel, großem Tank, Gepäckbrücke und Spezialreifen für gemischten Straßen- und Geländebetrieb ausgerüstet. BMW hatte das Rezept ja ab 1980 mit der äußerst erfolgreichen R 80 G/S vorgegeben. So rüstete Honda die neue Enduro ebenfalls mit einem leistungsstarken Zweizylindermotor aus.

Basis war der flüssiggekühlte, kurzhubige 52-Grad-V-Twin der seit 1983 produzierten der VT 500 E. Bohrung und Hub wurden erweitert, Resultat war ein Hubraum von 583 cm^3. Für hohe Laufruhe wurde der Hubzapfenversatz von 76 Grad beibehalten. Übernommen wurden auch die Ohc-Dreiventil-Zylinderköpfe mit je einer obenliegenden Nockenwelle und zwei Einlaßventilen pro Zylinder. Weitere Details: zwei 32er Gleichdruckvergaser, CDI-Zündanlage, Doppelzündung, elektrischer Anlasser.

In der offenen Ausführung leistete die erste Transalp (Typ PD 06) 52 PS bei 8000/min^{-1}, in Deutschland wurde sie mit 50 PS ausgeliefert. 165 km/h waren möglich. Für die Einsteigerklasse gab es zunächst eine Version mit 27 PS, später eine mit 34 PS.

Oben und links: Die XL 600 V Transalp überzeugte durch problemloses Fahrverhalten, leichte Beherrschbarkeit und robuste, langlebige Technik. Im Bild unsere Testmaschine von 1994; es war bereits die vierte Generation des Dauerbrenners. Am Hinterrad war die Trommelbremse durch eine Scheibenbremse ersetzt worden. Modernisiert zeigten sich Verkleidung und Farbdesign. Neu waren auch größere Handprotektoren und einstellbarer Bremshebel.

Die Abgase entwichen damals noch ungefiltert durch eine rechts verlegte und weitgehend abgedeckte Doppelrohr-Auspuffanlage. Kritikpunkte warn die Unterbringung des Werkzeugs, der vorstehende Tankdeckel und der fehlende Schmutzabweiser für das Pro-Link-Federbein.

Lastwechselreaktionen waren trotz des Federwegs von 187 mm an der Hinterhand und einer komfortbetonten Abstimmung des über Pro-Link-Elemente an der lang bauenden Stahlschwinge angelenkten Zentralfederbeins fast nicht spürbar. Rückgrat der Transalp der ersten Generation war ein Vierkant-Einrohrrahmen mit geteiltem Unterzug. Eine Telegabel mit faltenbalggeschützten, 41 mm dicken Standrohren und einem Querstabilisator unter dem Kotflügel führte das 21 Zoll große Vorderrad. Für Verzögerung sorgte vorne eine 276-mm-Einzelscheibe mit Doppelkolbensattel. Für das mit 130/80 x 17 bereifte Hinterrad mußte zunächst eine gestängebetätigte Trommelbremse genügen.

Schnell fand die Transalp als probate Maschine für Alltag wie Reise ihre Liebhaber. *„Die 600 V kann restlos überzeugen. Der größte Motorradhersteller der Welt hat damit endlich mal wieder ein Mittelklasse-Motorrad im Programm, das gehobene Ansprüche der Tourenfahrer erfüllt. Ob auf Autobahnen, Landstraßen, Bergpässen oder Pisten, die Transalp macht alles mit",* lobte Reiner H. Nitschke im *„Tourenfahrer"* vom März 1987.

Doch es gab auch kritische Punkte, zum Beispiel das etwas träge Handling, die auf längeren Etappen hart wirkende Sitzbank, die zu kurze Seitenstütze oder der fehlende Hauptständer. Trotzdem wuchs die Fangemeinde von Jahr zu Jahr. Allein über das offizielle Händlernetz konnten in Deutschland mehr als 25 000 Exemplare der 600er Transalp verkauft werden.

Die Modellpflegemaßnahmen hielten sich in Grenzen. 1989 erhielt die Transalp verbesserte Zylinderköpfe und ein überarbeitetes Fünfgang-Getriebe. Fahrwerksseitig gab es ein neues Federbein, zudem wurde die Ausstattung mit einer höheren Scheibe und Schwingungsdämpfern für die Sozius-Fußrasten aufgewertet. Zumindest optional war nun ein Mittelständer zu haben. 1991 folgte eine hydraulisch betätigte Scheibenbremse für das Hinterrad und eine stärker dimensionierte Bremsscheibe vorne.

Mit neuer Verkleidungs-Optik, größeren Handprotektoren und einstellbarem Bremshebel wartete die 1994er Version auf. Max Rabe schrieb anerkennend in *„Motorrad News"* 6/1994: *„Sympathischer geworden ist die Transalp nicht zuletzt durch das neue, nun aufgeräumt und zeitgemäß wirkende Cockpit. Dem Wunsch vieler XLV-Besitzer nach einem Kühlmittelthermometer wurde endlich Rechnung getragen."* Das Fahrverhalten hinterließ einen überzeugenden Eindruck: *„Ihre Stärken spielt sie vor allem auf schlechten Straßen mit Buckeln, Löchern und Fugen aus. Selbst bei forcierter Fahrweise ließ sich das konstruktiv zwar simple, im Detail aber ausgereifte und gut abgestimmte Fahrwerk nicht aus der Ruhe bringen."*

Dann vergingen drei Jahre, bis Honda sich die Transalp abermals vorknöpfte; endlich erhielt sie nun die vielfach gewünschte Zweischeibenbremse fürs Vorderrad. Die 32er Vergaser wurden von 34er-Typen abgelöst.

Auch wenn die Transalp kontinuierlich nachreifte, blieben doch einige Schwachpunkte übrig: zu geringe Ladekapazität von rund 175 kg, zu wenig Durchzug bei voller Beladung. Unter harten Fernreisebedingungen gerieten Fahrwerk und Federung auch der neueren Versionen an ihre Grenzen. Vor allem im dynamischen Zweipersonen-Betrieb plus Gepäck traten ab 130 km/h Wackelerscheinungen auf.

2000 erfolgte eine gründliche Überarbeitung des Konzepts und eine Hubraumaufstockung auf 647 cm³. Die XL 650 V war in allen Belangen besser. 2007 erschien mit der XL 700 V ein abermals stärkeres Modell, das 2012 von der XL 750 V abgelöst wurde. 2023 kam die neu konstruierte XL 750 Transalp mit 92 PS heraus.

Die Transalp von 1994 war in vielen Details verbessert worden und glänzte in eleganten Metallic-Lackierungen. Edel wirkten die goldeloxierten Felgen.

Steckbrief Honda XL 600 V Transalp PD 06

Bauzeit	1987 bis 1999
Motor, Ventile/Zyl., Kühlung	V2, 3V/Zyl., Sohc, flüssiggekühlt
Einheiten	20 000 ca. in Deutschland
Hubraum, Bohrung x Hub	583 cm³, 75 x 66 mm
Leistung	52 PS bei 8000/min⁻¹
Gemischaufbereitung	2 Vergaser, 32 mm, ab 1990 34 Durchlaß
Getriebe, Antrieb, Radstand	5-Gang, Kette, 1530 mm
Rahmen	Stahlrohr-Doppelschleife, 1 Unterzug
Vorderradführung	Telegabel, Standrohre 41 mm Ø
Hinterradführung	Pro-Link-Schwinge, 1 Zentralfederbein
Bremsen vorn / hinten	1 Scheibe 276 / 1 Trom. 230 mm, 1990 Scheibe
Reifen vorn / hinten	90/90 x 21 / 130/80 x 17
Leergewicht trocken/Tank	174 kg / 18 Liter
Höchstgeschwindigkeit	172 km/h (Werksangabe)
Preis	11 370,- DM (Februar 1993)

Auch legendär: XRV 750 Africa Twin

1993-1999: 742 cm³, 60 PS (RD 07)

Waren die Transalp-Modelle eher brave Allround-Motorräder, legte Honda ab 1988 mit den martialisch hergerichteten und stärkeren Enduros XRV 650 (ab 1988) und XRV 750 (ab 1993) noch eine kräftige Schippe drauf – was auch BMW zu spüren bekam: Die flüssiggekühlten, auf dem Transalp-Dreiventil-Motor basierenden V2-Triebwerke lieferten 50, dann 60 PS und erwarben sich schnell den Ruf als optimale Reisemaschinen auf dem Markt. Mit Doppelscheinwerfer, Spezialauspuff und einer den siegreichen Werksrennmaschinen der Rallye Paris-Dakar abgeguckten Verkleidung mit hoher Scheibe, setzten sich die XRV-Modelle von der Konkurrenz ab. Das hatte seinen Preis: 14 505 DM im Januar 1993.

Oben: getunte XRV 750 von 1990 im HRC-Rallyetrimm. Bereits 1986 und 1987 hatte der Franzose Cyril Neveu, schon vorher zweimal Gewinner der Rallye Paris-Dakar auf Yamaha und einmal auf Honda, eine Rallye-Enduro mit V-Twin von Honda zum Sieg pilotieren können. Gewinner 1988 auf Honda war Edi Orioli, 1989 Gilles Lalay. Logisch, daß Honda diese Erfolge mit Serienmodellen vermarkten wollte. Rechts: Die dritte Africa Twin-Generation wurde ab 1993 verkauft.

Fotos: S. 140 beide: Hans König; S. 141 o, ul: Honda Presse; S. 141 ur: Winni Scheibe

1992-2000

Kawasaki Estrella

Wie einst in England

Unverwüstlich und seit Jahrzehnten ein internationaler Bestseller: die Estrella des Industriegiganten Kawasaki. Das Design lehnte sich an BSA-Modelle der 1960er Jahre an, vor allem der polierte Ohv-Einzylindermotor war ein Schmuckstück. Von den Fahrleistungen her war man mit dem Motorrad auf Kurzstrecken und in der Stadt gut bedient.

Anfang der 1990er Jahre hatte das Retro-Fieber auch die Klasse der kleinen Einzylinder erfaßt. Die Kawasaki Estrella, die ab 1992 vom Band lief und in Deutschland von 1994 bis 1999 vermarktet wurde, war dafür das beste Beispiel. Bis 1995 verkaufte Honda Offenbach die nostalgische Maschine als Einsitzermodell (Typ BJ250A), ab 1996 (Typ BJ250C) auch als Zweisitzer. In den Handel kam die kleine Kawasaki für überschaubare 7760 DM.

Das Design der Estrella ähnelte stark dem Kawasaki-Modell SG 250 von 1964. Dieses Motorrad wiederum basierte auf einer 250-cm^3-Maschine des Motorradherstellers Meguro, der von Kawasaki übernommen worden war und unter anderem Kopien von britischen BSA-Maschinen gebaut hatte. Die zweisitzige Estrella erinnerte an die BSA Gold Star Clubman der 1960er Jahre. So präsentierte sich der Viertakt-Einzylinder der Estrella mit seinem blankpolierten Motorgehäuse und dem steil aufragenden, kräftig verrippten Zylinder als getreue Kopie englischer Triebwerke.

Im Sommer 1994 hatte der Autor Gelegenheit, die kleine Kawasaki zu fahren, die ihn mit ihrem Rundscheinwerfer, dem Schwingsattel und den schmalen Speichenrädern auch an deutsche Motorradmodelle der Nachkriegsjahre erinnerte. Dabei war es nicht einfach gewesen, die Estrella an die deutschen Zulassungsbestimmungen anzupassen. Immerhin fiel der nostalgische Auspuff den Restriktionen nicht zum Opfer. Als schmerzlicher wurde empfunden, daß von den ursprünglich rund 24 PS nur 17 übrig blieben. Entsprechend behäbig ging es vorwärts – bis zur Spitze von 118 km/h, wobei es dann kräftig dröhnte. *„Auch Beschleunigung und Durchzug im vierten Gang liefen im 50er-Jahre-Tempo ab."*

Zwar war der 250 cm^3 große Einzylinder als Langhuber ausgelegt (Bohrung x Hub 66 x 73 mm), doch viel Dampf aus niedrigen Drehzahlen heraus legte er nicht an den Tag. Im hektischen Alltagsverkehr mußte kräftig am Gasgriff gedreht werden, um im Verkehr mitschwimmen zu können. *„Störend, daß der Ohc-Viertakter bei hohen Drehzahlen und unter Last mechanisch rauh läuft und insgesamt etwas gequält wirkt."* Auf der anderen Seite war die Estrella mit

Oben: Die Estrella war leicht zu fahren, aber mit ihren kurzen Fede[…] wegen (120/75 mm) nicht besonders komfortabel. Der Schwingsat[…] glich das aber aus. Links: klassisches Zentralinstrument, verchromte[…] Spiegel, breiter Lenker, durchdachte Schalter und Hebel.

Rechte Seite: Die Estrella kam im Stil der 1960er daher und weckte[…] nostalgische Gefühle. Nicht stilecht, aber wirksam: die beiden groß[…] Scheibenbremsen. Der langhubige Motor war auf 17 PS gedrosselt.

durchschnittlich 3,8 l/100 km erfreulich sparsam. Daher reichte der Tankinhalt von 14 Litern für Strecken bis zu 370 km. Der Sattel war äußerst bequem, die Bedienung ein Kinderspiel, der E-Starter serienmäßig.

Das Fahrwerk mit seinem Zentralrohrrahmen, der einfachen Telegabel, der Zweiarmschwinge und den kurzen Federwegen genügte Ansprüchen, die man an ein Kurzstrecken- oder Zweitmotorrad stellte. Die ausgezeichnet arbeitende Zweischeiben-Bremsanlage hatte leichtes Spiel mit dem 156 kg schweren Motorrad. *„Sollte die Estrella eines Tages wieder aus dem Programm verschwinden, wird sie in mancher Sammlung sicher einen Ehrenplatz bekommen – einfach, weil sie so schön ist."* Auf den Tag kann man indes lange warten: Die Estrella war bei Kawasaki auch noch in den 2020er Jahren weitgehend unverändert im Programm und besonders in Japan beliebt.

Steckbrief Kawasaki Estrella

Bauzeit	1992 bis 2000
Motor, Ventile/Zyl., Kühlung	Einzylinder, 2 /Zyl., Ohc, flüssiggekühlt
Einheiten	keine Angaben
Hubraum, Bohrung x Hub	250 cm^3, 66 x 73 mm
Leistung	17 PS bei 7500/min^{-1}
Gemischaufbereitung	1 Gleichdruck-Vergaser, 34 mm Durchlaß
Getriebe, Antrieb, Radstand	5-Gang, Kette, 1420 mm
Rahmen	Stahlzentralrohr, 1 Unterzug
Vorderradführung	Teleskopgabel, Standrohre 38 mm Ø
Hinterradführung	Zweiarmschwinge, 2 Federbeine
Bremsen vorn / hinten	1 Scheibe 300 / 1 Scheibe 230 mm
Reifen vorn / hinten	90/90 x 18 / 100/90 x 17
Leergewicht trocken/Tank	156 kg / 14 Liter
Höchstgeschwindigkeit	118 km/h (Testwert)
Preis	7760,-DM (August 1993)

Fotos: S. 142 o, 143 ur: Hans König; S. 142 u, 143 ul: Hans J. Schneider

1999-2006

Kawasaki W 650

Königswelle als Krönung

Mit der W 650 setzte Kawasaki 1999 der Retro-Welle die Krone auf, nicht zuletzt durch den prächtigen, langhubigen Parallel-Twin, dessen Nockenwelle von einer Königswelle angetrieben wurde. Alles an dieser Maschine erinnerte an die glorreichen Motorräder der 1960er Jahre von BSA oder Triumph. Klassik-Freunde nahmen die W 650 begeistert auf.

Sensationell ist, daß dieses Retro-Bike britischer Dynamik frönt. Ein fahraktives Motorrad, das die Straßen nimmt, wie sie kommen, das elastisch aus jeder Kurve brummt und weder auf Wellen noch sonstwo große Zicken macht. (...) Jeder, der die W 650 bislang fahren durfte, seufzt so sonderbar erleichtert: ‚Welcome back, darauf haben wir lange gewartet. Viel zu lange.'" So charakterisierte Fred Siemer in „*Motorrad*"9/1999 eine Maschine, bei der es Kawasaki gelungen war, den Stil britischer Einzylinder der 1960er Jahre nachzuempfinden. Da stimmte alles, man konnte die W 650 leicht mit einer Triumph Bonneville oder einer BSA A7 verwechseln: großer Rundscheinwerfer, bauchiger Tank mit Kniepads aus Gummi, flache Sitzbank, zierliche Speichenräder, hochglanzpolierte Antriebseinheit mit senkrecht stehenden Zylindern und zylinderförmigen Schalldämpfern. Kurz: ein Traum von Neoklassiker.

Kawasaki war spät dran gewesen mit dieser betörenden Kreation, die 1999 auf den Markt kam und damit kurz vor dem Auslaufen der erfolgreichen Zephyr-Baureihe. Eine technische Besonderheit, die besonders stark an die „Roaring Sixties" erinnerte, war der Antrieb der obenliegenden Nockenwelle per rechts verlegter, in einem verchromten Rohr verlaufender Königswelle anstatt der üblichen Steuerkette. Der polierte Zylinderkopf des Parallel-Twins beherbergte je Zylinder immerhin vier Ventile. Bei 7000/min^{-1} entwickelte der langhubig ausgelegte Motor mit seinen großzügigen 676 cm^3 Hubraum standfeste 50 PS, zumindest in der Erstversion ab 1999. Später wurde die Leistung auf 48 PS begrenzt, 2006 jedoch wieder auf 50 PS angehoben. *„Saubere Gasannahme ab 1500/min^{-1}, kultivierter, sparsamer Motor"*, urteilte *„Motorrad News"*. Immerhin erreichte die Retro-Kawasaki im fünften Gang eine Spitze von 164 km/h (Meßwert *„Motorrad"*) und damit deutlich mehr als ihre historischen Vorbilder. Auf Trab gebracht wurde der Twin wie einst per Kickstarter oder bequem mit einem elektrischen Anlasser. Der Tank faßte 15 Liter, was für Reichweiten von etwa 250 km genügte. Mit ihrem Trockengewicht von 200 kg war die W 650 ein spielerisch zu manövrierendes Motorrad.

Die W 650 war ein Traum von Retro-Bike. Die Kotflügel bestanden aus Blech und waren verchromt, der Chokehebel saß links am Vergaser, eine Königswelle trieb surrend die obenliegende Nockenwelle an, die auf je vier Ventile pro Zylinder wirkte.

Tribut an die moderne Zeit mit ihrem hohen Sicherheitsbewußtsein war die zeitgemäße Bremsanlage mit hydraulisch betätigter Solobremsscheibe im Vorderrad, die zudem mit 300 mm Durchmesser Gardemaß hatte. Hinten wurde ganz klassisch mit einer 160-mm-Trommel verzögert, das Ganze natürlich ohne ABS und elektronische Spielereien. Rohrrahmen und Zweiarmschwinge mit stilechten Federbeinen sorgten für stabiles Fahrverhalten, überzeugten aber weniger hinsichtlich des Fahrkomforts: *„Federung*

vorne weich, hinten hart; nur durchschnittliche Bremsleistung; für Zweimannbetrieb zu kurze Sitzbank", meckerte *„Motorrad News".* Echten W 650-Fans dürfte die Kritik aber egal gewesen sein. Die Maschine verzauberte ja vor allem durch ihren perfekten Retro-Look. *„Motorrad"*-Chefreporter Siemer sah es sowieso lockerer: *„Sie darf ein wenig wackeln, sie darf in Ecken oder Serpentinen mit den Rasten kratzen und durch wellige, schnelle Kurven leicht schaukeln. Weil sie dabei immer berechenbar bleibt."*

Die W 650 (das „W" sollte an die Kawasaki-Klassiker W1, W2 und W3 erinnern, die zwischen 1966 und 1975 gebaut wurden) war in den Farben Rot/Beige und Silber/Blau erhältlich und kostete 1999 11 690 DM. Zum Bedauern der Fangemeinde nahm Kawasaki die W 650 in Europa schon 2006 wieder aus dem Programm.

Steckbrief Kawasaki W 650

Bauzeit	1999 bis 2006
Motor, Ventile/Zyl., Kühlung	Reihe 2, 4/Zyl. Ohc, Königswelle, luftg.
Einheiten	keine Angaben
Hubraum, Bohrung x Hub	676 cm^3, 73 x 83 mm
Leistung	50 PS bei 7000/min^{-1}
Gemischaufbereitung	2 Keihin-Vergaser, 34 mm Durchlaß
Getriebe, Antrieb, Radstand	5-Gang, Kette, 1450 mm
Rahmen	Stahlrohrdoppelschleife, 2 Unterzüge
Vorderradführung	Teleskopgabel, Standrohre 39 mm Ø
Hinterradführung	Zweiarmschwinge, 2 Federbeine
Bremsen vorn / hinten	1 Scheibe 300 / 1 Trommel 160 mm
Reifen vorn / hinten	100/90 x 19 / 130/80 x 18
Leergewicht, vollget. / Tank	215 kg / 15 Liter
Höchstgeschwindigkeit	164 km/h (Testwert)
Preis	11 690,- DM (April 1999)

Fotos: S. 144, 145 alle: Axel Koenigsbeck

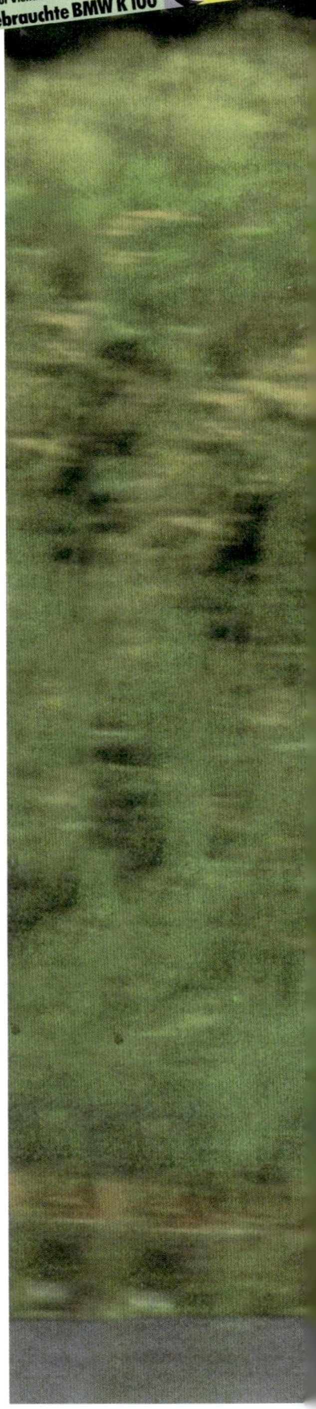

1991-2000

Kawasaki Zephyr 1100

Mit voller Wucht

Die Zephyr 1100 war vielleicht die überzeugendste Vertreterin der Neo-Retro-Welle der 1990er Jahre: bildschön mit ihrem 70er-Jahre-Design und der freiliegenden Technik, beim Fahren rauh, aber herzlich. Der Vierzylinder-Motor war stark und zuverlässig, in einigen Details aber veraltet.

Die Zephyr 1100 war ein Dampfhammer für Leute, die mit schweren und starken Motorrädern umgehen konnten, jedenfalls nichts für Anfänger. Der monumentale Dohc-Vierzylinder-Motor und das Fünfganggetriebe beherrschten das Bild. Technisch bot sie keine Sensationen, war jedoch solide und wartungsfreundlich. Rechte Seite: Der Autor hatte im Sommer 1992 das Vergnügen, dieses traumhaft schöne Retro-Motorrad testen zu können.

Fotos: S. 146: Axel Koenigsbeck; S. 147: Winni Scheibe; S. 147 o: Cover „Motorradfahrer" 8/1992

Schon wenn man vor ihr stand, war man schwer beeindruckt: Die Kawasaki Zephyr 1100, benannt nach einem griechischen Windgott und Krönung der ab 1991 produzierten Baureihe, die auch ein 550er und 750er Modell umfaßte, hatte größtmöglichen Respekt verdient. Weil sie mit ihrem rassigen 70er-Jahre-Design umwerfend schön aussah, weil sie solide und ausgereifte Technik bot und weil sie mit ihrem hohen Gewicht von 262 kg eine echte Herausforderung für erfahrene Biker war. *„Zephyr 1100, kein Motorrad für Anfänger oder Wiedereinsteiger. Sondern eine Herausforderung für Leute, die (im Motorradsattel) schon viel erlebt hatten"*, schrieb ich einleitend zum großen Test in Heft 8/1992 *„Motorradfahrer"*. *„Die Zephyr ist für mich die gelungenste Hommage an den Geist der 70er Jahre. Sie hat die Linie der alten Z 1000 und auch jene Leistungscharakteristik, mit der Kawasaki-Motorräder berühmt wurden: stark, rauh, überlegen."* Der Unterschied zu damals war: Die Maschinen der 1990er waren sicherer, beherrschbarer, gutmütiger. So auch die schwere 1100er von Kawasaki. Freilich mußte beim Rangieren, Zurücksetzen, Aufbocken der Bizeps kräftig gespannt werden.

Die große Zephyr war kein Tourer, sondern eine Sportmaschine traditioneller Art mit offenliegender und ehrlicher Technik, die sich unmittelbar mitteilte: Nach dem Drücken des Anlasserknopfs machte sich der mächtige Dohc-Achtventil-Vierzylinder vernehmlich grummelnd an die Arbeit, brauchte aber fünf bis zehn Sekunden, bis er sauber Gas annahm. Erst dann empfahl es sich, den ersten der fünf Gänge einzulegen – klack, auf alte Art. Auch danach erforderte das Schalten Präzision und mitunter gute Neven, wenn es wieder mal vernehmlich im Zahnräderwerk krachte. Wenigstens arbeitete die hydraulisch betätigte Kupplung problemlos, und der Leerlauf ließ sich leicht finden – anders als bei mancher Boxer-BMW jener Zeit.

Die chromumrandeten Rundinstrumente und die Benzinuhr zeigten zuverlässig an – was auch nötig war. Denn der 1062 cm^3 Hubraum bietende Leichtmetallmotor ließ seine altmodischen 34er Keihin-Vergaser das Gmeisch in großen Zügen in die Brennräume schaufeln, vor allem dann, wenn die bärige Kraft von 93 PS, die schon bei 8000/min^{-1} zur Verfügung standen, voll abgerufen wurde, zum Beispiel bei Vollgas auf der Autobahn. Dann verbrannte die Zephyr fast zwölf Liter auf 100 km. Im gemischten Landstraßenbetrieb oder auf tempolimitierten Fernstraßen aber sank der Verbrauch auf 6,8 l/00 km. Meine Kritik damals: *„Eine Maschine, die so viel Treibstoff benötigt wie ein (...) Mittelklasseauto, kann nicht ganz von heute sein. Das ist dann die Kehrseite der Nostalgie."*

Nur wenige Motorräder der 1990er Jahre boten ein so ausgewogenes und ansprechendes Erscheinungsbild wie die Zephyr 1100. Man sah vorwiegend wohlproportionierte und teilweise massive Technikelemente, gekrönt von einer Tank-Sitzbank-Kombination im Stil der großen Kawasakis der 1970er Jahre. Wer die 262 kg schwere Zephyr flott durch Kurven jagen wollte, brauchte Erfahrung und kräftige Arme. Allein schon das Aufbocken erforderte Kraft.

Der 1,1-Liter-Motor entwickelte 93 PS und sorgte für beeindruckende Fahrleistungen. Vier Vergaser erzeugten das Gemisch, die Abgase entwichen ungefiltert ins Freie.

Steckbrief Kawasaki Zephyr 1100

Bauzeit	1991 bis 2000
Motor, Ventile/Zyl., Kühlung	Reihe 4, 4/Zyl., Dohc , flüssiggekühlt
Einheiten	keine Angaben
Hubraum, Bohrung x Hub	1062 cm^3, 73,5 x 62,6 mm
Leistung	93 PS bei 8000/min^{-1}
Gemischaufbereitung	4 Keihin-Vergaser, 34 mm Durchlaß
Getriebe, Antrieb, Radstand	5-Gang, Kette, 1500 mm
Rahmen	Stahlrohrdoppelschleife, 2 Unterzüge
Vorderradführung	Teleskopgabel, Standrohre 43 mm Ø
Hinterradführung	LM-Zweiarmschwinge, 2 Federbeine
Bremsen vorn / hinten	2 Scheiben 310 / 1 Scheibe 240 mm
Reifen vorn / hinten	120/70 x 18 / 160/70 x 17
Leergewicht trocken/Tank	262 kg / 19 Liter
Höchstgeschwindigkeit	215 km/h (Testwert)
Preis	14 245,- DM (August 1992)

Auch die chromumrandeten Instrumente waren stilecht, die Anzeigen informierten nur über das Nötigste.

Die optisch ansprechende Vierzylindertechnik entsprach teilweise ebenfalls alter Denkweise. Die beiden obenliegenden, zahnkettengetriebenen Nockenwellen wirkten nur auf je zwei Ventile pro Zylinder. Eine digital gesteuerte Doppelzündung sollte wettmachen, was eine Vierventiltechnik hätte erreichen können – nämlich eine effizientere Verbrennung. Das war's denn auch schon mit der Elektronik gewesen. Eine zahnradgetriebene Ausgleichswelle verhinderte nicht, daß ab 6000/min^{-1} Schwingungen auftraten.

Die große Wartungsfreundlichkeit der Zephyr 1100 war eine willkommene Referenz an die guten, alten Zeiten. Tank und Sitzbank ließen sich mit wenigen Handgriffen abnehmen, die Batterie war bestens erreichbar, Kettenspannen ein Klacks. Hinsichtlich der Fahrwerkstechnik ließen ebenfalls die 1970er grüßen. Immerhin erwies sich der Doppelschleifen-Rohrrahmen aus Stahl als erfreulich verwindungssteif – ganz anders als die 900 Z1 20 Jahre zuvor. Die standfeste Telegabel und die beiden großkalibrigen Gasdruck-Federbeine mit ihren Ausgleichsbehältern an der LM-Schwinge bügelten die gröbsten Fahrbahnunebenheiten glatt. Ansonsten galt: *„Dieses Motorrad ist kein Musterbeispiel an Handlichkeit, es muß in die Kurve hineingezwungen werden."* Leichte Unruhe an der Hinterhand trat nur bei schnell gefahrenen, langgezogenen Autobahnkurven auf. Die Dreifach-Scheibenbremse war dem Gewicht in allen Situationen gewachsen.

Fazit (im typischen Stil der damaligen Zeit): *„Die Zephyr ist kein x-beliebiges Allround-Motorrad, sondern eine sportlich angehauchte Dampfmaschine mit kantigem Charakter und nostalgischem Charme. Kurz: ein Motorrad für Männer und solche, die es werden wollen."*

Auch legendär:

Zephyr 550

1991-2000: 554 cm³, 50 PS

Zephyr 750

1991-2000: 739 cm³, 76 PS

Ein Einstiegsmodell mit 554 cm³ und 50 PS und eine Mittelklasse-Version mit 739 cm³ und 72 oder 76 PS komplettierten in den 1990er Jahren die Zephyr-Reihe. Die genial gezeichneten Motorräder verkauften sich international wie geschnitten Brot. Die Zephyr 550 gab es in Deutschland auch mit schwachbrüstigen 27 PS, selbst die 750er war mit dieser reduzierten Leistung zu haben. Immerhin bot Kawasaki auch eine Variante mit akzeptablen 50 PS an.
Alle Zephyr-Modelle waren mit je vier Keihin-Vergasern und Dreifach-Scheibenbremse ausgerüstet. Mit 200 bzw. 217 kg Leergewicht waren die 550er bzw. die 750er erheblich leichter und handlicher als das 1100er Topmodell. Auch die Gesamtabmessungen und Radstände waren unterschiedlich.

Die rechts im Bild gezeigte Zephyr 550 war bei einem Preis von 9560 DM über 5000 DM billiger als das 1100er Modell. Sie war leichter und daher gut für Einsteiger geeignet.

Fotos: S. 148 alle, 149 o: Axel Koenigsbeck; S. 149 u: Archiv Hans J. Schneider

1994-2003

Kawasaki GPZ 500 S

Echte Alternative

Spaß am Motorradfahren konnte man in den 1990ern auch mit schlanken 500er Modellen haben. Die Kawasaki GPZ 500 S überzeugte durch ihre Vielseitigkeit und die anspruchsvolle Motor und Getriebetechnik. Sie sah nicht nur sportlich aus, sondern war es auch.

Die GPZ 500 S, hier in der D-Version ab 1994, war eine echte Alternative zu den schweren Sporttourern der Oberklasse. Selbst in der Drosselversion mit 34 PS schaffte sie rund 150 km/h. Die Kraft wurde über Sechsgang-Getriebe und Kette übertragen. Neu war das Verkleidungsoberteil, der Motorspoiler verbesserte die Aerodynamik.

Fotos: S. 150, 151 alle: Hans König

Im Segment der Sporttourer hatte Kawasaki von jeher, und besonders seit der Lancierung der GPZ-Modelle in den 1980er Jahren, ein gewichtiges Wort mitzureden. Die GPZ 500 S, die 1986 international als A-Modell auf den Markt kam und 1994 als D-Modell in wichtigen Details modernisiert wurde, war der Einstieg in die Klasse schneller, aber alltagstauglicher und vielseitiger Motorräder mit schnittiger Vollverkleidung. Nach dem Erfolg des Supersportlers ZX-6R Ninja ab 1995 wurde die 500er auch als Ninja 500 verkauft. Die Renovierung war für uns Anlaß gewesen, den Bestseller im Frühjahr 1994 für *„Motorrad News"* unter die Lupe zu nehmen (Heft 5/1994), und zwar in der beliebten Einsteiger-Version mit 34 PS. Anzusehen war dem in Dunkelgrün lackierten Motorrad, daß die Verkleidung im oberen Teil neu gestaltet worden war, was der Maschine eine sportlichere Optik gab. Am nur durchschnittlichen Wind- und Wetterschutz änderte das aber nichts.

Bedeutender waren die Änderungen am Fahrwerk: neue Telegabel mit allerdings nur 37 mm dicken Standrohren, größere 17-Zoll-LM-Räder, neu entwickelte Scheibenbremse vorn mit 270 mm Durchmesser, jetzt auch Scheibenbremse hinten mit 230 mm statt Trommel. Mit der stärkeren Bereifung vorn in 110/70 x 17 und hinten in 130/70 x 17 rollte die GPZ 500 R merklich zielgenauer als das Vorläufer-Modell der A-Serie.

Der 500er Parallel-Twin der GPZ war mit 34 oder 60 PS zu haben. Der Motor lief auch in der Kawasaki KLE 500 und im Chopper EN 500. Technisch war er auf der Höhe der Zeit: zwei obenliegende Nockenwellen, Ausgleichswelle, vier Ventile pro Zylinder, Flüssigkeitskühlung.

die Drosselmethode über geänderte Gasschieber in den beiden 34er Keihin-Vergasern.

Wer wollte, konnte die GPZ mit anderen Vergaserteilen für 310 DM auf 60 PS bei 9800/min^{-1} und ein maximales Drehmoment von 48 Nm bei 8500/min^{-1} hochrüsten lassen. Resultat: *„Das offene Triebwerk legt seine Lethargie ab und kommt ausgesprochen spritzig und drehfreudig zur Sache. Nicht umsonst genießt die offene GPZ 500 S einen Ruf als Big-Bike-Schreck auf verwinkelten Landstraßen."*

Fahrwerk und Bremsen waren für die offene Version ausgelegt worden und hatten keine Mühe mit der 34-PS-Variante: *„Die Maschine ist extrem handlich und bleibt in jeder Situation gut beherrschbar."* Gelobt wurde auch die Abstimmung der Federelemente (zentral angelenkt hinten) als gelungener Kompromiß zwischen sportlich-straff und alltagstauglich-komfortabel. Der Fahrer saß bequem (die Sozia weniger), der Lenker war niedriger angebracht, die Fußrasten hatte man ergonomisch besser plaziert. Bei einem Maximalverbrauch von 6,0 l/100 km ermöglichte der 18-Liter-Tank Reichweiten von mindestens 300 km. Ein Sonderangebot aber war die Mittelklasse-Kawasaki bei einem Preis von 9990 DM nicht. In Europa wurde die GPZ 500 S bis 2003, in den USA bis 2009 vermarktet. In Deutschland fand das solide und handliche Motorrad in 17 Jahren rund 24 000 Käufer.

Am flüssigkeitsgekühlten Dohc-Zweizylinder-Reihenmotor, der technisch eng mit dem Vierzylinder der GPZ 900 verwandt war und bei einem Hubraum von 498 cm^3 seine 34 PS erst bei 8500/min^{-1} bereitstellte, war nichts geändert worden. Mit zwei obenliegenden Nockenwellen, Vierventiltechnik und Ausgleichswelle lag er in den 1990ern noch auf der Höhe der Zeit. Das maximale Drehmoment von 33,56 Nm war etwas dürftig, lag aber schon bei 4500/min^{-1} an. Die im fünften Gang gemessene Höchstgeschwindigkeit von 151 km/h beeindruckte die Tester angesichts der überschaubaren Motorleistung. Ansonsten aber war die Motorcharakteristik nicht berauschend: *„Im unteren Drehzahlbereich zieht der Twin kräftig los, um dann bei höheren Touren wie gegen Gummi zu laufen"*, monierte Wulf Weis. Grund für die merkwürdige Art der Kraftentfaltung war

Unten: Das von 1994 bis 2003 produzierte D-Modell sah dynamischer aus und baute mit den größeren 17-Zoll-Rädern höher. Der Dohc-Twin schickte seine Abgase über eine fette Doppel-Auspuffanlage ins Freie.

Steckbrief Kawasaki GPZ 500 S A-Modell

Bauzeit	1994 bis 2003
Motor, Ventile/Zyl., Kühlung	Reihe 2, 4/Zyl., Dohc, flüssiggekühlt
Einheiten	keine Angaben
Hubraum, Bohrung x Hub	498 cm^3, 74 x 58 mm
Leistung	34/60 PS bei 8500/9800 min^{-1}
Gemischaufbereitung	2 Keihin-Vergaser, 34 mm Durchlaß
Getriebe, Antrieb, Radstand	6-Gang, Kette, 1440 mm
Rahmen	Stahlrohrdoppelschleife
Vorderradführung	Teleskopgabel, Standrohre 37 mm Ø
Hinterradführung	Zweiarmschwinge, 1 Zentralfederbein
Bremsen vorn / hinten	1 Scheibe 270 / 1 Scheibe 230 mm
Reifen vorn / hinten	110/70 x 17 / 130/70 x 17
Leergewicht, betankt / Tank	200 kg / 18 Liter
Höchstgeschwindigkeit	151 km/h (Testwert 34-PS-Version)
Preis	9990,- DM (Mai 1994)

Auch legendär:

GPZ 900 R

1984-1993: 908 cm³, 115 PS

Einen besseren Start für ein brandneues Modell hätte Kawasaki sich nicht wünschen können: Kaum stand die GPZ 900 R bei den Händlern, holte sie einen Doppelsieg bei der Tourist Trophy 1984 auf der Isle of Man. Der Presse vorgestellt worden war die rassige Maschine, die damals als Supersportler angesehen wurde, bereits 1983 auf der Rennstrecke Laguna Seca in Kalifornien. Die Tester sprachen von einer neuen Ära im Sportmotorradbau, in der Szene wurde die Kawasaki mit Begeisterung aufgenommen. Zusätzliche Berühmtheit erlangte die 900er GPZ im Film *„Top Gun"* mit Tom Cruise am Lenker. In Japan wurde die Maschine als Modell A16 bis ins Jahr 2003 weiterentwickelt. Das Modell A1 wurde von 1984 bis 1993 (Modell A10) in Deutschland verkauft. International trug die GPZ 900 R als erstes Motorrad von Kawasaki den Beinamen Ninja. Sie war die Basis für eine Serie supersportlicher Motorräder der Marke Kawasaki, die bis in die 2020er Jahre diesen Namen trugen.

Der Motor war ein Hochleistungs-Triebwerk: flüssigkeitsgekühlter Reihen-Vierzylinder, zwei obenliegende Nockenwellen (Dohc), vier Ventile pro Zylinder. Der 16-Ventiler entwickelte bei einem Hubraum von 908 cm^3 je nach Ausführung bis zu 115 PS bei 9500/min^{-1} (in Deutschland auf 98 PS gedrosselt). Bei der 100-PS-Variante lag das Drehmoment von 85 Nm bei 8500/min^{-1} an. Der Motor war auf Normalbenzin (ROZ 91) ausgelegt. Sechsgang-Getriebe und langstreckentauglicher 22-Liter-Tank gehörten zur Grundausstattung der Sportmaschine. Trocken wo die GPZ 228, vollgetankt 257 kg. Die Höchstgeschwindigkeit lag bei 240 km/h.

Innovativ war, daß die Steuerlette für die Nockenwellen nicht in der Mitte, sondern seitlich am Zylinderblock verlief. Die Hinterradschwinge war zentral im Rahmen gelagert und nicht, wie bis dahin üblich, an beiden äußeren Seiten. Neu bei Kawasaki war auch die Luftunterstützung des Zentralfederbeins. Erstmals wurde bei der GPZ 900 R die Hinterachse nicht direkt mit der Hinterradschwinge verschraubt, sondern über separate Exzenter, die wiederum in der Schwinge gelagert waren.

Die GPZ 900 R war ein supersportliches Motorrad mit unverwechselbarem Design. Großer Tank, breiter Lenker und tiefe Sitzposition machten sie sogar langstreckentauglich. Besonders charakteristisch war die knapp geschnittene Frontverkleidung mit dem großen Rechteckscheinwerfer.

Fotos: S. 152, 153 alle: Hans König

1995-1999

Kawasaki GPZ 1100

Vernunftlösung

Die Kawasaki GPZ 1100 war eine vernunftbetonte und weniger aggressive Alternative zur hochgezüchteten ZZ-R 1100, von der das auf mehr Durchzug abgestimmte Dohc-Vierzylinder-Triebwerk stammte. Sie gefiel auch durch ihr zeitloses Design und die ausgefeilte Vollverkleidung.

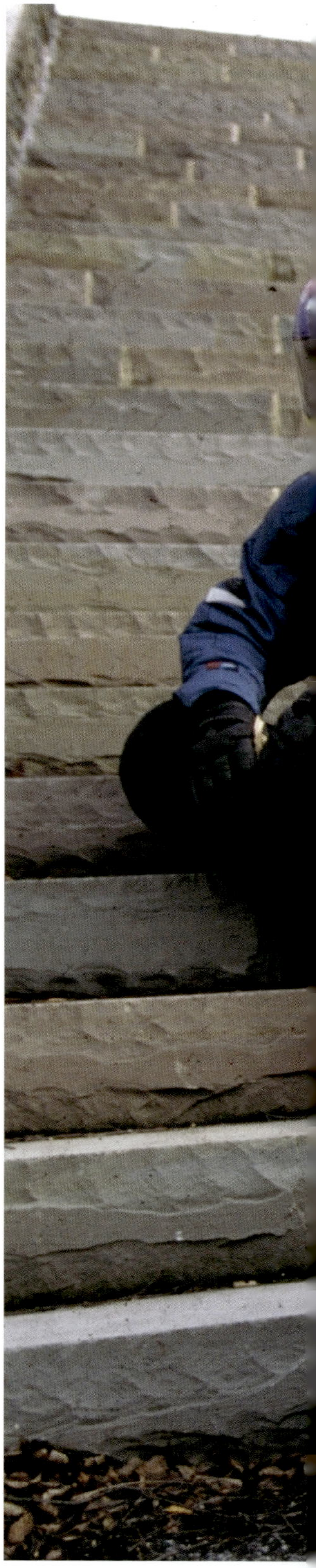

Mit ihrem funktionalen und dezenten Äußeren setzte sich die GPZ von den Supersportlern der Marke ab. Trotzdem war sie mit einer Spitze von 230 km/h kein Kind von Traurigkeit. Das Foto rechts symbolisiert gut, daß dieses Motorrad entspannt zu bewegen war.

Fotos: S. 154, 155: Frank Ratering

Ein Geheimtipp, wenn auch kein billiger, war die Kawasaki GPZ 1100, die 1995 erschien, gegenüber dem Topmodell ZZ-R 1100 kräftig abgespeckt worden war, trotzdem aber alles bot, was der sportliche Tourenfahrer schätzte: hohe Motorleistung, glattflächige Vollverkleidung im Stil der kleineren GPZ 500 R, einfaches, aber standfestes Fahrwerk mit Dreifach-Scheibenbremse und LM-Gußräder mit breiten Reifen. *„Die GPZ 1100 ist ein Motorrad mit guten Allroundqualitäten und angenehm dezentem Auftritt (auch in akustischer Hinsicht)."* Doch sie kostete mit 17 990 DM ein kleines Vermögen, was wir im *„Motorrad News"*-Test vom April 1995 kritisierten. Das war viel Geld für eine Maschine, die mit keinerlei technischen Finessen aufwartete. Sie besaß eine Standard-Telegabel mit den üblichen 41 mm dicken Standrohren, einen Rahmen aus Vierkant-Stahlrohr und eine aus Stahlschwinge mit Zentralfederbein.

Anders als *„die noch wesentlich teurere und für brutales Vollgasfahren auf der Autobahn gezüchtete ZZ-R 1100"* war die GPZ 1100 ein Motorrad der Vernunft. Gleichwohl hatte sie den 1062 cm³grossen Dohc-Vierzylinder Motor mit 16 Ventilen und Flüssigkühlung von der ZZR-1100 übernommen, der aber mit viel Feinarbeit elastischer sowie durchzugsstärker gemacht worden war und in der für Deutschland gedrosselten und von uns getesteten Version 100 PS bei 9000/min^{-1} leistete. *„Während die ZZ-R erst bei höheren Drehzahlen richtig loslegte, entwickelte die GPZ schon im Bereich niedriger und mittlerer Tourenzahlen bemerkenswert viel Dampf. (...) Um Stadtverkehr und auf kurvenreichen Landstraßen kann problemlos ab 2000 Touren beschleunigt werden"*, schrieb ich damals. Ein Motorrad, das mir rundum sympathisch war.

Der schwarz beschichtete Vierzylinder lief bemerkenswert rund und vibrationsarm – ruhiger als die Konkurrentin K 1100 RS von BMW mit ihrem längs und quer liegenden Achtventiler, die mit knapp 24 000 DM 1995 rund 6000 DM mehr kostete. Der Tank der GPS faßte 22 Liter, was auch nötig war, denn der Verbrauch konnte bis auf 7,9 l/100 km ansteigen, was auch am hohen Gewicht der GPZ lag: 267 kg vollgetankt. An der schlanken und schön gezeichneten Vollverkleidung lag es nicht: *„Sie besitzt eine ausgezeichnete Aerodynamik und hält Wind wie Regen bemerkenswert gut ab."*

Der Fahrer saß aufrecht und entspannt, auch weil der Lenker deutlich höher aufragte als bei der ZZ-R. Weniger gut gefiel uns die hart abgestimmte Telegabel, während das einstellbare Uni-Trak-System an der Hinterhand tadellos funktionierte. 17-Zoll-Bereifung und Bremsanlage mit drei groß dimensionierten Scheiben waren *„erste Wahl, man fühlt sich jederzeit sicher auf der GPZ."*

Im Cockpitbereich war alles schwarz eloxiert, was jede Blendwirkung unterdrückte. Die großen Rundinstrumente waren eine nützliche Augenweide. Die Vollverkleidung mit ihrem Motorspoiler hielt Wind und Wetter gut ab. Am meisten Spaß machte die GPZ 1100 auf Langstrecken.

Steckbrief Kawasaki GPZ 1100

Bauzeit	1995 bis 1999
Motor, Ventile/Zyl., Kühlung	Reihe 4, 4/Zyl., Dohc, flüssiggekühlt
Einheiten	keine Angaben
Hubraum, Bohrung x Hub	1052 cm³, 76 x 58 mm
Leistung	100 PS bei 9000/min^{-1}
Gemischaufbereitung	4 Keihin-Vergaser, 36 mm Durchlaß
Getriebe, Antrieb, Radstand	6-Gang, Kette, 1510 mm
Rahmen	Stahlrohrdoppelschleife
Vorderradführung	Teleskopgabel, Standrohre 41mm Ø
Hinterradführung	Zweiarmschwinge, 1 Zentralfederbein
Bremsen vorn / hinten	2 Scheiben 300 / 1 Scheibe 250 mm
Reifen vorn / hinten	120/70 ZR 17 / 170/60 ZR 17
Leergewicht, betankt / Tank	267 kg / 22 Liter
Höchstgeschwindigkeit	230 km/h (Testwert)
Preis	17 990,- DM (April 1995)

Auch legendär:

ZZ-R 1100

1989-2001: 1052 cm³, 148 PS

Bis zum Erscheinen der 160 PS starken Honda CBR 1100 XX Blackbird im Jahr 1996 war sie mit der Rekordgeschwindigkeit von 283 km/h das schnellste Motorrad der Welt: die Kawasaki ZZ-R 1100. Unter dieser Typbezeichnung wurde sie von 1989 bis 2001 weltweit vermarktet – außer in den USA, wo sie ZX-11 Ninja hieß. Ihr flüssigkeitsgekühlter Dohc-Vierzylindermotor mit 16 Ventilen (s.a. Abschnitt GPZ 1100) entwickelte bei 1052 cm^3 Hubraum 148 PS bei 10 500/min^{-1}. Das Triebwerk war fürs Schnellfahren auf der Autobahn mit hohen Drehzahlen ausgelegt. In der auf 100 PS bei 9500/min^{-1} gedrosselten Deutschlandversion ließ sie dementsprechend bei niedrigen und mittleren Drehzahlen Durchzugskraft vermissen, schaffte aber immer noch eine Spitze von 240 km/h, was auch der damals neu entwickelten Vollverkleidung zu verdanken war. Als erste Ninja hatte die 1100er das Ram-Air-System für die Zufuhr von Luft zu den Vergasern und damit verbunden zwei große Eintrittsöffnungen unter dem trapezförmigen Scheinwerfer. Spätere Ninja-Modelle waren in den 1990ern ähnlich gestaltet.

Vom Feinsten waren der neu entwickelte Leichtmetallrahmen und die LM-Kastenschwinge am Hinterad mit zentral positioniertem Uni-Trak-Federsystem. Weder Spurrillen noch Querfugen konnten den Boliden bei schneller Autobahnhatz aus der Ruhe bringen. Kurvenfreundlich war sie dementgegen nicht, sie war störrisch beim Handling: *„Mit erheblichem Kraftaufwand will der Schwerathlet um die Ecken gezwungen werden"*, urteilten wir im „MN"-Test vom Februar 1995. *„Serpentinenstrecken sind nicht die Domäne der Kawa, auch im Stadtverkehr verlangt sie dem Fahrer einiges ab."* 269 kg Gewicht betankt forderten eben ihren Tribut. 21 400 DM mußte der Kunde für die Drosselversion zahlen und damit mehr für als eine wendigere und leichter beherrschbare 750er Sportmaschine.

Oben und links: die sportliche, aber noch tourentaugliche ZZ-R 1100. Unten rechts: Die ZX-9R Ninja war eine 900er, die konsequent auf supersportliche Gangart ausgelegt war. Als Nischenmotorrad gab es auf dem Markt kaum Parallelen zu ihr

Fotos: S. 156 alle: Frank Ratering; S. 157 alle: Hans König

1993-2003

Kawasaki ZZ-R 600

Sympathieträger

Von ihren Anlagen und ihrer hochkarätigen Technik her war die ZZ-R 600 ein Supersport-Motorrad. Doch weil man sie ziviler abgestimmt hatte, machte sie auch im normalen Alltag und auf längeren Strecken Freude. Auch fiel sie mit ihrem unaufdringlichen Äußeren nirgends unangenehm auf.

Sport- und Supersport-Motorräder waren in den 1990ern so gefragt wie nie zuvor: Allein die vier Supersportmodelle der japanischen Hersteller verkauften sich in Deutschland pro Jahr 10 000mal, und dies, obwohl die Preise für die Topversionen sich um die 20 000 DM herum bewegten. In der Preisklasse von 10 000 bis 15 000 DM tummelten sich schnelle 600er und 750er, Neo-Klassiker und leistungsstarke Enduros. Wer dort sein Geld anlegen wollte, suchte nach einer Allroundmaschine für den Alltag, sportliches Fahren und kurze Reisen.

Genauso ein Motorrad hatte Kawasaki mit der ZZ-R 600 im Programm. Das 1990 erstmals in Deutschland als ZX 600 D verkaufte Modell war für 1993 umfassend modernisiert und als zahmere Version der giftigen ZX-6R auf den Markt gebracht worden. Der 600er Dohc-Vierzylindermotor mit seinen 16 Ventilen entwickelte jetzt mehr Drehmoment im mittleren Drehzahlbereich, besaß das Ram-Air-Staudrucksystem, einen stabilerer Rahmen aus Leichtmetall und eine Kastenschwinge aus hochfester Alu-Legierung mit einstellbarem Zentralfederbein. Den Radstand hatte man auf 1430 mm verkürzt, die Bremsscheiben vorn auf 300 mm Durchmesser vergrößert und breitere 17-Zoll-LM-Räder mit entsprechender Bereifung montiert. Kurz: Die ZZ-R 600 war das agilere, technisch aber ebenso aufwendige Abbild der großen ZZ-R 1100.

Für den *„Motorradfahrer"* (Heft 6/1993) konnte ich die sympathische Sportmaschine ausgiebig testen. *„Die ZZ-R 600 ist der Gentleman unter den 600er Sportbikes. Sie ist schnell, aber nicht aggressiv, sportlich verkleidet und trotzdem elegant, komfortabel und dennoch fahrstabil. (...) Mit diesem Motorrad kann man sich zivilisiert im normalen Straßenverkehr bewegen, sie macht aber auch auf der Rennstrecke keine schlechte Figur, wenn's denn mal sein muß."*

Der mit dem Triebwerk der ZX-6R Ninja technisch weitgehend identische, aber auf höhere Alltagstauglichkeit abgestimmte Motor unserer Testmaschine leistete 100 PS bei 11 500/min^{-1} und wurde von vier 36er Keihin-Vergasern beatmet. Einen Katalysator hatte er noch nicht, aber wenigstens ein Nachverbrennungssystem, womit er gegenüber der Konkurrenz punkten konnte. Beim Beschleunigen stand die vollgetankt 221 kg leichte ZZ-R 600 den Big Bikes nicht nach: Sie schoß in 3,8 Sekunden von 0 auf 100 km/h. Im sechsten Gang erreichte sie eine Spitze von 224 km/h und war damit etwas langsamer als die 1100er Modelle. Wenn die ZZ-R 600 ihrem Charakter entsprechend bewegt wurde, flossen auf 100 km durchschnittlich 7,3 Liter aus dem 18-Liter-Tank in die Vergaser – ein hoher Verbrauchswert für eine 600er.

Fotos beide Seiten: Die ZZ-R 600 gefiel durch ihr ausgewogenes Design, ihre gleichmäßige Leistungsabgabe und ihr problemloses Fahrverhalten. Bei 221 kg Leergewicht war sie leicht zu beherrschen. Das Cockpit war komplett bestückt und bot einen erfreulichen Anblick.

Beim Fahren zeigte sich, daß Vorder- und Hinterradführung inklusive Federung und Dämpfung hervorragend abgestimmt waren.

Steckbrief Kawasaki ZZ-R 600

Bauzeit	1993 bis 2003
Motor, Ventile/Zyl., Kühlung	Reihe 4, 4/Zyl., Dohc, flüssiggekühlt
Einheiten	keine Angaben
Hubraum, Bohrung x Hub	599 cm^3, 64 x 40,6 mm
Leistung	100 PS bei 11 500/min^{-1}
Gemischaufbereitung	4 Keihin-Vergaser, 36 mm Durchlaß
Getriebe, Antrieb, Radstand	6-Gang, Kette, 1430 mm
Rahmen	LM-Brückenrahmen
Vorderradführung	Teleskopgabel, Standrohre 41mm Ø
Hinterradführung	LM-Kastenschwinge, 1 Zentralfederbein
Bremsen vorn / hinten	1 Scheibe 300 / 1 Scheibe 240 mm
Reifen vorn / hinten	120/60 ZR 17 / 160/60 ZR 17
Leergewicht, betankt / Tank	221 kg / 18 Liter
Höchstgeschwindigkeit	224 km/h (Testwert)
Preis	14 260,- DM (Juni 1993)

„Die ZZ-R 600 hält auch bei Volldampf die Spur, läßt sich zielgenau in Kurven hineinsteuern und erfreut durch ausgezeichnete Handlingeigenschaften.“ Und bei alledem war sie auch noch relativ komfortabel. 14 260 DM mußte 1993 zahlen, wer sich dieses sympathische Motorrad leisten wollte. Als ZX 600 E wurde die Maschine bis 2005 in Deutschland nahezu unverändert angeboten, ausgenommen geänderte Vergaserabstimmung, neue Zündbox, überarbeitete Vorderradbremse ab 1997, ungeregelter Katalysator ab 2003.

Fotos: S. 158, 159 alle: Hans König

1994-2000

Kawasaki ZX-6R Ninja

Scharfe Klinge

Nachdem Kawasaki ab Ende 1994 mit der ZX-6R einen neuen Maßstab hinsichtlich Sportlichkeit gesetzt hatte, explodierte das Supersport-Segment förmlich. Die grün lackierte, 100 PS starke 600er Kawa war auf der Straße eine Provokation, auf der Rennstrecke eine Entdeckung.

Die Kawasaki ZX-6R war die kleinere Schwester der 900er ZX-9R, ging mit einer Literleistung von 169 PS sogar noch schärfer zur Sacher. Die Konkurrenzmodelle Yamaha FRZ 600 und Honda CBR 600 F wirkten auf einmal etwas veraltet. Die ZX-6R war in puncto Sportlichkeit unschlagbar, das Chassis bestand aus Leichtmetall.

Fotos: S. 160, 161 alle: Frank Ratering

„Als Provokation müssen Honda und Yamaha das empfinden, was Kawasaki aus dem Hut gezaubert hat: Die neue Ninja ZX-6R ist in allen Disziplinen noch etwas schärfer und perfekter als die bisherigen Platzhalter", schrieb Max Rabe in Heft 4/1995 von *„Motorrad News"*. *„Kawasaki – der Name steht seit über 20 Jahren für aggressive Sportlichkeit. Den jüngsten Beweis dafür lieferte die brandneue Ninja ZX-6R: Keine andere 600er je zuvor hatte so viel Biß und war gleichzeitig so spielerisch beherrschbar – auf der Rennstrecke wie auf der Straße."* Historisch betrachtet, markierten die ZX-6R und die größere ZX-9R (1994 bis 2003, 139 PS) den Beginn des Trends zu Supersport-Motorrädern, bei denen Höchstleistung mit perfekter Fahrwerksabstimmung, aerodynamisch ausgefeilter Vollverkleidung und aggressivem Design kombiniert war.

So zeigten die neuen Kawasakis der ZX-R-Generation mit ihrer geduckten Front und den auffälligen Lufteinlässen unter dem trapezförmigen Scheinwerfer von vornherein, wem hier die Überholspur zu gehören hatte. *„Alles an diesem trocken nur 182 kg und vollgetankt bloß 206 kg leichten Wunderwerk japanischer Ingenieurskunst ist für den ungestümen Vorwärtsdrang gemacht"*, befand Rabe. Die schmale Verkleidung kam direkt aus dem Windkanal und schützte den Piloten, wenn er sich bei hohem Tempo ganz flach machte, perfekt. Und die Geschwindigkeit konnte die 240-km/h-Marke kratzen. Bei Vollgas drehte der kompakte Dohc-Vierzylinder 12 500/min^{-1} und entwickelte dabei schon in der D-Version 100 PS, was einer Literleistuntg von rennmotorradspezifischen 169 PS entsprach. In nur 3,5 Sekunden erreichte die nach japanischen Elitekämpfern benannte *„scharfe Klinge"* den Wert von 100 km/h – phänomenal. Aber: *„Im Grunde genommen führen die neuen 600er das alte Gentleman's Agreement mit der freiwilligen Beschränkung auf 100 PS ad absurdum."*

„Der Motor: Das ist das Beste an dieser Rakete. Zwar basiert das flüssigkeitsgekühlte und um 28 Grad nach vorn geneigte 16-Ventil-

Vorn wurde die Ninja von zwei riesigen, schwimmend gelagerten Bremsscheiben mit je 320 mm Durchmesser verzögert, hinten arbeitete eine 230-mm-Scheibe. Die lackierten Räder (beide 17 Zoll) bestanden aus Alugu§.

Steckbrief Kawasaki ZX-6R Typ ZX 600 G

Bauzeit	1994 bis 2000
Motor, Ventile/Zyl., Kühlung	Reihe 4, 4/Zyl., Dohc, flüssiggekühlt
Einheiten	keine Angaben
Hubraum, Bohrung x Hub	599 cm^3, 66 x 43,8 mm
Leistung	100 PS bei 12 500/min^{-1}
Gemischaufbereitung	4 Keihin-Vergaser, 36 mm Durchlaß
Getriebe, Antrieb, Radstand	6-Gang, Kette, 1415 mm
Rahmen	LM-Brücke, Motor mittragend
Vorderradführung	Teleskopgabel, Standrohre 41mm Ø
Hinterradführung	LM-Zweiarmschwinge, Zentralfederbein
Bremsen vorn / hinten	1 Scheibe 320 / 1 Scheibe 230 mm
Reifen vorn / hinten	120/60 ZR 17 / 160/60 ZR 17
Leergewicht, betankt / Tank	206 kg / 18 Liter
Höchstgeschwindigkeit	243 km/h (Testwert)
Preis	16 260,- DM (Januar 1995)

Vierzylinder-Triebwerk auf dem Aggregat der alten ZZR-600, wurde im Detail aber so stark modifiziert, daß man getrost von einer Neukonstruktion sprechen kann." Im Detail verfügte der 599-cm^3-Motor des Grundtyps ZX600F von 1995 über schärfere Nockenwellen, einen auf winzige 43,8 mm reduzierten Hub (bei einer Bohrung von 66 mm), eine extrem hohe Verdichtung (1 : 11,8), riesige Ventile, ein wirksames Doppel-Ram-Air-System zur Vorverdichtung der Ansaugluft und vier 36er Keihin-Fallstromvergaser (ab 1998 Mikuni).

Damit nicht genug: Das Triebwerk des *„vollverschalten Streetfighters"* verfügte ferner über Einlaßventile mit doppelten Ventilfedern, ein digitales Zündsystem, das den Motor bei 14 000/min^{-1} abregeln konnte, einen Hochleistungs-Ölkühler, Nockenwellensteuerung per rechts angeordneter Zahnkette, eine fünffach gelagerte Kurbelwelle und ein bestens abgestuftes, leicht zu schaltendes Sechsgang-Getriebe. Alles in allem: *„Dampf im Überfluß in allen Drehzahlbereichen. Ein Motorrad, das ständig nach Vollgas giert. (...) Der 16-Ventiler produziert einen kernigen Sound, der sich ab 4000 Touren zu einem zornigen und auch noch in respektablere Entfernung vernehmlichen Fauchen steigert."* Das wurde schon in den 90ern weder als umwelt- noch sozialverträglich empfunden. Die Eifel z.B. hallte an Wochenenden ständig und überall vom Klang hochgezüchteter Motorrad-Motoren wider. Und sie hallt heute noch...

Auch vom Fahrgefühl her brach die Ninja mit der sportlich-touristischen Tradition. Schmaler Lenker und hochgelegte Fußrastenanlage erzwangen eine sportliche, aber keineswegs unbequeme Sitzposition. *„Auf Anhieb fühlt sich der Fahrer mit der Ninja wie verwachsen."* Eine Menge Geld hatte Kawasaki in die Entwicklung eines komplett neuen Chassis gesteckt, das nicht wie damals teilweise noch bei Honda oder Yamaha aus stählernen Elementen bestand, sondern aus superleichten, miteinander verschweißten Leichtmetall-Komponenten. Eine normale Telegabel mit 41 mm dicken Standrohren, und keine teure Upside-Down-Konstruktion übernahm die Führung des 17-Zoll-LM-Gußrads vorn (Bereifung 120/60 ZR 17), eine Unitrak-Hinterrad-LM-Kastenschwinge mit vielfach verstellbarem Zentralfederbein operierte an der Hinterhand (Reifen 160/60 ZR 17). Die Dreischeiben-Bremsanlage ließ keine Wünsche offen, das Handlingverhalten wurde als beispielhaft gelobt.

Wichtig war allerdings, daß das Fahrwerk perfekt eingestellt war; anderenfalls konnte die Ninja bei schneller Autobahnfahrt anfangen zu hoppeln. Fazit unseres Tests: *„Ein solches Motorrad gehört nur in die Hand von Könnern, die Sensibilität mitbringen und eine gehörige Portion Verstand. Für alle anderen ist der Name Ninja eine scharfe Klinge, an der man sich leicht verletzten kann".* Ninja-Kämpfer wurden als Kundschafter, Spione, Saboteure, Brandstifter oder Meuchelmörder eingesetzt, ausgerüstet mit scharfen Klingen...

Die Vollverkleidung war im Windkanal optimiert worden. Typisch waren die Nüstern für das Dual-Ram-Air-System, der trapezförmige Scheinwerfer, der schmale Windschutz und die tief integrierte Sitzmulde für den Fahrer. Das „Brötchen" hinten hatte eigentlich nur Alibifunktion.

Links: Das klassisch aufgebaute Cockpit mit seinem reich bestückten Instrumententräger und den großen Kontrollampen informierte zuverlässig über alle Betriebszustände.

Rechts: Unsere Testmaschine bei der sportlichen Kurvenhatz im April 1995. „Motorrad" hatte ein vorab zur Verfügung gestelltes Exemplar der ZX-6R bereits im Dezember 1994 mit der Konkurrenz vergleichen können. In der Sportwertung hatte die Kawasaki die Nase vorn, im Straßenbetrieb gefiel sie den Schwaben nicht so gut. „Sie ist konsequent auf Sport getrimmt und eben nicht ganz so einfach zu handhaben wie ihre Konkurrentinnen."

Fotos: S. 162, 163 alle: Frank Ratering

1986-1999

Kawasaki ZL 600 Eliminator

Zwischending

Als Mittelding zwischen Chopper und Dragster produzierte Kawasaki die Eliminator-Reihe. Wir haben die ZL 600 getestet, die sich manierlicher benahm, als der martialische Beiname befürchten ließ. Der 61-PS-Vierzylinder erlaubte Bummeln, konnte aber auch giftig werden.

Auch wenn die ZL 600 sich technisch zwischen den Welten bewegte, machte sie doch von allen Seiten eine gute Figur. Stilbildend waren der mächtige Doppelauspuff, die Höckersitzbank und die reiche Verchromung. Zum Blümchenpflücken taugte sie allerdings nur bedingt.

Fotos: S. 164, 165: Hans J. Schneider

In den späten 1980er Jahren etablierte Kawasaki mit der Eliminator-Reihe stark motorisierte Modelle, die zwischen Dragster und Chopper angesiedelt waren und als Power-Cruiser wahrgenommen werden wollten. Warum „Eliminator"? Na, um beim Ampelstart alle anderen alt aussehen zu lassen. Choppermäßig waren die Stufensitzbank, das dick bereifte Hinterrad, der breite Lenker, ein kleiner Tank, viel Chrom, mächtige Auspuffrohre und das Fehlen jeglicher Verkleidungselemente. Den Anfang machte 1985 die ZL 900 A1 mit dem Reihenvierzylindermotor der GPZ 900 R. 1986 folgte die ZL 600 mit dem modifizierten Motor der GPZ 900 R. Krone des Genres war ab 1987 das besonders stark an einen Dragster erinnernde Modell ZL 1000 mit dem flüssiggekühlten, 125 PS starken Triebwerk der GPZ 1000 RX und mit Kardanantrieb.

Exotischer Mix aus Chopper und Cruiser

Im Frühjahr 1995 nahmen wir für *„Motorrad News"* die ZL 600 genauer unter die Lupe und stellten schon nach wenigen Kilometern fest, daß wir es keineswegs mit einem betulichen Softchopper, sondern mit einer Vmax im Taschenformt zu tun hatten – rasante Beschleunigung war ihre Stärke: Die 600er Eliminator stürmte in 4,8 Sekunden von 0 auf 100 km/h und erreichte mit einem Fahrer, der sich gut festhalten konnte, 180 km/h. Kurz übersetztes Sechsgang-Getriebe und Kardanwelle übertrugen die Kraft aufs dicke Hinterrad mit seinem Reifen in 150/80 x 15. Solobremsscheibe vorn und Trommelbremse hinten sorgten für Verzögerung.

Offen leistete der flüssiggekühlte, 593 cm^3 bereithaltende Dohc-Vierzylinder mit seinen 16 Ventilen 74 PS. Die von uns getestete Deutschland-Version mußte sich mit 61 PS bei 10 500/min^{-1} bescheiden – was aber immer noch absolut ausreichend war. Beachtlich war trotz des Hochdrehzahlkonzepts, daß der ZL 600-Motor mit seinen vier 30er Keihin-Vergasern bereits ab 2000/min^{-1} sauber Gas annahm. *„Das ist wohl das Besondere an diesem Showbike: Es kann alles, was man von einem Chopper erwartet, doch wer will, kann mit der Eliminator auch sauschnell unterwegs sein",* schrieb ich damals. Dies aber am besten nicht auf schlechten Straßen: Dort, und vor allem in Kurven mit geflicktem Belag, kam das einfach gebaute, veraltete Fahrwerk schnell an seine Grenzen. Handling und Kurvenwilligkeit waren trotz des langen Radstands von 1550 mm ausgezeichnet: *„Die tiefe Sitzposition, der niedrige Fahrzeugschwerpunkt und der breite Lenker machen den Umgang mit der Eliminator zum Kinderspiel. Dabei sitzen große wie kleine Fahrer gleich gut und bequem."* 12 750 DM mußte 1995 auf den Tisch legen, wer sich mit diesem Motorrad, das aus der Reihe tanzte, anfreunden wollte.

Einfacher Rahmen und schlanke Telegabel, aber Kardanantrieb und Flüssigkühlung: Die ZL 600 war ein ganz spezielles Motorrad. Trotz des langen Radstands war sie handlich und wurde nur auf Straßenabschnitten mit geflicktem Belag unruhig.

Steckbrief Kawasaki ZL 600 Eliminator

Bauzeit	1986 bis 1999
Motor, Ventile/Zyl., Kühlung	Reihe 4, 4/Zyl., Dohc, flüssiggekühlt
Einheiten	keine Angaben
Hubraum, Bohrung x Hub	593 cm^3, 60 x 52,4 mm
Leistung	61 PS bei 10 500/min^{-1} (D-Version)
Gemischaufbereitung	4 Keihin-Vergaser, 30 mm Durchlaß
Getriebe, Antrieb, Radstand	6-Gang, Kardan, 1550 mm
Rahmen	Stahlrohrdoppelschleife, 1 Unterzug
Vorderradführung	Teleskopgabel, Standrohre 37 mm Ø
Hinterradführung	Zweiarmschwinge, 2 Federbeine
Bremsen vorn - hinten	1 Scheibe 300 / Trommel 180 mm
Reifen vorn - hinten	100/90 x 18 - 150/80 x 15
Leergewicht, betankt / Tank	217 kg / 13 Liter
Höchstgeschwindigkeit	180 km/h (Testwert)
Preis	12 750,- DM (Juni 1995)

Auch legendär:
EL 250 E

1988-1997: 248 cm³, 27/34 PS

Die Kawasaki EL 250 E war trotz ihrer anspruchsvollen Technik eine seltene Erscheinung in Europa. Mit ihrem Design zwischen Cruiser und Chopper mit Stufensitzbank, kleinem Tank und kräftigem Motor konnte sie – wie die ZL 600 – in die Eliminator-Baureihe eingeordnet werden. Charakteristisch war die knapp geschnittene Cockpitverkleidung im Stil der legendären BMW R 90 S.
Der flüssiggekühlte Zweizylinder-Kurzhubmotor mit zwei obenliegenden Nockenwellen und vier Ventilen pro Zylinder mobilisierte 27 PS bei beachtlichen 12 500/min^{-1}. Man durfte keine Angst vor hohen Drehzahlen haben, das maximale Drehmoment von nur 24 Nm lag erst bei 10 000/min^{-1} an. Bei diesem 142 kg leichten Motorrad übertrug ein Sechsgang-Getriebe die Kraft aufs Hinterrad, und zwar über eine normale Kette. Für die Verzögerung sorgten vorn eine 240-mm-Scheibe, hinten eine 230-mm-Trommel. Der Tank faßte nur 9,3 Liter, was bei einem durchschnittlichen Verbrauch von nur 3,5 l/100 km aber akzeptabel war.
Der gesamte Zuschnitt der EL 250, die als Modell 250 E einen E-Starter besaß, garantierte spielerische Beherrschbarkeit, was die Maschine vor allem für Anfänger interessant machte.

Mit ihrem extravaganten Design, dem langen Radstand, den gestuften Sitzplätzen und dem breiten Lenker besetzte die EL 250 E eine Nische. Aufwendig verlegt: die Zwei-in-eins-Auspuffanlage. Das Cockpit ließ nichts zu wünschen übrig, Scheinwerferverkleidung und Motorspoiler waren Serie.

Die EL 250 E war Mitte der 1990er Jahre ein interessantes Motorrad für Einsteiger, bei einem Preis von 7560 DM (Mai 1993). Der hochdrehende und nervöse Dohc-Zweizylinder war indes gewöhnungsbedürftig. Das Fahrwerk konnte bockig sein, vor allem im Zweipersonenbetrieb.

Fotos: S. 166 alle: Hans J. Schneider; S. 167 o: Winni Scheibe; S. 168 Ml, Mr, u: Hans J. Schneider

1995-2006

Kawasaki VN 800

Wie geklont

Mit der VN 800 ließ Kawasaki alle Zurückhaltung fallen und präsentierte einen Chopper, der aussah, als hätte die Harley Softail ihre Gene gespendet. Aber die VN war mehr als eine Kopie, sie hatte einen modernen V-Twin und überzeugte durch gute Fahreigenschaften.

An diesem Nippon-Chopper stimmte alles – vom Design und dem langen Radstand, dem großen Vorder- und dem kleinen Hinterrad, der flach stehenden Gabel, dem breiten Lenker und der Stufensitzbank bis hin zur Cantileverschwinge, die vortäuschte, als wäre das Motorrad hinten ungefedert – wie ein Chopper der Frühzeit. An Chrom hatten die Japaner nicht gespart, und ein hübsches Logo hatten sie auch entworfen. Auf der Straße (rechte Seite) war die VN 800 gut beherrschbar, lief bestens geradeaus und machte natürlich eine Menge her.

Fotos: S. 168, 169 alle: Frank Ratering

1995 bis 2006: Kawasaki VN 800

Sie trug den Beinamen „Vulcan“, doch explosives Temperament hatte sie nicht: die VN 800 von Kawasaki, die 1995 dem Urmodell VN 750 folgte und bis 2006 vom Band lief – gewissermaßen als japanische Interpretation der Softail von Harley-Davidson. Die Maschine war als kompromißloser Chopper mit eher gemütlichem Charakter konzipiert worden und zeigte die typischen Merkmale dieses Genres: mächtiger V-Twin mit hintereinander im Winkel von 55 Grad angeordneten Zylinder, Stufensitzbank, breiter Tropfentank, lange und flach gestellte Gabel, massige Gabelbrücken, kleiner Scheinwerfer, hochgezogener Buckhorn-Lenker, großes Vorderrad und Chrom, wohin das Auge blickte. Das dicke Hinterrad wurde von einer Cantileverschwinge geführt, deren stehendes Federbein gut versteckt unter Verkleidungsteilen saß, was den Eindruck erweckte, die „Vulcan“ hätte, ganz in der Tradition klassischer Chopper-Modelle aus den USA, gar keine Hinterradfederung.

Für *„Motorrad“* (Heft 8/1995) war die VN ein *„Chopper-Knüller“. „Du traust Deinen Augen kaum: Sie sieht aus wie eine Softail Custom mit Wasserkühlung. Und auf dem Tank steht Kawasaki. (...) Ein Motorrad, das der Harley aus den Chromosomen geklont scheint.“* Selbst den kreisrunden Luftfilterdeckel zwischen den Zylindern hatten die Japaner kopiert. *„So dicht rückte noch kein Remake dem Vorbild aufs Blech.“* Für 13 690 DM bekam der Kunde einen Chopper, der es in jeder Hinsicht mit der Konkurrenz aufnehmen konnte.

Kleiner Scheinwerfer, geschwungener Buckhorn-Lenker, Zentralinstrument mit ovaler Konsole – so hatte ein stilechter Chopper auszusehen. Alles war sauber verchromt oder poliert.

Der klassisch geformte Tropfentank faßte 15 Liter und wurde über einen rechts plazierten Stutzen mit verchromtem Deckel befüllt. Wer den offen 56 PS starken Motor nicht allzu sehr herausforderte, konnte mit 5,0 l/100 km auskommen. Der 55-Grad-V-Twin besaß eine Ausgleichswelle, aber keine Abgasreinigung.

Wie bei den Softail-Modellen von Harley-Davidson wurden die Abgase über zwei Einzelrohre mit runden Töpfen abgeleitet. Selbst der runde Luftfilterdeckel war eine Harley-Kopie.

Der Zwei-Zylinder-V-Motor war flüssigkeitsgekühlt und hatte einen Hubraum von 805 cm^3. Bei 7000/min^{-1} erreichte das Triebwerk seine höchste Leistung von 56 PS, die für Deutschland auf 50 PS oder versicherungsgünstige 34 PS reduziert wurden. Die Gemischaufbereitung oblag einem einzigen Gleichdruckvergaser von Keihin mit 36 mm Durchlaß. Pro Zylinder betätigte eine obenliegende, kettengetriebene Nockenwelle vier Ventile. Das Fünfgang-Getriebe übertrug die Kraft per Rollenkette auf das Hinterrad.

Steckbrief Kawasaki VN 800

Bauzeit	1995 bis 2006
Motor, Ventile/Zyl., Kühlung	V-Twin, 4/Zyl., Ohc, flüssiggekühlt
Einheiten	keine Angaben
Hubraum, Bohrung x Hub	805 cm^3, 88 x 66,2 mm
Leistung	56 PS bei 7000/min^{-1}
Gemischaufbereitung	1 Keihin-Vergaser, 36 mm Durchlaß
Getriebe, Antrieb, Radstand	5-Gang, Kette, 1600 mm
Rahmen	Stahlrohrdoppelschleife
Vorderradführung	Teleskopgabel, Standrohre 41 mm Ø
Hinterradführung	Cantileverschwinge, 1 Federbein
Bremsen vorn / hinten	1 Scheibe 300 / 1 Trommel 180 mm
Reifen vorn / hinten	80/90 x 21 / 140/90 x 16
Leergewicht, betankt / Tank	248 kg / 15 Liter
Höchstgeschwindigkeit	176 km/h (Testwert)
Preis	13 690,- DM (April 1995)

Das 21 Zoll große und mit 80/90 sehr schmal bereifte vordere Speichenrad wurde von einer Einfach-Scheibenbremse mit 300 mm Durchmesser verzögert, hinten arbeitete eine 180er Trommelbremse. Der Federweg vorne war mit 150 mm, hinten mit 100 mm nicht allzu üppig. Das Leergewicht vollgetankt betrug 248 kg, *„Motorrad"* ermittelte eine Höchstgeschwindigkeit von völlig chopperuntypischen 176 km/h. *„Die VN 800 läßt sich auch fahren"*, kommen- tierte Werner Enzmann etwas ironisch in *„Motorrad"*. *„Im Sattel der VN finden Mitteleuropäer eine relativ hohe, aber choppergemäße und krampffreie Sitzposition hinter dem breiten, weit vom Fahrer entfernten Lenker. (...) Die komfortbetonte Abstimmung der Feder-/Dämpfer-Elemente läßt bei choppergemäßem Betrieb keine Wünsche offen."* Und: *„Wie zu erwarten, läuft die VN 800 bei jedem Tempo unbeirrbar geradeaus. (...) Ein gelungenes Motorrad."*

1996 wurde die VN-800-Modellreihe mit dem Classic-Modell erweitert. Ein kleineres und breiter bereiftes Vorderrad, eine leicht veränderte Gabel mit neuer Gabelbrücke sowie einige kleinere kosmetische Veränderungen ließen den Chopper zum Cruiser mutieren, der Details der Harley-Davidson Heritage Softail aufnahm. 1999 wurde die Modellreihe durch die VN 800 Drifter nochmals ergänzt: mattes Aluminium, schwarzer Lack statt Chrom, große, weit geschlossene Front- und Heckschutzbleche wie beim Konkurrenzmodell VT 1100 C3 Aero von Honda und historischen Indian-Modellen. 2006 wurde die VN 800 durch die in vielen Details geänderte VN 900 abgelöst.

Elf Jahre lang konnte sich die VN 800 auf dem umkämpften Markt halten, bevor sie von der verbesserten VN 900 abgelöst wurde, die u.a. einen 20-Liter-Tank besaß. Ein billiger Spaß war die VN 800 nicht: Sie kostete 1995 13 690 DM.

Fotos: S. 170, 171 alle: Frank Ratering

1990-2007

Kawasaki KLE 500

Multitalent

Anfang der 1990er Jahre schickte die Motorradindustrie sogenannte „Funbikes" an den Start, die als Mittelding zwischen Enduro und Straßenmotorrad vor allem Stadtmenschen ansprechen sollten. Die KLE 500 paßte genau in dieses Segment, war leicht zu fahren und machte mit ihrem bissigen Dohc-Zweizylindermotor viel Spaß.

Oberflächlich betrachtet, sah sie mit ihrer Halbverkleidung, dem flüssiggekühlten Zweizylindermotor und dem Standard-Fahrwerk der Honda Transalp sehr ähnlich. Doch sie war für eine andere Zielgruppe gemacht und wurde als „Funbike" statt als Reiseenduro vermarktet: die KLE 500 von Kawasaki, die 1990 erstmals auf der Kölner IFMA gezeigt wurde. *„Am wohlsten fühlt sich die KLE 500 auf Landstraßen zweiter und dritter Ordnung. Handliches Fahrwerk und temperamentvoller Motor laden ein zum Kurvenspaß"*, schrieb Gregor Berger in *„Motorrad News"* Heft 7/1994. Das 94er Modell war ordentlich aufgefrischt worden – mit geänderter Verkleidung, neuer Sitzbank und frischer Farbgebung. So war die Zweizylindermaschine gut gerüstet, um der starken Konkurrenz Paroli bieten zu können: Aprilia Pegaso 650 (1992-2009), BMW F 650 Funduro (1993-2000), Honda NX 650 Dominator (1988-2000), Suzuki XF 650 Freewind (1987-2003).

Wie die meisten Motorräder ihrer Kategorie basierte die KLE 500 auf einem Doppelschleifen-Rohrrahmen, der sich vorn über eine kräftige Telegabel und hinten gegen eine Stahlprofilschwinge mit Zentralfederbein abstützte. Da das Motorrad nicht als Reiseenduro konzipiert worden war, mußte man sich bei höherem Tempo auf der Autobahn nicht wundern (Spitze immerhin: 169 km/h), wenn *„ein deutlich spürbares, wenn auch nicht als gefährlich empfundenes Rühren durch die Maschine ging"* (Berger). Im Stadtverkehr ließ sich die immerhin 196 kg schwere Kawasaki mit dem breiten Lenker spielerisch bedienen. Man saß aufrecht auf ihr, aber sehr hoch (86 cm). Kleine Leute kamen beim Ampelstopp z.B. kaum mit beiden Füßen auf den Boden. Das war dann weniger „fun". Der Komfort war mit Federwegen von 220/185 mm eher durchschnittlich. Dafür überzeugte die Kawasaki mit ihrem schön gestalteten und reichhaltig bestückten Cockpit samt integriertem Windabweiser. Zwei Bremsscheiben waren wie bei KLR und KLX Standard.

Technisch war die KLE 500 up-to-date: Dohc-Achtventilmotor mit Ausgleichswelle, kurz abgestuftes Sechsgang-Getriebe, solides Fahrwerk. Die 21 Zoll und 17 Zoll großen Drahtspeichenräder rollten souverän über Unebenheiten auf Pisten oder schlechten Straßen hinweg. Der Prallschutz war Serie. Schön, gut bestückt und aufgeräumt: das Cockpit.

Freude machte uneingeschränkt der von der sportlichen GPZ 500 übernommene , 498 cm³ Hubraum aufweisende Zweizylinder-

motor mit seinen beiden obenliegenden Nockenwellen und Vierventiltechnik. Er drehte temperamentvoll hoch und erreichte seine Spitzenleistung von 50 PS bei 8500/min^{-1}. Am bissigsten war das Triebwerk ab 6000 Touren, ließ sich dafür aber mit reichlich Benzin entschädigen: Durch die beiden 34er Keihin-Vergaser flossen dann bis zu 7,5 Liter Normalbenzin auf 100 km. Im Schnitt verbrauchte die Testmaschine 6,6 l/100 km. Bei einem Tankvolumen von 15 Litern mußte nach rund 200 km nachgefüllt werden. Kawasaki forderte 1994 die Summe von 10 490 DM für die KLE 500, womit sie aber rund 1000 DM billiger war als die Konkurrenz von BMW oder Honda. Entsprechend gut lief der Verkauf. Auch als Gebrauchte fand die solide gebaute Spaßenduro leicht ihre Abnehmer.

Steckbrief Kawasaki KLE 500

Bauzeit	1990 bis 2002
Motor, Ventile/Zyl., Kühlung	2-Zyl. , 4/Zyl., Dohc, flüssiggekühlt
Einheiten	keine Angaben
Hubraum, Bohrung x Hub	498 cm^3, 74 x 58 mm
Leistung	50 PS bei 8500/min^{-1}
Gemischaufbereitung	2 Keihin-Vergaser, 34 mm Durchlaß
Getriebe, Antrieb, Radstand	6-Gang, Kette, 1510 mm
Rahmen	Stahlrohrdoppelschleife, 2 Unterzüge
Vorderradführung	Teleskopgabel, Standrohre 41 mm Ø
Hinterradführung	Zweiarmschwinge, 1 Zentralfederbein
Bremsen vorn / hinten	1 Scheibe 300 / 1 Scheibe 230 mm
Reifen vorn / hinten	90/90 x 21 / 130/80 x 17
Leergewicht, betankt / Tank	196 kg / 15 Liter
Höchstgeschwindigkeit	169 km/h (Testwert)
Preis	10 720,- DM (Juli 1994)

Fotos: S. 172, 173 alle: Hans König

1995-2003

Kawasaki KLR 650

Für Straße und Piste

Die für 1995 runderneuerte KLR 650 war ein robustes, technisch aber hochkarätiges Vielzweckmotorrad mit Dohc-Einzylindermotor. Als zahmere Version der KLX 650 löste sie die Reiseenduro Tengai ab. Das fein abgestimmte Fahrwerk sorgte selbst im Gelände für hohen Fahrkomfort. Ihr beachtliches Gewicht trieb indes den Verbrauch in die Höhe.

Von Anfang an war die KLR von Kawasaki das direkte Konkurrenzmodell zur XT von Yamaha. Wie bei dieser wuchs der Hubraum stufenweise kontinuierlich. Was 1984 mit 600 cm³ begann, mutierte 1987 mit 651 cm³ und einigen tiefgreifenden Modifikationen wie verbesserter Schmierung und großem 22-Liter-Tank zur KLR 650, verwandelte sich 1989 zur Reiseenduro Tengai mit nochmals vergrößertem Tank und Vollverkleidung samt kleiner Windschutzscheibe. Bis 1992 lief die Tengai vom Band.

Ihre Gene steckten nicht nur in der KLX 650 (s.a. Kasten), sondern auch in der rundum modernisierten KLR 650 des Jahrgangs 1995, die wir im Sommer 1995 mit der Hauptkonkurrentin XT 600 E von Yamaha für *„Motorrad News"* testeten. Der flüssiggekühlte Dohc-Einzylinder-Vierventil-Motor war den verschärften Abgas- und Geräuschemissionsvorschriften mit einem geänderten Endschalldämpfer und einer anderen Abstimmung des Keihin-Gleichdruckvergasers mit weiterhin 40 mm Durchlaß angepaßt worden. Das 1995er Triebwerk leistete nur noch 42 statt 45 PS, dies bei 7000/min^{-1}. Weitere Unterschiede zu den Vorläufermodellen waren: Stahl- statt Alufelgen, Stahl- statt LM-Schwinge, Tankinhalt nur noch 14 Liter, Doppelkolben-Bremssattel vorne mit 280-mm-Bremsscheibe, Durchmesser der Gabelstandrohre auf 41 mm vergrößert, Übersetzung des 2. und 3. Gangs verlängert. 1996 wurde die verbesserte KLR zeitweise vom Markt genommen, um von 1998 bis 2003 erneut angeboten zu werden.

Bemerkenswert war, daß die KLR von 1995 mit einem Leergewicht von 186 kg deutlich schwerer als die 45 PS starke Yamaha und fast so schwer wie die zweizylindrige BMW R 80 G/S von 1980 war. Dies wirkte sich aber keineswegs negativ auf das Fahrverhalten aus: *„Die schwere und leistungsmäßig unterlegene Kawasaki hat eindeutig die Nase vorn, und zwar in sämtlichen Disziplinen! (...) Sie ballert souverän ‚von unten heraus', dreht sauber und gibt sich über den ganzen Drehzahlbereich hinweg ausgesprochen leistungsfreudig"*, befanden wir im Testbericht. Sowohl in der Stadt, als auch auf Landstraßen machte die KLR 650 Spaß, und benahm sich selbst auf der

Die gegenüber der sportlichen KLX 650 verkürzten Federwege bei der Standardgabel vorn und dem Zentralfederbein hinten schmälerten nicht den Komfort der KLR 650, hier beim Vergleichstest mit der Yamaha XT 600 E im Sommer 1995.

Autobahn ordentlich – außer wenn derbe Längsrillen durchschnitten werden mußten. Die Tester zeigten sich vor allem vom hohen Fahrkomfort der KLR selbst im Gelände beeindruckt. Die Federwege (220 und 200 mm) waren optimal auf normalen Alltagseinsatz abgestimmt. Als Tempospitze maßen wir 154 km/h. Dem großen Gewicht war der hohe Durchschnittsverbrauch von 6,7 l/100 km geschuldet. Bei einem Preis von 9970 DM im Sommer 1995 war die modernisierte und rundum sympathische KLR 650 allerdings alles andere als ein Sonderangebot. Fazit des Autors damals: *„Selbst auf längeren Etappen vermißt man weder einen zweiten Zylinder, noch sonst irgend etwas – ein ‚rundes' Motorrad mit einem tollen Motor."*

Steckbrief Kawasaki KLR 650

Bauzeit	1995 bis 2003
Motor, Ventile/Zyl., Kühlung	Einzylinder, 4/Zyl., Dohc, flüssiggekühlt
Einheiten	keine Angaben
Hubraum, Bohrung x Hub	651 cm³, 100 x 83 mm
Leistung	42 PS bei 7000/min⁻¹
Gemischaufbereitung	1 Keihin-Vergaser, 40 mm Durchlaß
Getriebe, Antrieb, Radstand	5-Gang, Kette, 1490 mm
Rahmen	Stahlrohrdoppelschleife, 1 Unterzug
Vorderradführung	Teleskopgabel, Standrohre 41 mm Ø
Hinterradführung	Stahlprofilschwinge, Zentralfederbein
Bremsen vorn / hinten	1 Scheiben 252 / 1 Scheibe 203 mm
Reifen vorn / hinten	90/90 x 21 / 120/90 x 17
Leergewicht, vollget. / Tank	186 kg / 14 Liter
Höchstgeschwindigkeit	154 km/h (Testwert)
Preis	9970,- DM (Juli 1995)

Auch legendär: KLX 650 1993-2000: 651 cm³, 45 PS

Der 45 PS starke Dohc-Einzylinder begeisterte durch beste Leistungsabgabe über ein breites Drehzahlband hinweg. Abgeregelt wurde erst bei 8000/min⁻¹. Die 170 kg schwere Traum-Enduro brachte es im Test auf eine Spitze von 151 km/h. Die Straßenlage war ausgezeichnet; Preis: 10 260 DM.

Für die KLX 650 war Kawasaki nichts zu teuer gewesen: neu entwickelter Dohc-Vierventil-Motor, aufwendige Upside-Down-Telegabel, Scheibenbremsen vorn und hinten. Und alles eingerahmt von einem in fröhlichen Farben lackierten Doppelschleifenrahmen.

Fotos: S. 174, 175 o: Frank Ratering; S. 175 u: Peter Mergelkuhl

1994-1999

KTM Duke

Straßenräuber

Weder Enduro, noch herkömmliche Straßenmaschine – die KTM Duke war eine Klasse für sich und die Antwort des österreichischen Herstellers auf den Trend zu Super Moto-Maschinen. Der Vierventil-Einzylindermotor aus der Sportenduro LC4 620 hatte mächtig Dampf, aber das aufwendige Fahrwerk war selbst wilder Kurvenräuberei gewachsen.

An die KTM Duke kann ich mich besonders gut erinnern, denn sie war einzigartig und mit ihrer kompromißlosen Art eine Referenz an die damals sich entwickelnde Super Moto-Szene. Man mußte ja nicht gleich mit ihr driften, aber sie konnte das, wenn ein kundiger und mutiger Super Moto-Pilot den Lenker und den Rest fest im Griff hatte.

Die Duke der ersten Generation, die von 1994 bis 1999 produziert wurde, fiel schon optisch vollkommen aus dem Rahmen: Seitenlinie wie bei einer Sportenduro, kleiner Windabweiser mit zwei integrierten Scheinwerfern und aufgesetzten Instrumentengehäusen, langhubige Vorderradgabel, breite 17-Zoll-Speichenräder, solide Kastenschwinge, imposantes Einzylinder-Triebwerk – und das Ganze anfangs in Kohlefaser-Schwarz und Orange.

Der weitgehend von der Enduro LC4 übernommene, flüssigkeitsgekühlte Einzylindermotor besaß eine obenliegende, kettengetriebene Nockenwelle, vier Ventile, eine vibrationshemmende Ausgleichswelle und einen 40er Dell'Orto-Rundschiebervergaser. Aus 609 cm^3 Hubraum schöpfte das Triebwerk bei 7250/min^{-1} stramme 50 PS, die mit der nur 153 kg wiegenden Duke leichtes Spiel hatten. Der Antritt der Maschine war so brutal, daß es schon eine Kunst war, das Vorderrad beim Start am Boden zu halten. Das maximale Drehmoment von 57 Nm stand bei 6000/min^{-1} an, wobei das nutzbare Drehzahlband bereits bei 2000 Touren begann. Die bärige Kraft des Einzylinders wurde über Fünfgang-Getriebe und Rollenkette aufs 17-Zoll-Hinterrad übertragen, das mit Straßenreifen in 160/60 x 17 den Asphalt kontaktierte. Am Vorderrad war ein Reifen in 120/70 x 17 aufgezogen.

Das „Funbike“ war prädestiniert für spektakuläre Kurvenfahrt auf Landstraßen, wie wir sie im Westerwald unter die Räder nahmen. Bei einer Sitzhöhe von 900 mm mußte man sich zunächst überwinden, die Duke abzuwinkeln, doch mit der Zeit wagte man beachtliche Schräglagen. Dabei zog der zornig brummende Einzylinder die Maschine stets vehement aus der Kurve heraus, um dann auf der Geraden beeindruckend zu beschleunigen. Eine

Die Duke sah vorne nicht nur aus wie ein aggressives Insekt, sie konnte auch stechen – vor allem, wenn es darum ging, stärkere, aber schwerere Motorräder auf kurvenreichen Landstraßen abzuhängen. Aber Schnellfahren mit dem hochbeinigen Funbike erforderte Können und Erfahrung.

Spitze von 160 km/h war möglich, aber nicht Sinn und Zweck des Super Moto-Konzepts.

Nicht gespart hatte der österreichische Hersteller beim Chassis und beim Fahrgestell: Die erste Duke basierte auf einem Einschleifen-Stahlrohrrahmen mit geteilten Unterzügen, das Vorderrad wurde von einer kräftigen Upside-Down-Gabel mit 40 mm dicken Gleitrohren geführt, hinten war eine vielfach justierbare Zweiarmschwinge aus Aluprofilen montiert, die sich über ein Hebelsystem und ein Zentralfederbein gegen den Rahmen abstützte. Zwei gelochte Bremsscheiben, vorn mit enormen 320, hinten mit 220 mm Durchmesser, sorgten für rabiate Verzögerung, wenn's sein mußte. Der 11,6-Liter-Tank war schnell leer, wenn man ordentlich Gas gab – und dazu forderte die Duke in allen Situationen heraus. Bei so viel Leistung, Fahrspaß und Exklusivität durfte man natürlich nicht geizig sein: Die Duke war im Mai 1994 mit einem Preis von 14 990 DM fast so teuer wie eine 100 PS starke 600er. 1998 war das letzte Baujahr der ersten Duke-Modellreihe, wobei eine limitierte Auflage von 400 Stück auf den Markt kam. Die Last Edition hatte einen überarbeiteten Motor, ähnlich dem des 55 PS starken Nachfolgemodells Duke II ab 1999. Den Hubraum hatte man durch eine neue Kurbelwelle mit 2 mm mehr Hub auf 625 cm³ angehoben.

Wer mit der Duke Gas gab, konnte sich fühlen wie ein Ritter der Landstraße, natürlich mit heruntergeklapptem Visier. Auf dem Foto oben bilden der stilecht gekleidete Pilot und die Maschine eine perfekte Synthese. Die Reifen waren nicht fürs Gelände, sondern ausschließlich für die Straße gemacht. Wer sich traute, konnte mit der Duke auch driften.

Rechts: Der flüssigkeitsgekühlte Ohc-Einzylindermotor lieferte bei 609 cm³ Hubraum satte 50 PS, was für eine Spitze von 169 km/h reichte.

Unten: Tachometer und Drehzahlmesser waren in Kunststoff eingefaßt, blendfrei und sehr gut ablesbar.

Steckbrief KTM Duke Serie I

Bauzeit	1994 bis 1999
Motor, Ventile/Zyl., Kühlung	Einzylinder, 4/Zyl., Ohc, flüssiggekühlt
Einheiten	keine Angaben
Hubraum, Bohrung x Hub	609 cm³, 101 x 76 mm
Leistung	50 PS bei 7250/min⁻¹
Gemischaufbereitung	1 Dell'Orto-Vergaser, 40 mm Durchlaß
Getriebe, Antrieb, Radstand	5-Gang, Kette, 1480 mm
Rahmen	Einschleifen-Stahlrohr, 2 Unterzüge
Vorderradführung	Upside-Down-Gabel, Gleitrohre 40 mm Ø
Hinterradführung	LM-Zweiarmschwinge, 1 Zentr.federbein
Bremsen vorn / hinten	1 Scheibe 320 / 1 Scheibe 220 mm
Reifen vorn / hinten	120/70 R 17 / 160/60 R 17
Leergewicht, betankt / Tank	153 kg / 11,6 Liter
Höchstgeschwindigkeit	169 km/h (Testwert)
Preis	14 990,- DM (Mai 1994)

Fotos: S. 176 beide, S. 177 M, u: Hans J. Schneider; S. 177 o: Frank Ratering

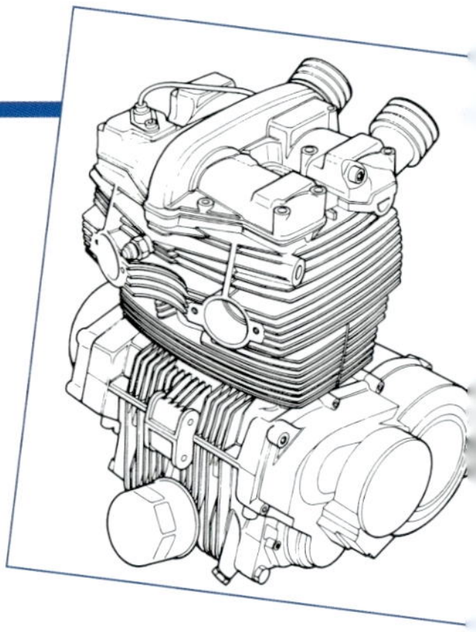

1995-1998
Laverda 650 Sport
Ehrenvolles Combeback

Wer in den 1970er oder 1980er Jahren einmal eine zwei- oder dreizylindrige Laverda gefahren hatte, trauerte der lange Zeit nicht mehr präsenten Marke nach – bis sie 1995 mit der fulminanten 650 Sport ein mit viel Beifall bedachtes Comeback feierte. Doch die schöne und hochwertige Maschine konnte sich gegen die Bikes aus Japan nicht durchsetzen.

Großer Name, aber ständiges Auf und Ab, charaktervolle Motorräder, aber nie der ganz große Erfolg: Laverda. 1949 erschien unter der Regie von Francesco Laverda, dem Enkel des Landmaschinenherstellers Pietro, im oberitalienischen Breganza das erste Modell – die Laverda 75, gefolgt von einem 100er Roller und einer 200er Einzylindermaschine. 1968 dann mit der zweizylindrigen Laverda 650 der große Wurf unter Massimo Laverda, dem Sohn von Francesco.

Noch im gleichen Jahr wurde der Hubraum auf 750 cm³ erweitert, und die Legende konnte beginnen. Ab 1970 und bis 1977 wurden die 750er Modelle produziert, angefangen bei der Basis-750, der 750 S und der 750 GT bis zu den SF- und SFC-Versionen. Die 750 SF2 von 1974 war die erste Maschine mit Brembo-Scheibenbremsen. Von 1973 bis 1983 fertigte Laverda die berühmten Dreizylindermodelle mit geschlossenem Doppelschleifenrahmen und Dohc-Motor, der im Modell 1000 3C 78 PS leistete. 1977 erschien die 1200 T mit aufgebohrten Zylindern.

Doch 1987 war es mit dem Aufschwung schon wieder vorbei: Laverda hatte dem Druck der japanischen Konkurrenz und dem von BMW nicht standhalten können und meldete Insolvenz an. Doch 1993 erstand die Marke als International Moto Laverda wieder auf und stellte gleich neue Produkte mit 650er-Zweizylindermotoren vor. Es war umsonst: 1998 folgte die zweite Insolvenz, ein Investor kaufte die Rechte, dann geriet Laverda unter das Dach von Aprilia, bis auch diese Marke am 30. Dezember 2004 von der Piaggio-Gruppe übernommen wurde.

Diesen Hintergrund muß man kennen, wenn man sich mit der 1995 hoffnungsvoll präsentierten Laverda 650 Sport beschäftigen will, die indes auf einem bereits 1991 in Mailand gezeigten Grundmodell basierte, das dann aber vier Jahre lang in der Versenkung geblieben war. Als die ersten Exemplare zu den Händlern rollten, entdeckten die Fans der Marke eine wunderschöne Maschine in der Tradition italienischer Sportbikes, die mit hochkarätiger Technik überzeugte: teurer Brückenrahmen aus Leichtmetall wie bei japanischen Spitzenmodellen, Upside-Down-Telegabel von White Power mit 40-mm-Gleitrohren, LM-Zweiarmschwinge mit Zentralfederbein vom gleichen Hersteller (alles vielfach einstellbar), Doppelbremse mit zwei 320-mm-Scheiben und Vierkolben-Bremssätteln vorn, 245 mm große Scheibe hinten, LM-Gußräder mit breiten Reifen in 120/70 VR 17 und 170/560 VR 17, 16-Liter-Alutank.

Die aerodynamisch verschalte, 70 PS starke und sehr teure Laverda 650 Sport hatte gegenüber den japanischen 600ern mit 100 PS keine Chance, obwohl sie hochkarätige Technik und bestes Fahrverhalten bot.

Der luft-/ölgekühlte Dohc-Zweizylinder-Motor mit seinen beiden obenliegenden Nockenwellen, Vierventiltechnik, zwei Ölkühlern rechts und links der Zylinder und elektronisch gesteuerter Saugrohreinspritzung von Weber-Marelli war technisch auf der Höhe der Zeit und entwickelte bei 8900/min^{-1} stramme 70 PS. Weitergereicht wurde die Kraft über Sechsganggetriebe und Kette, auch hier hoher japanischer Standard. Der Twin basierte im Prinzip auf dem 44 PS starken Triebwerk der von 1976 bis 1984 produzierten Laverda 500, war aber in allen Bereichen umkonstruiert worden.

Rechts oben: Mit dem Konzept eines kompakten Naked Bikes „650 Ghost" wollte Laverda dem Trend folgen.

Darunter: Ein Traum blieb die 650 Formula in Schwarz, die als Basis für den Rennsport gedacht war.

Bis 6000 Touren verlief die Drehmomentkurve stetig, aber nicht sehr beeindruckend nach oben, darüber biß der Twin dann aber heftig zu. *„Die Leistungscharakteristik des Laverda-Twins ist sehr ungewöhnlich"*, befand Norbert Kappes in *„Motorrad"* Heft 3 vom Januar 1995. *„Wie bei einem Hochleistungs-Zweitakter setzt der Schub erst ein, wenn sich der Zeiger des Drehzahlmessers im letzten Drittel der Skala bewegt."* Tempi bis zu 200 km/h waren machbar.

Die vollgetankt nur 216 kg wiegende Laverda 650 Sport war für forsche Gangart gemacht und brillierte durch ausgezeichnetes

Oben: die Laverda 650 Sport war in vier knalligen Farben zu haben: gelb, rot, dunkelgrün, blau. Der Zweizylinder-Parallel-Twin besaß vier Ventile pro Zylinder und zwei obenliegende Nockenwellen. Zwei Ölkühler unterstützen das Luftkühlsystem. Die Abgase entwichen über zwei Rohre.

Steckbrief Laverda 650 Sport

Bauzeit	1995 bis 1998
Motor, Ventile/Zyl., Kühlung	Reihe 2, 4/Zyl., Dohc, öl-/luftgekühlt
Einheiten	keine Angaben
Hubraum, Bohrung x Hub	688 cm^3, 78,5 x 69 mm
Leistung	70 PS bei 8900/min^{-1}
Gemischaufbereitung	Saugrohreinspritzung Weber-Marelli
Getriebe, Antrieb, Radstand	6-Gang, Kette, 1375 mm
Rahmen	LM-Brückenrahmen-Profilrahmen
Vorderradführung	Upside-Down-Gabel, Gleitrohre 40 mm Ø
Hinterradführung	LM-Zweiarmschwinge, 1 Zentr.federbein
Bremsen vorn / hinten	1 Scheibe 320 / 1 Scheibe 245 mm
Reifen vorn / hinten	120/70 VR 17 / 170/60 VR 17
Leergewicht, betankt / Tank	216 kg / 16 Liter
Höchstgeschwindigkeit	210 km/h (Werksangabe)
Preis	16 000,- DM (ca., Januar 1995)

Fahrverhalten auch auf unruhigem Untergrund oder in schnellen Kurven: *„Die Upside-Down-Gabel führt das Vorderrad (...) in Schräglage sicher und zielgenau auf dem Asphalt."* Komfort konnte man hingegen kaum erwarten, die Abstimmung war straff.

Die noch traditionell aus GfK hergestellte Vollverkleidung war aerodynamisch und stilistisch gelungen, versteckte aber die hochkarätige Antriebstechnik und den soliden Leichtmetall-Rahmen vollständig. Rund 16 000 DM mußte der Kunde bereithalten, wenn er dieses schöne Stück italienischer Motorradbaukunst sein eigen nennen wollte. Leider war es schon 1998 mit der zweiten Insolvenz wieder aus – s. oben.

Fotos: S. 178, 179 alle: Pospekte Laverda

1989-1992

Morini Dart 400

Gut gekleidet

Nur wenige Jahre lang war die kleine, aber feine Dart 400 des italienischen Traditionsherstellers Morini auf dem Markt. Der 31 PS starke V2-Zylinder-Viertaktmotor sorgte für gute Fahrleistungen, denn die Morini war leicht und handlich. Mit ihrer extravaganten Karosserie hob sich das Motorrad optisch stark von den Konkurrenz ab.

Die Saga der 1937 in Bologna gegründeten Motorradmarke Morini weist einige Parallelen zur Historie anderer italienischer Motorradmarken auf: Aufstieg und Rennsporterfolge nach dem Zweiten Weltkrieg mit Hochleistungs-Einzylindern von 125 bis 250 cm³ bis hin zur 250 GP Bialbero ab 1961, dann Produktion von grösseren Modellen, danach Übernahme durch die Castiglioni-Gruppe, am Ende Verkauf an einen asiatischen Konzern. Man erinnert sich, daß Tarquinio Provini auf Morini 1963 den WM-Titel gegen Jim Redman auf der Vierzylinder-Honda nur um zwei Punkte verlor. Mit zuletzt bis zu 40 PS dank zweier obenliegender Nockenwellen gilt dieses Motorrad als schnellster 250-cm³-Einzylinder der Geschichte.

Ein Meilenstein der Marke war das Modell 3 ½ von 1971 mit Zweizylinder-Ohv-Motor, elektronischer Zündung und Sechsgang-Getriebe. Der 344-cm³-Motor war mit 39 PS in der Version Sport ein echtes Hochleistungs-Triebwerk. 1978 folgte der 3 ½ eine 478-cm³-Version, zunächst mit fünf, später mit sechs Gängen. 1986 dann übernahmen die Gebrüder Castiglioni Moto Morini und gliederten die Marke zusammen mit Cagiva, Ducati und Husqvarna in ihren Konzern ein. Doch schon 1991 wurde die Produktion von Morini-Motorrädern eingestellt, um 2004 unter völlig anderen Vorzeichen wieder aufzuerstehen und 2018 von der chinesischen Zhongneng Vehicle Group aufgekauft und weitergeführt zu werden.

Als wir im Oktober 1992 die Morini Dart 400 für den *„Motorradfahrer“* testeten, war sie eigentlich schon ein Oldtimer, aber technisch so interessant, daß sie eine nähere Betrachtung verdiente. Der Verkauf in Deutschland war seit 1990 nur tropfenweise erfolgt, lediglich 80 Exemplare konnte Importeur DNL an den Mann bzw. die Frau bringen. *„Unter einer supersportlichen Kunststoffschale verbirgt sich ein fast schon legendäres Viertakt-Triebwerk – der aufgebohrte V2 aus der 3 ½ seligen Gedenkens“,* schrieb Tonio Tavioni. Die jeweils zwei Ventile der im Winkel von 72 Grad zueinanderstehenden Zylinder wurden von einer zentralen, zahnriemengetriebenen (!) Nockenwelle per Stoßstangen und Kipphebel betätigt. Bei einem Hubraum von 390 cm³ entwickelte der luftgekühlte und hoch ver-

Mit ihrer ungewöhnlich gezeichneten Voll- und Radverkleidung wirkte die Dart 400 fast avantgardistisch. Sitzposition und Handling ließen nichts zu wünschen übrig. Der Brückenrahmen und die Zweiarmschwinge bestanden aus leichten, alufarben lackierten Stahlprofilen.

Steckbrief Morini Dart 400

Bauzeit	1989 bis 1991
Motor, Ventile/Zyl., Kühlung	V2, 2/Zyl., Ohv, luftgekühlt
Einheiten	keine Angaben
Hubraum, Bohrung x Hub	390 cm^3, 66 x 57 mm
Leistung	31 PS bei 8100/min^{-1}
Gemischaufbereitung	1 Dell'Orto-Vergaser, 25 mm Durchlaß
Getriebe, Antrieb, Radstand	6-Gang, Kette, 1390 mm
Rahmen	Stahlrohrbrückenrahmen
Vorderradführung	Teleskopgabel, Standrohre 35 mm Ø
Hinterradführung	Zweiarmschwinge, 1 Zentralfederbein
Bremsen vorn / hinten	1 Scheibe 300 / 1 Scheibe 240 mm
Reifen vorn / hinten	110/80 x 16 / 130/70 x 17
Leergewicht, betankt / Tank	165 kg / 14 Liter
Höchstgeschwindigkeit	151 km/h (Testwert)
Preis	8950,- DM (Oktober 1992)

dichtete V2 31 PS bei 8100/min^{-1}, was eine Menge Holz bei einem so kleinen Ohv-Viertakter war. 151 km/h schaffte die vollgetankt nur 165 kg schwere Dart 400 im sechsten Gang – beachtlich. Dabei produzierten die beiden 25er Dell'Orto-Vergaser im Zusammenspiel mit dem rechts verlegten Auspuff einen kernigen Sound. Kritik verdiente die Betätigung der Mehrscheiben-Ölbad-Kupplung – sie ging ärgerlich schwer. Der Verbrauch hielt sich mit 4,5 l/100 km in Grenzen, nicht zuletzt dank der schnittigen Vollverkleidung, wobei sogar Vorder- und Hinterrad teilverschalt waren. Zu den Vorzügen der Dart 400 gehörte die angenehme Sitzposition: *„Auch Damen, die wir mit der Dart 400 bekannt machten, waren ganz angetan."*

Um konsequenten Leichtbau handelte es sich bei dem aus schmalen Stahl-Rechteckprofilen bestehenden Brückenrahmen. Auch die nadelgelagerte Kastenschwinge war aus Profilstahl. Vorne operierte eine einfache 35er Telegabel, hinten ein verstellbares Zentralfederbein. *„Trotz seiner Zierlichkeit zeigte sich das Chassis den Belastungen gewachsen, die bei zügiger Fahrt über kurven- und steigungsreiche Landstraßen auftraten. Die beiden gelochten Bremsscheiben tun mehr als ihre Pflicht und vermitteln stets ein gutes Gefühl. 8950 DM sind für ein sportliches Einsteiger-Motorrad wirklich ein Spottpreis."* Anders ausgedrückt: Auch mit kleinem Hubraum konnte man kaum mehr Spaß am Motorradfahren haben.

Das Vorderrad war mit 16 Zoll kleiner als das 17-Zoll-Hinterrad, was dem Handling zugute kam, den Geradeauslauf aber nicht beeinträchtigte. Insgesamt beeindruckte die Dart 400 durch ihr gutes Fahrverhalten. Das Zentralfederbein verbarg sich hinter der Verkleidung. Die beiden V-förmig angeordneten Zylinder schickten ihre Abgase durch eine rechts verlegte Zwei-in-eins-Anlage ins Freie.

Das Cockpit bot mit seiner Alu-Gabelbrücke und den großen Rundinstrumenten einen erfreulichen Anblick. Die roten Analogskalen unterstrichen den sportlichen Charakter der kleinen, aber feinen Morini.

Fotos: S. 180, 181 alle: Michael Fuchs, Hans König

1989-1993

Moto Guzzi 1000 S

Sympathisches Fossil

Die 1000 S war schon zu ihrer Zeit eine lebende Legende. Sie basierte auf den klassischen Vorläufermodellen mit Zweizylinder-V-Motor und paßte maßgeschneidert in die damals aufkommende Retro-Welle. Trotz angestaubter Technik lief sie wie am Schnürchen.

Die Guzzi 1000 S war eine passende Antwort auf die Retrowelle. Doch die Marke war mit ihrer klassischen Technik und dem puristischen Design schon immer retro gewesen, so daß Moto Guzzi sich gar nicht hatte anstrengen müssen, um auf den Trend angemessen zu reagieren. Rechte Seite: Der Autor des Buchs 1993 bei vergnüglicher Kurvenfahrt in der Eifel. Trotz ihrer antiken Grundkonstruktion ließ sich die 1000er Guzzi sehr sportlich bewegen.

Fotos: S. 182, 183 alle: Hans König

Auch wenn die beiden Zylinder frech in den Fahrtwind ragten, wirkte die 1000 S von vorn betrachtet schlank und fast zierlich. Der Sportlenker forderte zu entsprechender Gangart heraus. Eine Guzzi-Entwicklung war das innovative Integral-Bremssystem, bei dem die Fußpedalbremse hydraulisch auf die linke Scheibe vorn und auf die hintere Scheibe wirkte. Die rechte Scheibe wurde wie gewohnt per Handhebel und Hydraulik abgebremst.

Der V2-Zylindermotor der Moto Guzzi 1000 S blickte auf eine lange Tradition zurück und war ein Monument italienischen Motorenbaus. In der 1000 S leistete der Zweiventiler trotz der altertümlichen Ventilsteuerung per untenliegender Nockenwelle, Stößelstangen und Kipphebeln 81 PS. Der Tank faßte 22,5 Liter, was für bis zu 400 km Strecke ausreichte.

Steckbrief Moto Guzzi 1000 S

Bauzeit	1989 bis 1993
Motor, Ventile/Zyl., Kühlung	V2, 2/Zyl., Ohv, luftgekühlt
Einheiten	keine Angaben
Hubraum, Bohrung x Hub	949 cm^3, 88 x 78 mm
Leistung	81 PS bei 7400/min^{-1}
Gemischaufbereitung	2 Dell'Orto-Vergaser, 36 mm Durchlaß
Getriebe, Antrieb, Radstand	5-Gang, Kardan, 1485 mm
Rahmen	Stahlrohrdoppelschleife
Vorderradführung	Teleskopgabel, Standrohre 40 mm Ø
Hinterradführung	Zweiarmschwinge, 2 Federbeine
Bremsen vorn / hinten	2 Scheiben 270 / 1 Scheibe 270 mm, integral
Reifen vorn / hinten	100/90 V 18 / 120/90 V 18
Leergewicht, betankt / Tank	239 kg / 22,5 Liter
Höchstgeschwindigkeit	203 km/h (Testwert)
Preis	14 478,- DM (Juni 1990)

Hätten Sie's gewußt? Nicht BMW, sondern Moto Guzzi, 1921 von dem Heeresflieger Giorgio Parodi und seinem Freund, dem Flugzeugtechniker Carlo Guzzi, gegründet und in Mandello del Lario am Comer See beheimatet, ist der älteste durchgehend Motorräder produzierende Hersteller in Europa. Bis in die 1980er Jahre produzierte das Unternehmen Mofas, Motorroller, Kleinmotorräder, Dreiräder und Motorräder mit 125 bis 1000 cm^3 Hubraum, ab Beginn der 1990er nur noch Maschinen mit Zweizylinder-V-Motor, Kardanantrieb und Hubräumen zwischen 350 und 1100 cm^3. Seit 2004 baut Moto Guzzi unter dem Dach von Piaggio schwere Motorräder mit Hubraumgrößen zwischen 750 und 1400 cm^3, wiederum nur mit V2-Motor und Kardanantrieb.

Rennerfolge und charakteristische Technik machten Moto Guzzi berühmt. Schon 1924 gewann die Marke zum ersten Mal die Europameisterschaft in der 500-cm^3-Kategorie. Der Weltmeistertitel 1957 war der letzte große Erfolg der Italiener. Unvergessen sind die Viertakt-Einzylinder-Maschinen mit liegendem Motor wie die Airone 250 von 1939 oder die Falcone 500 von 1955. Eine Sensation war die Moto Guzzi V8-Rennmaschine aus dem gleichen Jahr.

1973 kaufte der De Tomaso-Konzern die Marke. Nachdem das Unternehmen in finanzielle Schwierigkeiten geraten war, erwarb Ivano Beggio als Inhaber von Aprilia im Jahr 2000 neben Laverda auch Moto Guzzi. Ende 2004 übernahm Piaggio die Aprilia-Gruppe mit allen integrierten Marken.

Die V2-Legende begann schon Ende der 1950er Jahre mit der Entwicklung eines 90-Grad-Zweizylinder-V-Motors, der sich für den Einbau in den neuen kleinen Fiat 500 geeignet hätte. 1967 fand das V2-Konzept dann Eingang in das Motorradmodell V7, das mit 700-, 750- und 850-cm^3-V2-Motoren ausgestattet wurde.

Auf diese Maschine ging die 1989 präsentierte 1000 S, die der *„Motorradfahrer"* im Juni 1990 testete, in gerader Linie zurück. Vom technischen Niveau her war sie nichts anderes als eine unverkleidete und auf klassische Linien zurückgeführte Le Mans III, allerdings mit einem Hubraum von 949 statt 850 cm^3. Der mächtige V2 mit seiner untenliegenden Nockenwelle, der längs liegenden Kurbelwelle und den demonstrativ seitlich in den kühlenden Fahrtwind ragenden Zylindern produzierte bei 7400/min^{-1} 81 PS, und dies unter dem typischen Stampfen des Guzzi-Motors mit seiner neun Kilogramm schweren Schwungmasse. Das war eine ordentliche Leistung für ein Ohv-Stoßstangen-Triebwerk.

Tester Wolfgang Zeyen faßte den Charakter der 1000 S treffend zusammen: *„Die Kupplung läßt sich leicht ziehen, der erste Gang rastet ohne Klacken ein. Beim Anfahren hebt die Guzzi ihren Hintern in die Höhe, beim Gangwechsel geht ein leichtes Schlingern durch die Maschine – längsdrehender V-Motor und Kardanantrieb."* BMW war damals mit Monolever- und vor allem Paralever-Schwingen, die den Lastwechsel ausglichen, bedeutend weiter.

Das Fünfgang-Getriebe war indes auf dem neuesten Stand. *„Im Gegensatz zu vielen älteren Guzzi-Modellen läßt sich die Schaltbox ganz hervorragend bedienen. (...) die Gänge rasten immer sicher und leicht ein. Und das ist auch gut so: Denn die 1000 S will geschaltet werden. Unter 4000/min^{-1} tut sich da außer Vergaser-Patschen nicht viel, erst jenseits dieser Marke dreht der Zweizylinder sauber hoch."* Eine Guzzi 1000 S, die der Autor drei Jahre später fuhr, bestätigte diesen Eindruck: Bei zurückhaltender Fahrweise wirkte die 1000 S ausgesprochen lahm. Störend wurde von allen Piloten empfunden, daß der Gasgriff sehr schwergängig war. Zeyen: *„Die Betätigungskräfte sind derart hoch, daß ich nach 100 Kilometern Regenfahrt auf der Autobahn eine Pause einlegen mußte, nur weil ich die Gasschieber nicht mehr offenhalten konnte."* Für das Widerborstige waren die beiden 36er Dell'Orto-Rundschiebervergaser verantwortlich. Nach einem Umbau auf Vergaser-Synchronsteuerung (und größere, aber illegale Leerlaufdüsen) war das Problem behoben.

Wenn die 1000 S einmal richtig in Fahrt war, erreichte sie Geschwindigkeiten, die man dem rustikalen Nostalgie-Motorrad kaum zugetraut hätte: Der *„Motorradfahrer"* maß eine Spitze von 203 km/h solo! Wenn das Fahrwerk perfekt abgestimmt war, lag die Guzzi wie ein Brett auf der Straße. Rückgrat war ein traditioneller Doppelschleifenrahmen aus Rundrohrstahl, die Telegabel und die beiden Federbeine waren verstellbar, der Lenkkopf in Kegelrollen gelagert. Fünfspeichen-LM-Gußräder mit dem altmodisch grossen Durchmesser von 18 Zoll und klassisch schmaler Bereifung (100/90 V 18 und 120/90 V 18) und der ziemlich lange Radstand von 1435 mm trugen zur guten Spurhaltung bei.

Eine Besonderheit war das pedalbetätigte Integral-Bremssystem mit drei Bremsscheiben. Weiterer Vorzug: *„Dank des niedrigen Schwerpunkts ist die 1000 S ausgesprochen handlich. Sie läuft jedoch auch auf der Autobahn sicher geradeaus (...) bleibt auf schnellen geraden Strecken stabil – ein Gefühl, ganz so, als seien Fahrwerk und Lenker miteinander verschweißt."* Vollgetankt mit 22,5 Litern Super bleifrei wog die Moto Guzzi 239 kg.

Längst ist die 1000 S, deren Produktion bereits 1993 auslief, ein gesuchter Klassiker. Billig war sie noch nie: 14 478 DM verlangte der in Bielefeld ansässige Importeur A&G im Sommer 1990 für den zeitlos eleganten Klassiker.

Oben: Für den Fotografen legte HJS die Guzzi schräg. Rechts: das schöne Heck.

Fotos: S. 184, 185 alle: Hans König

1994-1999

Moto Guzzi 1100 Sport

Viva Italia

Auf ein puristisches Hochleistungsmotorrad wie die Moto Guzzi 1100 Sport hatten Freunde der Marke mit Spannung gewartet. Sie wurden nicht enttäuscht: Die bildschöne Maschine bot den auf 90 PS gebrachten, klassischen V2-Motor, gepaart mit allerbester Fahrwerkstechnik.

Das gekonnte Design von Halbverkleidung, Tank und Sitzbanksystem ließ den mächtigen V2-Motor weniger wuchtig erscheinen. Das Triebwerk liebte hohe Drehzahlen und produzierte perfekt den beliebten Guzzi-Sound. Das von der Daytona übernommene Fahrwerk, zunächst mit Marzocchi-Gabel, ab 1996 mit Upside-Down-Gabel von White Power, war über jeden Zweifel erhaben. Auffällig: die innovative Drehmomentabstützung der Cantileverschwinge.

Fotos: S. 186, 187 o: Hans J. Schneider; S. 187: Frank Ratering

Fast 20 Jahre lang prägten die sportlichen Le Mans-Modelle das Image von Moto Guzzi: V 850 Le Mans 1975, Le Mans II 1978, Le Mans III 1981, Le Mans IV 1984 (erstmals mit 1000-cm³-V2), Le Mans 1000 V 1987. Dann der Paukenschlag 1994: Mit der 1100 Sport zeigte die Traditionsmarke der vielzylindrigen (japanischen) Konkurrenz abermals, wo der Hammer hing: Ein Motorrad mit dem Design italienischer Haute Couture, der Urgewalt eines modernisierten Stoßstangen-V2 und einem Fahrwerk, das mit der Straße verwachsen zu sein schien. Es war eine Maschine, nach der sich Viele gesehnt hatten, weil sie der Perfektion von Massenware überdrüssig waren. Sie wollten wieder *„den Tiger zähmen, der in jedem Motorrad steckt“* (HJS im *„MN“*-Test im Januar 1995).

„Auch wir sind der Faszination erlegen, die von diesem Motorrad ausgeht. Die neue Sport-Guzzi ist alles andere als ein High Tech-Produkt aus der Retorte, ist mit traditionsverwurzelter Technik und markantem Exklusiv-Design unverwechselbar.“ Der hohe Preis von 18 305 DM war für uns nachvollziehbar, denn wir meinten, daß auch die 1100 Sport eine gute Geldanlage sei und wie viele Klassiker aus Italien eines Tages Glanzstück einer Sammlung sein würde. Aber sie war natürlich erst einmal zum Fahren da.

„Fahren mit der Guzzi 1100 Sport ist ein Urerlebnis, das einen Piloten mit Feingefühl und Erfahrung erfordert“, schrieb ich. *„Anders als bei modernen Vierzylindern, die aus dem Fahrer so etwas wie eine Systemkomponente machen, muß bei der Guzzi der Mann am Lenker noch selber denken, handeln, reagieren. So etwa wie Giacomo Agostini im Sattel seiner MV oder Hubert Auriol unterwegs von Paris nach Dakar.“* Die hohe Sitzposition mit angewinkelten Knien war kompromißlos sportlich, auf den Armen lastete der gesamte Oberkörper, sodaß man schnell die Geschwindigkeit suchte, um durch den Fahrtwird Entlastung zu erhalten.

Steckbrief Moto Guzzi 1100 Sport

Bauzeit	1994 bis 1999
Motor, Ventile/Zy.l, Kühlung	V2, 2/Zyl., Ohv, luftgekühlt
Einheiten	keine Angaben
Hubraum, Bohrung x Hub	1064 cm³, 92 x 80 mm
Leistung	90 PS bei 7800/min⁻¹
Gemischaufbereitung	2 40er Dell'Orto-Vergaser, ab 1996 EFI
Getriebe, Antrieb, Radstand	5-Gang, Kardan, 1495 mm
Rahmen	Zentralrohr-Brückenrahmen aus Stahl
Vorderradführung	Marzocchi-Gabel, ab 1996 Upside-Down
Hinterradführung	Cantileverschwinge, Zentral-Federbein
Bremsen vorn / hinten	2 Scheiben 320 / 1 Scheibe 260 mm
Reifen vorn / hinten	120/70 x 17 / 160/60 x 18, ab 1996 17 Zoll
Leergewicht, betankt / Tank	232 kg / 19 Liter
Höchstgeschwindigkeit	203 km/h (Testwert)
Preis	18 205,- DM (Januar 1995)

Die Moto Guzzi 1100 Sport sah nicht nur italienisch-rassig aus, sie bot auch ein außerordentlich dynamisches Fahrerlebnis. Den betagten Stoßstangen-Ohv-Motor hatte man durch Feintuning auf 90 PS gebracht. Im Bild unten die 1994er Vergaser-Version.

Bevor richtig Gas gegeben werden konnte, mußte man den Stoßstangen-V2, der in der Basis von der Le Mans stammte, warmlaufen lassen. Um den altehrwürdigen Zweizylinder auf 1064 cm³ Hubraum und die respektable Leistung von 90 PS bei 7800/min⁻¹ zu bringen, hatte das Werk ihn im Detail feinbearbeiten müssen: mehr Bohrung (92 mm) und mehr Hub (80 mm), größere Ventile (wie immer nur zwei pro Zylinder), eine schärfere Nockenwelle unten in der Mitte, ein höhere Verdichtung von 10,5 : 1. Einmal

warm, benahm sich der V2 wie ein Rennmotor: unter 2000 Touren nur die nötigste Leistung, bis 4000 etwas launiger, und erst ab 6000/min^{-1} der Biß, den man erwartet hatte, Schluß erst bei 8000 Umdrehungen.

Gratis gab es im mittleren Drehzahlbereich jenes Stampfen und Vibrieren, das Guzzi-Freunde so sehr schätzen. *„Ab 6000 Touren gehen die dumpfen Schläge in ein aggressives, aber fast vibrationsfreies Stakkato über. Es ist beeindruckend, mit welcher Urgewalt die 1100 Sport dann vorwärts stürmt."* Wir erreichten auf der Autobahn eine Spitzengeschwindigkeit von 212 km/h im fünften Gang des im Rennsport erprobten Getriebes. Um mit Vollgas fahren zu können, mußte am Gasgriff nachgefaßt werden. Beim Gaswegnehmen *„hörte man das charaktervolle Grummeln und Poltern, das zur Guzzi gehört wie das Gebrüll zum Löwen."* Der Preis für die Leistungsfreude: Die beiden bis 1996 verbauten 40er Dell'Orto-Vergaser zogen bis zu 9,0 Liter auf 100 km aus dem 19-Liter-Tank, durchschnittlich immer noch 7,8. Eine Abgasnachbehandlung gab es nicht. Die gesamte Auspuffanlage mit einem Vor- und zwei Endschalldämpfern bestand aus rostfreiem Edelstahl.

Voll und ganz überzeugte uns der von der zwei Jahre zuvor erschienenen Daytona übernommene Vierkant-Zentralrohrrahmen aus Chrom-Molybdän-Stahl, der den Motor als tragendes Teil integrierte. Auch die stählerne Cantileverschwinge erwies sich als absolut verwindungsfest. Das sportlich abgestimmte Zentralfederbein ließ sich wie die solide Marzocchi-Telegabel mit ihren 41,7 mm dicken Standrohren vielfältig einstellen. Der lange Radstand von 1495 mm war zusammen mit der gelungenen Fahrwerksgeometrie eine Garantie für exzellenten Geradeauslauf, weder Rillen noch Fugen brachten die Sport-Guzzi aus der Ruhe. Enge Kurven hingegen mochte das lange Sportgerät nicht besonders.

Von der Daytona stammte auch die auffällige, innovative Drehmomentabstützung der Schwinge. So zeigte der offen laufende und mit einem zweiten Kreuzgelenk ausgerüstete Kardanantrieb fast keine Lastwechselreaktionen. Beste Verzögerung lieferten die drei mächtigen Bremsscheiben an den LM-Gußrädern (17/18 Zoll), die ohne das sonst gerne von Guzzi verbaute Integral-System auskamen. Mein Fazit war: *„Wer ein Herz für Sportmotorräder der klassischen, unverfälschten Art hat, wird mit der Guzzi 1100 Sport sicher glücklich. Der überarbeitete Zweiventil-Ohv-Motor markiert den Gipfelpunkt der konzeptbezogenen Entwicklung, das Daytona-Fahrwerk ist über jeden Zweifel erhaben und muß keinen Vergleich mit japanischem Standard scheuen."*

Einspritzung 1996, Corsa-Version 1998

Natürlich mußte selbst Moto Guzzi mit der Zeit gehen. Ab 1996 wurde das Gemisch von einer elektronisch geregelten Saugrohreinspritzung von Weber-Marelli (EFI) mit zwei mechanisch gekoppelten Drosselklappen gebildet. Inoffiziell wurde die schnelle Guzzi nun als 1100 Sport i (für iniezione) bezeichnet (Leistung unverändert). Mit der Modellpflege für 1996 wurde die Luftkühlung zusätzlich von einem vorn an der Ölwanne befestigten Ölkühler unterstützt. Die Marzocchi-Gabel wurde von einer Upside-Down-Gabel von White Power abgelöst, das Hinterrad auf 17 Zoll verkleinert.

1998 und 1999 bot das Werk mit der 1100 Sport Corsa eine Version für Wettbewerbe an. Der leistungsmäßig gleich gebliebene V2-Motor besaß u.a. geschmiedete Carrillo-Pleuel, eine leichtere Kurbelwelle und geänderte Kennfelder der Motorsteuerung. Die beiden Endschalldämpfer von Termignoni bestanden aus Carbon, der sonst zwischen Ölwanne und Hinterrad angebrachte Vorschalldämpfer entfiel.

Auch legendär:
Daytona 1000

1991-1997: 902 cm³, 95-102 PS

Der V2-Motor der Daytona besaß neu konstruierte, hoch aufragende Zylinderköpfe mit obenliegenden Nockenwellen und je vier Ventilen. Die rassige Linie der einsitzigen Maschine begeisterte alle Welt.

Drei Jahre vor der Präsentation der 1100 Sport hatte Moto Guzzi die neu entwickelte Daytona 1000 vorgestellt, deren Fahrwerk dann von der 1100 Sport übernommen wurde. Rückgrat war der Zentralrohr-Brückenrahmen aus Stahl, das Hinterrad wurde von einer Cantilever-Schwinge mit Zentralfederbein geführt. Marzocchi-Gabel, Dreischeiben-Bremse und 17-Zoll-Rad vorn, 18 Zoll hinten waren bei der ersten Serie bis 1995 Standard. Innovativ waren die Drehmomentabstützung der Schwinge und die elektronische Einspritzung. Erstmals besaß der 90-Grad-V2-Motor bei 992 cm^3 Hubraum pro Zylinderkopf eine obenliegende, zahnriemengetriebene Nockenwelle und vier Ventile sowie geschmiedete Kolben und einen Ölkühler. Die erste Version hatte eine Leistung von 93 PS bei 8000/min^{-1}. 1996 gab es die Version 1000 Racing mit 100 PS bei 8400/min^{-1}. Bis 1997 bot das Werk die Daytona RS mit 102 PS bei 8400/min^{-1} an. Die Daytona war bis zu 250 km/h schnell. Von der Serie 1000 wurden bis 1995 1025 Exemplare gebaut. Die 1000 Racing gab es 213mal, die rund teure RS kam auf 195 Einheiten. Die Preise oszillierten um die 25 000 DM.

Fotos: S. 188 alle, 189 alle: Hans J. Schneider

1990-2013

Moto Guzzi California 1100 I

Heavy Metal

Die California 1100 mit elektronisch gesteuerter Einspritzung war der Höhepunkt einer Tradition, die 1974 mit der V 850 California begonnen hatte. Im Test erwies sich die schwere Maschine als solide, aber relativ bockig. Sie forderte dem Fahrer so einiges ab.

Mit ihrem chopperähnlichen Design zielte die Guzzi California auf Leute, die eigentlich von einer Harley träumten, aber lieber bei einem europäischen Motorrad bleiben wollten. Auf jeden Fall war die italienische Diva aus jeder Perspektive eine beeindruckende Erscheinung. Gut zu erkennen: An Stelle der früheren Dell'Orto-Vergaser saßen nun Weber-Marelli-Einspritzrohre.

Fotos: S. 190: Hans J. Schneider; S. 191 o: „Auto Zeitung"/„Motor Magazin" 4/1978; S. 191: Hans König

1990 bis 2013: Moto Guzzi California 1100 I

Meine erste Guzzi hatte einen Schwanenhals. Genau genommen war es gar nicht meine Guzzi, sondern eine Testmaschine der *„Auto Zeitung"*, für die ich damals das Motorrad-Ressort betreute. Der „Schwanenhals", ein Kasten mit einem langen Flexrohr hinter der breiten Windschutzscheibe der California 850 T3, war mit dem Stereo-Radio im linken Koffer verbunden und erlaubte die Senderwahl und andere Kommandos per Tastendruck. Installiert hatte die Anlage der Hildesheimer Autoradiohersteller Blaupunkt, und zwar auf unseren Wunsch hin im Sommer 1978 für das AZ-Supplement *„Motor Magazin"*. Die Anlage war ein Prototyp, den die Techniker speziell auf die Guzzi abgestimmt hatten. Der Motorradboom strebte damals einem Höhepunkt zu, und wir wollten den Lesern etwas Besonderes bieten: eine California mit Musik.

16 Jahre später, im Frühjahr 1994, testete ich als Chefredakteur von *„Motorrad News"* die neueste Version des Evergreens aus Mandello del Lario, die California 1100 Iniezione. Die erste California war als Typ V 850 1974 erschienen, gefolgt von der 850 T3, später den 1000er Modellen California II und III. *„Mehr Dampf, mehr Hubraum, 200 Detailverbesserungen: Der klassische Touren-Chopper von Moto Guzzi ist noch bulliger geworden."* Der mittels dickerer Kolben und mit mehr Hub auf 1084 cm^3 vergrößerte V2-Motor leistete jetzt 75 PS bei 6400/min^{-1} (plus 16 Prozent), das maximale Drehmoment war sogar um 26 Prozent auf 91 Nm bei 5000/min^{-1} gewachsen. Die V 850 hatte sich noch mit 54 PS begnügen müssen.

Vom Konzept her war die California 1100 I wie ihre Vorgängerinnen mit breitem Lenker, langer Gabel, großer Windschutzscheibe, Trittbrettern und satt gepolsterten Sitzen ein Touren-Chopper. Mangelnder Fahrkomfort und hoher Verbrauch aber standen dem Fernreisen entgegen.

Das Innovative an der 1100er Neuheit war die elektronisch gesteuerte Saugrohr-Einspritzanlage von Weber-Marelli. Mit den alten Dell'Orto-Vergasern hätte man die verschärften Emissionsvorschriften nicht mehr erfüllen können. Ansonsten war im Prinzip alles beim alten geblieben: Doppelschleifen-Rohrrahmen, normale Telegabel, Zweiarmschwinge mit integriertem Kardanantrieb, drei mächtige Bremsscheiben mit Festsätteln (jetzt auch mit „Kombibrems"-System), Speichenräder vorn 18, hinten 17 Zoll mit relativ schmaler Bereifung, 22,5-Liter-Tank, schwungvolle Stufensitzbank. Und natürlich die Steuerung der jeweils zwei Ventile pro luftgekühltem Zylinder über eine untenliegende, zentrale Nockenwelle, Stößelstangen und Kipphebel.

So oder so: Der bullige V2 wurde spielend mit dem immerhin 270 kg schweren Trumm fertig. Die Einspritz-California erreichte aus dem Stand in 5,5 Sekunden die 100-km/h-Marke und schaffte eine Endgeschwindigkeit von 172 km/h – trotz breitem Windschild und Trittbrettern. Kein Wunder, daß dabei bis zu acht Liter Super bleifrei auf 100 km durch die Saugrohre flossen.

Wie immer bei Neuheiten-Präsentationen konnte man auch bei der runderneuerten Guzzi die Pressetexte nicht gänzlich für bare Münze nehmen: *„Reduzierung von Vibrationen"* stand da. Und von da an geriet mir der Testbericht zur Satire, obwohl ich Moto Guzzi-Motorräder mochte. Amüsiert stellte ich fest: *„Sie haben recht bei Guzzi: Vibrationen sind das nicht. Das sind Erschütterungen wie von einer Rüttelplatte der alten, ungedämpften Art in den 50er Jahren."* Und weiter: *„Auf unsere California trifft das Wort ‚Testmaschine' in ganz besonderer Weise zu: Das ist wirklich einmal eine Maschine, die den Menschen im allgemeinen und mich im besonderen testet. Gnadenlos. Was eine Guzzi aushält, ist bekannt. Aber was ich aushalten kann, wußte ich bis zu meiner Rundfahrt im California-Sattel durch die Ostkantone Belgiens noch nicht."* Die Erklärung: *„Belgiens Straßen sind wie geschaffen für Journalistentests durch Maschinen. Denn sie haben noch (...) Schlaglöcher, Spurrillen, Risse, harte Kanten. Da zeigt sich, was die Wirbelsäule vertragen kann. Dem Fahrwerk der Guzzi ist*

Steckbrief Moto Guzzi California 1100 I

Bauzeit	1990 bis 2013
Motor, Ventile/Zyl., Kühlung	V2, 2/Zyl., Ohv, luftgekühlt
Einheiten	keine Angaben
Hubraum, Bohrung x Hub	1064 cm^3, 92 x 80 mm
Leistung	75 PS bei 6400/min^{-1}
Gemischaufbereitung	Saugrohr-Einspritzung Weber-Marelli
Getriebe, Antrieb, Radstand	5-Gang, Kardan, 1575 mm
Rahmen	Stahlrohrdoppelschleife
Vorderradführung	Teleskopgabel, Standrohre 40 mm Ø
Hinterradführung	Zweiarmschwinge, 2 Federbeine
Bremsen vorn / hinten	2 Scheiben 300 / 1 Scheibe 270 mm, integral
Reifen vorn / hinten	110/90 V 18 / 140/80 V 17
Leergewicht, betankt / Tank	270 kg / 22,5 Liter
Höchstgeschwindigkeit	172 km/h (Testwert)
Preis	18 095,- DM (März 1994)

es ganz egal, über was es fährt: Es springt einfach zur Seite, am liebsten in Kurven, oder hoch und wieder runter. Bei 140 mm Federweg vorne und 75 mm hinten lohnt sich das Einfedern ja erst gar nicht. Die gröbsten Schläge werden von den Moosgummigriffen am Breitlenker abgefangen, ehrlich. Die Extrafedern an den Trittbrettern bewirken etwas ganz anderes: Sie schleudern die Füße in die Luft, sodaß man sich das lästige Handheben sparen kann, wenn andere Motorradfahrer entgegenkommen." Etwas übertrieben, was ich da geschrieben habe, aber im Kern korrekt. Geschaltet wurde per Fußwippe, und man mußte warten, bis der richtige Gang getroffen war. Die Kupplung war so schwergängig, daß man eigentlich *„zwei Hände"* zur Bedienung gebraucht hätte. Bei einer „Kontrollfahrt" in den 2020er Jahren mußte ich zu meinem Bedauern feststellen, daß die Belgier unsere schöne Teststrecke neu asphaltiert hatten.

Wie andere Guzzi-Modelle war auch die California 1100 I mit dem Integral-Bremssytem ausgerüstet, bei dem das Pedal auf die linke vordere und die hintere Bremsscheibe wirkte. Der Handhebel betätigte hydraulisch die rechte Scheibe vorne, was mir nicht ganz geheuer war.

Von Aerodynamik keine Spur: Die California 1100 stemmte sich mit breiter Scheibe, „Sturzbügeln" und ausladenden Zylindern tapfer dem Wind entgegen. Immerhin war die Bremsanlage innovativ. Aber ein Aufkleber warnte: „Achtung, Kombibremse. Pedal wirkt auf beide Räder. Handbremse nur Hilfsbremse."

Von der Windschutzscheibe hielt ich auch nicht viel: *„Sie führt den Wind schön gegen den Kopf, wenn man ein paar Zentimeter zu groß ist. Und sie schützt vor guter Sicht: Die Instrumentengehäuse spiegeln sich in ihr."* Die Gesetze der Aerodynamik ignorierte die California komplett: *„Nichts auf zwei Rädern ist höher, breiter, länger – ausgenommen vielleicht eine Electra Glide oder eine Gold Wing."*

Den Bericht ließ ich dann doch versöhnlich enden: *„Das Ätzende mal beiseite: Es gibt heutzutage kaum noch ein anderes Motorrad, das einen so gründlich packt, das letztlich so viel Spaß macht. California-Reiten ist wie Zigarrenrauchen: unverfälscht, würzig, stark. Sagt ein Nichtraucher, der seine letzte Davidoff am 30. August 1980 geraucht hat und sich noch gut erinnern kann, wie sie geschmeckt hat..."* 18 095 DM kostete der Spaß im Frühjahr 1994, auf einer California Rodeo zu reiten.

Auch legendär: Mille GT

1987-1993: 949 cm³, 68 PS

Als 1987 der damalige Moto Guzzi-Importeur Motobécane in Bielefeld vom Stammwerk eine 1000er speziell für Deutschland forderte und in Gestalt der schnörkellosen Mille GT auch bekam, war die Resonanz enttäuschend. Damals interessierten sich die Meisten für Sportmaschinen, Enduros, Chopper.

Anfang der 1990er Jahre gingen dann die Uhren anders: Auf einmal waren unkomplizierte „Naked Bikes" gefragt, am liebsten im Retro-Design und mit nur wenigen Zylindern, wartungsarmem (Kardan-)Antrieb und bequemer Doppelsitzbank. Genau das hatte die Mille GT zu bieten, die nun auf einmal „in" war. Für 1992 hatte Moto Guzzi die zeitlos elegante Maschine noch einmal in Details überarbeitet, der stößelstangengesteuerte V2 leistete nun 68 PS, und gegen Aufpreis war auch ein ungeregelter Katalysator zu haben. Dann durfte der Motor nur mit Super bleifrei betrieben werden, begnügte sich aber mit durchschnittlich 5,7 l/100 km. Axel Koenigsbeck schrieb im *„Motorradfahrer"*-Test (Heft 2/1992): *„An Kraft mangelt es der Mille GT keineswegs. Noch mehr als das Urmodell verwöhnt sie mit sattem Durchzug aus dem Keller heraus, auch wenn die großen Schwungmassen der Kurbelwelle eine gewisse Trägheit beim Antritt mit sich bringen."*

Zum Charakter meinte er: *„Auf keinen Fall ist diese Moto Guzzi ein Motorrad, mit dem man mit ‚vollem Rohr' über die Autobahn bolzt. Vergnügen macht sie vielmehr auf Landstraßen. Selbst in engen Kurven erweist sich die fünf Zentner schwere Maschine als überraschend handlich."* Aber mit ihrem hohen Basispreis von15 949 DM hatte die Mille GT gegenüber einer billigeren BMW R 100 R z.B. einen schweren Stand. So blieb sie ein Nischenmodell für eingefleischte Guzzi-Fans.

Anders als die ab 1989 parallel angebotene, sportliche 1000 S war die Mille GT eher für komfortable Landstraßenfahrt ausgelegt. Der klassische Ohv-V2-Motor war mit seinen 68 PS immerhin für eine Spitze von 178 km/h gut. Wie die California 1100 war die Mille GT mit dem Integral-Bremssystem und drei Bremsscheiben ausgerüstet. Das Design war weicher als bei der S, der Lenker touristisch hochgezogen, die Sitzbank auch für eine zweite Person bequem.

Fotos: S. 192 o: Hans König; S. 192 u, 193 l: Hans J. Schneider; S. 193 or, u: Axel Koengsbeck

1992-1998

Moto Guzzi Quota 1000

Länge läuft

Exklusive und teure Motorräder waren schon immer eine Spezialität der italienischen Hersteller. Die 1992 vorgestellte Quota sollte vor allem der BMW R 100 GS Konkurrenz machen und gefiel mit ihren guten Fahreigenschaften, dem hohen Fahrkomfort und der modernen Einspritzanlage von Weber-Marelli.

Der enorme Erfolg der zweizylindrigen Enduro-Modelle von BMW seit 1980 setzte den Erzrivalen Moto Guzzi gewaltig unter Druck. Das in Mandello del Lario am Comer See ansässige Unternehmen mußte eine Antwort vor allem auf die 1987 präsentierte R 100 GS mit Paralever-Fahrwerk finden. Doch es dauerte fünf Jahre, bis die Italiener ein ernst zu nehmendes Konkurrenzmodell vorstellen konnten: die Quota 1000. Immerhin kamen sie damit der großen, (technisch wesentlich anspruchsvolleren) BMW R 1100 GS um fast zwei Jahre zuvor.

Wir hatten im Januar 1992 Gelegenheit, die neue Groß-Enduro nördlich von Rom auf Landstraßen und in leichtem Gelände ausgiebig zu fahren. Erster Eindruck: ein enormes Motorrad, rundum beeindruckend durch seine Abmessungen, den langen Radstand von 1610 mm (100 mm mehr als bei der R 100 GS), die hoch aufragende Frontverkleidung mit dem Doppel-Rundscheinwerfer und natürlich dem mächtigen V2-Motor, der von einem Doppelschleifen-Profilrahmen aus Stahl mit zwei abschraubbaren Unterzügen in Position gehalten wurde. Die massive Profilstahl-Schwinge mit integrierter Kardanwelle und zentral angeordnetem Federbein sowie der große Endschalldämpfer mit dem perforierten Hitzeschutz auf der rechten Seite trugen markant zum Erscheinungsbild bei. Eine gute gepolsterte Sitzbank bildete die Verbindung vom 20-Liter-Kunststofftank zur stabilen Gepäckbrücke am Heck.

Die Sitzbank: *„Mittelgroße und kleine Typen können in Schwierigkeiten geraten, wenn sie die Quota vom Hauptständer gewuchtet haben. Die 880 mm hohe Sitzbank will erklommen werden wie der Rücken eines Elefanten. Wer nicht über Gardemaß verfügt, erreicht den Boden anschließend nur mit den Zehenspitzen."* Ein Seitenständer, der das Aufsitzen erleichtert hätte, war nicht vorhanden.

Wenn das Monstrum erst mal rollte, fühlte man sich aber wohl hinter dem breiten Lenker, mit dem sich das laut Werk 256 kg schwere Motorrad leicht unter Kontrolle halten ließ. Die Sitzposition war bequem, selbst lange Strecken ließen sich problemlos zurücklegen. Der hohe Sitzkomfort, das individuell einstellbare Fahrwerk mit seiner kräftigen Marzocchi-Telegabel (42 mm dicke Standrohre) und die langen Federwege (240/200 mm, deutlich mehr als bei der BMW) glichen die Unebenheiten des Untergrunds weitgehend aus. Wenn die Maschine allerdings stark beschleunigt wurde, versteifte sich die Hinterhand dank des starren Kardanantriebs. Hier war das Paralever-System der GS, das Lastwechselreaktionen un-

Mit ihrer hochaufragenden Frontverkleidung, dem klotzigen V2-Motor und dem langen Radstand war die Quota eine imposante Erscheinung.

Die Armaturentafel wirkte etwas improvisiert für ein exklusives Motorrad. Zwei relativ kleine Rundinstrumente und einige Kontroll-Leuchten mußten genügen.

Rechts: In leichtem Gelände kam man mit der Quota schnell und sicher voran – solange sich das Reifenprofil nicht zusetzte. Trotz ihres Gewichts war die Guzzi erstaunlich handlich.

Mitte, unten: Der 20-Liter-Tank bestand aus schlagfestem Kunststoff. Der 71 PS starke V2-Ohv-Motor wurde von einer elektronisch gesteuerten Saugrohreinspritzung beatmet.

Steckbrief Moto Guzzi Quota 1000

Bauzeit	1992 bis 1998
Motor, Ventile/Zyl., Kühlung	V2, 4/Zyl., Ohv, luftgekühlt
Einheiten	keine Angaben
Hubraum, Bohrung x Hub	949 cm^3, 88 x 78 mm
Leistung	71 PS bei 6600/min^{-1}
Gemischaufbereitung	Elektr. Saugrohreinspritz. Weber-Marelli
Getriebe, Antrieb, Radstand	5-Gang, Kardan, 1610 mm
Rahmen	Stahlprofilrahmen, 2 Unterzüge
Vorderradführung	Marzocchi-Gabel, Standrohre 42 mm Ø
Hinterradführung	Zweiarmschwinge, 2 Federbeine
Bremsen vorn / hinten	2 Scheiben 280 / 1 Scheibe 260 mm
Reifen vorn / hinten	90/90 x 21 / 130/80 x 17
Leergewicht, betankt / Tank	256 kg / 20 Liter
Höchstgeschwindigkeit	180 km/h (Probefahrt)
Preis	18 910,- DM (März 1992)

terdrückte, der Quota weit überlegen. Dafür war der Geradeauslauf der Moto Guzzi mustergültig, selbst Längsrillen konnten ihr nichts anhaben. Die Allround-Reifen von Pirelli am 21- Zoll-Vorderrad und am 17-Zoll-Rad hinten waren prima auf Asphalt, ihr gepfeiltes Profil aber setzte sich auf schlammigen Piste schnell zu. Vom Befahren nasser Wiesen war dringend abzuraten, da sich die Quota dort nur noch schwer kontrollieren ließ.

Das traditionelle, luftgekühlte Ohv-V2-Triebwerk mit seinem Hubraum von 948,8 cm^3, der zentralen Nockenwelle, den langen Stößelstangen, den Kipphebeln und den je zwei Ventilen pro Zylinder verrichtete seinen Dienst auch in der Mille GT und ähnlich seit vielen Jahren in anderen Guzzi-Modellen. In der Enduro brachte er es auf 71 PS bei 6600/min^{-1}, und dies mit einem früh anstehenden Drehmoment von 79 Nm bei 3800/min^{-1}. Das Neue bei der Quota (wie bei der California 1100) war die zusammen mit der Zündung elektronisch gesteuerte Saugrohreinspritzung von Weber-Marelli, mit der man die beiden Dell'Orto-Vergaser hatte ablösen müssen, um die Emissionen reduzieren zu können. Nicht nur das: Die moderne Gemischbildung ließ den Motor williger Gas an-

nehmen und führte zu besseren Beschleunigungswerten. Wir erreichten im fünften Gang 180 km/h Endgeschwindigkeit (Tachoanzeige: 190 km/h). Der kernige Guzzi-Sound wollte sich aber nicht richtig einstellen: Der V2 war akustisch stark gedämpft worden.

Verzögert wurde mit drei großkalibrigen Bremsscheiben ohne Integral-System. Daß einige Anbauteile beim Fahren auf rauher Piste leicht rappelten, nahmen wir mit einem Schulterzucken hin. Ob das auch die Käufer taten, die für eine fabrikneue Quota satte 18 910 DM zahlen mußten (1500 DM mehr als für eine BMW R 1100 GS), wagten wir zu bezweifeln.

Fotos: S. 194, 195 M, u: Hans J. Schneider; S. 195 ol, or: „Tourenfahrer", Fotograf unbekannt

1994-2002

MuZ Skorpion Sport

Wendepunkt

Mit viel Elan und solidem technischem Know-how stürzten sich die verbliebenen MZ-Leute nach der „Wende" auf die Entwicklung komplett neuer Motorräder. Dabei kam als Basis für eine ganze Serie ein sportliches und gut gezeichnetes Sportmotorrad mit Einzylinder-Yamaha-Motor heraus, von dem wir ein Exemplar im Mai 1994 fahren konnten.

Jahrzehntelang war die Industriestadt Zschopau in Sachsen führend im Motorradbau. Hier wurden von 1922 bis 1951 (mit kriegsbedingter Unterbrechung) die berühmten DKW-Maschinen gebaut, die auch im Rennsport sehr erfolgreich waren. 1953 begann im gleichen Werk die Produktion der MZ-Zweitakt-Motorräder, die millionenfach zur Mobilität der DDR-Bevölkerung beitrugen. Nach der politischen Wende 1989 brach die Produktion ein, MZ wurde von der Treuhand verwaltet und mußte infolge der Währungs-, Wirtschafts- und Sozialunion im Juli 1990 Insolvenz anmelden. Aus Teilen der Insolvenzmasse entstand 1992 die MuZ Motorrad- und Zweiradwerk GmbH. Neuer Produktionsstandort wurde die in der DDR bereits geplante Werkserweiterung im benachbarten Hohndorf.

Mit viel Optimismus starteten die neuen Besitzer der Markenrechte die Produktion von Einzylinder-Motorrädern, die nichts mehr mit den rustikalen MZ-Zweitaktern gemein hatten. Bereits auf der Birmingham Motor Show 1992 stellte die MuZ einen sportlichen Prototyp vor, der vom britischen Designbüro Seymour & Powell entwickelt worden und mit einem 500er Rotax-Motor ausgerüstet worden war.

Zwei Jahre später, am 28. März 1994, rollte die erste Serienmaschine vom Prüfstand, realisiert von der auf 240 Beschäftigte geschrumpften Belegschaft. Für eine komplette Eigenentwicklung hatte die Zeit nicht gereicht. Daher hatte man sich für die neuen Modelle Skorpion und Tour einen Großteil der Komponenten auf dem Weltmarkt besorgt, zum Beispiel den flüssigkeitsgekühlten Einzylinder-Viertakt-Fünfventilmotor von Yamaha mit obenliegender Nockenwelle, der bei 660 cm^3 Hubraum 48 PS bei 6250/min^{-1} leistete. Die Telegabel mit ihren 41 mm dicken Standrohren kam von Paioli in Italien, Bremsen und 17-Zoll-Leichtmetallräder steuerte Grimeca bei, der 18-Liter-Tank und die Kunststoffteile der Verkleidung entstanden bei Acerbis, immerhin die Instrumente wurden von einem sächsischen Betrieb gefertigt. Der markante Brückenrohrrahmen aus Stahl mit seinen Traversen und dem Steuerkopf war eine MuZ-Eigenentwicklung, die noch im alten Zschopauer Werk zusammengeschweißt und pulverbeschichtet wurde.

Das auf einen in England entworfenen Prototyp zurückgehende Design der Skorpion Sport mit seinem markanten Stahlrohr-Brückenrahmen und dem mittragenden Yamaha-Einzylindermotor war eine solide und optisch ansprechende Konstruktion.

Im Mai 1994 testeten wir vor Ort die Skorpion Sport mit Halbverkleidung und waren angetan. *„Endlich gibt es wieder einen rassigen Single mit moderner Technik und zeitgemäßem Aussehen"*, schrieb ich in *„Motorrad News"*. *„Der DE-Scheinwerfer der Yamaha FZR 1000 verleiht dem Motorrad einen Schuß Aggressivität."* Lobenswert waren die Verstellmöglichkeiten am breiten Stummellenker und an den Fußrasten. Einen guten Eindruck hinterließen vor allem

Chassis und Fahrwerk: *„Trotz des gegenüber früheren Vorgaben mit 189 kg etwas zu hoch geratenen Gewichts ist die Skorpion ungemein handlich. Sie giert förmlich nach Kurven, hat eine hohe Schräglagenfreiheit, läuft zielgenau und spurstabil."* Up-to-date war auch das Zentralfederbein der soliden Zweiarm-Stahlprofilschwinge. Die Instrumente mit ihren weißen Zifferblättern waren hervorragend ablesbar, die dünn gepolsterte Sitzbank bot indes zu wenig Komfort. Der Hersteller versprach eine Höchstgeschwindigkeit von über 170 km/h, was wir auf der Landstraße nicht überprüfen konnten.

Der trockensumpfgeschmierte Fünfventil-Einzylinder aus dem Yamaha-Regal wirkte etwas zäh: Gelegentliche Auspuffknaller wiesen darauf hin, daß unser Probeexemplar mit seinem Gleichdruck-Registervergaser von Teikei noch nicht perfekt abgestimmt war. Der Motor produzierte ab 4000/min^{-1} die für seine Bauart typischen Vibrationen, und das trotz Ausgleichswelle. An der Bremsanlage mit zwei großzügig dimensionierten Scheiben (316/240 mm) gab es nichts auszusetzen. Letztlich war der Eindruck positiv: *„Bei einem Preis von 10 726 DM dürfte die Skorpion Sport (international) mehr Interessenten finden, als die MuZ-Werker zur Zeit zusammenschrauben können."*

Steckbrief MuZ Skorpion Sport

Bauzeit	1994 bis 2002
Motor, Ventile/Zyl., Kühlung	Einzylinder, 5/Zyl., Ohc, flüssiggekühlt
Einheiten	keine Angaben
Hubraum, Bohrung x Hub	660 cm^3, 100 x 84 mm
Leistung	48 PS bei 6250/min^{-1}
Gemischaufbereitung	1 Registervergaser, 26/35 mm Durchlaß
Getriebe, Antrieb, Radstand	5-Gang, Kette, 1420 mm
Rahmen	Stahlrohr-Brückenrahmen
Vorderradführung	Teleskopgabel, Standrohre 41 mm Ø
Hinterradführung	Zweiarmschwinge, 1 Zentralfederbein
Bremsen vorn / hinten	2 Scheiben 316 / 1 Scheibe 240 mm
Reifen vorn / hinten	110/70 x 17 / 150/60 x 17
Leergewicht, betankt / Tank	189 kg / 18 Liter
Höchstgeschwindigkeit	175 km/h (Werksangabe)
Preis	10 726,- DM (Mai 1994)

Parallel wurde die unverkleidete und angenehm alltagstaugliche Skorpion Tour angeboten – für 9826 DM. 1995 folgte die Skorpion Traveller mit Vollverkleidung. Speziell ausgerüstet für den Rennsport war die Skorpion Cup ab 1996, die man bis 1998 auch als Race-Replika kaufen konnte. Produktionsende für die Skorpion-Reihe war 2002.

Grund: Das MZ-Folgeunternehmen MuZ kam nie aus der Verlustzone heraus. Wikipedia: *„Das veranlasste den 1996 eingestiegenen malayischen Investor und Eigentümer Hong Leong Industries 2008 zur Schließung. Die Übernahme durch Martin Wimmer im Jahr 2009 scheiterte letztlich 2013, ohne Motorräder produziert zu haben."*

Oben: Die von uns 1994 gefahrene Skopion Sport überzeugte durch ihre gutmütigen Fahreigenschaften und das ausgezeichnete Handling. Up-to-date war auch das Zentralfederbein der Zweiarm-Stahlprofilschwinge. Verbesserungswürdig erschienen uns noch Kupplungsbetätigung und Fünfgang-Getriebe – zu schwergängig, etwas hakelig. Oben das Cockpit mit weißen Zifferblättern.

Rechts: das von 1994 bis 2002 gebaute „Naked Bike" Skorpion Tour mit Rundscheinwerfer. Cockpit, Tank-Sitzbank-Kombination, Bereifung und Fußrastenanlage unterschieden die Tour von der Skorpion Sport.

Fotos: S. 196, 1967 alle: Hans König

1998-1999

MV Agusta F4 750 Oro
Krönung der Schöpfung

Eine Sensation war 1998 die Präsentation der MV Agusta F4 750 F4, die zunächst als Serie Oro in einer limitierten Stückzahl von 300 Exemplaren und zu einem schwindelerregenden Preis von 71 500 DM angeboten wurde. Bis 2004 folgten weitere F4-Kleinserien wie die F 4 750 Senna, die F4 750 SR und SPR. Technisch war die F4 eine High-End-Maschine.

Saugrohreinspritzung von Marelli, Hochdrehzahlkonzept, 129 PS bei 12 200/min^{-1}: Der Dohc-Vierzylinder ließ alle anderen 750er alt aussehen. Spektakulär war die Abgasführung über vier rechts laufende Rohre, die in vier Trompeten unter dem Heckbürzel endeten. Dabei war die F4 750 auch noch alltagstauglich und sehr gut verarbeitet. Ein Traum von Sportmotorrad.

Unter den Motorradmarken ist MV Agusta ein ähnlich großer Mythos wie Ferrari bei den Automobilen. Das 1945 von Graf Domenico Agusta (1907-1971) gegründete und heute in Varese beheimatete Unternehmen produzierte nicht nur zahlreiche legendäre Sportmotorräder wie die 750 S (1970-1975), sondern war auch im Rennsport so erfolgreich wie keine andere Marke: Zwischen 1952 und 1974 gewann das Werksteam Reparto Corse insgesamt 75 Weltmeistertitel – 38 Titel für Fahrer wie Giacomo Agostini (13 Titel in den Klassen 350 und 500 cm^3) und 37 Titel für den Hersteller).

Aufgrund finanzieller Probleme und unter dem Druck der japanischen Massenware stellte MV Agusta 1977 die Motorradproduktion ein, um 1992 in der Castiglione-Gruppe (Ducati, Cagiva) wieder aufzuerstehen. Nach wechselvollen Besitzverhältnissen (u.a. Kooperationen mit Harley-Davidson und Mercedes-AMG) stieg Ende 2022 Pierer Mobility (KTM) in das italienische Unternehmen ein. Rückgrat des Programms war ab 1998 die F-Serie, dann die Naked Bike-Reihe Brutale bis 1000 cm^3 Hubraum. Mit der Hubschrauber-Produktion des Grafen Agusta hatte MV nie etwas zu tun.

MV Agusta F4 750 Serie Oro

Bauzeit	1998 bis 1999
Motor, Ventile/Zyl., Kühlung	Reihe 4, 4/Zyl., Dohc, flüssiggekühlt
Einheiten	300
Hubraum, Bohrung x Hub	749 cm^3, 73,8 x 43,8 mm
Leistung (Werksangabe)	126 PS bei 12 200/min^{-1}
Gemischaufbereitung	Marelli-Saugrohreinspritzung
Getriebe, Antrieb, Radstand	6-Gang, Kette, 1412 mm
Rahmen	Gitterrohr Stahl
Vorderradführung	Upside-Down-Gabel, Gleitrohre 49 mm Ø
Hinterradführung	Einarmschwinge, 1 Zentralfederbein
Bremsen vorn / hinten	2 Scheiben 310 / 1 Scheibe 210 mm
Reifen vorn / hinten	120/65 ZR 17 / 190/50 ZR 17
Leergewicht, vollget. / Tank	207 kg / 20 Liter
Höchstgeschwindigkeit	272 km/h (Testwert)
Preis	71 500,- DM (Juli 1999)

Da, wo andere Motorradhersteller aufhörten, fing MV Agusta erst richtig an: Die F4 war ein Präzisionsinstrument mit ungewöhnlichen Details wie die kunstvoll ausgebildete Einarm-Hinterradschwinge aus Magnesiumguß, bei der Oro golden eloxiert und mit einem massiven Zentralfederbein samt Hebelsystem kombiniert. Rückgrat war – wie bei Ducati – ein komplizierter Gitterrohrrahmen aus hochfestem Stahlrohr. Das 17-Zoll-Vorderrad wurde von einer mit 49 mm dicken Gleitrohren extrem verwindungsfesten Upside-Down-Telegabel geführt. Das ebenfalls goldfarbene Hinterrad war mit einem Breitreifen bestückt, der mit einem Reifen im Format 190/50 ZR 17 ebenfalls die Grenzen des Machbaren auslotete. Daß alle Feder- und Dämpferelemente vielfach verstellbar waren, gehörte zu den Selbstverständlichkeiten. Auch an der Bremsanlage hatten die Ingenieure um Massimo Tamburini nicht gespart: Vorne nahmen Sechskolbensättel die beiden 310 mm großen Bremsscheiben in die Zange, hinten kooperierte ein Vierkolbensattel mit einer 210er Scheibe. Und dank extremen Leichtbaus brachte die F4 nur 207 kg auf die Waage – vollgetankt mit 20 Litern!

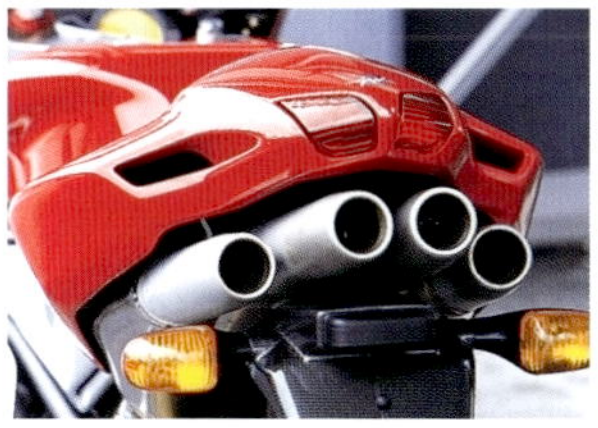

Das kunstvoll konstruierte Fahrwerk mit Upside-Down-Gabel, 49 mm starken Gleitrohren, stabilem Gitterrohrrahmen und kräftiger, links verlegter Einarmschwinge erlaubte rennsportmäßige Fortbewegung selbst auf unruhigem Untergrund. Technisch hatte die F4 750 mit klassischen MV-Modellen nichts mehr gemeinsam.

Der flüssiggekühlte Reihen-Vierzylindermotor mit seinen beiden obenliegenden, zentral über Stirnräder und eine Kette angetriebenen Nockenwellen und vier Ventilen pro Zylinder war über neun Jahre hinweg von Cagiva-Ingenieuren entwickelt worden und bot bei der F4 749 cm^3 Hubraum und die satte Spitzenleistung von 129 PS bei 12 200/min^{-1} (121 PS bei 12 500/min^{-1} im Test von „Motorrad"). Das genügte für ein Spitzentempo von gemessenen 272 km/h. Jeder, der die F4 750 fuhr, war begeistert vom Motor und vom Fahrwerk: *„Spritzig-spontan hängt der F4-Einspritzer an der Gasschnur und pulverisiert im Handumdrehen die aktuellen Topspeedwerte der 750er Klasse. (...) Keine Landstraße kann krumm oder bucklig genug sein, dieses Chassis auch nur annähernd zu fordern. Kein Wakkeln, kein Schaukeln."* (Werner Koch in *„Motorrad"* 15/1999).

Fotos: S. 198, 199 alle: „Motorrad News", Fotograf unbekannt

1990-1992

Norton Wankel F1
Mut zur Alternative

Nur kurze Zeit wurde die Norton Wankel F1 in Deutschland importiert. Der hohe Preis und die hohen Schadstoffemissionen des Kreiskolben-Triebwerks verhinderten eine größere Verbreitung. Von der Leistungsentfaltung aber, und auch vom Fahrverhalten her, ließ die als sportlicher Einsitzer konzipierte Norton keine Wünsche offen.

Norton – wechselvoller kann Motorradgeschichte nicht sein. Hervorgegangen aus der 1898 gegründeten Norton Manufacturing Co. bauten die Engländer ab 1913 in Birmingham qualitativ hochwertige und heute noch wegen ihres ausgewogenen Designs und ihrer innovativen Technik bewunderte Motorräder verschiedener Serien. Im Rennsport gab Norton mit starken Einzylindern (Modelle International und Manx, Dohc, Königswelle) lange den Ton an, konkurrierte dabei vor allem mit den Kompressor-Boxern von BMW. Zwischen den Kriegen gewannen Norton-Fahrer zehnmal die prestigeträchtige Senior TT (Tourist Trophy) auf der Isle of Man. Im Zweiten Weltkrieg gehörte die 500 H zur Standardausrüstung der britischen Armee, ein Bombengeschäft.

Doch dann zogen Wolken auf. 1953 wurde Norton zusammen mit Matchless, AJS und Villiers im AMC-Konzern (Associated Motor Cycles) zusammengeführt, ab 1963 entstanden die Maschinen im Matchless-Werk im Londoner Stadtteil Woolwich.1966 drohte AMC der Konkurs, wurde aber von der Villiers Ltd. gerettet. Als die Japaner in den 1960er Jahren den Motorradmarkt eroberten, wurde es eng für Norton, vor allem auf dem Hauptabsatzmarkt USA. 1974 ging AMC in Konkurs. Der Staat griff ein, es fanden sich private Investoren, dann wurde das Werk als Genossenschaftsbetrieb weitergeführt. Für das erfolgreiche, 1967 eingeführte Zweizylindermodell Commando 750 lief die Produktion 1977 aus.

Wiederbelebt wurde das Unternehmen in den 1980er Jahren als Norton Motors Ltd. Man hatte dann einigen Erfolg mit der Fertigung von Motorrädern für die Polizei und hiervon abgeleiteten Zivilversionen mit Wankel-Motoren. 1983 hatte man zunächst für das Police-Modell Interpol 2 (P 41) einen luftgekühlten Zweischeiben-Wankelmotor entwickelt. Die Rechte an der Konstruktion gingen 1987 an den Unternehmer Philipp Le Roux, der 1988 auch eine wassergekühlte Variante bauen ließ. 1988 erschien die unverkleidete und luftgekühlte Norton Rotary (P 43) mit 79 PS. 1990 war die Norton Commander (P 52) mit Vollverkleidung und Wasserkühlung, sowie die Sportversion Norton F1 (P 55) mit 95 PS lieferbar.

Design und Ausstattung der Wankel-Norton entsprachen dem hohen Niveau japanischer 600er der frühen 1990er Jahre. Rückgrat war ein Kastenprofil-Rahmen aus Leichtmetall. 17-Zoll-Leichtmetallräder, Kastenschwinge mit Zentralfederbein und Upside-Down-Gabel erfüllten den Anspruch, den Fans der Traditionsmarke an die Maschine stellten.

Parallel wurde der Prototyp eines Rennmotorrads auf Basis dieses Motors entwickelt. Die daraus abgeleitete NRS 588 mit 135 PS-Zweischeiben-Wankelmotor gewann 1992 für Norton noch einmal die Senior TT, doch der wirtschaftliche Erfolg blieb abermals aus. Auch riskante Finanzgeschäfte halfen nicht, in der Folge wechselten die Besitzer des Werkes und der Rechte häufig.

Der britische Geschäftsmann Stuart Garner, bis dato als Eigentümer des Rennteams Norton Racing Ltd. in Erscheinung getreten, kaufte Ende 2008 sämtliche Rechte und Entwicklungen und gründete die Norton Motorcycles (UK) Ltd. Die neue Produktionsstätte entstand in unmittelbarer Nähe des Donington Park Circuit. Doch auch dieses Engagement verlief im Sand: Am 20. Januar 2020 meldete Norton Motorcycles Insolvenz an und wurde daraufhin am

17. April des gleichen Jahres durch das indische Unternehmen TVS Motor Company übernommen. Seit 2005 existiert das moderne, und immer noch käufliche Modell Commando 961 (Daten und Fakten nach Wikipedia).

Freund und Kollege Axel Koenigsbeck und ich konnten im Juni 1992 für den *„Motorradfahrer"* eine der in Deutschland seltenen Norton Wankel F1 fahren. Schon von außen vermittelte die Norton kompromißlose Sportlichkeit: schmale Verkleidung mit kleiner Scheibe, Einsitzerbank, hochgezogene Endschalldämpfer aus Edelstahl. Unter der Kunststoffschale verbarg sich exklusive Motortechnik: ein Zweischeiben-Wankelmotor, der aus 588 cm^3 Kammervolumen 90 PS herausholte. Die Fahrwerkstechnik entsprach der hohen Erwartung: Deltabox-Rahmen aus Leichtmetall, Upside-Down-Telegabel, LM-Cantilever-Kastenprofilschwinge mit Zentralfederbein, Dreischeiben-Bremsanlage mit Vier- kolbensätteln, perfektes Cockpit, einstellbare Stummellenker.

Erster Eindruck beim Fahren: *„Die Maschine ist so handlich, daß man ihr das Gewicht von 226 kg nicht anmerkt. Mühelos läßt sie sich durch Kurven aller Art manövrieren, wirkt nie kippelig. (...) Weil der Sitz vergleichsweise weit vorn liegt, müssen die Arme nicht das ganze Körpergewicht abfangen. Lenker und Fußrasten sind optimal positioniert"*, merkte Koenigsbeck an. Das Fahrwerk war der gebotenen Leistung mehr als gewachsen: *„Die F1 ist nicht übertrieben sportlich abgestimmt, läuft auch auf unruhigem Untergrund perfekt geradeaus, zeigt ein (...) absolut neutrales Lenkverhalten"*.

An den Charakter des flüssigkeitsgekühlten Motors indes mußte man sich gewöhnen, und man mußte ihm nachsehen, daß er während der Warmlaufphase dank seiner Verlustschmierung blaue Abgaswolken in die Luft stieß, ein Unding in Zeiten modernen Viertakt-Katalysatortechnik. *„Gottlob hört die peinliche Qualmerei nach wenigen Sekunden wieder auf."* Erst nach einigen Kilometern und nach Erreichen der Betriebstemperatur verschwand ein gewisses Ruckeln im Schiebebetrieb. Und dann zeigte der Wankel, was Sache war: *„Dann hängt er am Gas wie kaum ein Hubkolbenmotor in dieser Klasse, produziert bis zur Nenndrehzahl von 9500/min^{-1} unablässig Schub und Drehmoment."* Selbst bei hohen Drehzahlen traten keine Mechanikgeräusche, Vibrationen oder Schwingungen auf.

Auch die Akustik war von einem anderen Stern: *„Unter Last surrt der Wankel wie eine Turbine los. Nimmt man Gas weg, hört man ihn fast nicht mehr. Am ehesten läßt er sich mit mehrzylindrigen Zweitaktmotoren vergleichen, was auch für die kaum vorhandene Bremswirkung im Schiebebetrieb gilt."* Den Standardsprint von 0 auf 100 km/h erledigte das Motorrad in 4,0 Sekunden, die Spitze lag im fünften Gang bei über 200 km/h, bei der Durchzugskraft war die Norton herkömmlichen 600ern klar überlegen. Das hatte seinen Preis: Weniger als acht Liter auf 100 km saugten die beiden Kammern selten aus dem 25-Liter-Tank. Apropos Preis: 27 000 DM mußte der geneigte Wankelfreund für das gute Stück berappen, sogar 29 700 DM in der getesteten Ausführung mit PVM-Rädern und White-Power-Federung. Na denn...

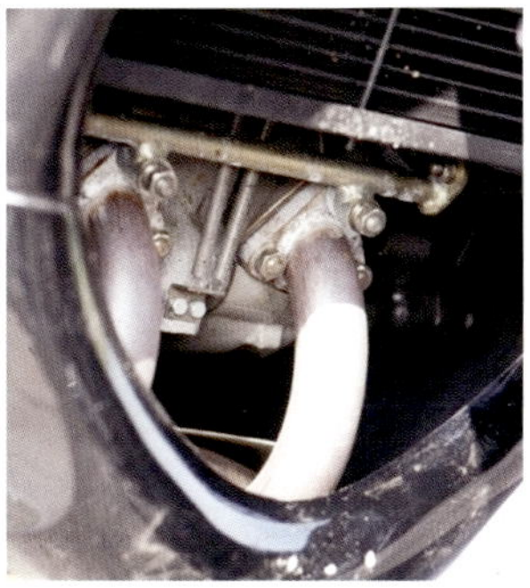

Oben: Der Autor des Buchs 1992 auf der Wankel F1 unterwegs, während Axel Koenigsbeck auf den Auslöser drückte. Kleines Foto: Blick auf die Auslaßseite des Zweischeiben-Motors.

Rechts: In den 1980er und den frühen 1990er Jahren konnte die Norton Motors Ltd. zahlreiche Wankel-Motorräder an die Polizei und andere öffentliche Abnehmer verkaufen. Es entstanden auch Versionen für den Reise- und Alltagseinsatz wie die rechts gezeigte Commander mit Vollverkleidung und Koffern.

Steckbrief Norton Wankel F1

Bauzeit	1990 bis 1992
Motor (Zweitakt), Kühlung	Zweischeiben-Wankel, flüssiggekühlt
Einheiten	keine Angaben
Kammervolumen	588 cm^3
Leistung	90 PS bei 9500/min^{-1}
Gemischaufbereitung	Twin Mikuni BDS 34 mm Durchlaß
Getriebe, Antrieb, Radstand	5-Gang, Kette, 1440 mm
Rahmen	LM-Kastenprofil-Brückenrahmen
Vorderradführung	Upside-Down-Gabel
Hinterradführung	LM-Kastenschwinge, 1 zentr. Federbein
Bremsen vorn / hinten	2 Scheiben 320 / 1 Scheibe 230 mm
Reifen vorn / hinten	120/70 ZR 17/ 170/60 ZR 17
Leergewicht, betankt / Tank	228 kg / 25 Liter
Höchstgeschwindigkeit	200 km/h (ca., Werksangabe)
Preis	27 000,- DM (Juni 1992)

Fotos: S. 204, 205 alle: Axel Koenigsbeck

1989-2006
Suzuki GS 500 E
Bestseller

Die auf Dohc-Zweizylinder-Modellen der 1970er und 1980er Jahre basierende Suzuki GS 500 E war weltweit als Alltagsmotorrad beliebt und wurde noch bis weit nach der Jahrtausendwende produziert. In Deutschland wurde sie ab 1989 als ungedrosselte Sportversion mit 45 PS und als Einsteigermodell mit 27 PS verkauft.

Wir möchten in diesem Buch nicht nur Traummotorräder vorstellen, sondern auch einfache Alltagsmaschinen, die Zigtausenden auf dem Weg zur Arbeit, aber auch bei Ausflügen an Wochenenden nützlich waren, so zum Beispiel die schier endlos lange produzierte Suzuki GS 500 E. Sie war wegen ihrer Robustheit, leichten Handhabung und unkomplizierten Wartung auch als Einsteiger- und Fahrschulmotorrad beliebt, dann leistungsreduziert auf 27 PS. Wolfgang Zeyen hatte die offene Version für Heft 9/1991 des *„Motorradfahrer"* getestet und war begeistert: *„Die Suzuki GS 500 E ist – besonders angesichts des niedrigen Preises (6950 DM) – ein echtes Top-Angebot. Eines, das man auf dem aktuellen Motorradmarkt schon mit der Lupe suchen muß."*

Die Grundkonstruktion des luftgekühlten Reihen-Zweizylindermotors ging auf die GS 400 von 1977 und die GS 450 bis 1988 zurück und präsentierte sich auch Jahre später mit seinen beiden obenliegenden Nockenwellen noch als Up-to-date. Zwei Ventile und zwei Mikuni-Gleichdruckvergaser mit je 33 mm Druchlaß sorgten pro Zylinder für den Gaswechsel. Die getestete offene Version war mit 9,0 : 1 nicht allzu hoch verdichtet und produzierte 45 PS bei munteren 9200/min^{-1}. Die 27-PS-Version war über leicht zu entfernende Lochblenden im Ansaugtrakt gedrosselt.

Bei niedrigen Drehzahlen wirkte auch der 45-PS-Twin relativ müde, doch ab 4000/min^{-1} machte er die kleine Suzuki munter. Gleichwohl mußte das Sechsganggetriebe fleißig geschaltet werden, wenn es zügig vorwärts gehen sollte – es mangelte an Drehmoment. Immerhin maß die Zeitschrift *„Motorrad"* bei Vollgas im großen Gang ein Spitzentempo von 162 km/h. Aber zum Rasen war die GS 500 E sowieso nicht gemacht. Wer sie im Alltag normal bewegte, konnte sich über einen Benzinverbrauch von minimal 4,0 und durchschnittlich 4,4 l/100 km freuen – nur wenige Motorräder waren damals so genügsam. Der 17-Liter-Tank ermöglichte folglich Reichweiten bis nahezu 400 km.

Unverändert von der GS 450 übernommen hatte Suzuki den Stahlrahmen, bei dem zwei kräftige, freiliegende Kastenprofile

Vom Design und von der Zweifarblackierung her war die GS 500 E unverwechselbar. Dominant trat der Doppelschleifen-Stahlrohramen mit seinen beiden ebenfalls offen verlaufenden Unterzügen hervor. Die Sitzbank war ergonomisch korrekt gestaltet, bloß die Fußrasten lagen zu hoch, was sich auf längeren Strecken unangenehm bemerkbar machte. Foto ganz oben: das sauber gearbeitete Cockpit mit den beiden oberen Enden der einstellbaren Teleskopgabel.

Steuerkopf und Schwingenlagerung miteinander verbanden. Der Motor wurde von zwei Unterzügen aus Vierkantstahlrohr gehalten, wobei der rechte Zug demontierbar war. Die nadelgelagerte Stahl-Kastenschwinge stützte sich über ein Zentralfederbein ab. In der Federvorspannung verstellbar war die Telegabel mit ihren 37 mm dicken Standrohren. Suzuki hatte damit beim 1991er Modell auf harsche Kritik in Bezug auf die Fahrwerksabstimmung reagiert. Große 17-Zoll-Leichtmetallräder mit Reifen im 70er Querschnitt stellten den Straßenkontakt her. Der steile Lenkkopfwinkel machte die vollgetankt 188 kg schwere Maschine handlich, die Stabilität des Fahrwerks spurstabil. Beste Verzögerung garantierte die Bremsanlage mit je einer Scheibe vorn und hinten. Zeyen: *„Selbst bei scharf gefahrenen Nürburgringrunden mit zwei Mann Besatzung offenbarte die Anlage keine Schwäche – perfekt!"*

Mit einem höheren Lenker entlastete die GS 500 E die Unterarme stärker als die Vorläufertypen. Die Fußrasten waren indes zu hoch angesetzt, was sich auf längeren Strecken als ermüdend erwies. Das Bordwerkzeug war *„zum Wegwerfen"*, und an der Gabel fehlten die Ablaßschrauben für das Öl. Zum Wechsel mußten die Standrohre ausgebaut werden!

Ansonsten aber präsentierte sich die Ausstattung auf hohem Niveau. *„Schalter, Armaturen, Gummiüberzüge auf dem Gelenk des Kupplungshebels, verstellbarer Bremshebel, Instrumente, Rückspiegel – besser kann man es hier kaum machen"*, freute sich der Tester. Seit 2006 wurde die vielseitige Maschine in Deutschland nicht mehr angeboten, auf dem Weltmarkt indes bis in unsere Zeit.

Fotos: S. 202 beide, S. 203 o: Winni Scheibe; S. 205 u: Suzuki Presse

Die GS 500 E ließ sich sportlich fahren, am Fahrverhalten gab es nichts zu beanstanden. Die beiden übergrossen Bremsscheiben (vorn 310, hinten 240 mm Durchmesser) sorgten für perfekte Verzögerung. Die Lochung wirkte Fading bei Regen entgegen.

Die Abgase wurden über zwei schwarz beschichtete Rohre in einen Edelstahl-Schalldämpfer auf der rechten Seite geleitet. Eine Abgasnachbehandlung gab es in den frühen 1990ern für Motorräder der kleinen und mittleren Klassen noch nicht.

Oben: die vom „Motorradfahrer" 1991 getestete Maschine. Rechts : ein späteres Modell Mitte der 1990er.

Steckbrief Suzuki GS 500 E

Bauzeit	1989 bis 2006
Motor, Ventile/Zyl., Kühlung	Reihe 2, 2/Zyl., Dohc, luftgekühlt
Einheiten	keine Angaben
Hubraum, Bohrung x Hub	487 cm^3, 74 x 56,6 mm
Leistung	45 PS bei 9200/min^{-1}
Gemischaufbereitung	2 Mikuni-Gleichdruckvergaser, 33 mm
Getriebe, Antrieb, Radstand	6-Gang, Kette, 1410 mm
Rahmen	Doppelschleife Stahl, 2 Unterzüge
Vorderradführung	Telegabel, Standrohre 37 mm Ø
Hinterradführung	Zweiarmschwinge, 1 Zentralfederbein
Bremsen vorn / hinten	1 Scheibe 310 / 1 Scheibe 250 mm
Reifen vorn / hinten	100/70 x 17 / 130/70 x 17
Leergewicht, betankt / Tank	188 kg / 17 Liter
Höchstgeschwindigkeit	162 km/h (Testwert)
Preis	6950,- DM (September 1991)

1991-1994

Suzuki GSX 1100 G

Sanfter Koloss

Mit der unverkleideten GSX 1100 G trat Suzuki 1991 gegen die Neo-Retro-Konkurrenz der anderen Japaner an. Die Vierzylindermaschine sah zwar nicht ganz so klassisch aus wie eine Zephyr von Kawasaki, überzeugte aber durch beste Motor- und Fahrwerksqualitäten.

Die GSX 1100 G war ausgesprochen benutzerfreundlich. Fahrer und Sozia/Sozius saßen bequem auf der satt gepolsterten Sitzbank, der breite Lenker erlaubte eine entspannte Körperhaltung und kam dem Handling auf kurvenreichen Strecken zugute. Eine Vier-in-zwei-Anlage leitete die Abgase ins Freie, einen geregelten Katalysator gab es damals für derartige Motorräder aus Japan nicht, man hielt lange an der Vergasertechnik fest. Trotzdem war die GSX bemerkenswert sparsam.

Fotos: S. 204, 205 alle: Winni Scheibe

An die Suzuki GSX 1100 G erinnere ich mich aus zwei Gründen besonders gut: Sie war die erste große Maschine, die ich nach der Übernahme der *„Motorradfahrer"*-Chefredaktion im Sommer 1991 fahren konnte. Und es war die erste Fahrt mit einem Motorrad über die seit 1989 offene Grenze der untergegangenen DDR, und dies auf Straßen in einem verwahrlosten Zustand – ein Abenteuer, bei dem man fest im Sattel sitzen mußte, um den 279 kg schweren GSX-Brocken unter Kontrolle zu behalten. Immerhin sahen Andy Seiler auf der zweiten Maschine und ich überall Baustellen, mit denen versucht wurde, die gröbsten Schäden erst einmal zu flicken. In den Ortschaften Mecklenburg-Vorpommerns hing der Zweitaktmülm der Trabis und Wartburgs noch schwer in der Luft.

Der Suzuki-Importeur in Heppenheim hatte zu einer Tour durch östliche Teile Deutschlands eingeladen und uns die Motorräder für einen Tag zur freien Verfügung gestellt: Ankunft mit dem Flieger in Hamburg, Kleinbustransfer nach Travemünde, dann weiter nach Schwerin, zurück nach Niedersachsen über Lüneburg und Göttingen bis zur Autobahn, Abgabe der GSX in Kassel, zurück bis Bonn mit dem Intercity.

Mit der unverkleideten GSX 1100 G war Suzuki rechtzeitig auf den Neo-Retro-Zug aufgesprungen, vor allem, um der Zephyr 1100 von Kawasaki oder der Big One von Honda Konkurrenz zu machen, auch mit dem scharf kalkulierten Preis von 13 490 DM. Sofort fühlte man sich mit dem schweren Brocken vertraut, die Sitzposition war ausgezeichnet, das Handling bemerkenswert gut. Die Maschine war für Deutschland speziell modifiziert worden, hatte einen längeren Radstand und eine höhere Bodenfreiheit sowie komfortabler abgestimmte Feder- und Dämpferelemente als die US-Version. Vorn sorgte eine Telegabel mit 43 mm dicken Standrohren für beste Spurhaltung, sogar bei Tempo 160 auf der Autobahn bei Regen und Seitenwird. Im Test erreichten wir später solo 215 km/h.

Steckbrief Suzuki GSX 1100 G

Bauzeit	1991 bis 1994
Motor, Ventile/Zyl., Kühlung	Reihe 4, 4/Zyl., Dohc, luft-/ölgekühlt
Einheiten	1400 (6/91-12/92 in Deutschland)
Hubraum, Bohrung x Hub	1128 cm^3, 78 x 59 mm
Leistung	100 PS bei 8000/min^{-1}
Gemischaufbereitung	4 Mikuni-Gleichdruckvergaser, 36 mm
Getriebe, Antrieb, Radstand	5-Gang, Kardan, 1585 mm
Rahmen	Doppelschleife Stahl, 2 Unterzüge
Vorderradführung	Telegabel, Standrohre 43 mm Ø
Hinterradführung	Zweiarmschwinge, 1 Zentralfederbein
Bremsen vorn / hinten	1 Scheibe 310 / 1 Scheibe 295 mm
Reifen vorn / hinten	110/80 V 18 / 160/70 V 17
Leergewicht, betankt / Tank	279 kg / 21 Liter
Höchstgeschwindigkeit	215 km/h (Testwert)
Preis	13 765,- DM (Dezember 1992)

Hinten operierte eine Schwinge mit Kastenprofil rechts, Holm für die Kardanwelle links und zentral über Hebel angelenktem Federbein. Zwei Standardfederbeine wären laut Suzuki vom Gewicht der Maschine überfordert gewesen. Kegelrollenlager im Steuerkopf und Nadellager an der Schwinge unterdrückten jedes Spiel. Basis war ein solider Doppelschleifen-Stahlrohrrahmen, der über zwei abnehmbare Unterzüge verfügte. Drei übergroße Bremsscheiben vermittelten Sicherheit: *„Die Dreischeiben-Bremsanlage ist vom Feinsten, spricht weich an und verzögert notfalls rapide die inklusive Besatzung bis zu 485 kg schwere Fuhre."*

Wie sich die gewaltige, 2,27 m lange Suzuki unter erschwerten Bedingungen fuhr, habe ich im *„Motorradfahrer"*-Heft 8/1991 beschrieben: *„Wir haben sie schonungslos kilometerlangen Kopfstein-*

Das Design der schweren Suzuki GSX 1100 G war etwas barock, insgesamt jedoch zeitlos. Markant hing der 1100er Dohc-Vierzylinder im Rahmen, vorn saß der zusätzliche Ölkühler. LM-Gußräder trugen das hohe Gewicht von beladen bis zu 485 kg, Speichenräder wären überfordert gewesen. Fotos ganz oben und rechte Seite: die dicke Suzi im Sommer 1991 in Mecklenburg-Vorpommern.

pflasterstrecken ausgesetzt, sind mit ihr über verbogene Asphaltbänder gefahren, die den Namen Straße nicht verdienten, zwangen sie in Kurvenkombinationen hinein, die voller Überraschungen steckten. Fahrer und Maschine haben das alles schadlos überstanden, nie zeigten sich (...) Verwindungstendenzen." Bei Vorläufermodellen wie der Suzuki GS 1100 oder der Yamaha XS 1100 aus den späten 1970ern *„mußte man vor Kurven noch beten."* Trotz ihrer breiten Reifen lief die GSX nicht jeder Längsrille nach, zog selbst in welligen Kurven unbeirrt ihre Bahn. Daß sie nicht auf Speichen-, sondern auf Sechsspeichen-Gußrädern rollte, war dem hohen Gewicht geschuldet

Herz der großen Suzuki war der von der sportlichen GSX 1100 F abgeleitete luft-/ölgekühlte Vierzylindermotor mit seinen zwei obenliegenden Nockenwellen, 16 Ventilen, pultdachförmigen Brennräumen und vier Mikuni-Gleichdruckvergasern mit je 36 mm Durchlaß, die durchschnittlich vertretbare 6,4 Liter Normalbenzin bleifrei auf 100 km mit Luft anreicherten. Auf Landstraßen begnügte sich das Schwergewicht mit 5,6 l/100 km, was wir als *„unglaublich sparsam"* empfanden, vor allem im Vergleich zu anderen Maschinen dieses Kalibers. Ein elektronisch gesteuertes Motormanagement mit Benzineinspritzung fehlte indes. Prophetisch im Test vom Dezember 1992 mein Blick in die Zukunft: *„Sollte es eines Tages für Autos und Motorräder tatsächlich einmal so etwas wie eine CO_2-Steuer geben (die Emission von Kohlendioxid ist verbrauchsabhängig),*

werden GSX 1100 G-Piloten vermutlich mit einem blauen Auge davonkommen. Denn obwohl die Suzuki zu den ganz schweren Kalibern gehört, ist sie so genügsam wie ein Mittelklasse-Motorrad."

Bei 1128 cm³ Hubraum stellte der auch optisch beeindruckende Motor in der weltweit ausgelieferten Drosselversion 100 PS zur Verfügung, dies bei 8000/min^{-1}. Zur Souveränität der Kraftentfaltung trug auch das Drehmoment von 70 Nm bei 7000/min^{-1} bei. In 3,7 Sekunden war die Suzuki von 0 auf 100 km/h – ein sehr guter Wert. Hydraulisch betätigte Kupplung, perfekt schaltbares Fünfgang-Getriebe, breiter Lenker und problemloser Kardanantrieb machten die große Suzuki zu einem wunderbaren Tourer für Leute, die keine Verkleidung brauchten.

Importiert wurde die GSX 1100 G bis 1995, verkauft bis 1996, zuletzt mit erheblichen Preisabschlägen von bis zu 4000 DM. Kein Wunder: Neben der ab Januar 1996 nach Deutschland importierten GSF 1200 Bandit mit neuem Chassis, nochmals verbessertem Fahrwerk und sportlichem Design konnte die dicke Suzi nicht weiterbestehen.

Auch legendär: VX 800

1990-1996: 805 cm³, 61/50 PS

Sportlicher Tourer mit Dampfhammer-Charakteristik: die VX 800

Wer war zuerst da – die Henne oder das Ei? Im Falle der VX 800 konnte die Antwort nur lauten: das Ei! Denn – bis auf den Motor – hatte die Tourensportmaschine von Suzuki alle Gene, die sich ab 1991 auch in der größeren GSX 1100 G wiederfanden: geschwungene Tank-Sitzbank-Linie, Doppelschleifen-Stahlrohrrahmen (nach Art der damaligen VS 750 Intruder), ölgedämpfte Telegabel, Stahlschwinge mit links integrierter Kardanwelle, LM-Gußräder mit je fünf (statt sechs) Speichen (18 / 17 Zoll). Die Unterschiede: Statt des Zentralfederbeins an der Hinterhand stützte sich die Radführung über zwei Federbeine ab. Statt der Doppelscheibenbremse vorn genügte eine Scheibe, auch hinten wurde per Scheibe gebremst.

Aber der hier nur 805 cm³ bietende Motor war ein völlig anderer: Es handelte sich um den fast baugleich im Chopper VS 800 verwendeten, flüssiggekühlten Ohc-V2-Motor mit je einer obenliegenden Nockenwelle im jeweils vierventiligen Zylinderkopf. Fünfgang-Getriebe und Kardanwelle leiteten die Kraft der bei 6800/min^{-1} anfallenden 61 Pferdestärken zum Hinterrad (wahlweise 50 PS). Mit maximal 72 Nm bei 5400/min^{-1} bot der V2-Zylinder satte Durchzugskraft. Gegenüber der vierzylindrigen GSX 1100 G hatte Suzuki in vielen Bereichen gespart. So faßte der Tank nur 19 statt 21 Liter, der Radstand war drei Zentimeter kürzer, das Leergewicht bedeutend geringer – nur 240 kg vollgetankt gegenüber 279. Auf der Autobahn erreichte die VX 800 180 km/h. Über den gesamten Drehzahlbereich hinweg erfreute der V2-Motor die Besatzung mit kräftigem Sound und typischer Dampfhammer-Charakteristik.
Während des gesamten Herstellungszeitraums von 1990 bis 1996 fand nahezu keine Modellpflege statt. Die 11 950 DM teure VX 800 war ein großer Verkaufserfolg. Sie fand in Deutschland in den ersten beiden Jahren 3000, bis 1996 7000 Käufer.

Fotos: S. 206 o, 207 l: Hans J. Schneider; S. 206 M, u: Winni Scheibe; S. 207 or, ur: Hans König

1992-1998

Suzuki GSX-R 750 W

Dynamik pur

Für 1992 hatte Suzuki den seit 1987 produzierten Supersportler GSX-R 750 grundlegend modifiziert. Der offen 118 PS starke Dohc-Vierzylindermotor war jetzt wasser-/glycolgekühlt (Zusatz W), Rahmen und Schwinge bestanden aus Leichtmetall. Wir haben die Neue in Japan gefahren.

Chassis, Fahrgestell und Bremsen waren auf höchste Belastung ausgelegt. Für Mutige gab es sogar einen zweiten Platz mit toller Rundumsicht. Bestens ablesbar: die Instrumente. Rechte Seite: Der Autor Ende 1991 auf der Teststrecke von Suzuki nahe dem Hauptwerk Hamamatsu. Auch in welligen Kurven lag die neu durchkonstruierte GSX-R 750 W wie ein Brett.

Fotos: S. 208: Hans J. Schneider; S. 209: Friedemann Kirn für Suzuki

1992 bis 1998: Suzuki GSX-R 750 W

Sie war zu ihrer Zeit der weltweit erfolgreichste Supersportler: die Suzuki GSX-R 750. Seit Produktionsbeginn 1985 und allein bis Ende 1991 wurde das rassige Motorrad, das auch erfolgreich im Superbike-Rennsport eingesetzt wurde, über 100 000mal verkauft. In Deutschland fand die schnelle Suzuki z.B. 1991 3000 Liebhaber, was bewies, daß es trotz modischer Retro- und Chopper-Trends eine solide Basis für radikal sportliche Motorräder gab, wie sie natürlich auch Ducati, Honda, Kawasaki und Yamaha im Programm hatten. Weiterentwickelte Versionen der GSX-R mit Benzineinspritzung und bis zu 150 PS liefen noch weit nach 2000 vom Band.

Für die Saison 1992 hatte Suzuki das Erfolgsmodell umfassend modernisiert. Grund genug für den deutschen Suzuki-Importeur in Heppenheim, Journalisten der Fachzeitschriften zu Testfahrten auf der Suzuki-Test- und Versuchsstrecke Ryuyo in der Nähe des Stammwerks Hamamatsu einzuladen – vom Veranstalter bezahlter Erste Klasse-Flug im Boeing-Jumbo 747 und Hotelaufenthalt mit Bewirtung inklusive. So war (und ist) das mit Pressearbeit, die von PR nicht zu unterscheiden ist. Honi soit qui mal y pense.

Auch der Autor dieses Buchs nahm an diesem Exklusiv-Trip teil, und natürlich blieb ihm nichts anderes übrig, als sich bei spätsommerlichen Temperaturen in eine enge Lederkombi zu zwängen und mit der GSX-R 750 W über den kurvenreichen Kurs zu jagen. Es war eine spannende Herausforderung, und die Fotos zeigen, daß ich gut über die Runden kam – und die erhofften Erkenntnisse gewann. In meinem Bericht für den *„Motorradfahrer"* vom Februar 1992 nahm ich das Fazit gleichvorweg: *„Dieses Motorrad ist schnell und sicher, trotzdem nicht übermäßig laut und keineswegs unkomfortabel. Einerseits gibt es (...) eine gesunde Basis für den Motorsport her, andererseits ist es kultiviert genug für den Straßenverkehr."* Aber: *„Einen (...) Hang zur Selbstdarstellung braucht (...) jeder, der sich mit der neuen Suzuki in der Öffentlichkeit zeigen will: Die aggressive Zickzack-Bemalung und die kompromißlose Rennsport-Optik signalisieren klar, daß Mensch und Maschine hier auf Dynamik programmiert sind."*

Die Upside-Down-Gabel und das Zentralfederbein hinten waren vielfach einstellbar. Der neu konstruierte Kastenprofilrahmen aus Leichtmetall und die solide LM-Schwinge waren absolut verwindungsfest. Rechte Seite: Journalisten aus Europa am Start der Suzuki-Teststrecke Ryuyo.

Zusammengehalten wurde die neue GSX-R 750 W von einem komplett neu konstruierten, im Profilquerschnitt geänderten und sorgsam verstärkten Rahmen aus Aluminiumlegierung. Unterzüge und Rahmenheck waren verschraubt. Auf extreme Belastung ausgelegt war die Leichtmetall-Hinterradschwinge mit asymmetrisch ausgebildeten Schwingenholmen und über Hebel angelenktem Zentralfederbein mit gas- und ölgefülltem Dämpfer sowie Ausgleichsbehälter. Die Rennsporterfahrung von Suzuki spiegelte sich auch in der Upside-Down-Telegabel mit 41 mm dicken Gleitrohren und vielfachen Einstellmöglichkeiten wider.

Der serienmäßige Lenkungsdämpfer erstickte auf der extrem schnellen und mit einem recht rauhen Belag sowie absichtlich angelegten Asphaltunebenheiten angelegten Ryuyo-Kurs jedes Lenkerschlagen im Keim. Selbst in voller Schräglage und bei maximal möglicher Kurvengeschwindigkeit zeigte sich das Fahrwerk unbeeindruckt von den Gemeinheiten der Teststrecke. Die auf die LM-Gußräder aufgezogenen Michelin-Reifen der Größen 120/70 ZR 17 und 170/60 ZR 17 unterstützten das gute Handling und unterdrückten die leichte Aufstellneigung in Kurven der vollgetankt mit 21 Litern 231 kg schweren Maschine. Trotz der Gutmütigkeit der GSX-R brauchte es Erfahrung und eine starke Hand, um dieses Supersport-Motorrad perfekt auf Kurs zu halten. Beste Verzögerung ermöglichte die Nissin-Dreischeiben-Bremsanlage.

Die Sitzposition war sportlich, aber alltagstauglich. Im Vergleich zum Vorgänger-Modell saß der Fahrer aufrecht und mußte die Beine nicht so stark anwinkeln. *„Die Scheibe der Sportverkleidung*

Steckbrief Suzuki GSX-R 750 W

Bauzeit	1992 bis 1998
Motor, Ventile/Zyl., Kühlung	Reihe 4, 4/Zyl., Dohc, flüssiggekühlt
Einheiten	keine Angaben
Hubraum, Bohrung x Hub	750 cm^3, 70 x 48,7 mm
Leistung	100 PS bei 11 500/min^{-1} (offen 118 PS)
Gemischaufbereitung	4 Mikuni-Gleichdruckvergaser, 38 mm
Getriebe, Antrieb, Radstand	6-Gang, Kette, 1435 mm
Rahmen	LM-Kastenprofil, 2 Unterzüge
Vorderradführung	Upside-Down-Gabel, Gleitrohre 41 mm Ø
Hinterradführung	LM-Profil-Zweiarmschw., Zentralfederb.
Bremsen vorn / hinten	2 Scheiben 310 / 1 Scheibe 240 mm
Reifen vorn / hinten	120/70 ZR 17 / 170/60 ZR 17
Leergewicht, betankt / Tank	231 kg / 21 Liter
Höchstgeschwindigkeit	230 km/h (Werksangabe)
Preis	15 490,- DM (Februar 1992)

kann ihren Zweck allerdings nur erfüllen, wenn sich der Fahrer bei hohem Tempo sehr klein macht." Bei Test- und Fahrberichten gedanklich auch mögliche Fahrerinnen mit einzubeziehen, lag damals leider außerhalb unseres Horizonts, obwohl es bereits zahlreiche engagierte Frauen gab, die toll motorradfahren konnten.

Neue Wege hatten die Suzuki-Ingenieure auch bei der Motorkonstruktion beschritten und sich für die neueste 750er von der einst hochgelobten Luft-Ölkühlung auf reine Flüssigkeitskühlung umgestellt – daher das Kürzel W hinter der Typbezeichen, „W" für *„Water Cooling"* (obwohl es sich um ein Wasser-Glykol-Gemisch handelte). Der 2,25 Liter Mischung fassende Kühlmantel war mit

Fotos: S. 210, 211 o: Hans J. Schneider; S. 213 u, S. 211: F. Kirn für Suzuki

Man mußte sich etwas an das Hochdrehzahlkonzept der uns zur Verfügung gestellten D-Version mit 100 PS gewöhnen. Der Vierzylinder drehte mühelos bis in den roten Bereich jenseits von 13 500 Touren, benahm sich aber auch bei Teillast gesittet.

Zur guten Kurvenlage trugen auch die serienmäßigen Michelin-Reifen auf den 17-Zoll-Alaguß-Rädern bei.

Weil der neue Motor 60 mm weniger breit baute, konnte eine schmalere und aerodynamischere Verkleidung als beim Urmodell montiert werden. Die beiden Rundscheinwerfer und die Zickzack-Bemalung machten die GSX-R 750 W unverwechselbar.

einem Wasser-Öl-Wärmetauscher kombiniert, der dem Motor zusätzlich Hitze entzog – wichtig vor allem bei Dauervollgas und beim Renneinsatz. Außerdem wurden die vier Kolben von unten mit Öl besprüht, was zur Temperatursenkung beitrug.

Der Vierzylinder-Reihenmotor war 60 mm weniger breit als das alte Triebwerk, was die Verwendung einer schmaleren Verkleidung mit besserer Aerodynamik erlaubte. Kurbeltrieb, Zylinderkopf, Brennräume, Ein- und Auslaßkanäle waren neu konstruiert worden, die Kolben waren beschichtet, und Tassenstößel mit Einstellscheiben hatten die Schlepphebel ersetzt, was die Drehzahlfestigkeit verbesserte. Trotz des extrem hohen Verdichtungsverhältnisses von 1 : 11,8 durfte bleifreies Normalbenzin getankt werden. Vier großvolumige Mikuni-Gleichdruckvergaser mit je 38 mm Durchlaß kümmerten sich um die Gemischaufbereitung. Der Aufwand hatte sich gelohnt: Der neue Motor lief deutlich kultivierter als der alte, der Wassermantel dämpfte die mechanischen Geräusche, und die Vier-in-eins-Auspuffanlage produzierte einen vergleichsweise unaufdringlichen Sound.

Das von uns in Japan geprüfte Triebwerk entwickelte bei einem Hubraum von 750 cm^3 100 PS – bei extrem hohen 11 500/min^{-1} (118 PS in der offenen Version für den Rennsport). Das maximale Drehmoment von 71 Nm stellte sich erst bei 9500 Touren ein. Trotzdem zog der Motor schon bei niedrigen Drehzahlen kräftig los und stand im mittleren Bereich sehr gut im Futter. Über 9500/min^{-1} ging dann richtig die Post ab, und ich war gezwungen, die Drehzahlen im höchsten Bereich zu halten, um mit den anderen, zum Teil rennsporterfahrenen Kollegen auf der Stecke mithalten zu können. Vor allem die Franzosen und Italiener waren sauschnell.

Der mit zwei obenliegenden, kettengetriebenen Nockenwellen und vier Ventilen pro Zylinder bestrückte Leichtmetall-Hochleistungsmotor *„drehte beim Hochbeschleunigen fröhlich bis in den roten Bereich jenseits von 13 500 Touren. (...) Bei aller Drehfreudigkeit jedoch ist der 750 cm^3 große Kurzhuber bemerkenswert elastisch."* Man konnte einerseits schaltfaul fahren, andererseits beim fleißigen Schalten der sechs Gänge die Leistung voll ausnutzen – bis man (auf der Autobahn) das Tempo von rund 230 km/h erreicht hatte.

Supersportlich, aber alltagstauglich

Jedenfalls hatte ich gehörigen Respekt vor diesem Supersportler und stieg mit der Gewißheit aus dem Sattel, daß Suzuki hier ein hervorragendes Produkt auf die Räder gestellt hatte. *„Die Suzuki GSX-R ist ein Motorrad für Leute, die weiterhin Spaß am Gasgeben haben und die Straße gern mal mit der Rennstrecke tauschen (nicht verwechseln wohlgemerkt). Der Käufer bekommt (für 15 490 DM) auf jeden Fall ein Motorrad, das im Alltag überdurchschnittliche Sicherheitsreserven aufweist und dank eines gewissen Komforts sogar bei der Langstreckenfahrt Richtung Süden Freude machen kann."*

1996 führte Suzuki ein leistungssteigerndes Ram-Air-System ein, das in allen Folgeversionen der GSX-R-Baureihe eingesetzt wurde. Dementsprechend wurden die 750er Modelle von 1996 bis 1999 mit dem Zusatz SRAD (Suzuki Ram Air Direct) gekennzeichnet. 1998 mußten die Vergaser der SRAD-Baureihe einer elektronisch gesteuerten Saugrohreinspritzung weichen.

Auch legendär: GSX-R 1100 W

1992-1993: 1127 cm³, 100/138 PS

Wer Appetit auf Höchstleistung hatte und sich zutraute, ein fast fünf Zentner schweres Superbike im Alltag unter Kontrolle zu halten, kam an der Suzuki GSX-R 1100 nicht vorbei. Die 1986 auf dem kalifornischen Laguna Seca Raceway vorgestellte Maschine war in ihrem Segment unschlagbar und gewann mehrere Vergleichstests, so jenen von *„Motorrad"* (Heft 4/1986) gegen die Honda VF 1000 R und die Kawasaki GPZ 1000 RX. Sie siegte überlegen in allen Wertungsklassen (Motor und Fahrleistungen, Fahrwerk und Fahrstabilität, Ausstattung und Komfort). 3,3 Sekunden für die Beschleunigung 0-100 km/h und eine Höchstgeschwindigkeit von 228 km/h waren damals atemberaubend.
Von Anfang an war die 1100er GSX-R mit einem Leichtmetall-Kastenrahmen, LM-Kastenschwinge und Upside-Down-Gabel ausgestattet. Der Dohc-Vierventilmotor der ersten Version bis Ende 1991 hatte 1052 cm³ Hubraum und leistete in der offenen Version mit vier 34er Mikuni-Gleichdruck-Vergasern 130 PS. Bis 1992 wurde das Triebwerk noch luft-/ölgekühlt, danach verfügte auch die große GSX-R über das Flüssigkühlsystem der 750er. 1989 hob Suzuki den Hubraum auf 1127 cm³ und die Leistung auf 138 PS an. Es blieb beim Fünfganggetriebe und der hydraulisch betätigten Kupplung.
Im Herbst 1991 bekam die GSX-R 1100 unter anderem leistungsstärkere Slingshot- Vergaser mit je 40 mm Durchlaß. Das Kühlsystem der ab 1993 angebotenen GSX-R 1100 W wies neben einem Wasser-/Glycol-Kühler auch einen luftgekühlten Ölkühler auf. Wichtigste Änderung für die Saison 1993: Der Hubraum

wurde auf 1074 cm³ reduziert (Bohrung × Hub: 75,5 × 60 mm), doch stieg die Leistung der ungedrosselten Version auf 155 PS. Auch preislich spielte die GSX-R 1100 W in der Oberliga: Im Mai 1992 verlangten Suzuki-Händler 18 305 DM (fast 3000 DM mehr als 1986) für die Hochleistungsmaschine, die in Deutschland nur 100 PS entwickelte.

Die GSX-R 1100 W, hier das 1992er Modell in der auf 100 PS gedrosselten Version, sah der GSX-R 750 W zum Verwechseln ähnlich, entließ die Abgase indes über eine Vier-in-zwei-Anlage. Die Sitzposition war sportlich, aber für Sozia/Sozius bequemer.

Fotos: S. 212 beide: Friedemann Kirn für Suzuki; S. 213: alle Archiv H.J. Schneider, Fotograf unklar (Scheibe, König?)

1993-1998

Suzuki RF 600 R

Drehorgel

Die RF 600 R war 1993 die Antwort auf die CBR 600 F von Honda, die als Maßstab für supersportliche, aber auch alltagstaugliche Motorräder galt. Als völlige Neukonstruktion wurde die Suzuki von einem sehr drehfreudigen Dohc-Vierzylindermotor mit Flüssigkühlung angetrieben.

Die Fotos auf dieser Doppelseite zeigen die RF 600 R bei der Präsentation Ende 1992 auf einer europäischen Rennstrecke. Das neutrale und sichere Fahrverhalten forderte zu forcierter Fahrweise heraus. Trotzdem war die 600er Suzuki auch im Kurzstreckenverkehr angenehm zu bewegen. Obwohl der 98-PS-Motor nach Drehzahlen gierte, lieferte er auch unterhalb von 4000 Touren genügend Leistung. Weil Leichtbau oberste Priorität gehabt hatte, war der Hauptständer weggelassen worden. Vollgetankt wog die Suzuki nur 218 kg.

Fotos: S. 214: Frank Ratering; S. 215 u, r: Friedemann Kirn für Suzuki

Ein Aufschrei ging um die Welt, als Honda 1991 mit der dritten Generation der CBR 600 F (Code PC 25) die erste 600er herausbrachte, die 100 PS leistete. Schon die erste CBR von 1986 (Code PC 19) war von manchen Leuten als Provokation empfunden worden. 100 Pferdestärken bei 600 cm^3 Hubraum – wollte die Industrie aus normalen Straßen Rennstrecken machen?

Es kam anders, auch wenn Kawasaki 1994 mit der ebenfalls 100 PS starken ZX-6R Ninja den Fehdehandschuh aufnahm und Yamaha 1996 mit der 105 PS produzierenden YZF 600 R Thundercat die Reizschwelle noch höher legte. Denn die Hochleistungssportler waren zwar extrem schnell und agil, im normalen Strassenverkehr aber dank überragender Fahrwerksqualitäten problemlos beherrschbar, zumindest für Könner mit ein paar Jahren Erfahrung im Sattel supersportlicher Motorräder.

Suzuki, im Rennsport sehr erfolgreich, konnte mit dem seit 1988 gebauten Sporttourer GSX 600 F (86 PS) nicht mehr mithalten und entwickelte daher eine völlig neue 600er: die RF 600 R, die Anfang 1993 mit 98 PS gleichzog. Auch der vergleichsweise niedrige Einstiegspreis von 13 490 DM war eine Kampfansage.

Hauch von Testarossa, aber entspannte Sitzhaltung

Die neue 600er war zunächst einmal stilistisch rundum gelungen, machte schon von außen großen Eindruck: *„Den japanischen Designern (...) ist es gelungen, Eleganz mit dynamischer Ausstrahlung zu kombinieren. Ein Schuß Aggressivität fehlt ebenfalls nicht“*, stellte der Autor im *„Motorradfahrer“* vom Mai 1993 fest. Schon beim Platznehmen markte man, daß die neue Suzuki ein sehr sportliches, aber kein extremes Motorrad war, denn die Beine mußten nicht allzu sehr angewinkelt werden, der Oberkörper blieb dank nicht zu tief angesetzter Lenkerstummel relativ aufrecht, und die Vollver-

Rechts: Die Instrumente wurden etwas abgedeckt, aber die Scheibe bot guten Windschutz. Die Standard-Telegabel mit 41-mm-Standrohren war in der Vorspannung einstellbar.

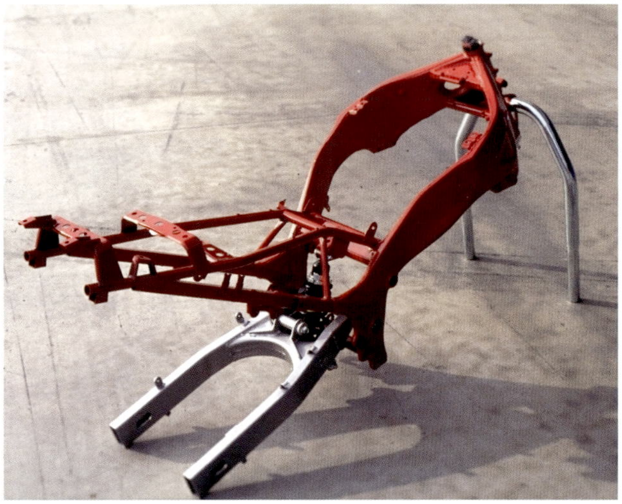

Die RF 600 R sah mit ihrer kreativ ausgestalteten Vollverkleidung verführerisch sportlich aus. Die „Kiemen“ an den Seiten erinnerten an die Lüftungseinlässe des Ferrari Testarossa. Der Kühler für die Wasser-Glycol-Mischung lag gut versteckt zwischen den Seitenteilen, und den Motorspoiler hatten die Designer harmonisch in die Silhouette integriert. Der zweite Sitz war eher ein Notbehelf.

Anders als bei der GSX-R 750 W bestand der Brückenrahmen nicht aus Leichtmetall, sondern aus miteinander verschweißten und lackierten Stahlblechprofilen. Auch die Zweiarm-Hinterradschwinge war aus Stahl, wurde über ein vielfach einstellbares Zentralfederbein angelenkt. Vorn besaß die Suzuki zwei 290 mm große Bremsscheiben, hinten einer 230er Scheibe.

Steckbrief Suzuki RF 600 R

Bauzeit	1993 bis 1998
Motor, Ventile/Zyl., Kühlung	Reihe 4, 4/Zyl., Dohc, flüssiggekühlt
Einheiten	keine Angaben
Hubraum, Bohrung x Hub	600 cm^3, 65 x 45,2 mm
Leistung	98 PS bei 11 500/min^{-1}
Gemischaufbereitung	4 Gleichdruckvergaser, 36 mm
Getriebe, Antrieb, Radstand	6-Gang, Kette, 1430 mm
Rahmen	Brückenrahmen Stahl, Motor mittragend
Vorderradführung	Telegabel, Standrohre 41 mm Ø
Hinterradführung	Stahlprofilschwinge, 1 Zentralfederbein
Bremsen vorn / hinten	2 Scheiben 290 / 1 Scheibe 230 mm
Reifen vorn / hinten	120/70 ZR 17 / 160/60 ZR 17
Leergewicht, betankt / Tank	218 kg / 17 Liter
Höchstgeschwindigkeit	226 km/h (Testwert)
Preis	13 490,- DM (Mai 1993)

kleidung mit ihrer aerodynamisch gut geformten Scheibe schützte gut vor Witterungseinflüssen. Der besondere Pfiff waren die kiemenartigen Lüftungsgitter an den Seiten – ein Hauch Ferrari Testarossa umwehte die sportliche Suzuki.

Hochdrehzahlfester Dohc-Vierzylinder

Wie schon angedeutet, war es bemerkenswert, daß es sich mit dem Dohc-Viertzylindermotor, der seine 98 PS erst bei 11 500/min^{-1} erreichte, sogar im Stadtverkehr zivilisiert fahren ließ. Bei niedrigen Drehzahlen hatte das Triebwerk zwar keinen besonderen Biß, rukkelte und giftete dafür aber auch nicht: *„Ab 2000/min^{-1} kann normal,*

Oben: Die RF 600 R im Test für den „Motorradfahrer" vom Mai 1993, im Sattel Redakteur Hans König. Unten: ein Exemplar mit abgenommenen Verkleidungsteilen, das während der Präsentation ausgestellt war.

ab 4000 Touren zügig beschleunigt werden. Ab 6500/min^{-1} stürmt die RF gehörig los, erreicht bei 9500/min^{-1} das maximale Drehmoment von (spärlichen) 62 Nm. Erst bei 13 500/min^{-1} beginnt der rote Bereich. Wir haben es also mit einer drehzahlorientierten, keineswegs aber ‚spitzen' Charakteristik zu tun. (...) Am besten geht sie, wenn die Nadel des Drehzahlmessers zwischen 8000 und 12 000 steht. Das gut abgestufte Sechsgang-Getriebe verführt zusätzlich dazu, die Möglichkeiten des hochdrehenden Dohc-16-Ventilers auszuschöpfen, so oft es überhaupt nur geht." Dann wurde die Straße doch zur Rennstrecke. Ein bißchen.

Oben: In Rot sah die RF 600 R besonders aggressiv aus. Das Foto entstand bei Testfahrten für „Motorrad News".

Unten: rennsporterfahrener Journalist bei schneller Kurvenfahrt während der Präsentation Ende 1992.

Mit 3,8 Sekunden von 0 auf 100 km/h erzielte die 600er einen Spitzenwert, und erst bei 226 km/h (Testwert solo) war Schluß mit dem Vorwärtsdrang. Technisch war der Motor eine vollständige Neuentwicklung nach Art des GSX-R 750 W-Triebwerks, also mit Flüssigkühlung, die sogar das Ölfiltergehäuse miteinbezog. Dies bewirkte, daß sogar auf langen Autobahnstrecken mit Vollgas gefahren werden konnte, wenn es der nach der Wiedervereinigung stark angestiegene Verkehr erlaubte. Wie beim 750er Motor wirkten die beiden obenliegenden Nockenwellen über Tassenstößel auf die Ventile, und die Kolben wurden von unten durch Spritzöl gekühlt. Nicht mehr zeitgemäß war die Gemischbildung durch vier 36er Gleichdruckvergaser und die entsprechend hohen Verbräuche: durchschnittlich 8,4 l/100 im Test – ein Rekord in dieser Klasse.

Erstmals Umwelt-Paß in einem Magazin

Die Sorglosigkeit des Herstellers brachte mich, damals Chefredakteur *„Motorradfahrer"*, auf die Idee, ohne Absprache mit Verleger Reiner H. Nitschke einen „Umwelt-Paß" für Motorräder einzuführen. Die RF 600 R war das erste Opfer und schnitt in allen Belangen schlecht ab. Abgasentgiftung und Benzindampfrückführung gab es nicht, der Verbrauch wurde als ressourcen- und atmosphärenschädigend bezeichnet, der Auftritt als aggressiv, die Wirkung auf den Fahrer als *„forcierend"*. Und die Kunststoffteile konnten nicht recycelt werden. Suzuki-Importeur Poensgen tobte, als er das las, und auch der Verleger ärgerte sich. Da ich dies hatte kommen sehen, hatte ich meine Kündigung bereits vorbereitet und schickte sie umgehend ab. Heute gehört die Beurteilung der Umweltverträglichkeit längst zum Grundrepertoir jeder Berichterstattung über Fahrzeuge.

Zurück zum Handfesten. Leichter Brückenrahmen und mittragender Motor sowie Kastenschwinge aus verschweißten Preßstahlprofilen, verstellbares Zentralfederbein hinten und normale Telegabel mit 41er Standrohren waren gängiger (und günstig herzustellender) Standard. Federung und Dämpfung waren sportlichstraff eingestellt, was den Komfort minimierte, aber Schwächen in puncto Kurven- und Geradeauslaufstabilität erfolgreich unterdrückte. *„Die RF 600 R läßt sich geradezu spielerisch durch Kurvenkombinationen aller Art manövrieren, kennt keine Lastwechselreaktionen, gestattet bis zu einem gewissen Maß Korrekturen der Schräglage."* Selbst Querrillen und holprige Streckenabschnitte ließen die vollgetankt nur 218 kg schwere Suzuki kalt, und auf der Autobahn lief sie wie am Schnürchen gezogen. Bei Volldampf genügte es, den Kopf ein bißchen herunterzunehmen, um in den Genuß des Windschutzes durch die Scheibe zu kommen. Eine gewisse Seitenwindempfindlichkeit war indes nicht wegzudenken, auch die Verarbeitungsqualität war nicht wirklich top. Dafür funktionierte die Dreischeiben-Bremsanlage optimal.

Mein Fazit damals: *„Vielleicht ist es ja wirklich zu viel verlangt, ein Motorrad haben zu wollen, das gleichzeitig preiswert und stark ist, toll aussieht und außerdem auch noch Qualitätsmaßstäbe setzt. Guter Durchschnitt ist ja auch nicht übel."*

Vielen Interessenten schien das aber nicht zu genügen. In der Zulassungs-Hitliste für den Zeitraum Januar bis Oktober 1993 lag die RF 600 R mit 1841 verkauften Einheiten nur auf Platz 30, weit abgeschlagen hinter der Honda CBR 600 F mit fast doppelt so vielen Neuzulassungen – 3404. Im Februar 1994 kostete die Suzuki mit 14 390 DM 900 DM mehr als bei der Einführung, was nicht verkaufsfördernd war.

Fotos: S. 218 beide: Friedemann Kirn für Suzuki; S. 219 alle: Frank Ratering

Auch legendär: RF 900 R

1994-1996: 937 cm³, 100 PS

An was denkst du, wenn die Tachonadel auf der Autobahn auf die 250 (oder mehr) zueilt? An Frau und Kind? Solltest du. Aber an was denkst du wirklich? Hoffentlich sind alle Schrauben fest, hoffentlich halten die Reifen, hoffentlich springt die Kette nicht ab, hoffentlich schert niemand aus von der rechten auf die linke Spur, also auf deine, hoffentlich kein plötzlicher Seitenwind, hoffentlich... Und was tust du? Du duckst dich maximal hinter den Windschutz, versuchst, die Fahrbahn im Auge zu behalten, die immer schmaler wird und die vibrierenden Instrumente, bis... die Nadel endlich auf 250 stehst. Das wolltest du ja. Erleichtert? Nein. Erst wenn du den Gashahn wieder zugedreht hast und bis du mit gemütlichen 200 dahinrollst.

So geschehen im Juli 1994 auf der A1 zwischen Nürburgring/Blankenheim und Euskirchen/Nordeifel am Lenker einer fast fabrikneuen Testmaschine vom Typ Suzuki RF 900 R. Das Monster in dir will das Monster mit den vier Zylindern besiegen. Hat geklappt an jenem Tag, als ich die RF 900 R fuhr. Danach maßen wir eine Höchstgeschwindigkeit von echten 231 km/h – der Tacho zeigte dabei 252 an. Ich ärgerte mich ein wenig.

Das Faszinierende an diesem Motorrad, das in Deutschland 98 PS bei 11 500/min^{-1} leistete, waren die Gutmütigkeit und die Handlichkeit. Selbst bei Vollgas im fünften Gang behielt man die

Die RF 900 R hatte auf der IFMA 1993 ihre Premiere. „Motorrad News"-Redakteur Wulf Weis hatte das Superbike fest im Griff, scheute vor maximalen Schräglagen nicht zurück. Nicht nur in schnellen Kurven, sondern auch auf der Autobahn war die große Suzuki beeindruckend fahrstabil.

Kontrolle und vertraute auf die komplexe Technik mit dem flüssiggekühlten Vierzylinder-Vierventil-Motor, der die neueste Variante der mit der GSX-R 750 W und der RF 600 R eingeläuteten Bauart war. Man wußte damit bereits, daß die Maschine standfest war und sogar im niedrigen und mittleren Drehzahlbereich gut fahrbar. *„Die RF 900 R ist ein Superbike zum Anfassen. Sie hat Power, aber keine Allüren, sieht modern aus, wirkt aber nicht überzogen stilisiert, ist sauschnell, aber trotzdem komfortabel"*, schrieb ich im „MN"-Test vom August 1994. Bemerkenswert war auch der Preis von 17 990 DM – eine Menge Geld, aber 2000 DM weniger als die ZX-9R Ninja von Kawasaki. Suzuki hat kostengünstig, aber nicht billig produziert: Rahmen und Schwinge bestanden wie bei der RF 600 R nicht aus Leichtmetall, sondern auch hochfesten Stahlprofilen, wie sie auch im japanischen Sportwagenbau eingesetzt wurden. Der Hinterreifen war ein Zoll breiter als bei der 600er, ansonsten ähnelten sich die beiden Modelle wie Zwillinge. Der Durchschnittsverbrauch war mit 6,9 l/100 km sogar niedriger als bei dem kleineren Motorrad. Die RF 900 R war ein faires Angebot für Leute mit Freude am (schnellen) Fahren.

1992-2000

Suzuki VS 800 Intruder

Ausstieg auf Zeit

Die VS 800 war mit ihrem perfekten Chopper-Styling ein Traummotorrad ihres Genres, zudem unkompliziert, wartungsarm und nicht überteuert. Fürs Bummeln und Langsamfahren reichte der Komfort allemal, doch Schnellstraßen galt es zu meiden.

Schöner konnte ein Großserien-Chopper nicht sein. Lange, relativ dünne Gabel, großes 21-Zoll-Vorder- und fettes 15-Zoll-Hinterrad waren artgerecht. Der im linken Schwingenholm laufende Kardanantrieb war wartungsfrei, die Sitzbank fand ihren Abschluß in einer stilechten Sissy-Bar. Die Bremsanlage war mit nur einer Scheibe vorn und einer Trommel hinten eher schmächtig.

Fotos: S. 220, 221 alle: Winni Scheibe

1992-1999

Suzuki DR 350 SHC

Springinsfeld

Mit ihrer hydraulischen Sitzhöhenverstellung hatte die DR 350 SHC allen anderen Enduros gegenüber die Nase vorn. Auch ansonsten machten das hervorragende Fahrwerk und der drehfreudige Vierventil-Motor die Suzuki zu einem spaßigen Universalmotorrad für den Stadtverkehr wie fürs Fahren auf rauhen Pisten.

Zu den erfolgreichsten Modellen der Enduro-Geschichte gehört die DR 350-Serie von Suzuki. Was 1990 mit der DR 350 S begann, wurde 1992 mit der DR 350 SHC perfektioniert, um nicht zu sagen überhöht: Denn die SHC-Variante, die wir im Februar 1992 für den *„Motorradfahrer"* testen konnten, besaß ein für Motorräder völlig ungewöhnliches Detail – eine hydraulische Sitzhöhenverstellung, die es kleineren Fahrern leichter machte, beim Anhalten mit den Füßen auf den Boden zu kommen. Per Handrad und über ein raffiniertes System, mit dem Hydrauliköl zwischen den Federelementen und einem Ausgleichsbehälter hin und her gepumpt werden konnte, ließ sich die Sitzhöhe von 885 auf 845 mm absenken – und dies blitzartig, wenn es auf schwierigen Passagen plötzlich nötig war. Auf normalem Untergrund ließ sie sich dann ebenso schnell und einfach wieder erhöhen.

Mit einer Bodenfreiheit von maximal 290 mm und langen Federwegen (vorn 270, hinten 280 mm) war die zierliche, vollgetankt 144 kg leichte Suzuki absolut off-road-tauglich. Bei unserer SHC-Testmaschine war eine teure Upside-Down-Telegabel verbaut. Das Grundmodell S und ab 1994 den Typ DR 350 SE hatte Suzuki aus Kostengründen mit einer Standard-Telegabel ausgerüstet. Hinten operierte eine Leichtmetall-Kastenschwinge, die mit einem stufenlos verstellbaren Öldruck-Zentralfederbein verbunden war. Beim knallfarben lackierten Rahmen handelte es sich um eine leichte Rundrohrkonstruktion mit zwei gabelförmig angeordneten Unterzügen. Die Speichenräder waren mit Dunlop-Pneus der Größen 80/100 x 21 und 110/90 x 18 bestückt. Tester Peter Mergelkuhl war von der Vielseitigkeit der DR 350 SHC begeistert: *„Die enorme Handlichkeit macht sich auf verwinkelten Landsträßchen mit engen Kurven besonders bezahlt. Die langhubigen Federelemente sorgen dabei für fürstlichen Fahrkomfort. Das Asphaltband kann für diese Maschine gar nicht schmal und holprig genug sein, selbst in der Low-Stellung hat die Suzuki mit Unebenheiten keine Probleme."*

Auch im Stadtverkehr war die Suzuki ein nahezu ideales Gefährt, wobei der Hydraulik-Verstellknopf getrost auf Low bleiben

Die knapp 8000 DM teure DR 350 SHC (Suzuki Height Control) war mit ihrem höhenverstellbaren Fahrwerk einzigartig und ideal für kleinere Leute. Vorn sorgte eine teure Upside-Down-Gabel für Komfort und Spurhaltung, hinten operierte eine LM-Schwinge mit Zentralfederbein. Die knapp geschnittene Sitzbank war aber nicht besonders soziustauglich. Gut ablesbar: die Rundinstrumente.

konnte. Mergelkuhl zögerte aber auch nicht, eine 400-km-Etappe auf einem Straßenmix inklusive Autobahn abzuspulen. Hier zeigten sich die Grenzen der Maschine: schlechter Knieschluß am kleinen 9,0-Liter-Tank, zu harte und zu dünn gepolstere Sitzbank. Zudem war die Reichweite sehr gering: Bei einem Durchschnittsverbrauch von 5,2 l/100 km mußte schon nach 120 km nach einer Tankstelle Ausschau gehalten werden. Für Schnellstraßen war die DR mit 127 km/h Spitzengeschwindigkeit kaum geeignet, auch mochte sie keine Längsrillen. Auf der Habenseite waren die gut ablesbaren Instrumente, das helle H4-Licht und die großen Rückspiegel. Einen Hauptständer vermißte man nicht, aber einen Gepäckträger.

Noch ein Wort zum Antrieb, der dem Suzuki-Standard in der Enduro-Kategorie entsprach: Die DR 350 SHC wurde von einem 27 PS (bei 7600/min^{-1}) starken, luftgekühlten-Vierventil-Einzylinder mit 349 cm^3 Hubraum, einer obenliegenden Nocken- und einer vibrationsdämpfenden Ausgleichswelle auf Trab gebracht. Nach hinten wurde die Motorkraft über ein Sechsgang-Getriebe und eine O-Ring-Kette weitergegeben.

Kaltstartversuche mochte die kleine Suzuki nicht besonders. Es empfahl sich, den Kickstarter zunächst ohne eingeschaltete Zündung vier-bis fünfmal durchzutreten. Auch mit Zündung mußte nach jedem Tritt der Dekompressionshebel neu betätigt werden, sonst sprang der Motor nicht an. Dann aber konnte der Chokehebel nach wenigen hundert Metern Fahrt zurückgedrückt werden. Dank Trockensumpfschmierung vertrug der Einzylinder Drehzahlen bis 9000/min^{-1}, lieferte aber schon ab 3500 Touren gut verwertbare Leistung. Die unteren drei Gänge des Getriebes waren sportlich-kurz abgestuft, während der lange sechste Gang fast schon Schoncharakteristik besaß: Bei 120 km/h drehte die Kurbelwelle nur 6700/min^{-1} – weit unterhalb des roten Bereichs.

Suzuki hatte mit der DR 350 SHC eine optimale Synthese aus Alltags- und hoher Geländetauglichkeit auf die Räder gestellt: *„Diese Maschine ist dank geringem Gewicht und hervorragendem Fahrwerk ein handliches Spaßmobil sowol on- als auch off-road. Sie ist gleichermaßen für kleine wie für große Fahrer geeignet und präsentiert sich dank SHC-System als gelungenes Stadtfahrzeug – was will man mehr?"* Mit 7950 DM war die Suzuki zudem erschwinglich. Die Standard-S-Version kostete sogar 700 DM weniger. Für Leute, die an Wettbewerben teilnehmen wollten, hielt Suzuki eine dritte Variante DR 350 N mit verstärkten Rädern und Federelementen, sechs PS mehr Leistung und 20 kg weniger Gewicht bereit.

Steckbrief Suzuki DR 350 SHC

Bauzeit	1992 bis 1999
Motor, Ventile/Zyl., Kühlung	Einzylinder, 4/Zyl., Ohc, luftgekühlt
Einheiten	keine Angaben
Hubraum, Bohrung x Hub	349 cm^3, 79 x 71,2 mm
Leistung	27 PS bei 7600/min^{-1}
Gemischaufbereitung	1 Flachschiebervergaser, 33 mm Durchlaß
Getriebe, Antrieb, Radstand	6-Gang, Kette, 1485 mm
Rahmen	Einrohrrahmen Stahl, 2 Unterzüge
Vorderradführung	Upside-Down-Gabel, Gleitrohre 41mm Ø
Hinterradführung	Zweiarmschwinge, 2 Federbeine
Bremsen vorn / hinten	1 Scheibe 250 / 1 Scheibe 220 mm
Reifen vorn / hinten	80/100 x 21 / 100/90 x 18
Leergewicht, betankt / Tank	244 kg / 9,0 Liter
Höchstgeschwindigkeit	127 km/h (Testwert)
Preis	7950,- DM (März 1992)

Fotos: S. 224, 225 alle: vermutlich Hans König

1990-1999

Suzuki DR 800 S Big

Thors Hammer

Die 1990 präsentierte DR 800 S Big war ein Schock für die Enduro-Konkurrenz: Der hubraumgewaltige Einzylinder-Motor stampfte alles andere in Grund und Boden. Doch trotz ihrer riesigen Abmessungen und des hohen Gewichts war die Suzuki fahrstabil und komfortabel.

Auch das Design der mächtigen DR 800 S Big sprengte den gewohnten Rahmen. Ungewöhnlich war vor allem der vorspringende Zusatzkotflügel, der gern als „Entenschnabel" oder „Elefantenrüssel" veräppelt wurde. Rechts: Die Kraft der 50 Pferde reichte locker, um die große Enduro vorn hochgehen zu lassen. Ansonsten war sie gut beherrschbar.

Fotos: S. 230, 231: Winni Scheibe

„Genug ist genug", sagt man, wenn es reicht. Suzuki, 1887 in der Nähe von Hamamatsu mit der Herstellung von Webstühlen gestartet und seit 1952 Produzent motorisierter Zweiräder, reichte es Ende der 1980er Jahre nicht mehr, der ewige Verfolger der drei anderen glorreichen japanischen Motorradmarken zu sein. Vor allem bei den Halbliter- und 600er Enduros hatte die Konkurrenz die Nase vorn. Daher dachte man bei Suzuki einfach mal groß, damit es reichte, Honda, Kawasaki und Yamaha zu schlagen und präsentierte 1990 mit der DR 800 S Big die hubraumgrößte Einzylinder-Enduro der Welt. Erst jetzt reichte es. Auch die 800er Gelände-Boxer von BMW mit ihren zwei Zylindern waren nicht stärker.

Bei einem Hubraum von 779 cm³ und einem Verhältnis von Bohrung zu Hub von 105 x 90 mm wie bei einem Flugmotor produzierte der mächtige, luft-/ölgekühlte Single wie die BMW R 80 GS 50 PS, und dies bei bescheidenen 6600/min⁻¹. Drehmoment war ebenfalls reichlich vorhanden: 59 Nm bei 5400/min⁻¹. Wie es sich schon zu jener Zeit gehörte, verfügte der Leichtmetallmotor im Zylinderkopf über eine obenliegende, kettengetriebene Nockenwelle und vier Ventile. Zwei Mikuni-Flachschiebervergaser mit je 33 mm Durchlaß versorgten die Dampfmaschine mit Benzin-Luft-Gemisch, und dies reichlich: Bei der von uns im November 1990 getesteten Maschine (Test im *„Motorradfahrer"* 12/1991) saugte der dicke Kolben bis zu 7,56 Liter Benzin auf 100 km an; im Durchschnitt waren es immer noch 6,65 l/100 km. Immerhin garantierte der in die mächtige Halbverkleidung integrierte Tank mit seinem Volumen von 24 Litern Reichweiten von über 300 km.

Gestartet wurde der gewaltige Einzylinder per elektrischem Anlasser, einen Kickstarter gab es nicht. *„Zunächst mäßig polternd,*

Mit ihrem Radstand von 1520, ihrer Gesamtlänge von 2335 und ihrer Höhe von 1400 mm war die DR 800 S eine imposante Erscheinung. Der Prallschutz unter dem Ohc-Vierventil-Motor war serienmäßig. Schön und zweckmäßig: die Instrumente und der Windabweiser.

Links: Die 222 kg schwere Suzuki erwies sich als bemerkenswert handlich und ließ sich auch im Gelände gut beherrschen. Stark: die Bremsen.

dann mit zunehmender Drehzahl immer kräftiger trommelnd nimmt der Motor seine Arbeit auf." Doch trotz der beiden Ausgleichswellen neigte er dazu, sich unterhalb von 2500/min^{-1} zu schütteln – kein Wunder bei den bewegten Massen. Bei höheren Drehzahlen hielt sich die Schüttelei in Grenzen, aber trotzdem dröhnte es permanent: *„Ich bin der Hammer und hämmere für mein Leben gern."*

Vollgas auf der Autobahn mit bis zu gemessenen 167 km/h mochte die Groß-Enduro konzeptbedingt selbstredend nicht. Da bemühten sich die Bridgestone-Universal-Pneus vergeblich um den richtigen Geradeauslauf. Wem's dann mulmig wurde, konnte die Fuhre wirksam mit den großen Lochscheiben herunterbremsen – 300 und 250 mm Durchmesser lagen über dem Durchschnitt.

Äußerlich machte die eigenwillig geformte Kunststoffschale mit ihren großen seitlichen Luftschächten und dem schnabelförmigen Zusatzkotflügel unter Rechteckscheinwerfer und schmalem Windabweiser die DR 800 unverwechselbar. 1993 stellte BMW die R 1100 GS vor, die ebenfalls diesen Entenschnabel besaß. Bei Testfahrten in Deutschland und Südspanien war der Autor von den guten Fahreigenschaften der vollgetankt immerhin 222 kg schweren DR Big recht angetan: *„Zu den größten Vorzügen der Suzuki gehört der überdurchschnittliche Fahrkomfort. Davon können sich andere Groß-Enduros dieser Hubraumklasse eine Scheibe abschneiden (jawohl, auch die mit den beiden seitlich abstehenden Zylindern). Die konventionelle, hydraulisch gedämpfte Telegabel steckt selbst Schlaglöcher übelster Sorte spielend weg und bügelt im Verein mit der zentral über Umlenkhebel abgefederten Hinterradschwinge nahezu jede Naturpiste glatt."* Die langen Federwege von 240 und 220 mm leisteten dazu natürlich ihren Beitrag. In Kurven mit schmierigem

Steckbrief Suzuki DR 800 S Big

Bauzeit	1990 bis 1999
Motor, Ventile/Zyl., Kühlung	Einzylinder, 4/Zyl., Ohc, öl-/luftgekühlt
Einheiten	keine Angaben
Hubraum, Bohrung x Hub	779 cm³, 105 x 90 mm
Leistung	50 PS bei 6600/min^{-1}
Gemischaufbereitung	2 Mikuni-Vergaser, 33 mm Durchlaß
Getriebe, Antrieb, Radstand	5-Gang, Kette,1520 mm
Rahmen	Einrohrstahlrahmen, 2 Unterzüge
Vorderradführung	Teleskopgabel, Standrohre 40 mm Ø
Hinterradführung	Zweiarmschwinge, Zentralfederbein
Bremsen vorn / hinten	1 Scheibe 300 / 1 Scheibe 250 mm
Reifen vorn / hinten	90/90 x 21 / 130/80 x 17
Leergewicht, betankt / Tank	222 kg / 24 Liter
Höchstgeschwindigkeit	167 km/h (Testwert)
Preis	9690,- DM (Mai 1992)

Untergrund neigte die DR 800 indes dazu, zu untersteuern, d.h. sie schob über das eingeschlagene Vorderrad hinweg weiter geradeaus – Tribut an das voll beladen bis zu 425 kg große Gewicht. Doch sie vertrug große Schräglagen – wenn der Fahrer sich das bei einer Sitzhöhe von 875 mm traute.

Auf der Straße überraschte das ketten- und fünfganggetriebene Schwergewicht durch beste Allround-Qualitäten, zufriedenstellende Handlichkeit und geringe Lastwechselreaktionen. Nicht mal die in Aluminium gefaßten Rundinstrumente und die gut plazierten Kotrolleuchten gaben Anlaß zur Kritik. Mein Fazit damals: *„Bei einem Preis von 9690 Mark ist die DR 800 S trotz der kleinen Schwächen ein interessantes Angebot für alle, die sich keine BMW GS leisten können oder aus anderen Gründen auf Kriegsfuß mit den Bayern stehen. An Zuverlässigkeit und Verarbeitung steht die Suzuki dem deutschen Produkt nach unseren Beobachtungen nicht nach. In puncto Komfort ist sie der GS sogar überlegen."*

Auch legendär:

DR 650

1990-2000: 641cm³, 45 PS

Oben: DR 650 R ohne E-Starter von 1990. Der 45-PS-Motor hatte Dampf im Überfluß. Lange Federwege sorgten für Komfort.
Unten: DR 650 SE mit E-Starter von 1996, Kurzhubzylinder, LM-Schwinge, stärkerer Telegabel und auf 165 kg reduziertem Gewicht.

Als Nachfolgerin der Suzuki DR 600 erschien 1990 die rundum verbesserte DR 650. Sie war die Antwort auf Konkurrenzmodelle wie die Honda NX 650 Dominator oder die Yamaha XT 60 (später XT 660). Es gab sie in der unverkleideten Version DR 650 R und als DR 650 RS mit rahmenfester Verschalung. Beide Modelle wurden später mit E-Starter ausgerüstet (DR 650 RSE/RE). 1996 brachte Suzuki die DR 650 SE mit neuem Motor heraus.
Beim Grundmodell DR 650 R mit Kickstarter hatte man alles Überflüssige weggelassen, sie war eine voll geländetaugliche Enduro mit langhubigen Radführungen und relativ geringem Gewicht (175 kg vollgetankt). Der Ohc-Einzylinder-Motor war technisch genauso aufgebaut wie das Triebwerk der DR 800, hatte zwar nur einen Hubraum von 641 cm³, war aber mit 45 PS bei 6800/min^{-1} sehr leistungswillig und sprintstark. Im Test maßen wir eine Spitze von 160 km/h. Alles in allem waren die 650er DR-Modelle von Suzuki äußerst handliche und fahrsichere Motorräder.

Fotos: S. 228 alle: Winni Scheibe; S. 229 o: Hans J. Schneider; S. 229 u: Suzuki Presse

1990-1998

Triumph Trident 750/900

Gegenoffensive

Nach Jahren wechselvoller Geschichte präsentierte die neu gegründete Triumph Motorcycles Ltd. 1990 eine ganze Palette moderner Maschinen mit neu entwickelten Drei- und Vierzylindermotoren. Basismodelle waren die Trident-Zwillinge 750 und 900.

Trident 900 (oben) und Trident 750 (Fahraufnahme rechts) waren technisch weitgehend identisch, abgesehen von Hubraum und Leistung.

Rechts: der Autor auf einer in Meriden produzierten Tiger 750 mit 46 PS im Frühjahr 1978.

Fotos: S. 230: Michael Fuchs; S. 231 ol, u: Hans König; S. 231 o: „Auto Zeitung" 1978, Willi Bister

Totgesagte leben nicht nur länger, sie können auch wiederauferstehen, sogar mehrmals. Bestes Beispiel ist die englische Motorradmarke Triumph, die 1884 vom Nürnberger Triumph-Gründer Siegfried Bettmann in London als Importfirma für seine deutschen Fahrräder gegründet wurde, 1902 in Coventry das erste Motorrad (mit belgischem Minerva-Motor) herstellte, 1904 mit der Entwicklung eigener Motoren begann und 1913 das deutsche Stammwerk abspaltete. Das große Geschäft war ab 1915 die Lieferung von 30 000 Exemplaren des 500er Einzylindermodells Trusty an die alliierten Streitkräfte, die Deutschland im Ersten Weltkrieg bekämpften; 57 000 Einheiten dieses Typs insgesamt verließen die Fabrik.

Der erste 500er Parallel-Twin kam 1937 mit der Speed-Twin 5T auf den Markt, die bereits die klassische Bauweise zeigte, die für die folgenden 40 Jahre stilbildend war. Legendär sind auch die Modelle Tiger T 100 und die 350er Touring 3 T aus der Vorkriegszeit. Zum ersten Mal starb Triumph, als das Werk in Coventry am 14. November 1940 von der deutschen Luftwaffe völlig zerstört wurde. Unmittelbar danach begann der Aufbau eines völlig neuen Werks in Meriden (West Midlands), in dem bis zum Kriegsende 49 700 Motorräder, die meisten fürs Militär, die Fabrik verließen.

Die Produktion ziviler Exemplare der Modelle von 1937, jetzt mit ölgedämpften Telegabeln, wurde 1946 wieder aufgenommen. Mit der Speed Twin gewann Ernie Lyons im gleichen Jahr den Manx Grand Prix auf der Isle of Man. 1951 wurde die Triumph Cycle Company an den britischen Motorradhersteller BSA verkauft, blieb aber als eigenständige Marke erhalten.

1955 stellte Johnny Allen auf einem Triumph-Prototyp mit 345,2 km/h auf dem Lake Bonneville in Utah einen neuen Geschwindigkeitsweltrekord für Motorräder auf, der bis 1970 hielt. Logischerweise hieß dann auch ein 1959 vorgestelltes neues Modell mit 650er Twin „Bonneville".

Zu den erfolgreichsten Typen gehörte auch die von 1949 bis 1964 hergestellte Thunderbird 650 mit 34 PS, die sich vor allem in den USA bestens verkaufte. Triumph-Motorräder waren ständig auf der Kino-Leinwand präsent, unter anderem in Filmen mit Steve McQueen, Marlon Brando oder Clint Eastwood. Besonders das Rocker-Drama *„The Wild One"* von 1953, in dem Marlon Brando eine 650er Thunderbird 6T fuhr, brannte sich ins kollektive Gedächtnis ein. In den frühen 1960ern war Triumph Engineering Co. Ltd. der größte Motorradhersteller der Welt.

Der Abwärtstrend begann Ende der 1960er unter dem Ansturm der japanischen Motorradindustrie. Triumph-Motorräder waren im Vergleich zu einer Honda CB 750 veraltet, die dreizylindrige Trident 750 erschien erst 1969 und damit zu spät. Um nicht unterzugehen, fusionierte der BSA-Konzern zusammen mit Norton-Villiers zu Norton-Villiers-Triumph (NVT). 1973 sollte das Werk in Meriden geschlossen werden, was dazu führte, daß die Fabrik von der Belegschaft bis November 1974 besetzt, bis März 1975 bestreikt und dann als Kooperative weitergeführt wurde.

Der Dreizylindermotor der Trident 900 (links) leistete 100 PS, die Trident 750 (oben) kam dem mit 97 PS sehr nahe, brauchte aber für zügiges Fahren deutlich höhere Drehzahlen. Der Motor hing hier wie da in einem Brückenrahmen aus Stahl, die Abgase gingen in einer Drei-in-zwei-Anlage ins Freie. Auch von vorn wirkten die beiden Modelle sportlich-schlank und stilistisch ausgewogen.

1978 konnte der Autor die letzten von der Arbeiter-Kooperative der Meriden Motorcycles Ltd. zusammengeschraubten Klassiker für die *„Auto Zeitung"* testen: die Tiger 750 mit 46 und die Bonneville 750 mit 49 PS, beide wohlfeil für je 5795 DM. Ein unvergeßliches Erlebnis. Die Tiger überführte er auf Achse über gut 400 km zurück zum damaligen Importeur Gebr. Wüst in Heuchlingen. Er war danach geschüttelt und gerührt.

Doch fünf Jahre später war die Kooperative zahlungsunfähig. Trotzdem stand Triumph kurz danach zum zweiten Mal wieder von den Toten auf: Noch 1983 erwarb der Unternehmer John Bloor zusammen mit dem alten Werksgelände auch die Markenrechte an Triumph. 1984 gründete er die Bonneville Coventry Ltd., gleichzeitig begann die Entwicklung einer völlig neuen Produktfamilie. Das alte Werk in Meriden wurde aufgegeben und abgerissen. 1987 baute Bloor in Hinckley/Leicestershire „auf der grünen Wiese" neue Fabrikationsanlagen. Und hier begann die Geschichte der neuen Triumph Motorcycles Ltd., die von Grund auf völlig neue Modelle mit moderner Motor- und Fahrwerkstechnik entwickelte, sie aber nach den legendären Typen der Vorzeit benannte und sie entsprechend nostalgisch gestalten ließ. Auf der IFMA 1990 stellte die neue Triumph Motorcycles Ltd. die ersten Modelle vor: Trident 750 und 900, Daytona 750 und Trophy 900 jeweils mit Dreizylindermotor sowie die 1000 Four und Trophy 1200 jeweils mit Vierzylindermotor. Der Neuanfang wurde bejubelt und als Sensation gefeiert.

Die dritte Katastrophe mündete abermals in eine Wiederauferstehung. Kaum hatten die neuen Modelle weltweit Anerkennung gefunden, schlug der Feuerteufel zu: Ein Großbrand zerstörte am 15. März 2002 das Werk von 1987, in dem sich bis dahin ein Großteil der Produktionsanlagen befunden hatte. Wikipedia: *„Das Feuer zerstörte die gesamte Endmontage, viele Werkzeugmaschinen, die Spritzgussabteilung, den Versand und die Abteilung zur Pulverbeschichtung. Die Büros, die Kurbelgehäuse-, Zylinder- und Motorenfertigung sowie die Lackiererei wurden durch den Rauch stark beschädigt..."* Letztendlich mußte die gesamte Fabrikanlage abgerissen werden. Doch wie gesagt: Totgesagte... Alles wurde wieder aufgebaut, am 16. September 2002 konnte die Arbeit von neuem aufgenommen werden.

Trident 750 und 900 im Test

Die heute ebenfalls schon legendären Triumph-Modelle der 1990er Jahre, die wir in diesem Buch vorstellen, wurden alle vor dem Großbrand produziert – und von uns auf englischen und deutschen Straßen getestet, so auch die beiden Trident-Modelle 750 und 900, die beide von Anfang an mit dabei waren. Mit 14 650 DM (1990) war die 750er als relativ preisgünstiges Modell der Türöffner für den Einstieg in die neue Triumph-Welt. Die Trident 900, die als Sensation auf der IFMA 1990 gestanden hatte, war fast 1000 DM teurer. Beide Trident-Varianten waren bis auf den Hubraum nahezu baugleich. Daher gelten viele Anmerkungen in diesem Porträt auch für beide Modelle.

Die Trident 750er fuhren wir im Winter 1992/93 teilweise bei Dauerforst von minus acht Grad, und selbst dabei sprang der hochgezüchtete Dohc-Dreizylinder mit seinen beiden obenliegenden Nockenwellen und den vier Ventilen pro Zylinder sofort an. Doch vor dem Losfahren mußte man das 97 PS starke, komplett neu konstruierte, flüssigkeitsgekühlte Triebwerk warmlaufen lassen (die Trident 900 lieferte 100 PS). Im Normalbetrieb deutlich über null Grad tat sich bei der 750er unterhalb von 3500 Touren nicht viel, selbst bei kurzem Dauervollgas wurde der Dreizylinder nicht richtig warm. Die Gründe: zu groß dimensionierter Kühler und schlecht abgestimmte 36er Mikuni-Gleichdruckvergaser. Triumph Deutschland rüstete ab Februar 1993 alle Kundenmaschinen kostenlos mit neuen Vergasern aus. Die 900er hatte nicht dieses Problem und legte schon ab 3000 Touren mächtig los.

Die von den 885 cm^3 des 900er Modells auf 748 cm^3 Hubraum reduzierte Leistung der Trident 750 war am besten durch häufiges Schalten des gut abgestuften Sechsganggetriebes (beide Modelle) hochzuhalten. Dann erreichte der Motor seine Nenndrehzahl von 9750/min^{-1} – beachtlich, aber weit entfernt vom Hochdrehzahlkonzept z.B. einer Suzuki GSX-R 750 W. Die im Herbst 1992 getestete Trident 900 erreichte ihr maximales Drehmoment von 81 Nm schon bei 6500/min^{-1}, während der 750er Dreizylinder nur 74 Nm entwickelte, und dies erst bei 8250 Touren. Bei Vollgas im sechsten Gang schaffte die kleine Trident 200 km/h, was in dieser Klasse eher mittelmäßig war (Trident 900: 208 km/h). Beide Motorvarianten liefen dank ihrer beiden Ausgleichswellen bei hohen Drehzahlen vibrationsfrei, fast turbinengleich. Weniger schön war der beachtliche Durst: Die Trident 750 konsumierte im Mittel 7,2 Liter Benzin auf 100 km und maximal sogar 12,2 l/100 km (wohl auch wegen der schlechten Vergaserabstimmung). Immerhin ermöglichte der 25-Liter-Blechtank durchschnittliche Reichweiten bis 250 km. Die Trident 900 schluckte durchschnittlich noch mehr: 7,8 l/100 km

Steckbrief Triumph Trident 750/900

Bauzeit	1990 bis 1998
Motor, Ventile/Zyl., Kühlung	Reihe 3, 4/Zyl., Dohc, flüssiggekühlt
Einheiten	keine Angaben
Hubraum, Bohrung x Hub	748/885 cm^3, 76 x 55/76 x 65 mm
Leistung	97/100 PS bei 9750/9500/min^{-1}
Gemischaufbereitung	3 Mikuni-Gleichdruckvergaser, 36 mm
Getriebe, Antrieb, Radstand	6-Gang, Kette, 1490/1510 mm
Rahmen	Zentralrohrrahmen Stahl
Vorderradführung	Telegabel, Standrohre 43 mm Ø
Hinterradführung	LM-Kastenschwinge, 1 Zentralfederbein
Bremsen vorn / hinten	2 Scheiben 296 / 1 Scheibe 255 mm
Reifen vorn / hinten	120/70 VR 17 / 160/60 VR 18
Leergewicht, betankt / Tank	239 kg / 25 Liter
Höchstgeschwindigkeit	200/208 km/h (Testwerte)
Preise	14 650,-/ 15 490,- DM (02/93, 10/92)

Anders als bei der 1995 getesteten Thunderbird 900 erwiesen sich der neu entwickelte Zentralrohr-Stahlrahmen und die Telegabel mit ihren 43 mm dicken Standrohren als solide und verwindungsfest – bei beiden Trident-Versionen. Das kleine Vorderrad mit der Bereifung 120/70 VR 17 und der breite Lenker machten die Trident 750 wie die 900er angenehm handlich. Das 18-Zoll-Hinterrad wurde hier wie da von einer Leichtmetall-Kastenschwinge mit Zentralfederbein geführt. *„Die britische Konstruktion erfreut mit einem vorzüglichen Geradeauslauf*, *läßt sich von Längsrillen kaum beeindrucken. Spurwechsel vollziehen sich nach einem dezenten Zug am Lenker geradezu spielerisch."* In schnellen Kurven aber erzeugten die breite Bereifung und der relativ hohe Schwerpunkt der Motorräder aus Hinckley ein gewisses Aufstellmoment. Alles in allem konnten die bulligen Dreizylinder-Maschinen ihren Besitzern/Besitzerinnen ans Herz wachsen. Denn sie hatten Charakter, ein gutes Fahrwerk und das Flair nobler Exklusivität.

Oben: Hans König am Lenker der Trident 900 beim „Motorradfahrer"-Test im Herbst 1992. Unten: unsere zweifarbig lackierte Testmaschine Trident 750 im kalten Winter 1993.

Fotos: S. 232 alle, 233 o: Michael Fuchs; S. 233 u: Hans König

1995-2003

Triumph Thunderbird 900

Was fürs Auge

Die 1995 vorgestellte Tunderbird 900 mit dem Code T309RT war mit ihrer nostalgischen Linienführung und der reichen Verchromung ein echter Eyecatcher. Ein moderner Dohc-Dreizylindermotor machte ordentlich Dampf, das Fahrwerk aber war gewöhnungsbedürftig.

Begeistert von der Ästhetik des nostalgisch gezeichneten Motorrads und voller Stolz auf die wiederauferstandene Marke Triumph bewunderten diese drei Männer, die wir bei unserer West Midlands-Rundfahrt in der Shakespeare-Stadt Stratford-upon-Avon trafen, die neue Thunderbird 900.

Fotos: S. 234, 235 alle: Hans J. Schneider

Den größten Beifall zu Beginn der neuen Ära erhielt die Thunderbird 900, die von 1994 bis 2003 von den Bändern lief und vom Design her am stärksten an die glorreichen Typen der 1950er und 1960er Jahre erinnerte, allen voran an die 6T von Marlon Brando aus dem Film *„The Wild One"* von 1953 (s.a. Triumph-Historie im Porträt Trident 750). In meinem Fahrbericht (*„Motorrad News"* 3/1995) freute ich mich über den neuen Donnervogel: *„Triumph baut wieder eine Thunderbird. Auf den ersten Blick sieht die Neue der Alten wirklich verdammt ähnlich: Der rundliche Tank scheint mit verbleitem Sprit aus jenen Tagen gefüllt zu sein, als Harold Macmillan noch englischer Premier war, die ganz aus dickem Blech gestanzten ‚Mudgards' (zu Deutsch weniger elegant: ‚Kotflügel') sind stabil genug, um aufgewirbelte (...) Schotterbrocken abfangen zu können."*

Flache Sitzbank, großer Rundscheinwerfer, choppermäßig hochgezogener Lenker (wahlweise in flacher Ausführung), zigarrenförmige Schalldämpfer und Chrom, wohin man blickte: Auf so ein Motorrad hatten die Freunde britischer Klassik gewartet. Sogar beim für seine bissige Schreibe gefürchteten Nachrichtenmagazin *„DER SPIEGEL"* erregte die englische Schönheit Interesse: In Heft 3/1995 widmeten die Hamburger dem nostalgisch verbrämten Vogel eine ganze Seite, was der deutsche Triumph-Importeur als Ehre empfand und damit den Schmerz unterdrücken konnte, den die Formulierung *„falscher Fuffziger"* bei ihm ausgelöst hatte.

Ungeachtet dessen, daß klassisches Design und dickes Stahlblech die Thunderbird vom Typ T309RT prägten, Motor- und Fahrwerkstechnik aber japanischem Standard entsprachen, konnte man die Maschine damals als das Motorrad *„mit der nostalgischsten Ausstrahlung überhaupt"* bezeichnen. *„Sie wirkt wie ein handgemachtes Möbel, dem man künstlich die Holzwurmlöcher appliziert hatte."* Um den Retro-Charakter zu unterstreichen, hatten die Engländer dem schon für die Saison 1990 komplett neu konstruierten, flüssiggekühlten Dreizylindermotor (885 cm³, 70 PS bei 8000/min^{-1}, zwei obenliegende Nockenwellen, vier Ventile pro Zylinder) Kühlrippen verpaßt, alle Deckel und andere Teile schön gerundet oder poliert. Und ich konnte mir mit einem Seitenhieb nach Bayern nicht verkneifen, zu sagen: *„Anders als etwa bei einer vom Konzept her viel altertümlicheren BMW R 100 R stimmen die Proportionen. Die moderne Thunderbird ist ein Motorrad aus einem Guß mit hoher Ästhetik."*

Die Thunderbird 900 war in drei Grundfarben lieferbar: Cherry-Red, Diablo Black, Aegean Blue. Die Zweifarblackierung Cherry Red/Cream erhöhte den Grundpreis von 18 965 DM um 400 DM.

Wie vom Flohmarkt: das klassische Markenemblem auf dem 15-Liter-Tank.

Die Thunderbird überzeugte aus jedem Blickwinkel durch ihr gelungenes Design. Die Kühlrippen am flüssigkeitsgekühlten Motor hatten nur unterstützende Funktion.

Vom hier gezeigten Grundmodell T309RT wurden mehrere Varianten abgeleitet: Triumph T309TT Legend, Triumph T309RC Adventurer und Triumph T309RD Thunderbird Sport.

Auf einer Probefahrt mit einem Hochlenkerexemplar über 200 km englischer Midland-Roads drängte sich ein Fahrgefühl wie bei einem Softchopper auf, z.B. wie bei der ebenfalls dreizylindrigen Yamaha XS 750 Custom. Die Kraft wurde bei der Engländerin zwar ebenfalls über ein Fünfganggetriebe, nicht aber durch eine Kardanwelle, sondern eine O-Ring-Kette aufs dick bereifte 16-Zoll-Hinterrad weitergegeben. Das relativ große 18-Zoll-Vorderrad und die lange Telegabel mit ihren soliden 43 mm dicken Standrohren erinnerten ebenfalls an Chopper-Konstruktionen.

Steckbrief Triumph Thunderbird 900

Bauzeit	1995 bis 2003
Motor, Ventile/Zyl., Kühlung	Reihe 3, 4/Zyl., Dohc, flüssiggekühlt
Einheiten	keine Angaben
Hubraum, Bohrung x Hub	885 cm³, 76 x 65 mm
Leistung	70 PS bei 8000/min^{-1}
Gemischaufbereitung	3 Mikuni-Gleichdruckvergaser, 36 mm
Getriebe, Antrieb, Radstand	5-Gang, Kette, 1550 mm
Rahmen	Zentralrohrrahmen Stahl
Vorderradführung	Telegabel, Standrohre 43 mm Ø
Hinterradführung	Kastenschwinge, 1 Zentralfederbein
Bremsen vorn / hinten	1 Scheibe 320 / 1 Scheibe 285 mm
Reifen vorn / hinten	110/80 x 18 / 160/85 x 16
Leergewicht, betankt / Tank	220 kg / 15 Liter
Höchstgeschwindigkeit	186 km/h (Testwert)
Preis	18 965,- DM (Juni 1995)

Den ursprünglich 98 PS starken Dohc-Dreizylindermotor hatten die Briten für Deutschland auf 70 PS gedrosselt, was der Thunderbird jene Souveränität verlieh, die vom Hauptzielkreis, den *„wohltemperierten Freizeitfahrern älterer Jahrgänge"* besonders geschätzt wurde, wie *DER SPIEGEL* lästerte. *„Ohne viel Spektakel losziehen vom Fleck weg, viel Kraft bieten über den gesamten Drehzahlbereich, aber auch genügend Reserven haben für einen Sprint beim Überholen (...) – das sind unzweifelhaft die Stärken der neuen Thunderbird",* meinte ich. Beatmet wurde der Dreizylinder ganz altbakken von drei 36er Flachschieber-Gleichdruckvergasern, was mich zu der ironischen Anmerkung verführte: *„Wo es um die Wiederbelebung alter Sichtweisen geht, ist zeitgemäße Abgasentgiftungstechnik natürlich völlig fehl am Platze."* Modelle mit elektronischer Benzineinspritzung und geregelten Katalysatoren erschienen erst später.

Im *„MN"*-Test drei Monate später ermittelten wir den hohen Durchschnittsverbrauch von 7,2 l/100 km, obwohl die Triumph leer nur 220 kg wog. Die 15 Liter im Blechtank reichten also für rund 200 km. Trotz des hohen Lenkers auch bei der Testmaschine erreichte die Thunderbird ein Spitzentempo von 186 km/h – viel Zeug für ein aerodynamisch ungünstig gebautes 70-PS-Motorrad.

Oben: der Autor mit der Thunderbird vor Burgruine in den Midlands. Die kleinen Straßen stellten das Fahrwerk auf eine harte Probe. Links: Die Maschine vom Typ T309RT war mit Hoch- oder Flachlenker zu haben.

Vor allem groß gewachsene Fahrer fühlten sich bei hohem Tempo unwohl – wegen des Winddrucks, der auf 75 cm abgesenkten Sitzhöhe und der relativ weit vorn liegenden Fußrasten: *„Verkrampfungen nicht ausgeschlossen."*

Gar nicht zum nostalgischen Anspruch wollte die Hinterradführung mit Kastenprofilschwinge aus Stahl mit Zentralfederbein passen. Der klotzige Motor hing in einem unten offenen Zentralrohrrahmen aus Stahl, der das Triebwerk von oben umfaßte und mittragend integrierte. Bei allen positiven Eindrücken: Das Fahrwerk war enttäuschend: *„Die Abstimmung ist schlecht, der Komfort miserabel. Eine nur unwillig ansprechende Gabel mit viel zu straffer Dämpfung und ohne Einstellmöglichkeiten leitet derbe Stöße unbarmherzig weiter; die Hinterhand mit Kastenschwinge und Zentralfederbein wirkt ausgesprochen bockig. (...) Schon beim Anblick einer Fuge zuckt man zusammen, Holperstrecken sind eine Zumutung.(...) Die Amerikaner sind nichts Besserers gewohnt. Doch in Europa gelten andere Maßstäbe."* Wegen des veralteten 80er Querschnitts der Reifen kippte die Thunderbird ungewöhnlich schnell in die Kurve: *„Gefühl ist angebracht, um nicht plötzlich an die Haftgrenze zu gelangen. (...) Auf der Autobahn fühlt sich die Maschine mit zunehmendem Tempo immer schwammiger an, da können 160 km/h schon zu viel sein."*

All diese Mängel und der fehlende Katalysator schreckten die Käufer nicht ab: Die Thunderbird ging weg wie warme Semmeln – sogar trotz des hohen Preises von 18 965 DM. Mein Fazit damals: *„Wie das meist so ist im Leben: Erfolg hat, was am meisten hermacht. Wenn die Verpackung stimmt, verkauft sich der Inhalt oft ganz unabhängig von seiner Qualität – moderne Zeiten!"*

Fotos: S. 236 alle, 237 alle: Hans J. Schneider

1993-1997

Triumph Trident 900 Sprint

Als Klassiker geboren

Mit ihren 98 PS war die 900 Sprint gut motorisiert und wurde zum Sprinter, wenn's z.B. beim Überholen drauf ankam. Die Verkleidung war optisch gelungen, aerodynamisch aber nur Mittelmaß. Auf jeden Fall war diese Triumph ein Motorrad mit programmiertem Wertzuwachs.

Die Trident 900 Sprint strahlte Rasse und Eleganz aus und überzeugte durch ihre ausgewogenen Proportionen. Triumph-Eigner hatten es nicht nötig, mit Power zu prahlen – wie Rolls-Royce-Besitzer halt. Mann gewöhnte sich mit der Sprint einen souveränen und rücksichtsvollen Fahrstil an.

Fotos: S. 238, 239 alle: Hans König

Mit der Trident Sprint 900 zeigte Triumph 1993, daß man Bewährtes noch besser und attraktiver machen kann. Während das Basismodell technisch-nüchtern daher kam, war die Sprint ein Motorrad, das mit ihrer sauber gezeichneten Halbverkleidung, der schmalen Windschutzscheibe und vor allem mit dem Doppel-Rundscheinwerfer Emotionen erzeugte – und zumindest optisch Vergleiche mit den Langstrecken-Rennmotorrädern ihrer Zeit erlaubte. Alles paßte an dieser Maschine: der ergonomisch geformte 25-Liter-Tank, die langgestreckte Sitzbank, die beiden leicht hochgezogenen Endschalldämpfer, die Dreispeichen-Räder aus Leichtmetall, die kräftig dimensionierte Dreischeiben-Bremsanlage und der in den Brückenrahmen integrierte, mittragende und flüssigkeitsgekühlte Dreizylindermotor mit seinen angedeuteten Kühlrippen. So ein Motorrad wollte man über lange Distanzen fahren, abends aber sicher in der Garage verwahren: *„Eine Trident Sprint pflegt man mit Hingabe, gönnt ihr eine Garage, erspart ihr materialfressende Streusalzfahrten. Und heimlich denkt man an den Wertzuwachs, der eintreten könnte, wenn sie denn eines Tages nicht mehr gebaut wird...“,* schrieb ich im Januarheft 1994 von *„Motorrad News“.*

Zunächst aber mußte jemand, der dieses Traummotorrad besitzen wollte, 17 700 DM an den Händler überweisen, 2210 DM mehr als für die unverkleidete Trident 900. Dafür bekam er Exklusivität und Prestige. Und die Sprint war ein Motorrad mit edlem Charakter: *„Die Triumph Trident 900 Sprint ist mit ihren 253 kg (...) vom ganzen Habitus her kräftige Kost nach Gutsherrenart.“* Gewicht und Dimension (Länge immerhin 2,24 m) wirkten sich indes nicht nachteilig auf die Handlichkeit aus. *„Auf Landstraßen wie im Stadtverkehr läßt sich die Sprint erfreulich zielgenau in Kurven aller Art hineinmanövrieren, überfordert den Fahrer nicht mal in engen Serpentinen.“* Sehr schnelle Autobahnfahrten mochte aber auch die Sprint (wie bestimmte andere Triumph-Modelle) nicht besonders: Bei Spurwechseln wirkte sie steif und unwillig, zum einen wegen des langen Radstands (1510 mm), zum anderen wegen des hohen Schwerpunkts, der durch die Verkleidung noch mehr nach oben gewandert war.

Ansonsten beeindruckten Zentralrohrchassis, die allseits bei Triumph eingesetzte 43er Telegabel und die teure Leichtmetall-Kastenschwinge durch völlige Verwindungsfestigkeit. Das vielfach einstellbare Zentralfederbein arbeitete (anders als z.B. bei der unkomfortablen Thunderbird, siehe dort) zur vollen Zufriedenheit. Auch die Dreischeiben-Bremsanlage ließ nichts zu wünschen übrig, selbst wenn abrupt verzögert werden mußte.

Mit einer gemessenen Höchstgeschwindigkeit solo von 212 km/h war die Sprint etwas schneller als die Basis-Trident, verbrauchte im Mittel aber 7,9 l/100 und damit noch mehr als die übrigen Trident-Typen. Aerodynamisch ausgeklügelt war die Verkleidung halt nicht, und die drei 38er Mikuni-Vergaser entsprachen nicht mehr dem Stand der Technik.

Der bereits an anderer Stelle hinreichend beschriebene Dohc-Dreizylinder-Vierventilmotor lieferte in der gedrosselten Deutschland-Version 98 PS bei 9000/min^{-1}, erwies sich als durchzugsstark und produzierte mit seiner Drei-in-zwei-Abgasanlage einen kernigen Sound – wie einst Bonneville 750 und Tiger 750, bei denen der Wertzuwachs, den man auch der Trident Sprint wünschte, schon in den 1990ern längst eingetreten war.

Steckbrief Triumph Trident 900 Sprint

Bauzeit	1993 bis 1997
Motor, Ventile/Zyl., Kühlung	Reihe 3, 4/Zyl., Dohc, flüssiggekühlt
Einheiten	keine Angaben
Hubraum, Bohrung x Hub	885 cm^3, 76 x 65 mm
Leistung	98 PS bei 9000/min^{-1}
Gemischaufbereitung	3 Mikuni-Gleichdruckvergaser, 36 mm
Getriebe, Antrieb, Radstand	6-Gang, Kette, 1510 mm
Rahmen	Zentralrohrrahmen Stahl
Vorderradführung	Telegabel, Standrohre 43 mm Ø
Hinterradführung	LM-Kastenschwinge, 1 Zentralfederbein
Bremsen vorn / hinten	2 Scheiben 296 / 1 Scheibe 255 mm
Reifen vorn / hinten	120/70 VR 17 / 160/60 VR 16
Leergewicht, betankt / Tank	253 kg / 255 Liter
Höchstgeschwindigkeit	212 km/h (Testwert)
Preis	17 700,- DM (Januar 1994)

An der technischen Ausstattung hatte Triumph bei der teuren 900 Sprint nicht gespart. Zwei 296 mm große Bremsscheiben vorn und eine 255er Scheibe hinten verzögerten die 253 kg schwere Maschine angemessen. Auch der äußere Eindruck überzeugte: Alles wirkte ausgewogen und edel. Elektronik war noch kein Thema, sieht man von der Zündanlage ab.

Fotos: S. 240 beide: Hans König; S. 241 alle: vermutlich Hans König

Auch legendär:

Tiger 900 T400

1993-1998: 885 cm³, 85 PS

Von Anfang an hatten die Macher in Hinckley geplant, der Dominanz von BMW im Segment der Groß-Enduros etwas entgegenzusetzen. Die Engländer wußten natürlich, daß BMW dem Vierventil-Straßenboxer R 1100 RS bald eine Enduro zur Seite stellen würde – und konnten daher vorpreschen. Die Antwort auf die R 1100 GS hieß Tiger 900 und erschien bereits ein Dreivierteljahr vor dem Renommier-Boxer aus München/Berlin.

Die Entwicklung war keine große Sache gewesen, denn auch die Tiger mit dem Code T400 basierte auf dem neuen Zentralrohrrahmen und dem flüssiggekühlten Dohc-Dreizylindermotor mit 885 cm³ Hubraum, der in der Enduro leicht gedrosselt war, aber immerhin noch 85 PS bei 8500/min⁻¹ leistete. Um sie von der historischen, in Meriden gebauten Tiger 750 zu unterscheiden, erhielt sie von den Fans den Spitznamen *„Steamer".* Gut für den Offroad-Einsatz war, daß das maximale Drehmoment von 82 Nm bereits bei 6000/min⁻¹ anstand: Der Motor zog schon bei niedrigen Drehzahlen bärenstark durch. Im sechsten Gang erreichten wir eine Höchstgeschwindigkeit von 195 km/h.

Das Fahrwerk mit der 43er Telegabel und der Monoshock-Aluschwinge hinten war speziell abgestimmt worden und zeigte sich betont komfortorientiert. Der lange Radstand von 1560 mm trug zum guten Geradeauslauf bei schneller Autobahnfahrt bei. Lange Federwege (235/200 mm) und ein größeres Vorderrad entsprachen dem Einsatzzweck; vorn war die T400 in 110/80 x 19 Zoll bereift, hinten war ein Pneu in 140/80 x 17 aufgezogen. Neben dem relativ hohen Gewicht von trocken 225 kg beeinträchtigte auch der hohe Schwerpunkt die Geländetauglichkeit – da war die BMW R 1100 GS besser.

Der Tank faßte die üblichen 25 Liter. Auffällig war der in Fahrzeugfarbe lackierte Unterfahrschutz aus lackierten Stahlrohren und einer perforierten Aluplatte. Die Sitzhöhe von 850 mm war nichts für kleine Leute.

Die knapp geschnittene Frontverkleidung mit dem Doppel-Rundscheinwerfer besaß markante Luftschlitze an den Seiten. Übersichtliche Rundinstrumente und eine leicht abgeänderte Bremsanlage mit etwas kleineren Scheiben als bei Trident oder Sprint gehörten zu den Merkmalen der Tiger 900, die sich in den USA und Europa als Alternative zu bayerischer oder italienischer Ware bis zur Ablösung 1999 durch die T709 mit Benzineinspritzung gut verkaufte. Kein Wunder: Auch in puncto Design war die Tiger ein Prachtstück. Der Preis von 16 965 DM (Februar 1993) entsprach dem sonstigen Triumph-Niveau. Anfang 1993 hatte keine andere Enduro so viel Leistung und so viele Zylinder wie die Tiger 900.

Die Tiger 900 hatte man so abgestimmt, daß sie zwar pistentauglich war, aber vor allem auf der Straße unerschütterlich ihre Bahn zog. Das frische Design unterstrich den exklusiven Charakter der Nobel-Enduro aus Hinckley. An der abermals verbauten Drei-in-zwei-Abgasanlage waren Hitzeschutzbleche angebracht. Drei Mikuni-Flachschiebervergaser kümmerten sich um die Gemischbildung. In Deutschland verkaufte sich das knappe Kontingent (120 Einheiten für 1993) im Handumdrehen.

1993-1996
Triumph Daytona 900
Gelbsucht

Ziel der in den 1980ern neu gegründeten Triumph Motorcycles Ltd. war es gewesen, den neuen Modellen ein modernes, sportliches Image zu geben. Die Daytona 900 erfüllte diesen Anspruch rundum, gefiel durch ihr Design, ihre Leistung und die sicheren Fahreigenschaften.

Gelb ist die Farbe des Neides, bei der Daytona vielleicht bewußt gewählt, um die Konkurrenz eifersüchtig zu machen.

Fotos: S. 242, 243 alle: Hans König

Einen faszinierenden Hingucker mit spannendem Namen präsentierte Triumph gleich zu Beginn der neuen Ära auf der Kölner IFMA im September 1990: die Daytona. Der Name sollte nicht nur an die berühmte Rennstrecke in Florida erinnern, sondern auch an einen spektakulären Sieg 1962 beim Daytona-200-Rennen: Erstmals hatte sich eine Triumph gegen den langjährigen Platzhalter Harley-Davidson durchgesetzt. Bei der amerikanischen AMA Grand National Championship besiegten 1967 und 1968 Gary Nixon sowie 1970 Gene Romero auf Triumph abermals die amerikanische Traditionsmarke.

Zunächst brachte die neu gegründete Triumph Motorcycles Ltd. Daytona-Modelle mit 750-cm^3-Dreizylinder- und 1000- sowie 1200 cm^3-Vierzylindermotoren heraus. Diese Typen gab es fortan auf verschiedenen internationalen Märkten. Die Daytona 900 T300, wie sie 1993 nach Deutschland kam und von den Fachzeitschriften getestet wurde, besaß den 885-cm^3-Dohc-Dreizylinder der Trident und unterschied sich auch hinsichtlich Zentralrohrrahmen aus Stahl und LM-Hinterradschwinge mit Zentralfederbein nicht vom unverkleideten Basismodell. Die Unterschiede lagen im Detail: flache Sportsitzbank mit optionaler Rücksitzabdeckung, schmal geschnittene Vollverkleidung mit niedriger Windschutzscheibe und markantem Doppelscheinwerfer, rahmenfester Instrumententräger, flacher und schmaler Stummellenker, Drei-in-zwei-Sportauspuffanlage aus Edelstahl, voll einstellbare Federn und Dämpfer an der üblichen Telegabel mit ihren 43 mm dicken Standrohren sowie dem Zentralfederbein an der LM-Kastenschwinge, stahlflexummantelte Bremsschläuche, untenliegende Doppelkolben-Bremszange hinten mit Momentabstützung zum Rahmen hin. Und als Eyecatcher die gelbe Lackierung in Racing-Yellow, wahlweise auch in Rot oder Blau-Metallic, dekoriert mit fein gezeichneten Logos und einer Triumph-Classic-Plakette. Edelstahlschrauben am Antriebsblock, perfekte Schweißnähte am Rahmen, Tankinnenverriegelung und recycelbare Verkleidungselemente aus ABS machten den Unterschied zu mancher Ware aus Fernost.

Doch wer im Frühjahr 1993 sein Sparschwein um 19 265 DM erleichterte, mußte sich im klaren sein, daß er mit der knallgelben Triumph kein räuberisches Sportgerät à la Kawasaki Ninja erwarb, sondern einen bärenstarken Alleskönner, der zwar sehr gute Fahrleistungen bot und auch in Kurven sauber lag, aber mit den agilen Supersportlern seiner Zeit beim Beschleunigen nur knapp mithalten konnte – 4,0 Sekunden von 0 auf 100 km/h. Bissiger konnte die Daytona allein schon wegen ihres stattlichen Gewichts von 263 kg (vollgetankt mit 25 Litern) nicht sein. Ihre Stärke war die Durchzugskraft bei mittleren Geschwindigkeiten und bei Touren ab 4000/min^{-1}, hier distanzierte sie viele andere. Und schnell konnte sie auch: Das Magazin *„MO"* stoppte sie im sechsten Gang bei Vollgas auf der Rennstrecke mit 225 km/h – solo flach liegend allerdings. Größere Fahrer waren dabei wegen des großen Abstands zwischen Lenker und Sitz im Vorteil. Unnachahmlich war der Sound des flüssigkeitsgekühlten Dreizylinders, der seine 98 PS bei 9000/min^{-1} lieferte. Trotz der – wie bei den übrigen Modellen – veralteten 36er Mikuni-Vergaser hielt sich der Durchschnittsverbrauch im *„MO"*-Test mit 6,6 l/100 km in Grenzen. Verzögert wurde vorn über zwei 310er Bremsscheiben und Vierkolben-Sättel, hinten über eine 255 mm messende Scheibe. Die Bridgestone BT 50-R-Bereifung paßte perfekt, so daß sich in Kurven kein Aufstellmoment zeigte. Fazit der *„MO"*-Tester: *„Die Daytona ist für Spaß und zum Abschalten. Und zum Angucken. Und zum Anhören. Kein Rennstreckentier. Erscheinungsbild und Konzept (Dreizylinder) machen sie zum einzigartigen Angebot innerhalb der schweren Straßensportlerklasse."*

Wer noch mal 4000 DM drauflegen wollte, konnte sich eine leistungsstärkere und leichtere Daytona Super III (T310) leisten, deren 900er-Dreizylinder in der Formel 1-Motorenschmiede Cosworth verfeinert worden war. 1997 folgte die bis zu 145 PS starke Daytona 955i mit Saugrohreinspritzung und Leichtmetallrahmen.

Bei einem Preis von 19 265 DM (1993) konkurrierte die Daytona vor allem mit BMW. Das knallige Gelb kontrastierte gut mit der schwarzen Beschichtung von Antrieb und Rädern. Die vor allem hinten sehr hoch liegenden Fußrasten strapazierten die Knie auf längeren Fahrten. Auch war der Abstand zwischen Fahrersitz und Lenker deutlich zu groß für kleinere Leute. Der Höcker kostete extra.

Edelstahl-Schalldämpfer und eine Momentabstützung für die hintere Zweikolben-Scheibenbremse gehörten – wie bei der Speed Triple – zur gehobenen Ausstattung der Daytona. Vorn rollte die Daytona auf einem 17-, hinten auf einem 18-Zoll-Rad. Die BT 50-R-Reifen waren nicht zu breit, was die Aufstellneigung verhinderte.

Steckbrief Triumph Daytona 900

Bauzeit	1993 bis 1996
Motor, Ventile/Zyl., Kühlung	Reihe 3, 4/Zyl., Dohc, flüssiggekühlt
Einheiten	keine Angaben
Hubraum, Bohrung x Hub	885 cm^3, 76 x 65 mm
Leistung	98 PS bei 9000/min^{-1}
Gemischaufbereitung	3 Mikuni- Gleichdruckvergaser, 36 mm
Getriebe, Antrieb, Radstand	6-Gang, Kette, 1490 mm
Rahmen	Zentralrohrrahmen Stahl
Vorderradführung	einstellbare Teleg., Standrohre 43 mm Ø
Hinterradführung	LM-Kastenschwinge, 1 Zentralfederbein
Bremsen vorn / hinten	2 Scheiben 310 / 1 Scheibe 255 mm
Reifen vorn / hinten	120/70 ZR 17 / 160/60 ZR 18
Leergewicht, vollgetankt	263 kg / 25 Liter
Höchstgeschwindigkeit	225 km/h (Testwert)
Preis	19 265,- DM (April 1993)

Auch legendär:
Speed Triple 900

1994-1996: 885 cm³, 98 PS

Triumph Deutschland lehnte sich 1994 beim Erscheinen der Speed Triple 900 weit aus dem Fenster: *„Kein Café-Racer sah jemals so furchterregend aus."* Ein Macho-Motorrad, um anderen Verkehrsteilnehmern Angst zu machen? *„Schwarzer Panther", „Ungeheuer von Loch Ness", „Drache"* aus der christlichen Sankt Georgs-Mythologie, *„Monster", „Streetfighter"* – kein Begriff war schauerlich genug, um das neueste Produkt aus Hinckley zu charakterisieren. Die Lackierung bzw. Beschichtung bestimmter Teile in *„Diablo Black"* trug zusätzlich zum bösen Image bei. *„Motorräder dieser Art sind alles andere als Fortbewegungsmittel",* schrieb ich in *„Motorrad News"* vom Juli 1994. *„Sie sind das maßgeschneiderte Accessoire für den Ego-Trip. Wie dein Motorrad brüllt, so brüllst auch du."*

Im Grunde genommen aber waren all diese Einlassungen, auch meine eigenen, übertrieben. Denn auch die Speed Triple war als unverkleidete Version der Daytona ein Motorrad aus dem modernen Triumph-Baukasten mit dem bereits hinlänglich bekannten 98 PS starken Dohc-Dreizylindermotor, dem Zentralrohrrahmen aus Stahl, der robusten 43er Telegabel und der LM-Zweiarmschwinge mit ihrem Zentralfederbein. Der Radstand von 1510 mm entsprach dem der Trident Sprint, der Tank faßte die üblichen 25 Liter, auch Länge und Breite waren gleich, selbst das Leergewicht von 250 kg vollgetankt tanzte nicht aus der Reihe. Der Rest war Show, vom Schwarzlack über die sportliche Höcker-Sitzbank (Standard war eine Bank mit zwei Plätzen) und dem schmalen Lenker bis zu den hoch sitzenden Fußrasten. Speziell waren die Karbonfiber-Schalldämpfer, der Stummellenker, die Cockpitgestaltung, die Abstützung des hinteren Bremssattels und die Stahlflexleitungen, über die der Pilot die drei großen Bremsscheiben (310 mm vorn, 255 mm hinten) aktivieren konnte.

Besonders heikel war die rückwärtige Sitzposition: Meine Tochter Silvie, mit 1,80 m nicht gerade klein, humpelte nach 300 km Nonstop-Fahrt mit Knieschmerzen von dannen und klagte am nächsten Tag über Muskelkater am ganzen Körper. Ich selbst nahm mir vor, vor dem nächsten Ritt ein Fitnesstraining zu absolvieren. Das Fahrverhalten lieferte ansonsten keinen Grund zur Klage, lediglich in engen Kurven machte sich die Aufstellneigung der mit einem sehr breiten Hinterreifen in 180/55 ZR 17 ausgerüsteten Maschine bemerkbar. Obwohl der Fahrtwind schon ab 160 km/h brutal am Fahrer zerrte, bissen wir die Zähne zusammen, um die Höchstgeschwindigkeit von 215 km/h zu erreichen, im fünften Gang. Den sechsten spendierte Triumph erst ein Jahr später. Auch die Speed Triple bezog das Gemisch über drei 36er Mikuni-Vergaser, hielt sich beim Verbrauch mit durchschnittlich 6,8 l/100 km aber stärker zurück als die übrigen Dreizylinder der Marke.

1997 löste die Speed Triple 750 T300C die 900er Maschine vom Typ T300B ab. Es folgte dann bis 1999 die leichter gebaute Speed Triple 900 T509. Mit Saugrohreinspritzung, 106 PS, Brückenrahmen und Einarmschwinge aus Leichtmetall wies das neue Modell den Weg in eine weniger machomäßige Zeit.

Böse sollte sie aussehen, die in „Diablo Black" auftretende Speed Triple 900. Technisch jedoch unterschied sie sich kaum von übrigen Dreizylindern der Marke. Karbon-Schalldämpfer, Stahlflex-Bremsleitungen und die Abstützung des rückwärtigen Bremssattels gehörten zu den wenigen Besonderheiten. Der Höcker hinter dem dünn gepolsterten Fahrersitz kostete extra. Längere Strecken auf dem schmalen Rücksitz und den extrem hochgelegten Fußrasten mitzufahren, war für Sozia oder Sozius eine Tortur. Die Speed Triple war eben mehr Café-Racer als Monster und daher eher für die City und für Kurzstrecken geeignet.

Selbst die Gabelbrücke war schwarz beschichtet. Die chrom-umrandeten, klassischen Instrumente ragten weit nach vorn hinaus. Der schmale Stummellenker zwang zu einer geduckt-sportlichen Sitzhaltung.

Fotos: S. 244 beide: Hans König; S. 245 o: Frank Ratering; S. 245 M, u: Hans J. Schneider

1990-1996

Triumph Trophy 1200

Sportlich reisen

Gezielt als Konkurrenzmodell zur BMW K 1100 RS brachte Triumph 1990 die Trophy 1200 auf den Markt. Das elegante Design, das gute Fahrwerk und der leistungsstarke Dohc-Vierzylindermotor begeisterten weltweit Freunde des Sporttourer-Segments. Mit 21 715 DM war sie teuer, rangierte preislich 1993 aber noch deutlich unterhalb der K 1100 RS.

Wenn Triumph einen Konkurrenten besonders im Auge hatte, dann war es BMW, und zwar nicht, weil beide Marken bayerische Wurzeln hatten – Triumph in Nürnberg, BMW in München (s.a. Historie im Porträt Trident). Vor allem der anhaltende Erfolg der Bayern im lukrativen Segment der Sporttourer, angefangen bei der K 100 RS ab 1983 bis zur K 1100 RS ab 1991 sowie verschiedener Folgemodelle, die es damals international auf große Stückzahlen brachten, ließ den Engländern keine Ruhe. Daher arbeiteten sie bereits in den 1980ern an einem ernstzunehmenden Konkurrenzmodell, das dann 1990 präsentiert wurde und zur ersten Serie der neuen Typen aus Hinckley gehörte: die Trophy 1200.

Wir testeten die für 1994 in einigen Details verbesserte Edition (*„Motorrad News"* Heft 3/1994) und mokierten uns gleich zu Beginn über den hohen Verbrauch des 1180 cm³ Hubraum bietenden und bei 8000/min^{-1} 98 PS entwickelnden Dohc-Vierzylindermotors, der wie das Dreizylinder-Triebwerk mit je vier Ventilen pro Zylinder und Vergasertechnik arbeitete. *„Unsere Test-Trophy, obwohl im Ganzen sehr gesittet, schluckte mit ihren vier altmodischen Vergasern selbst bei maßvoller Fahrweise unter winterlichen Bedingungen immer noch 8,4 Liter Super bleifrei auf 100 km."* Ergo war der 25-Liter-Tank spätestens nach 300 km leer. Bemängelt wurde auch, daß die Trophy über keinerlei Abgasentgiftung verfügte: *„Der Anbau geregelter Dreiweg-Katalysatoren stünde dem ansonsten so gentlemanlike und souverän wirkenden Triumph-Erzeugnisses gut zu Gesicht. Eine Bosch-Motronic, seit Jahren Standard bei den K-BMW's, würde sich zuverlässig um die Einhaltung des richtigen Benzin-Luft-Gemischs kümmern."*

Ein eventueller Mehrpreis hätte die zahlungskräftige Triumph-Klientel wohl kaum belastet: Die Trophy 1200 kostete inkl. Nebenkosten ohnehin schon 21 715 DM. Ketzerisch dachte der Autor darüber nach, wie es wäre, wenn BMW Triumph übernehmen

Die Trophy 1200 hob sich äußerlich durch ihre schmale Verkleidung mit großen seitlichen Luftschächten und dem trapezförmigen Halogen-Scheinwerfer von den übrigen Triumph-Modellen ab. Der Dohc-Vierzylindermotor leistete offen 125, gedrosselt 98 PS.

würde – genauso wie BMW 1994 im Autobereich das englische Traditionsunternehmen Rover schluckte (was sich im Nachhinein aber als Fehlentscheidung erwies).

Fahrtechnisch war die Trophy mit ihrem Zentralrohrrahmen, der 43er Telegabel und der LM-Zentralfederschwinge der BMW K 1100 LT keineswegs überlegen: Sie war – auch wegen des hohen Gewichts von 268 kg – weniger kurvenwillig, drängte in schnellen Autobahnbiegungen stärker nach außen und wehrte sich im Grenzbereich gegen maximale Schräglagen. Dafür lief sie perfekt geradeaus und ließ sich auch bei Tempo 100 auf geschwungenen Landstraßen leicht beherrschen. Großes Lob bekam die gekonnt gestaltete Vollverkleidung: *„Obwohl sie sportlich schmal geschnitten ist, leitet sie den Fahrtwind auch bei hohem Tempo hervorragend über den Piloten hinweg."* Die breite Sitzbank war komfortabel, die Sitzposition entspannt *„zwischen sportlich und tourenmäßig".*

Der für Deutschland von 125 auf 98 PS gedrosselte, flüssiggekühlte Vierzylindermotor begeisterte durch großes Durchzugsvermögen bereits ab 2000 Touren und regelte erst bei 8500/min^{-1} ab. Damit stahl er in diesem Punkt hochdrehenden 1100ern wie der Suzuki GSX-R oder der Kawasaki ZZ-R die Show. Das Triumph-Triebwerk war ausgesprochen drehfreudig: *„Wer die sechs Gänge ausdreht, wird vorwärts katapultiert wie bei einem Superbike der Sportkategorie."* Die Trophy war in 3,7 Sekunden auf 100 km/h, und erst bei 220 km/h war Schluß mit dem Vorwärtsdrang. Überzeugend waren auch die zupackende Dreischeiben-Bremsanlage und das Halogen-Licht des trapezförmigen Scheinwerfers. *„Alles in allem nimmt die Trophy 1200 unter den Sporttourern eine Spitzenstellung ein".* Es gab die Triumph Trophy auch als Dreizylinder-Sporttourer mit 885 cm^3 und 97 PS – für 2000 DM weniger.

Mit ihrem eleganten Design und dem schräg nach vorn geneigten Vierzylinder-Motor war die Trophy 1200 eine echte Alternative zu den „fliegenden Ziegelsteinen" der BMW K-Modelle. Aber sie hatte, im Gegensatz zu BMW, keine zeitgemäße Abgasentgiftung.

Steckbrief Triumph Trophy 1200

Bauzeit	1990 bis 1996
Motor, Ventile/Zyl., Kühlung	Reihe 4, 4/Zyl., Dohc, flüssiggekühlt
Einheiten	keine Angaben
Hubraum, Bohrung x Hub	1180 cm^3, 76 x 65 mm
Leistung	98 PS bei 8000/min^{-1} (offen 125 PS)
Gemischaufbereitung	4 Mikuni-Gleichdruckvergaser, 36 mm
Getriebe, Antrieb, Radstand	6-Gang, Kette, 1490 mm
Rahmen	Zentralrohrrahmen Stahl
Vorderradführung	Telegabel, Standrohre 43 mm Ø
Hinterradführung	Kastenschwinge, 1 Zentralfederbein
Bremsen vorn / hinten	2 Scheiben 310 / 1 Scheibe 255 mm
Reifen vorn / hinten	120/70 x 17 / 170/60 x 17
Leergewicht, betankt / Tank	268 kg / 25 Liter
Höchstgeschwindigkeit	220 km/h (Testwert)
Preis	21 715,- DM (März 1994)

Fotos: S. 246, 247 alle: Hans König

1991-2003

Yamaha XJ 600 S Diversion

Einsteigers Traum

Ab 1991 und zwölf Jahre lang mischte Yamaha den 600er-Markt mit der technisch einfach konstruierten, aber soliden und fahrsicheren XJ 600 S auf, der 1994 die unverkleidete XJ 600 N folgte. Der große Erfolg beruhte auch auf dem konkurrenzlos niedrigen Preis.

Fahraufnahme: der Autor 1991 auf Testfahrt mit der halbverkleideten XJ 600 S. Rechts: die zeitlos schöne XJ 600 N von 1994.

Fotos: S. 248: Frank Ratering; S. 249: Hans König

Rechts: Die XJ 600 S/N verfügte über einen soliden Doppelschleifen-Rohrrahmen und eine konventionelle Telegabel mit 38, später 41 mm dicken Standrohren. Das Hinterrad wurde von einer Monocross-Kastenschwinge geführt. Aufwendig: das Vier-in-zwei Auspuffgeschlängel.

Unkomplizierte Mittelklasse-Motorräder mit überschaubarer, gut zugänglicher und daher wartungsfreundlicher Technik waren zu Beginn der 1990er Jahre rar geworden. High-Tech-Renner mit Mehrventil-Zylinderköpfen und verschachtelten Vollverkleidungen bestimmten in weiten Bereichen das Bild. Auch die Preise hatten das Laufen gelernt: Unter 10 000 DM war kaum noch eine Maschine in der 600er Hubraumkategorie zu haben.

Vor diesem Hintergrund war das Erscheinen der XJ 600 S Diversion im Jahr 1991 ein Paukenschlag. Nach der Devise *„möglichst viel Motorrad für möglichst wenig Geld"* brachte Yamaha – zu jener Zeit Marktführer in Deutschland – eine Maschine an den Start, die kaum direkte Konkurrenz zu fürchten hatte. Die 8780 DM teure Kawasaki Zephyr 550 hatte als Neo-Klassiker einen anderen Charakter, für die GSX 600 F verlangten die Suzuki-Händler stolze 10 630 DM. Die XJ 600 S dagegen war mit 8590 DM inklusive Nebenkosten bei ihrer Markteinführung geradezu ein Billigangebot und sogar preisgünstiger als ihre Vorgängerin XJ 600, und dies inklusive formschöner Halbverkleidung. Logische Folge: Allein in Deutschland fanden schon 1991 immerhin 5341 Exemplare ihre Käufer.

Diversion bedeutet so viel wie Unterhaltung, Zerstreuung, Ablenkung. Und in der Tat: Für Leute, die ein vielseitiges Motorrad für Alltag oder Reise suchten, aber auch für Einsteiger, war die neue 600er durchaus unterhaltsam. Mit ihrer appetitlichen Verpackung wirkte sie trotz bodenständiger Technik durchaus nicht wie ein Mauerblümchen, ihr ansprechendes Styling machte sie zu einer unverwechselbaren Erscheinung auf dem von verwirrender Modellvielfalt geprägten Markt. Schnell machte die Diversion wegen ihrer Unkompliziertheit auch als Fahrschulmaschine Karriere, und zwar in ganz Europa.

Mit Rücksicht auf die deutschen Versicherungsklassen offerierte Importeur Mitsui die XJ 600 S wahlweise mit 50 PS bei 7500/min^{-1} (Typenbezeichnung 4BRA) oder mit zunächst 27 PS (4BRB), ab 1993 dann mit 34 PS. Mit größeren Vergaser-Ansaugstutzen ließ sich der Dohc-Zweiventiler überdies auf seine ursprünglichen 61 PS bei 8500/min^{-1} hochrüsten. *„Die offene Version ist die harmonischste, macht am meisten Spaß, hat die größten Reserven. Auf verwinkelten Paßstraßen der Schweizer Alpen zeigte sich die 61-PS-Diversion vor allem als durchzugsstark aus dem Drehzahlkeller heraus",* befanden wir damals nach dem ersten ausgiebigen Test (*„Motorradfahrer"* 11/1991).

Erzielt wurde die für eine 600er erfreuliche Leistungs-Charakteristik durch lange Ansaugwege und einen voluminösen Luftfilter auf der Einlaßseite sowie eine ausgeklügelte Vier-in-zwei-Schalldämpferanlage. Mit geringen Einschränkungen traf das Testurteil auch auf die 50-PS-Variante zu. Die strangulierten Ansaugwege nahmen der Diversion allerdings etwas von ihrem Temperament: bei 165 km/h war die Spitzengeschwindigkeit erreicht. Ans Hinterrad gelangte die Kraft über Sechsgang-Getriebe und O-Ring-Kette. Die vier 28er Mikuni-Vergaser führten den Brennräumen im Mittel 6,0 Liter Normalbenzin zu.

Der stark nach vorne geneigte Reihenvierzylinder hing in einem Doppelschleifen-Chassis mit 38er Telegabel vorne und di-

Steckbrief Yamaha XJ 600 S Diversion

Bauzeit	1991 bis 2003
Motor, Ventile/Zyl., Kühlung	Reihe 4, 2/Zyl., Dohc, luftgekühlt
Einheiten	keine Angaben
Hubraum, Bohrung x Hub	598 cm^3, 58,5 x 55,7 mm
Leistung	61 PS bei 8500/min^{-1}
Gemischaufbereitung	4 Mikuni-Fallstromvergaser, 28 mm
Getriebe, Antrieb, Radstand	6-Gang, Kette, 1445 mm
Rahmen	Doppelschleifenstahlrahmen
Vorderradführung	Telegabel, Standrohre 38, später 41 mm Ø
Hinterradführung	Kastenschwinge, 1 Monocrossfederbein
Bremsen vorn / hinten	1 Scheibe 320 / 1 Scheibe 245 mm
Reifen vorn / hinten	110/80 x 17 / 130/70 x 17
Leergewicht, trocken / Tank	196 kg / 17 Liter
Höchstgeschwindigkeit	200 km/h, ca. (Werksangabe)
Preis	8590,- DM (Herbst 1991)

Mitte: XJ 600 S Diversion von 1991 in knalligem Rot. Der Dohc-Vierzylindermotor hing nach vorn geneigt im Rahmen. Unten: die hüllenlose XJ 600 N von 1994.

rekt angelenktem, in der Federbasis siebenfach verstellbarem De-Carbon-Zentralfederbein im Heck. Dabei erwies sich die Abstimmung als komfortbetont, für den einen oder anderen gar als zu weich. Die Gußräder waren mit 110/80 x 17 und 130/70 x 18 relativ schmal bereift. Ordentlich dimensionierte Einscheibenbremsen (320/245 mm Durchmesser) verzögerten auch bei Nässe zuverlässig. Mit 77 cm Sitzhöhe, 200 kg Gewicht fahrfertig und einer gleichermaßen auf guten Geradeauslauf und Kurvenwilligkeit getrimmten Fahrwerksgeometrie ließ sich die XJ nicht nur von Routiniers recht problemlos dirigieren.

Für 1993 wurde u.a. die Verkleidung optimiert, und im Herbst 1994 präsentierte Yamaha zusätzlich die unverkleidete XJ 600 N, die ebenfalls in allen drei Leistungsstufen erhältlich war. Auch sie machte mit extravagantem Auspuff-Layout von sich reden: Der rechte Krümmer führte hinter den Rohren der drei übrigen Zylinder ganz nach links. Abgesehen von Detailänderungen am Rahmen und einer anderen Lenkerposition war die „N" mit der „S" identisch. Ein klassischer Rundscheinwerfer und zwei Rundinstrumente in Chromgehäusen prägten ihr Gesicht.

Für die 96er Ausgabe legten die Yamaha-Konstrukteure abermals Hand an die 600er. Was auch dringend nötig war, denn mit der Suzuki GSF 600 Bandit hatte der Vierzylinder mittlerweile einen ernsthaften Gegner in dieser Hubraum- und Preisklasse bekommen. Die wichtigsten Verbesserungen: Einbau eines Ölkühlers, neue 28er Fallstromvergaser mit elektrischer Beheizung, elektrische Benzinpumpe. Eine schlanker gestylte Verkleidung ließ die Diversion „S" sportlich-eleganter wirken.

Modellpflege über die gesamte Bauzeit hinweg

1997 gab es eine besser gepolsterte Sitzbank und eine Warnblinkanlage. Umfassend optimiert ging die 600er XJ als RJ01 in die Saison 1998. Um das Fahrverhalten bei schneller Gangart zu verbessern, erhielt sie eine Telegabel mit 41 statt 38 mm Standrohrdurchmesser sowie strafferer Abstimmung. Das Vorderrad bremsten nun zwei Doppelkolben-Schwimmsättel und 298er Scheiben. 1999/2000 bot der deutsche Yamaha-Importeur die Version „Tour" mit Yamaha-Koffersystem an.

Da die Nachfrage nach dem preisgünstigen Allrounder über die Jahre ungebrochen blieb, konnten sich die beiden Diversion-Modelle mit 34 und 61 PS bis 2003 im Programm halten – mit allein 714 verkauften Exemplaren im ersten Halbjahr 2003.

Auch legendär: SRX 600

1986-1995: 608 cm³, 45 PS

„Das Motorrad of modern art", wie die ungewöhnliche Neuschöpfung apostrophiert wurde, vereinte klassische Stil- und Konstruktionselemente mit damals zukunftsweisendem High-Tech. Oben: der ab 1986 produzierte Typ 1JK mit Zweiarmschwinge. Unten: die zweite Version 3SX bis 1995 mit Monocross-Schwinge.

Ein Kontrastprogramm zur damals schon betagten SR 500 startete Yamaha 1986 mit dem avantgardistisch anmutenden Viertakt-Single SRX 600 (Code 1JK). Eine Neukonstruktion war der Doppelschleifen-Rahmen aus rechteckigem Stahlrohr mit abschraubbaren Unterzügen. Die Hinterrad-Kastenschwinge stützte sich bei der ersten SRX-Version über zwei Federbeine ab. Die 36er Telegabel sowie die Dreischeiben-Bremsanlage stammten von der Zweitaktrakete RD 350. Der Einzylinder-Vierventil-Motor kam von der XT 600 und war durch Aufbohren des Zylinders auf 608 cm³ Hubraum gewachsen. In Verbindung mit dem Fünfgang-Getriebe entwickelte der Single die Dampfhammer-Charakteristik britischer Klassiker. Gestartet wurde konsequent mit dem Kickstarter.

Für die ausgefallene Optik sorgten die unverhüllten Rahmenrohre, der kurze Auspuff-Endschalldämpfer und der eigenwillig gestylte 15-Liter-Tank. Angeboten wurde die SRX 600 in einer 27-PS-Version und einer offenen Variante mit 45 PS.

Fahren ließ sich die straff gefederte und 176 kg leichte Maschine gemütlich-touristisch oder sportlich-schnell. Die 45-PS-Version schaffte eine Spitze von 172 km/h – viel Zeug für ein Einzylinder-Motorrad. Trotzdem entsprach die Nachfrage nicht den Erwartungen. 1989 senkte Yamaha den Preis um rund 900 auf 6390 Mark, die letzten Exemplare wurden 1990 von Mitsui geradezu verramscht.

Das Nachfolgemodell SRX 600 3SX kam nur als Parallelimport nach Deutschland. Dieser Typ besaß eine Kastenschwinge mit direkt angelenktem Monocross-Zentralfederbein. Telegabel und Bremsanlage waren stärker ausgelegt. Der 42 PS starke Einzylinder beschleunigte im Solobetrieb in 6,3 Sekunden von 0 auf 100 km/h, erreichte im fünften Gang eine Spitze von 158 km/h.

1995 wurde die SRX von der SZR 660 abgelöst, die den 48-PS-Fünfventilmotor der XTZ 660 und einem in Italien beim Importeur Belgarda entwickelten Leichtmetallrahmen besaß. Stolzer Preis pro Stück: 11 500 DM.

Fotos: S. 250 o, M: Yamaha Presse; S. 250 u: Frank Ratering; S. 251 l, o, r: Yamaha Presse

1994-2003

Yamaha XJ 900 S Diversion

Auf die feine Tour

Einen echten Coup landete Yamaha 1994 mit der Einführung der XJ 900 S Diversion. Die große Vierzylinder-Maschine mit Kardanantrieb mischte den Markt der Allround-Tourer ordentlich auf und verkaufte sich zehn Jahre lang bestens. Wir haben das Motorrad in den Alpen getestet.

Ab Importeur war die XJ 900 S auch mit großen Packtaschen lieferbar. Die Halbverkleidung schirmte die Besatzung gut gegen Wind und Wetter ab. Rechte Seite: der Autor bei Fotofahrten im Spätsommer 1994 auf der länderverbindenden, kurvenreichen Traumstraße hoch zum Col du Grand-Saint-Bernard.

Fotos: S. 252, 253: Jürgen Mainx für Mitsui/Yamaha

1994 bis 2003: Yamaha XJ 900 S Diversion

Nach respektablen zwölf Verkaufsjahren war die Zeit für die beliebte XJ 900 F abgelaufen. Yamaha wollte jedoch die Tourenfahrer auch in Zukunft nicht allein mit der technisch aufwendigen GTS 1000 und dem TDM-Twin bedienen, obwohl letzterer gut beim Publikum ankam. So stand mit der XJ 900 S Diversion zum Herbst 1994 das Nachfolgemodell bereit, mit dem Yamaha das Segment der großvolumigen Tourenmaschinen aufmischen wollte, das von den japanischen Herstellern bislang weitgehend vernachlässigt worden war. Im Spätsommer 1994 hatten 40 Fachjournalisten aus ganz Europa die Gelegenheit, die neue Yamaha einen ganzen Tag lang auf Herz und Nieren zu prüfen – und es wurde ihr nichts erspart: Auf dem Programm standen Silvretta Hochalpenstraße, Großer St. Bernhard (2469 m), Forcola di Livigno, Abfahrt Stilfserjoch (2757 m) über insgesamt ca. 25 Kilometer und 48 Kehren. Ich war mit dabei und hatte ordentlich Spaß.

In *„Motorrad News"* Heft 10/1994 schrieb ich: *„Mit Kardanantrieb, Halbverkleidung und hohem Sitzkomfort auch für zwei Personen zielt Yamaha genau da hin, wo früher BMW keine Konkurrenz zu fürchten brauchte."* Und das Fazit nahm er gleich vorweg: *„Die XJ 900 S ist zwar nicht ganz frei von Schwächen, hat aber insgesamt ihre erste Bewährungsprobe als Tourer mit Bravour bestanden. Sie ist ein sicheres, leicht beherrschbares und robustes Motorrad, fährt sich super auch mit Sozius/Sozia, ist sparsam und optisch attraktiv."* Bester Sitzkomfort, ergonomisch perfekt gestalteter Lenker und verwechslungssichere Schalter trugen dazu bei, daß man auch auf den kniffligen Strecken zwischen Innsbruck, St. Moritz und Meran locker blieb.

Der niedrige Schwerpunkt und die relativ geringe Sitzhöhe machten sich schon beim Rangieren positiv bemerkbar. Trotz des hohen Gewichts von 260 kg (vollgetankt) mt 24 Litern waren Kurvenhandling und Geradeauslauf vorbildlich für diese Art von Motorrad. Das gegenüber der XJ 900 F deutlich verbesserte Fahrverhalten resultierte aus einem stärker dimensionierten Rahmen, einer (mitunter bockig ansprechenden) Gabel mit 41er Standrohren, Monocross-Heckfederung mit Zentralfederbein, 17-Zoll- Rädern mit breiteren Niederquerschnittsreifen und einer neu abgestimmten Fahrwerksgeometrie. Keine Probleme gab es bei Vollgas, und wir erreichten im fünften Gang 200 km/h Tachoanzeige.

Nicht nur bei Fahrwerk, Design, Verkleidung und Ausstattung handelte es sich um eine komplette Neukonstruktion, sondern auch beim luftgekühlten Dohc-Vierventil-Achtventil-Motor mit seinen Zylindermaßen 68,5 x 60,5 mm. Den Zylinderblock hatte man zur Senkung des Schwerpunkts stärker als beim Vorläufermodell nach vorne geneigt eingebaut. Zudem hatten die Yamaha-Techniker den Kurzhuber in vielen Details gründlich modernisiert. So war die Kurbelwelle stärker dimensioniert, ein vergrößerter Ölkühler sowie von unten mit Öl gekühlte Kolben sollten zusätzlich die Standfestigkeit verbessern. Im Zylinderkopf arbeiteten nun eine anders abgestimmte Einlaßnockenwelle sowie leichtere Ventile. 34er Fallstrom-Vergaser von Mikuni übernahmen die Aufbereitung des Kraftstoffs. Eine Kennfeldzündanlage samt Drosselklappensensor sorgte für eine bessere Kraftausbeute im unteren und mittleren Drehzahlbereich. Im Hinblick auf die schärferen Schadstoffgrenzwerte stattete Yamaha die große Diversion überdies mit dem „Air Induction System" (AIS) aus, das durch Nachverbrennung der Abgase die CO-Werte um 40 und die HC-Werte um 30 Prozent absenken sollte. Die hohe Verdichtung von 10,0 : 1 erforderte den Betrieb mit bleifreiem Superbenzin. Auf einen geregelten Katalysator muße der Diversion-Treiber aber vorerst noch verzichten.

Auf Grund der verschärften Emissionslimits leistete der Vierzylinder nur 89 PS bei 8250/min^{-1} gegenüber 92 PS bei der XJ 900 F.

Die XJ 900 S Diversion erwies sich als Dauerbrenner und war fast zehn Jahre lang im Programm. Rechts das im Detail verbesserte Modell von 2000. Ab diesem Jahr saß der Chokehebel am Lenker, und blanke Teile waren besser gegen Korrosion geschützt. Der Kardananatrieb arbeitete völlig problemlos. Allein 2000 fand die Yamaha in Deutschland 1500 Käufer.

Unten: Die Premierenversion vom Herbst 1994 in Dunkelgrün-Metallic. Die große Yamaha war selbst auf unserem anspruchsvollen Pässe-Rundkurs in den Alpen allen Anforderungen gewachsen. Die Dreischeiben-Bremsanlage zeigte bei den schwierigen Paßabfahrten keinerlei Fading.

Steckbrief Yamaha XJ 900 S Diversion

Bauzeit	1994 bis 2003
Motor, Ventile/Zyl., Kühlung	Reihe 4, 4/Zyl., Dohc, luftgekühlt
Einheiten	keine Angaben
Hubraum, Bohrung x Hub	892 cm^3, 68,5 x 60,5 mm
Leistung	89 PS bei 8250/min^{-1}
Gemischaufbereitung	4 Mikuni-Fallstromvergaser, 34 mm
Getriebe, Antrieb, Radstand	5-Gang, Kardan, 1505 mm
Rahmen	Doppelschleifenstahlrahmen
Vorderradführung	Telegabel, Standrohre 41 mm Ø
Hinterradführung	Kastenschwinge, 1 Zentralfederbein
Bremsen vorn / hinten	2 Scheiben 320 / 1 Scheibe 267 mm
Reifen vorn / hinten	120/70 x 17 / 150/70 x 17
Leergewicht, trocken / Tank	239 kg / 24 Liter
Höchstgeschwindigkeit	200 km/h, ca. (Werksangabe)
Preis	15 290,- DM (Oktober 1994)

Fotostopp in den Alpen vor der Auffahrt zum 2757 Meter hoch gelegenen Stilfserjoch. Bergab forderten 48 Spitzkehren vom Fahrer höchste Konzentration und von der Maschine tadelloses Kurven- und Bremsverhalten. Es gab keinerlei Probleme.

Auf normalen Straßen konnte es bei konstantem Tempo 90 mitunter zu leichtem Lenkerflattern kommen. Um das blitzschnell abzustellen, mußte man mit der Hand kurz und kräftig gegen ein Lenkerende schlagen – Trick 17 aus der Biker-Mottenkiste.

Links: Den Doppelschleifenrahmen aus Stahlprofilen und Rohren hatte Yamaha der Belastung durch das hohe Gewicht der XJ 900 S angepaßt. Der Dohc-Vierzylindermotor mit 89 PS war stark nach vorn geneigt. Vom Fünfgang-Getriebe führte links der Kardanantrieb zum Hinterrad.

Anderseits produzierte er mit 83 Nm 7,5 Nm mehr Drehmoment als der vorige Motor, und dies bei 7000/min^{-1}. Im Fahrbetrieb nahm die Maschine bereits bei 1500 Touren ordentlich Gas an, legte ab 2500 Umdrehungen bis zur Höchstdrehzahl kräftig los. Spritzig war die Gangart aber nicht, daher mußte man vor Überholvorgängen rechtzeitig herunterschalten, um schnell vorbeizukommen. Der Verbrauch hielt sich bei unserer Testfahrt über 300 Kilometer mit 6,0 l/100 km in Grenzen, und das bei einer Besetzung mit zwei Personen. Daß sich bei 3500 Touren Vibrationen einstellten, und der Motor auch ansonsten etwas rauh und brummig wirkte, störte uns nicht – wir nahmen es als Beleg für kernige Charaktereigenschaften hin. Erst bei hohen Drehzahlen lief der Vierzylinder fast turbinenartig. *„Der Motor hat nicht nur Kraft, er läuft dazu auch noch unglaublich geschmeidig, wie es nur ein großer luftgekühlter von Yamaha tut"*, befand der *„Tourenfahrer"* noch im Frühjahr 2000, als die Diversion bereits seit über fünf Jahren gebaut wurde.

Die kräftig dimensionierte Dreischeibenbremsanlage packte präzise zu und zeigte nie Fading-Erscheinungen, was vor allem auf der berüchtigten Abfahrt vom Stilfserjoch, wo wir jede Kehre scharf anbremsten, eine Lebensversicherung war. Dem perfekt und klaglos funktionierenden Kardanantrieb merkte man die 20jährige Erfahrung an, die Yamaha bis 1994 bereits mit diesem System gesammelt hatte. Erstaunlich war, daß die Monocross-Schwinge der XJ 900 S Lastwechselreaktionen noch besser unterdrückte als der Paralever von BMW.

In puncto Zubehör hatte Yamaha mittlerweile dazugelernt und ließ dieses Geschäftsfeld nicht mehr nur Fremdanbietern: Von Anfang an gab es gegen Aufpreis Kofferhalter. Zu den späteren Modellpflegemaßnahmen gehörte, daß der Chokehebel griffgünstig am Lenker plaziert wurde und Auspuffanlage sowie Motorverschraubungen auf mehr Korrosionsbeständigkeit getrimmt worden waren. 2001 erhielt die Diversion eine noch bequemere Sitzbank, eine Warnblinkanlage und Schutzhüllen für die Gabelstandrohre. Die Verbesserungen zeigten Wirkung: Allein 2000 entschlossen sich rund 1500 Tourenfahrer für den Kauf der großen Diversion und waren bereit, für das gute Stück stolze 15 290 DM (Preis Herbst 1994) hinzulegen.

Fotos: S. 254 o: Yamaha Presse; S. 254 u, 255 o: Jürgen Mainx für Mitsui/Yamaha; S. 255 u: Yamaha Presse

1990-2001

Yamaha TDM 850

Die Vielseitige

Sie war die eierlegende Wollmilchsau: die TDM 850, die sich wegen ihrer Vielseitigkeit in den ersten zwei Versionen von 1990 bis 2001 prächtig verkaufte. Der Dohc-Parallel-Twin mit Fünfventiltechnik produzierte satte Leistung, das Fahrwerk hatte Tourer- und Offroadqualitäten.

Dauerbrenner seit 1990 und weltweit als „Twin Dual-Purpose Motorcycle" geschätzt, wurde die TDM stetig verbessert. Ab 2002 bekam sie gleichzeitig mit der Hubraumerweiterung auf 897 cm³ einen G-Kat und ein Sechsganggetriebe, ab 2005 ein Brems-ABS. Oben: TDM 850 Typ 3VD von 1992 mit Fünfganggetriebe und Vergasertechnik. Rechte Seite: Im Dezember 1993 trat die TDM 850 bei einem Vergleichstest von „Motorrad News" gegen die Triumph Sprint 900 an.

Fotos: S. 256: Archiv H.J. Schneider, Fotograf nicht zu ermitteln; S. 257: Hans König

Die auf dem Pariser Salon 1990 vorgestellte TDM 850 paßte in keine der bekannten Schubladen. War sie eine Enduro im Strassen-Trimm, ein Asphaltrenner im Geländeanzug, ein Tourer mit Offroad-Qualitäten oder ein Café-Racer im Ibiza-Look? Irgendwie hatte die TDM von allem ein bißchen, und so ging sie später dann mal als Sporttourer, mal als Allrounder durch. Genauso hätte aber der Begriff „Funbike" zugetroffen, denn der Zweizylinder machte nicht nur viel Spaß, sondern verfügte durchaus über einige Attribute der damals noch zumeist von kleinen Tuningbetrieben auf Straßenreifen umgerüsteten Enduros.

Ihre Verwandtschaft zur damals größten Enduro des Hauses war allein schon durch die Motorisierung offenkundig: Der Antrieb der TDM stammte nämlich aus der XTZ 750 Super Ténéré von 1989. Für den neuen Kurvenräuber wurde der wassergekühlte Dohc-Fünfventiler allerdings durch Vergrößerung von Bohrung und Hub um exakt 100 cm³ aufgestockt. Damit stieg die Leistung von 69 auf 78 PS bei weiterhin 7500/min^{-1}; ebenso vergrößerte sich das maximale Drehmoment auf 79 Nm bei 6000/min^{-1}.

Wie bei den FZR-Modellen waren die beiden Zylinder stark nach vorne geneigt. Zwei 38er Mikuni-Fallstromvergaser übernahmen die Gemischaufbereitung. Zwei Ausgleichswellen sorgten dafür, daß der Kurzhuber über das gesamte Drehzahlband hinweg ausgesprochen kultiviert lief, obwohl die erste Ausgabe der TDM mit 360 Grad Hubzapfenversatz als Gleichläufer konzipiert war. Mit fast 200 km/h gehörte die TDM zu den schnellsten Twins, mit einem Durchschnittsbrauch von 6,7 Litern Normalbenzin allerdings nicht gerade zu den sparsamsten. Bemängelt wurde in den Tests zudem das große Spiel im Antriebsstrang. Während die Super Ténéré auf einem Doppelschleifenrohrrahmen basierte, setzte Yamaha für die TDM auf ein Deltabox-Chassis aus Stahlprofilen. Der Motor fungierte dabei als mittragendes Element. Mit 160 mm an der 41er Telegabel und 140 mm für die Stahl-Kastenschwinge im Heck verfügte die 850er über fast enduromäßige Federwege.

Eine effizient arbeitende und gut dosierbare 298-mm-Zweischeibenbremse mit Vierkolbensätteln verzögerte das schlauchlos bereifte (110/80 x 18) Vorderrad; hinten nahm ein Zweikolbenfestsattel die 245er Scheibe in die Zange. Trotz 230 kg Gewicht mit vollem 18-Liter-Tank gab sich die Funduro für damalige Verhältnisse ausgesprochen handlich.

„Normalerweise tut die TDM immer, was der Fahrer will. Etwas empfindlich reagiert sie allerdings auf plötzliche Gaswechsel bei flotter Kurvenfahrt. Die Abstimmung der Gabel geriet wohl etwas zu komfortabel; sie hebt sich ganz aus den Federn oder taucht stark ein", bemerkte damals das Fachblatt *„Motorradfahrer"* (Heft 6/1991) und kam zum Fazit: *„Die kurze Sprintdistanz liegt ihr ebenso wie die Mittel- und die Langstrecke. Offroad-Ausflüge sind möglich, doch ist das Gelände nicht die Domäne der flotten 850er."* So schlug sich die eigenwillige Yamaha an der Verkaufsfront denn auch ganz ordentlich: Immerhin 5419 Maschinen (Code 3VD) gingen zwischen 1991 und 1995 allein über das Yamaha-Händlernetz in Kundenhände, diverse davon auch auf 50, 27 respektive 34 PS gedrosselt.

Technisch und optisch komplett renoviert präsentierte sich die TDM dann für 1996. Erkennbar war das Nachfolgemodell (Code 4TX) sofort an seiner vor allem an den Seiten wild geschwungenen Verkleidung mit dem im FZR-Stil geschnittenen und böse dreinblickenden Doppelscheinwerfer. Auch Heck und Tank erschienen im neuen Design; das Spritreservoir faßte nun beachtliche 20 Liter.

Den Motor hatte man komplett umkonstruiert. Zwar wurde das Reihen-Twin-Konzept beibehalten, doch besaß der Zweizylinder nun die 270-Grad-Kurbelwelle, die auch im Parallel-Twin des damals neuen Sportmodells TRX 850 zum Einsatz kam. Damit stieg die Leistung geringfügig auf 80 PS bei 7500/min^{-1} und das Drehmomentmaximum auf 80 Nm bei 6000/min^{-1}. Den Yamaha-Technikern war es darum gegangen, dem Reihenmotor die Charakteristik eines V-Twins mit dem urigen Stakkato-Sound der sportlichen Ducatis anzuerziehen – s.a. Abschnitt legendäre TRX. Für die Zweitausgabe der TDM 850 entschieden sich zwischen 1996 und 2001 immerhin 9097 Käufer in Deutschland (ohne Parallelimporte).

1996 erschien die zweite Generation der TDM 850. Die schwungvoll gestaltete Verkleidung und der böse Blick des Doppelscheinwerfers fielen sofort ins Auge. Rahmen und Motor wurden unverhüllt zur Schau gestellt.

Gegenüber der Version von 1990 bis 1995 war die Version mit dem Modellcode 4TX ab 1996 mit kürzerem Radstand und leicht reduziertem Vorderradnachlauf auf mehr Kurvenagilität getrimmt worden. Allerdings hatten die Yamaha-Techniker dafür den Rahmen komplett überarbeiten müssen. Gleichzeitig hatte die 850er für mehr Lenkpräzision eine neue Gabel mit 43-mm-Standrohren sowie eine neue Abstimmung der Heckfederung nebst Radialreifen erhalten. Der Antriebsblock hing weiterhin als mittragendes Element unter dem Deltabox-Rahmen aus Profilstahl.

2002 erschien die TDM mit 897 cm³ Hubraum, Benzineinspritzung, 86,5 PS und abermals geänderter Verkleidung. Bis in die 2010er Jahre wurde die TDM 900 ständig optimiert.

Der flüssiggekühlte Fünfventil-Parallel-Twin der TDM 850 leistete zunächst 78, ab 1996 dann 80 PS. Während die Urversion mit 360-Grad-Hubzapfenversatz als Gleichläufer konzipiert war, besaß die Version ab 1996 eine Kurbewelle mit 270 Grad Versatz, was den Motor mit einem ducatiähnlichen Stakkato laufen ließ.

Steckbrief Yamaha TDM 850

Bauzeit	1990 bis 2001
Motor, Ventile/Zyl., Kühlung	Reihe 2, 5/Zyl., Dohc, flüssiggekühlt
Einheiten	5419 (3VD) + 9097 (4TX) in Deutschland
Hubraum, Bohrung x Hub	849/897 cm³, 89,5 x 67,5 mm/k.A.
Leistung	78/80 PS bei 7500/min^{-1}
Gemischaufbereitung	2 Mikuni- Fallstromvergaser, 38 mm
Getriebe, Antrieb, Radstand	5-Gang, Kette, 1510 mm / k.A.
Rahmen	Deltabox-Stahlrahmen
Vorderradführung	Telegabel, Standrohre 41, später 43 mm Ø
Hinterradführung	Kastenschwinge, 1 Zentralfederbein
Bremsen vorn / hinten	2 Scheiben 298 / 1 Scheibe 245 mm
Reifen vorn / hinten	110/80 x 18 / 150/70 x 17
Leergewicht, trocken / Tank	230 kg / 18/20 Liter
Höchstgeschwindigkeit	198 km/h, ca. (Testwert)
Preis	15 280,- DM (Januar 1994)

Auch legendär:

TRX 850

1995-1999: 849 cm³, 83 PS

Mit den FZR-Modellen war Yamaha in den frühen 1990er Jahren zwar gut im Sportsegment vertreten. Doch der Trend ging damals immer stärker hin zu potenten V-Twins à la Ducati. Die japanischen Hersteller konnten dem plötzlichen Erfolg der zweizylindrigen Italo-Bikes zunächst nichts entgegensetzen. Während sich Kawasaki in diesem Segment auch später überhaupt nicht engagierte, schaffte es Yamaha immerhin schon 1995 als erster Fernostproduzent, dem Trend zum sportlichen Twin Rechnung zu tragen. Erst 1997 hatten Honda mit der VTR 1000 und Suzuki mit der (glücklosen) TL 1000 S artverwandte Sportmodelle parat. Mit dem bereits seit 1990 produzierten TDM-Triebwerk stand bei Yamaha ein Motor in der passenden Hubraumklasse zur Verfügung.

So erschien schon 1995 die TRX 850 in Japan – und machte prompt auch den deutschen Zweizylinder-Liebhabern Appetit. *„TRX – ein Motorrad wie ein Telegramm: kurz, präzise, teilt ohne Umschweife mit, um was es eigentlich geht"*, textete *„Motorrad News"* in Heft 5/1995. Der Pressetext zur Einführung des im Frühjahr 1996 in Europa eingeführten neuen Modells setzte nach: *„Ein neuer Sport-Twin mit eigenständigem Charakter."* Damit war gemeint, daß der von der TDM abgeleitete Reihen-Twin die Charakteristik eines V-Twins an den Tag legte: Die Zündung des Gemischs in den beiden Zylindern erfolgte nun nicht mehr nach jeweils 360 Grad Kurbelwellenumdrehung, sondern um 270 respektive 450 Grad versetzt. Dazu hatte man einfach die Hubzapfen auf der Kurbelwelle entsprechend anders angeordnet.

Der flüssigkeitsgekühlte TDM-Motor war für die TRX-Evolutionsstufe mit 83 PS bei 7500/min^{-1} technisch in vielen Details verbessert worden. Daneben sorgte ein kürzer abgestuftes Fünfganggetriebe bei der TRX für mehr Dynamik. Der Hubzapfenversatz erforderte zwei Ausgleichswellen zur Vibrationsminderung. Die Gemischzufuhr wurde per Drosselklappensensor-Technik präzise gesteuert. Damit lag der Verbrauch der gut 210 km/h schnellen Maschine im Mischbetrieb bei unter 6,0 l/100 km.

Der als mittragendes Element ausgelegte Fünfventil-Kurzhuber saß in einem auffällig zur Schau gestellten Gitterrohr-Chassis aus Stahl. Dieses mutete zwar höchst modisch und stark an Ducati angelehnt an, war aber nicht einmal bei Yamaha wirklich neu: Bereits die SDR 200 von 1987 zeigte ein ähnliches Layout. Für den Einsatz auf europäischen Straßen hatte Yamaha die Federungselemente entsprechend abgestimmt. Mit ihren 40 mm starken Standrohren bot die Telegabel bei 120mm Federweg Einstellmöglichkeiten für die Federvorspannung sowie die Zugstufendämpfung. Das Zentralfederbein mit Monocross-Hebelumlenkung ließ sich zusätzlich in der Druckstufe justieren. Die LM-Kastenschwinge und die hohlgegossenen Dreispeichenräder aus Leichtmetall hielten das Leergewicht mit 209 kg stark in Grenzen.

Auch wenn die in Leistung und Fahrverhalten rundum überzeugende TRX vordergründig auf die SS-Modelle von Ducati zielte, entpuppte sie sich im Vergleich als weniger kompromißlos. Eingeschworene Fans der italienischen Marke hatten für den ersten Supersport-Twin aus Japan zwar nur abschätzige Kommentare übrig, doch entschieden sich für die 4UN (Typencode) ab 1996 in Deutschland immerhin 3379 Sportfans. Die letzten Exemplare der zunächst 15 690 DM teuren TRX wurden 2002 verkauft.

Alle Bilder zeigen die TRX von 1996 in verschiedenen Lakkierungen. In Rot sieht sie aus wie eine Ducati. Der Gitterrohrrahmen spart Gewicht, die TRX wog nur 209 kg. Der mit dem Fünfgang-Getriebe verblockte Dohc-Zehnventil-Motor kam aus der TDM und leistete 83 PS. Mittels Hubzapfenversatz erzeugte er das typische Stakkato eines V-Twins. Für eingeschworene Ducati-Fans war dies aber eine grenzenlose Anmaßung.

Produziert wurde die Ducati-Kopie von 1996 bis 1999, wobei es bis 2002 dauerte, bis die letzten Exemplare in Deutschland Käufer gefunden hatten.

Fotos: S. 258 beide: Yamaha Presse; S. 259 o, M: Winni Scheibe; S. 259 u: Yamaha Presse

1994-1998

Yamaha XJR 1200

Leistungsgewicht

Optik der 1970er Jahre, Technik auf dem Niveau der 1990er, dank 1,2 Litern Hubraum Leistungscharakteristik eines Muscle-Bikes: Die Yamaha XJR 1200 machte den anderen Retrobikes der Schwergewichtsklasse ab 1994 massiv Konkurrenz und verkaufte sich allein in Deutschland bis 1998 rund 7400 mal.

Nach dem großen Anfangserfolg der unverkleideten Muscle-Bikes Suzuki GSX 1100 G, Kawasaki Zephyr 1100 und Honda CB 1000 Big One war Yamaha in Zugzwang – und reagierte angemessen: Auf der IFMA 1994 präsentierte das Unternehmen mit der XJR 1200 ein Motorrad, das den Look eines Big Bikes der 1970er Jahre mit der Technik der 1990er Jahre kombinierte. Bis Honda 1997 mit der X4 und ein Jahr später mit der identisch motorisierten CB 1300 den Hubraum noch höher schraubte, galt die XJR in ihrer Klasse als Hubraumprimus.

Die Entwicklung eines komplett neuen Triebwerks hatte Yamaha sich sparen können: Mit dem bewährten, fahrtwindgekühlten, 1188 cm³ großen Reihenvierzylinder der FJ 1200, der mit zwei obenliegenden Nockenwellen nebst vier Ventilen pro Zylinder aufwartete, hatte man ein Aggregat im Regal, das für bullige Kraft und beeindruckende Leistungsentfaltung bekannt war. Für den Einsatz in der XJR 1200 wurde er indes etwas modifiziert. Zur Verbesserung der Wärmeabfuhr erhielten die Zylinder größere Kühlrippen, ausserdem wurde ein Ölkühler mit einer um vierzig Prozent gesteigerten Kühlkapazität installiert. Geänderte Steuerzeiten verhalfen dem für Europa auf 97 PS bei 8000/min^{-1} gedrosselten FJ-Ableger zu noch besserem Durchzug. Den Zündverlauf verbesserte der TPS-Drosselklappensensor für die Kennfeldzündanlage, ein vollelektronisches Motormanagement gab es allerdings noch nicht. Stattdessen versorgten die vier üblichen Mikuni-Gleichdruckvergaser mit je 36 mm Durchlaß die Zylinder mit Benzin-/Luftgemisch. Die leichtgängige Kupplung wurde hydraulisch betätigt. Wie vom Kon-

Gelungenes Retro-Design, solide Vierzylindertechnik, ergonomisch optimale Sitzposition: Die XJR 1200 war trotz ihres hohen Gewichts von mehr als 250 kg leicht zu beherrschen.

zept her nicht anders zu erwarten gewesen war, trugen die beeindruckende Kraftentfaltung sowie eine geradezu vorbildliche Laufkultur wesentlich dazu bei, daß die XJR in den Tests der Fachblätter mit viel Lob bedacht wurde. Was allerdings nicht darüber hinwegtäuschen konnte, daß der Vierzylinder ein ähnlicher Säufer wie sein FJ-Pendant war: Im Mittel flossen rund acht Liter pro 100 km durch die Düsen. Der 21 Liter fassende, stilecht geformte Tank ermöglichte damit immerhin noch Reichweiten von rund 250 km.

Chassis und Fahrwerk waren mit dem neu konstruierten, sich eng ans Triebwerk schmiegenden Doppelschleifen-Stahlrahmen, der Telegabel mit 43-mm-Standrohren sowie der Leichtmetall-Kastenschwinge mit zwei Federbeinen konventionell, aber solide ausgelegt. In einem Test für *„Motorrad News"* (Heft 2/1995) bemängelten wir allerdings das schlechte Ansprechen der Gabel und deren unzureichende Dämpfung. Auf schnellen Autobahnabschnitten mit schlechter Fahrbahn fing die Gabel an zu flattern, und das bei einem damals 16 950 DM teuren Oberklasse-Motorrad.

Über jeden Zweifel erhaben indes zeigte sich die LM-Hinterradschwinge. Auch die Dreischeiben-Bremsanlage und die hohlgegossenen Dreispeichen-LM-Räder (Bereifung 130/70 ZR 17 und 170/60 ZR 16) waren „State of the art". So brillierte der Bolide mit einem Handling, das man ihm bei vollgetankt 254 kg kaum zugetraut hätte. Tester HJS: *„Erstaunlich, wie leicht sich dieses Big Bike trotz Breit-Pneus und hohem Gewicht abwinkeln läßt – auch Kurvenfahren macht Spaß mit der XJR 1200."*

Steckbrief Yamaha XJR 1200

Bauzeit	1994 bis 1998
Motor, Ventile/Zyl., Kühlung	Reihe 4, 4/Zyl., Dohc, luftgekühlt
Einheiten	7362 in Deutschland
Hubraum, Bohrung x Hub	1188 cm^3, 77 x 63,8 mm
Leistung	97 PS bei 8000/min^{-1}
Gemischaufbereitung	4 Mikuni-Gleichdruckvergaser, 36 mm
Getriebe, Antrieb, Radstand	5-Gang, Kette, 1510 mm
Rahmen	Doppelschleifenstahlrohrrahmen
Vorderradführung	Telegabel, Standrohre 43 mm Ø
Hinterradführung	LM-Kastenschwinge, 2 Federbeine
Bremsen vorn / hinten	2 Scheiben 320 / 1 Scheibe 267 mm
Reifen vorn / hinten	130/70 ZR 17 / 170/60 ZR 17
Leergewicht, trocken / Tank	254 kg / 21 Liter
Höchstgeschwindigkeit	216 km/h, ca. (Testwert)
Preis	16 950,- DM (Februar 1995)

Oben: unsere Testmaschine vom Januar 1995. Es war ein serienmäßiges, aus den USA importiertes Motorrad. Die XJR 1200 begeisterte weltweit Liebhaber unverschalter Technik. Imposant: die Auspuffanlage. Unten: Sondermodell XJR 1200 SP von 1997 mit Öhlins-Federbeinen.

Bereits 1995 stellte die japanische Tuningfirma Over eine hochgezüchtete XJR auf die Räder. Im Over-Renntrimm lieferte die auf 195 kg (ohne Kraftstoff) abgespeckte Yamaha satte 125 PS bei 10 000/min^{-1} ans Hinterrad, das mit 190/55 x 17 üppig bereift war. Alan Cathcart gab die Höchstgeschwindigkeit in *„MO"* 4/1995 mit 265 km/h an. 1997 brachte Yamha eine XJR 1200 SP in Schwarz und Gelb heraus, die neben dem Beinamen *„King Replica"* Assoziationen zu Kenny Roberts sr. und seine drei Halbliter-WM-Titel 1978 bis 1980 weckte. So konnte die Teleskopgabel nun endlich in der Vorspannung verstellt werden; hinten kamen verbesserte Öhlins-Federbeine zum Einsatz. Zudem wurde das Sondermodell durch eine bequemere Sitzbank, verstellbare Handhebel sowie eine goldfarbene (!) Antriebskette aufgewertet.

Ein Jahr später erinnerte Yamaha mit einer weiteren Spezial-Lackierung der SP an den 250er Weltmeister von 1984, Christian Sarron, was besonders die französischen Markenfans freute. Wie die Standardausführung besaß die Sarron-SP Protektoren für die Gabelstandrohre. Insgesamt verkaufte Yamaha in Deutschland von der XJR 1200 4PU (Modellcode) 7362 Exemplare.

Nachdem Honda beim Hubraum die Meßlatte um 100 cm^3 höher gelegt hatte, zog Yamaha 1998 mit der auf 1251 cm^3 und 106 PS gebrachten sowie in diversen Details optimierten XJR 1300 nach. Geschmiedete Kolben und gehärtete Pleuelstangen sorgten bei insgesamt höherem Drehmoment für die nötige Standfestigkeit. Rahmen und Schwinge waren stärker ausgelegt. Ein schmalerer Vorderreifen in 120/70 x 17 verbesserte die Zielgenauigkeit der Lenkung und reduzierte das Aufstellmoment beim Bremsen. Hinten wuchs die Reifenbreite dagegen auf 180/55 x 17. Die Gabel war nun in Federvorspannung und Dämpfung justierbar.

Fotos: S. 260 beide, S. 261 o: Archiv H.J. Schneider, Fotograf nicht zu ermitteln; S. 261 u: Yamaha Presse

1992-1999

Yamaha GTS 1000

Gegen den Strom

Achsschenkellenkung, elektronisch gesteuerte Einspritzanlage, geregelter Katalysator, ABS: Mit der 1992 vorgestellten, avantgardistisch gestylten GTS 1000 brach Yamaha mit Konventionen. Doch das Fahrverhalten war nicht ganz unproblematisch, und das Publikum blieb skeptisch.

Nicht nur technisch, sondern auch optisch brach die GTS 1000 mit Konventionen. Die Verkleidung war so geschnitten, daß der Omega-Leichtmetallrahmen gut sichtbar blieb. An die klotzig wirkende Achsschenkellenkung mußte man sich gewöhnen. Das Cockpit war reich instrumentiert, die Lenkerstummel paßten zur touristischen Auslegung der Maschine.

Fotos: S. 262, 263 alle: Yamaha Presse

1992 bis 1999: Yamaha GTS 1000

Links: der Autor Ende 1992 bei einem Stopp in einem marokkanischen Dorf. Die Zufahrt war ein schmaler Trampelpfad. Das Nitschke-Foto zierte das Cover der Januar/Februar-Ausgabe der Zeitschrift „Tourenfahrer".

Ich fuhr zusammen mit Reiner H. Nitschke auf der zweiten Maschine bis hinauf zum 2260 Meter hohen Tizi n'Tichka-Pass. Dabei galt es auf Geröll, Fußgänger und Mulikarren zu achten. Erst abends kamen wir zurück.

Die GTS 1000, die wir im Herbst 1992 auf Einladung von Yamaha in Marokko einen Tag lang ausgiebig testen konnten, war mit ihrer avantgardistischen Achsschenkellenkung zweifellos ein Meilenstein der Motorradgeschichte. Zwar hatten die Japaner die einarmige Vorderradführung nicht erfunden, aber sie hatten es als Erste gewagt, diese Konstruktion bis zur Großserienreife zu entwickeln. Achsschenkellenkungen hatte man bis dahin nur im Rennsport und bei Spezialkonstruktionen gesehen: „elf"-Honda, VV-OAS, Bimota Tesi. Um es vorweg zu nehmen: Das Publikum hat den Wagemut letztlich nicht honoriert. Mehr darüber später.

Bereits 1989 hatte Yamaha auf der Tokyo Motor Show mit der Morpho eine Studie vorgestellt, deren Vorderrad einseitig geführt wurde. Die Fachwelt wunderte sich, denn die Telegabel hatte inzwischen einen Reifegrad erreicht, der ihre Stellung als Konstruktionselement für immer zu zementieren schien. Doch Yamaha wollte einen neuen Weg beschreiten und entwickelte ein völlig neuartiges Motorrad, dessen Baugruppen von einem innovativen „Omega"-Chassis aus Leichtmetall getragen wurden. Anders als alle bisherigen Rahmenlayouts basierte diese Konstruktion aus zwei beidseitig des Motorblocks angeordneten Leichtmetallprofilen in Form des griechischen Buchstabens. Jeglicher Rahmenoberzug fehlte, was den Gesamtschwerpunkt niedrig hielt. Hinten fand sich die bei den FZR-Modellen bewährte Deltabox-Kastenschwinge mit einstellbarem Zentralfederbein. Vorne war an beiden Omega-Rahmenteilen eine Schubschwinge angelenkt, die links in einem Monoschwingarm mündete. Eine Etage darüber verbarg sich unter der Verkleidung zusätzlich ein Dreieckslenker aus Stahlrohr. Die beiden Schwingarme führten über dauergeschmierte Kugelgelenke den ebenfalls aus LM-Profilen gefertigten Radträger.

Für die Übertragung der Lenkkräfte zeichnete ein Schiebstück verantwortlich, das mit dem Radträger an dessen oberem Anlenkpunkt verbunden und für den Längenausgleich teleskopartig aufgebaut war. Dabei wurden die Lenkbefehle im Verhältnis eins zu eins übertragen. Das gekapselte, in Federbasis und Dämpfung voll verstellbare Federbein stützte sich direkt am unteren Längslenker in extrem spitzem Winkel ab.

Von der Theorie her weist ein derartiges Achsschenkel-Arrangement klare Vorzüge gegenüber herkömmlichen Tauchgabeln auf: Radführung, Federung und Lenkung sind voneinander entkoppelt mit dem Ziel höherer Verwindungssteifigkeit, besserer Lenkpräzision und sensiblerem Ansprechen des Federelements. Zudem sollte das System beim Bremsen momentneutral reagieren und so nicht das Federungsverhalten beeinträchtigen. Vom Marketing wurde die GTS 1000 nicht als Supersportler plaziert, sondern als Sporttourer, schon allein wegen des hohen Leergewichts der Maschine von 271 kg (mit ABS sogar 279 kg). Dennoch sollte diese Strategie der Karriere der GTS wenig nützen. Zwar wurde das Fahrwerk als Neuheit gefeiert, doch bereits mit den ersten Fahrberichten hagelte es Kritik seitens der Fachpresse.

So konnte die 1000er zunächst einmal die hochgesteckten Erwartungen in puncto Komfort nicht erfüllen. *„Mit straffer Abstimmung hielt die GTS auf den endlosen Geraden und in langgezogenen Kurven zwar ausgezeichnet die Spur; andererseits ließ der Komfort auf bestimmten Streckenabschnitten aber derart zu wünschen übrig, daß man sich eine weichere Abstimmung wünschte",* stellte der Autor bei seiner Testfahrt zwischen Marrakesch und dem Hohen Atlas fest. Einen sehr zwiespältigen Eindruck machte die Zukunfts-Yamaha

Steckbrief Yamaha GTS 1000

Bauzeit	1992 bis 1999
Motor, Ventile/Zyl., Kühlung	Reihe 4, 4/Zyl., Dohc, flüssiggekühlt
Einheiten	1300 in Deutschland
Hubraum, Bohrung x Hub	1003 cm^3, 75,5 x 56 mm
Leistung	100 PS bei 9000/min^{-1}
Gemischaufbereitung	elektronische Einspritzung, G-Kat
Getriebe, Antrieb, Radstand	5-Gang, Kette, 1495 mm
Rahmen	Omega-Leichtmetallrahmen
Vorderradführung	Achsschenkel, 1 Federbein liegend
Hinterradführung	LM-Monocross, 1 Zentralfederbein
Bremsen vorn / hinten	1 Scheibe 330 / 1 Scheibe 282 mm
Reifen vorn / hinten	130/60 x 17 / 170/60 x 17
Leergewicht, betankt / Tank	271 kg / 20 Liter
Höchstgeschwindigkeit	215 km/h (Werksangabe)
Preis	22 560,- DM (Januar 1993)

Die Abgase des 100 PS starken Dohc-Vierzylindermotors, der von der FZR 1000 stammte, strömten über eine rechts verlegte Vier-in-eins-Anlage ins Freie, dies allerdings erstmals weitgehend durch einen Dreiwege-Katalysator entgiftet. Das Gemisch wurde von einer elektronisch geregelten Einspritzanlage aufbereitet.

auf den Paßstraßen. Zwar ließ sie sich selbst bei voller Schräglage zielgenau in die Kurven hineinlenken; doch wenn dann plötzlich Buckel auftauchten, war's vorbei mit der Ruhe: Das Vorderrad federte nach Passieren der Unebenheit voll aus, der Vorbau fand sich für Sekundenbruchteile komplett in der Luft. *„Daß die GTS sich nach der Landung trotzdem nicht aufschaukelte, spricht für gewisse Sicherheitsreserven der neuartigen Vorderradführung",* konstatierten wir. Gleichwohl kam es auf extrem schlechter Fahrbahn mehrfach zu starkem Lenkerschlagen. Als wir abends im Hotel unsere Eindrücke schilderten, bekundete der japanische Veranstalter seinen Unmut: *„F... German journalists!"* Sicher war es ein großer Fehler von Yamaha, das neue Flaggschiff damals auf rauhen Afrikapisten zu präsentieren, auf denen auch Eselskarren zirkulierten. Auf guten Straßen und Autobahnen hätte die GTS kaum mit der Wimper gezuckt, wie sich später in Deutschland dann auch zeigte…

Schon bald hatte die Fachwelt den mit der Dimension 130/60 ZR 17 extrem breiten und flachen Vorderreifen als Hauptübeltäter ausgemacht. Auch der Hinterreifen war mit 170/60 x 17 nicht ideal. Die Zeitschrift *„Motorrad"* rüstete flugs auf Bridgestone BT 50 Battlax 120/70 ZR 17 in Verbindung mit einem 180/55 ZR 17 hinten um – und schon ließ sich die GTS 1000 nicht mehr von jeder Fahrbahnunebenheit ablenken; auch verschwand weitgehend die extreme Aufstellneigung beim Bremsen in Schräglage.

Bei Yamaha zog man sich den Schuh allerdings trotz der massiven Kritik und konstruktiver Verbesserungsvorschläge nicht an: Bis zu ihrem Ruhestand 1999 wurde die GTS mit dem viel kritisierten 130er Vorderpneu ausgeliefert. In der Folge gab es immerhin Freigaben für andere Reifenmarken und die genannten 120/70er respektive 185/55er Breiten.

Oben: Sauber aufgereiht warteten diese GTS 1000-Exemplare Ende 1992 vor dem Hotel in Marrakesch auf die Meute der Testjournalisten, die dem neuen Motorradmodell einen Tag lang nichts schenkten und sogar die kurvenreichen Paßstraßen des Hohen Atlas unter die Räder nahmen.

Rechts: Yamaha hatte eine GTS 1000 ohne Verkleidung ausgestellt, an der man die technischen Besonderheiten bestens erkennen konnte. Man unterschied die drehbare, kugelbolzengelagerte und mit der Lenkung verbundene Radführung und den mächtigen Schwingarm mit dem voluminösen Federbein. Die innenbelüftete Einzelbremsscheibe maß 330 mm.

Daß der GTS letztlich kein Erfolg beschieden war, konnte man den kritischen, dabei aber überwiegend sehr differenziert und keineswegs gehässig formulierten Testberichten kaum ankreiden. Vielmehr war die Zielgruppe von der Achsschenkeltechnik nicht überzeugt. Weil Yamaha es aber völlig versäumte, seine aufwendig entwickelte Konstruktion umgehend zu optimieren, hatte die GTS schnell ihr Negativ-Image weg. Auch war nun das Thema Achsschenkellenkung auf lange Sicht komplett verbrannt. Mit zur mangelnden Akzeptanz trug gewiß auch der hohe Einstandspreis von 22 560 DM bei, ohne das anfangs optional erhältliche ABS.

Der flüssigkeitsgekühlte Vierzylinder-Reihenmotor mit seinen 1003 cm^3 Hubraum stammte von der 145 PS starken FZR 1000 ab. Weltweit kam der Fünfventiler in der GTS (auf dem Papier) aber nur

Fotos: S. 264 o: Cover „Tourenfahrer" 1/2 1993, Reiner H. Nitschke; S. 264 u, 265 beide: Hans J. Schneider

mit 100 PS bei $9000/min^{-1}$ heraus, in Deutschland mit 98 PS. Durch die tourensportlich orientierte Auslegung gewann der Vierzylinder aber deutlich an Kraft im unteren Drehzahlbereich.

Die Gemischaufbereitung übernahm eine elektronisch gesteuerte Einspritzanlage von Nippon Denso, was damals bei japanischen Motorrädern weitgehend ein Novum war. Yamaha nutzte die fortschrittliche Technik, um als erster Hersteller Nippons einen geregelten Dreiwege-Katalysator mit Lambda-Sonde einzubauen und damit auf die erfolgreiche Kat-Offensive von BMW zu reagieren. Trotz dieser für Motorräder damals topmodernen Technik ging die GTS nicht sparsamer mit dem Kraftstoff um als der weiterhin angebotene Tourensportler FJ 1200: Bei flotter Fahrweise schnellte der Verbrauch bis zu Werten über 10 l/100 km hoch.

Im Gegenzug verwöhnte der Fünfventiler mit ausgesprochen sattem Durchzug bei ausreichendem Temperament im oberen Drehzahlbereich. *„Motorrad“* verglich: *„Eine Honda ST 1100 kommt im großen Gang von 60 auf 140 km/h nicht annähernd so schnell aus den Startlöchern. Sie braucht rund zwei Sekunden länger. Selbst eine Kawasaki ZZ-R 1100 entpuppt sich als müde Schüssel und bleibt bis 160 km/h weit hinter der GTS zurück. Nur eine kann's besser: die BMW K 1100 RS. Mit 8,5 Sekunden von 60 auf 140 km/h verweist sie die Yamaha, die 9,7 Sekunden braucht, auf den zweiten Rang. Dafür benimmt sich das bayrische Triebwerk deutlich rauher. Yamahas Vierzylinder läuft seidenweich.“*

Oben: Das Design der GTS 1000 war unkonventionell, aber in sich geschlossen und ästhetisch durchaus überzeugend. Die Verkleidung bot guten Schutz, die Sitzbank war auch für zwei Personen bequem.

Mitte: Am Omega-Rahmen aus Alulegierung waren die Vorderradführung mit dem Achsschenkel und die massive LM-Zweiarmschwinge mit Zentralfederbein angelenkt. Der seltsame 20-Liter-Tank aus Kunststoff saß unter der Verkleidung.

Rechts: Motor und Getriebe waren mit allen Nebenaggregaten paßgenau in den Omgea-Rahmen eingebettet.

Das Potential der GTS verwunderte nicht: Die Leistung der Testmaschine lag an der Obergrenze des Toleranzbereichs. So ermittelte *„Motorrad“* (Heft 2/1993) beachtliche 109 PS bei bereits 7500 anstelle $9000/min^{-1}$ Nenndrehzahl. Damit lag die Höchstgeschwindigkeit bei zirka 215 km/h. Für den Endantrieb setzte Yamaha auf die Kette – vorgeblich aus konzeptionellen Gründen; mit Kardanwelle wäre die GTS noch schwerer geworden. Auch hätte dies die Kosten weiter in die Höhe getrieben.

Vorbildliche Vollverkleidung mit Wechselscheibe

Im Gegenzug kamen die GTS-Käufer in den Genuß einer hervorragend schützenden Vollverkleidung. Natürlich sollte diese für einen Sporttourer schlank ausfallen, außerdem wollte Yamaha seinen innovativen Omega-Rahmen zur Schau stellen. Deshalb schloß die Hauptschale mit der Chassis-Oberkante ab; den unteren Motorbereich umhüllten drei weitere, vom Omega-Paar eingerahmte Verkleidungsteile. Serienmäßig gab es eine flache und eine hohe Windschutzscheibe zum Wechseln. Das Cockpit war mit Digitalzeituhr, zwei Tripmastern und Tankanzeige standesgemäß bestückt. Vor der Einfüllöffnung für den 20-Liter-Tank war ein Handschuhfach eingelassen. Gegen Aufpreis gab es ein Gepäcksystem.

Dem von Anfang an lieferbaren ABS kam die Vorderradführung per Achsschenkel sehr entgegen, da sie deutlich verwindungssteifer war als die zu jener Zeit üblichen Telegabeln. Ohnehin wußten die Bremsen in Wirkung und Dosierbarkeit zu überzeugen, obwohl das Vorderrad konzeptbedingt lediglich von einer Scheibe mit Sechskolbensattel verzögert wurde, allerdings mit einem Durchmesser von 330 mm; sie war schwimmend gelagert und innenbelüftet. Auch die hintere 282er Scheibe besaß Innenkühlung. Der Stopper am Vorderrad ging bei voller Nutzung seines Potentials derart vehement zur Sache, daß der Reifen je nach Profilierung Sägezähne bildete. Dazu trug auch die Frontlastigkeit der GTS bei.

Für 1995 senkte Mitsui zum Ankurbeln des schleppenden Absatzes den Preis der Standard-GTS auf 18 000 DM. Bereits 1996 ruderte der Importeur wieder halbwegs zurück: Ab sofort gab es nur

noch die ABS-Version zum Listenpreis von 23 650 DM. 1999 verschwand die GTS, ohne weiter modellpflegt worden zu sein, aus dem Programm. Bis dahin hatten immerhin rund 1300 deutsche Biker Kaufverträge unterschrieben.

Auch legendär: Vmax

1985-2006: 1198 cm³, 145/100 PS

Sie ist kein typisches 1990er-Jahre-Motorrad, aber sie war über den ganzen Zeitraum hinweg äußerst präsent: die Yamaha Vmax. Mehr noch: Sie stellte ihre Einzigartigkeit und ihre explosive Power bereits 1985 zur Schau und tat dies bis zum Produktionsende 2006. Man mußte es erlebt haben, wie sie aus dem Stand heraus beschleunigte und alles neben und hinter sich gefühlt meilenweit zurückließ, dies mit einem wild-sonoren Sound aus zwei voluminösen Auspufftöpfen, produziert von einem mächtigen V-Vierzylinder-Motor, der über zwei seitliche Trichterhülsen beatmet wurde. Aggressiver Look mit viel blankem Metall und eine atemberaubende Beschleunigung – kurz: ein Motorrad nach Art eines Drag Bikes, das überall für (kontroversen) Gesprächsstoff sorgte.

Dennoch lehnte Mitsui Deutschland den Import der VMX 12 (interner Code) im Hinblick auf die freiwillige 100 PS-Beschränkung zehn Jahre lang kategorisch ab – gedrosselt wäre der ganze Reiz dahin gewesen. Der Grauimport scherte sich nicht darum: Für 17 000 DM war die Vmax bald auch mit 145 PS bei 9000/min^{-1} zu haben. Erst 1996 nahm Mitsui unter dem Druck der Fans die Vmax ins Programm, zunächst mit 1198 cm^3 Hubraum und braven 98 PS bei 8000/min^{-1}, ab 1999 dann auch ungedrosselt.

„Motorrad" bestätigte beim ersten Test einer in Eigenregie importierten Vmax im April 1985 die Urgewalt der „Mad Max" oder „Macho Monster", wie sie in den USA genannt wurde. Bei der Beschleunigungsmessung sah der Tester im Rückspiegel den Rauch aufsteigen, den der durchdrehende Hinterreifen produzierte: Nach 3,3 Sekunden war bereits die 100 km/h-Marke erreicht – und das bei einem Fahrzeug-Leergewicht von 283 kg zuzüglich 100 kg für Fahrer und Meßgeräte.

Das maximale Drehmoment von 122 Nm bei 7800/min^{-1} wurde spielend mit dem Koloss fertig. Die Höchstgeschwindigkeit lag bei knapp 240 km/h – vorausgesetzt, man hielt dem Winddruck, zusammengekauert über der Tankattrappe, stand. Logisch, daß der Verbrauch bei rund 10 l/100 km lag, und dafür war der unter der Sitzbank liegende 15-Liter-Tank zu klein.

Eine technische Delikatesse war das zusätzliche Drosselklappensystem „V-Boost" zwischen den Ansaugkanälen der vier Zylinder. Dieses steigerte die Arbeitsleistung der vier paarweise angeordneten 35er Vergaser zusätzlich: Über 6000 Touren wurde es von einem Servomotor langsam geöffnet, bis bei 8000 Touren der gesamte Querschnitt freigegeben war.

Zwar war das Fahrwerk mit seinem Doppelschleifen-Rohrrahmen und der von zwei Federbeinen gestützen Stahlrohrschwinge für den tempolimitierten US-Markt ausgelegt worden, doch bot es auch bei hohem Tempo akzeptablen Geradeauslauf. Dazu trugen der lange Radstand (1590 mm) sowie der Nachlauf von 119 mm bei. Die wenig torsionssteife 40er Gabel setzte dem Treiben auf schlechten Fahrbahnen allerdings Grenzen. Auch Stoßdämpfer und Reifen entsprachen nicht dem Optimum.

Der japanische Bulle rollte auf unterschiedlich großen LM-Gußrädern, die mit schlauchlosen Pneus der Größen 110/90 V 18 bzw. 150/90 V 15 besohlt waren. Drei innenbelüftete Festsattel-Scheibenbremsen sorgten für eine nach damaligen Maßstäben brutale Verzögerung.

Die Vmax („Vmax"= Höchstgeschwindigkeit) stellte den massiven V4-Motor offensiv zur Schau. Zur Ausstattung des imponierenden Gefährts gehörten neben Stufensitzbank, breitem Lenker und mächtigen Ansaugtrichtern an den Seiten ein Zentral-Tachometer und klassisch gestylte Zusatzinstrumente (Tourenzähler, Kühlmittel-Thermometer) auf einer Konsole hinter dem Steuerkopf. Oben: Vmax Europe von 1986 für Frankreich und Deutschland mit 100 PS. Links: die offene Vmax-Version von 1996 mit 145 PS.

Getunte Vmax-Modelle leisteten bis zu 176 PS bei 9200/min^{-1} aus 1463 cm^3 Hubraum, mit Feinheiten wie Carrillo-Pleueln und längerer Getriebe-Übersetzung, verstärktem Fahrwerk, USD-Gabel, steiferer Schwinge und breiteren Rädern.

Für 2003 verschwand die zuletzt 10 950 Euro teure Vmax wieder aus dem deutschen Yamaha-Programm. Immerhin 6668 Exemplare des Muscle-Bikes fanden noch über das offizielle Händlernetz einen Besitzer, obwohl die Grauimporteure schon vorher das Hauptgeschäft gemacht hatten.

Fotos: S. 266 o, u: Yamaha Presse; S. 266 M: Hans J. Schneider; S. 267 alle: Yamaha Presse

1992-1998

Yamaha YZF 750 R

Sportschau

Den mutmaßlich besten Supersportler der 1990er Jahre ließ Yamaha 1992 mit der YZF 750 R von der Leine. Fahrverhalten und Beherrschbarkeit setzten neue Maßstäbe. Und selbst in der Drosselversion mit 98 PS machte der Fünfventil-Vierzylindermotor die Maschine superschnell.

Die YZF 750 R war ein leichtfüßiger Sprinter, der auf der Rennstrecke unschlagbar war, aber auch im Alltagsverkehr überragende Qualitäten zeigte. Technisch war vom Deltabox-LM-Rahmen über USD-Gabel bis zur aufwendigen Bremsanlage alles vom Feinsten. Die breiten Lenkerstummel trugen stark zur Beherrschbarkeit bei.

Fotos: S. 268 o: Yamaha Presse; S. 268 u, 269: Frank Herzog für Yamaha

Bei den Supersportlern hatte Suzuki bis Anfang der 1990er Jahre die Nase vorn gehabt Die GSX-R 750, in der Urversion bereits seit 1985 präsent, verkaufte sich vor allem nach Erscheinen des neuen, flüssiggekühlten W-Modells 1992 wie warme Semmeln. Kawasaki hatte 1989 mit der ZXR 750 nachgezogen. Mit der vom Hubraum her extra großen CBRT 900 RR legte Honda 1992 die Meßlatte noch einmal höher. Yamaha war gefordert und reagierte zur IFMA 1992 mit der Präsentation der komplett neu entwickelten YZR 750 R auf den wachsenden Trend zu supersportlichen Motorrädern. Es war die straßentaugliche und mit 17 200 DM nur halb so teure Alternative zur Rennmaschine FZR 750 OW 01. Aggressiv blinzelte die YZF 750 R mit ihren schrägstehenden H4-Scheinwerfern in die Motorradwelt – und brach sofort in die Phalanx der etablierten R-Modelle ein: Allein bis Ende Mai 1993 fanden bereits 417 YZF-Exemplare ihre Abnehmer in Deutschland, die Yamaha landete auf Platz 10 der Verkaufs-Hitliste und verdrängte die Konkurrenz auf hintere Plätze.

Auch beim Test, der überwiegend auf Eifelstraßen und auf Autobahnen stattfand, überzeugte die neue Yamaha. *„Das Überzeugendste am jüngsten Yamaha-Erfolg ist, daß die YZF nicht einfach deshalb so gut ankommt, weil sie neu, sondern weil sie einfach gut ist. Schon auf den ersten Kilometern stellte man erfreut fest, daß bei der Entwicklung dieses Motorrads detailverliebte Perfektionisten am Werk waren: Bei der YZF stimmt einfach alles“*, lobte Hans J. Schneider im *„Motorradfahrer“* 8 von 1993. Noch heute denkt er gerne an diese wunderbare und bei allem Temperament leicht zu beherrschende Maschine zurück.

Chassis und Fahrwerk waren aus einem Guß: Deltabox-Rahmen und Zweiarmschwinge mit Zentralfederbein bestanden aus Leichtmetall. Der flüssiggekühlte 20-Ventil-Motor produzierte offen bis zu 125, gedrosselt 98 PS. Extra stark: die Bremsanlage.

Steckbrief Yamaha YZF 750 R

Bauzeit	1992 bis 1998
Motor, Ventile/Zyl., Kühlung	Reihe 4, 5/Zyl., Dohc, flüssiggekühlt
Einheiten	5652 in Deutschland
Hubraum, Bohrung x Hub	749 cm³, 72 x 46 mm
Leistung	98 PS bei 11 000/min⁻¹, offen 125 PS
Gemischaufbereitung	4 Mikuni-Gleichdruckvergaser, 38 mm
Getriebe, Antrieb, Radstand	6-Gang, Kette, 1420 mm
Rahmen	Deltabox-Leichtmetallrahmen
Vorderradführung	USD-Gabel, Gleitrohre 41 mm Ø
Hinterradführung	LM-Kastenschwinge, 1 Zentralfederbein
Bremsen vorn / hinten	2 Scheiben 320 / 1 Scheibe 245 mm
Reifen vorn / hinten	120/60 ZR 17 / 180/55 ZR 17
Leergewicht, trocken / Tank	218 kg / 19 Liter
Höchstgeschwindigkeit	228 km/h (Testwert)
Preis	17 200,- DM (August 1993)

Man saß bequem auf der ergonomisch perfekt gestalteten Yamaha, die Sitzhöhe von 780 mm war ein guter Kompromiß. Und sie war ungemein handlich, zielgenau und kurvenwillig. Dazu trug entscheidend das ungewöhnlich niedrige Gewicht bei – nur 218 kg vollgetankt mit 19 Litern Super bleifrei.

Technisch war bei der 750er alles vom Feinsten. Rückgrat war ein edler Deltabox-Brückenrahmen aus hochfester Leichtmetall-Legierung nach Art der „Genesis“-Werksrennmaschinen. Vorn sorgte eine Upside-Down-Gabel mit 41 mm dicken Gleitrohren für unbeirrbaren Geradeauslauf, hinten trug eine LM-Kastenschwinge mit vielfach verstellbarem Zentralfederbein das Ihre zur Fahrstabilität bei. Die LM-Gußräder waren zwar mit 120/60 ZR 17 / 180/55 ZR 15 sehr breit bereift, was aber nicht zu Aufstelltendenzen in schnellen Kurven führte. *„Es kann abgewinkelt werden bis zum Abwinken. (...) Lenkpräzision, Handling und Zielgenauigkeit setzen völlig neue Maßstäbe. Gegen die YZF wirkt die GSX-R von Suzuki fast wie ein Motorrad aus einer anderen Epoche.“*

Für das überragend gute Handling waren der mit 1420 mm extrem knappe Radstand, der steile Lenkkopfwinkel von 66 Grad und der kurze Nachlauf von 108 mm verantwortlich. *„Lediglich bei Vollgas auf der Geraden (wenn das Vorderrad deutlich entlastet ist) läßt sich der Lenker leicht zu Schwingungen anregen, die aber augenblicklich wieder abklingen“*, wußte *„MO“* (1/1993) nach der Präsentation auf der Rennstrecke von Jerez zu berichten. Relativ hoch plazierte und recht breit gehaltene Lenkerstummel halfen dem Piloten, den Supersportler zielgenau um die Ecken zu zirkeln.

Auch mit überdurchschnittlichen Fahrleistungen stellte die YZF 750 R die Konkurrenz in den Schatten. Für den dazu nötigen Vortrieb sorgte der weiterentwickelte, flüssigkeitsgekühlte Dohc-Vierzylindermotor, der nicht nur über zwei obenliegende Nockenwellen, sondern auch über fünf Ventile pro Zylinder verfügte – drei für den Einlaß, zwei für den Auslaß. Vier 38er Gleichdruckvergaser lieferten das nötige Gemisch – davon aber, gemessen an der hohen Leistung, nicht zu viel: Im Test verbrauchte das Sportmotorrad im Mittel nur 6,5 l/100 km. Nach 3,5 Sekunden hatte die Yamaha aus dem Stand die 100-km/h-Marke erreicht, solo maßen wir ein Spitzentempo von 228 km/h.

Noch erstaunlicher war vielleicht, daß die YZF 750 R bei aller aggressiven Agilität voll alltagstauglich war und sich selbst im Stadtverkehr gesittet benahm und nicht zu laut aus der Vier-in-eins-Abgasanlage dröhnte. Für die stets willige Gasannahme war auch das von Yamaha entwickelte EXUP-System verantwortlich, das den Dehmomentverlauf im unteren und mittleren Drehzahlbereich optimierte. Das „Exhaust Ultimate Powervalve" basierte auf einer bereits 1987 patentierten Walze im Abgassammler zwischen Abgaskrümmern und Schalldämpfer.

Für Deutschland war der Fünfventil-Motor auf 98 PS bei stattlichen 11 000/min^{-1} gedrosselt, reagierte auch deshalb nie nervös, sondern stets gesittet und kontrollierbar. Das Sechsganggetriebe war optimal abgestuft, die O-Ring-Kette zum Hinterrad kräftig ausgelegt. *„Was mich am meisten bei diesem Motorrad begeistert, ist die Tatsache, daß alles traumhaft gut funktioniert. Die Gänge lassen sich auch unter Last oder beim Herunterschalten butterweich einlegen, ein leichter Kick mit der Fußspitze genügt. Die hydraulisch betätigte Mehrscheibenkupplung greift superweich und erfordert nur ein Minimum an Handkraft. Und erst die Bremsen – besser geht es zur Zeit wohl nicht: Klar definierter Druckpunkt, hervorragendes Ansprechen, einwandfreie Dosierbarkeit bis hin zu rennsportmäßiger Verzögerung",* mußte ich staunend feststellen, denn ich war Anderes gewohnt. Die großkalibrige Bremsanlage mit drei schwimmend gelagerten Scheiben wies vorn Sechskolben-Sättel und hinten einen Zweikolben-Festsattel mit Momentabstützung auf.

Dies alles machte so viel Spaß, daß sich der Pilot auf der Landstraße beherrschen mußte. *„Vielleicht sollte man dieses Feuerzeug nur Familienvätern mit ausgeprägtem Verantwortungsbewußtsein oder Herrschaften im gesetzten Alter ab 35 in die Hand geben. Wer nicht aufpaßt, fährt stets zu schnell und manchmal viel zu schnell."* Daher hieß es, nicht nur den Tacho im Auge zu behalten, sondern auch die eindeutigen Schilder am Straßenrand: *„Sie flitzen, wir blitzen."*

Motor und Sechsganggetriebe bildeten eine kompakte Einheit. Oben: unsere Testmaschine im Sommer 1993. Unten: Die teure YZF 750 SP als Basismodell für den Rennsport.

Ab 1993 war mit der YZF 750 SP die modernisierte Rennsportversion der OW 01 zu haben. Sie war 14 kg leicher und leistete offen 125 PS. Der Racingkit ermöglichte mit Titanpleueln und weiteren Modifikationen 140 PS bei 14 000/min^{-1}. Mitsui lieferte die „SP" auch mit 98 PS aus – für 21 870 DM. In der Superbike-WM entwickelte die bis 1998 eingesetzte Werks-YZF 172 PS bei nur 162 kg Gewicht.

Fotos: S. 270 beide, 271 o: Frank Ratering; S. 271 ul, ur: Yamaha Presse

1997-2001
Yamaha YZF-R1
Hart am Limit

Mit Zurückhaltung war spätestens Schluß, als Yamaha die YZF-R1 in den öffentlichen Straßenverkehr schickte. Dank 150 PS erreichte das aggressiv gestylte und auf extreme Fahrleistungen getrimmte Superbike 275 km/h. Es war der Anfang einer Entwicklung, die bis heute zu immer neuen (diskutablen) Superlativen führte, nicht nur bei Yamaha.

Für Leute, die immer auf der Suche nach dem maximalen Kick waren, hatte Yamaha die YZF 1000 R Thunderace entwickelt, im Herbst 1995 in Paris vorgestellt und bis 1998 verkauft. Laut *„MO"* (Heft 8/1996) lautete die Botschaft: *„Schub, Schub und nochmals Schub. Das gilt auch für die bundesdeutsche 100 PS-Version."* Für die offene YZF 1000 R versprach Yamaha satte 145 PS; die *„MO"*-Messung ergab aber „nur"136 PS bei 9600/min^{-1}. Damit erreichte die YZF immerhin eine Höchstgeschwindigkeit von 260 km/h.

Das Ziel für die nächsten Jahre war vorgegeben, und so setzten die Japaner 1998 noch eins oben drauf. Leichter, stärker, schneller, kompakter – wer in den 1990er Jahren bei den Supersportlern mithalten wollte, mußte sich ständig um Superlative bemühen. So wurde auch die 1000er Thunderace schnell von hauseigener Konkurrenz entwertet, und zwar mit der verkappten, von Grund auf neu entwickelten YZF-R1. *„Extrem"* lautete die Botschaft, die Yamaha gleich auf mehrere Weise transportieren wollte: extrem leichte Bauweise mit 177 kg Trockenmasse, extrem starker Motor dank 150 PS bei 10 000/min^{-1}, extreme Fahrleistungen als Konsequenz aus dem Leistungsgewicht und einer ausgefeilten Aerodynamik. Für Deutschland wurde die R1 zunächst auf 98 PS gestutzt. Jedenfalls begann mit der YZF-R 1 die Ära der auch optisch extrem aggressiv gezeichneten Superbikes, die bis heute anhält.

Links: YZF 1000 R Thunderace 1996. Oben die erste YZF-R1, wie sie bereits im Herbst 1997 in Mailand vorgestellt wurde. Die niedrig plazierten Lenkerstummel erzwangen eine nach vorne gebeugte Sitzposition, was mehr Gewicht auf's Vorderrad (und die Unterarme) brachte. Markant waren die schrägen Doppelscheinwerfer und die aerodynamische Verkleidung.

Bei der Entwicklung der R1 (Projektcode 08R) gab man letztlich dem bewährten und vor allem kompakten Reihenvierzylinder den Vorzug vor einer zunächst ebenfalls erwogenen V4-Konfiguration, da der Reihenmotor kürzer baute und einen niedrigen sowie nach vorne verlagerten Schwerpunkt ermöglichte. Gänzlich neu konstruiert, baute der R1-Kurzhuber mit 65,3 kg um 9,5 kg leichter und zudem deutlich kürzer als der Vierer der Thunderace. Mit Fünfventiltechnik unter der Magnesium-Nockenwellenabdeckung orientierte er sich aber weiterhin am „Genesis"-Konzept. Verbessert hatte man auch das EXUP-System (s.a. YZF 750 R). Kurbelgehäuse und Zylinderbank bildeten erstmals eine Einheit.

Mit beispiellos kurzem Radstand (1395 mm) und nur 92 mm Vorderradnachlauf war die Fahrwerksgeometrie der R1 absolut auf Sportlichkeit getrimmt. Damit dieses 150 PS starke Geschoß nicht unkalkulierbar wurde, entschärfte Yamaha es durch eine besonders clever angebrachte Langschwinge. Selbst bei harten Lastwechseln blieb die Zweiradrakete relativ stabil. Das per Monocross-Hebelsystem abgestützte Federbein mit vielfachen Verstellmöglichkeiten stammte von Bilstein.

Die 41er Upside-Down-Gabel bot ebenso wie der Heckdämpfer mehr Hub als sonst bei Supersportlern üblich. Bei Fahrbahnunebenheiten konnte das Vorderrad daher besser Bodenkontakt halten. Neu waren die dünnwandigen Dreispeichen-Gußräder. Auf die hintere 6.00 Zoll breite Felge war ein Reifen der Größe 190/50 ZR 17 aufgezogen – die bis dato breiteste Dimension in der Historie der Yamaha-Seriensportler. Einteilige Vierkolbenbremszangen vorne garantierten gemeinsam mit den schwimmend gelagerten 298er Scheiben vehemente Verzögerung bei guter Dosierbarkeit. Im sechsten Gang ermittelte *„Motorrad News"* bei einem Vergleichstest mit der Honda CBR 900 RR Fire Blade und der Kawasaki ZX-9R für Heft 6/1998 eine Höchstgeschwindigkeit von 275 km/h und erhob die R1 zum derzeitigen *„Maß der Dinge"*.

Gleichwohl wurde die R1 Jahr für Jahr ständig weiterentwickelt, lief ab 2002 mit elektronisch gesteuerter Einspritzung und brachte es 2004 auf 172 PS bei 12 500/min^{-1}. Aus dem Supersportler war ein echtes, mit vier Scheinwerfern noch böser dreinschauendes Superbike mit Rennmotorad-Qualitäten geworden. Und es ging endlos weiter: Zum 25jährigen R1-Jubiläum im Jahr 2023 verkaufte Yamaha die auf 25 Exemplare begrenzte „Limited edition GYTR Pro 25th Anniversary" mit 25 exklusiven Rennkomponenten, aber ohne Straßenzulassung.

Steckbrief Yamaha YZF-R1

Bauzeit	1997 bis 2001
Motor, Ventile/Zyl., Kühlung	Reihe 4, 5/Zyl., Dohc, flüssiggekühlt
Einheiten	keine Angaben
Hubraum, Bohrung x Hub	998 cm^3, 74 x 58 mm
Leistung	150 PS bei 10 000/min^{-1}, 98 PS D-Version
Gemischaufbereitung	elektron. Einspritzung/EXUP, 42 mm
Getriebe, Antrieb, Radstand	5-Gang, Kette, 1395 mm
Rahmen	LM-Brückenrahmen
Vorderradführung	Upside-Down-Gabel, Gleitrohre 41 mm Ø
Hinterradführung	LM-Kastenschwinge, 1 Zentralfederbein
Bremsen vorn / hinten	2 Scheiben 298 / 1 Scheibe 245 mm
Reifen vorn / hinten	120/70 ZR 17 / 190/50 ZR 17
Leergewicht, trocken / Tank	184 kg / 18 Liter
Höchstgeschwindigkeit	275 km/h, ca. (Testwert)
Preis	21 160,- DM (Dezember 1997)

Oben links: Das R1-Cockpit enthielt bereits digitale Anzeigen. Der 20-Ventilmotor war mit dem Sechsganggetriebe verblockt und leistete 150 PS. Für die Gemischaufbereitung waren vier Gleichdruckvergaser mit dem enormen Durchlaß von je 40 mm zuständig. Das maximale Drehmoment des Einliter-Triebwerks betrug 108 Nm bei 8500 Touren.

Fahraufnahme, Foto rechts: Die YZF-R1 bei der Pressevorstellung 1998.

Fotos: S. 272 beide, 273 o, ul: Yamaha Presse; S. 273 ur: Archiv Hans J. Schneider, Fotograf nicht zu ermitteln

1987-2003

Yamaha XV 535

Bestseller

Mit perfektem Chopperlook, solider und wartungsarmer Technik sowie unproblematischem Fahrverhalten eroberte die XV 535-Reihe von Yamaha die Herzen der Fans im Sturm. Allein in Deutschland fand das Motorrad mit dem markanten V2-Motor rund 57 000 Käufer.

Die XV 535 war in ihren verschiedenen Ausführungen über 16 Jahre hinweg vielleicht die Maschine, bei der die Chopperidee am konsequentesten umgesetzt worden war. Metallisch glänzender und sonor tönender V2-Motor, Kardanantrieb, lange Gabel, typische Radgrößen, Hochlenker und Tropfentank-Attrappe waren die Zutaten, die den Erfolg ermöglichten. Oben: XV 535 Virago von 1994. Rechts: Seitenansicht mit der charakteristischen Side-Pipe-Abgasanlage.

Fotos: S. 274, 275: Yamaha Presse

Die Softchopper der 1970er und frühen 1980er Jahre verkauften sich weltweit in großen Stückzahlen. Nach dem 1978 eingeführten Trendsetter XS 650 mit seinem urigen Ohv-Parallel-Twin und der dreizylindrigen XS 750 Custom (Dohc-Steuerung) erzielte Yamaha ab 1981 mit der XV 750 SE, die mit ihren beiden hintereinander zu einem V gruppierten zwei Zylindern (Ohc-System wie bei der TR 1) und Kardanwelle besonders gut Chopperfeeling erzeugte, einen weiteren großen Erfolg. Es dauerte nicht lange, bis Yamaha auch in der Klasse darunter auf V-Twins setzte. Bereits 1982 liefen die ersten XV 400 für die japanische Kundschaft vom Band, gefolgt von der XV 500 als Vorläuferin der XV 535. Ab 1983 folgten großvolumige Modelle wie die XV 1000 SE und die XV 1100 Virago. Mit der ab 1984 angebotenen XV 750 Virago knüpfte Yamaha erfolgreich an die XV 750 SE an.

In der Chopper-Mittelklasse tauchten 1987 zunächst in den USA und in Kanada die ersten Vertreter der neuen Generation auf. Der Pariser Salon bot dann noch im selben Jahr die Bühne für die Europa-Premiere eines Motorrades, das mit einer völlig unüblichen Hubraumangabe im Typenkürzel in Deutschland und auf anderen Märkten zum Topseller avancieren sollte: XV 535 Virago. Technisch basierte der Erfolgstyp teilweise auf der XV 500, deren V2-Sohc-Motor durch Aufbohren um drei Millimeter und andere Feinarbeit weiterentwickelt worden war. Ansonsten handelte es sich bei der XV 535 um ein vollkommen neues Motorrad mit deutlich gefälligerem Design im beliebten Harley-Look.

Die beiden luftgekühlten Zylinder waren besonders fein verrippt und standen im Yamaha-typischen Winkel von 70 Grad zueinander. Die beiden verchromten Luftfiltergehäuse-Attrappen und die beiden rechts verlegten, voluminösen Schalldämpferrohre mit ihren abgeschrägten Enden nach Sidepipe-Art harmonierten prächtig mit der konsequenten Chopper-Optik der XV 535. Die beiden Ventile pro Zylinder wurden über jeweils eine obenliegende Nockenwelle gesteuert, zwei 34er Mikuni-Vergaser übernahmen die Gemischaufbereitung. Zunächst gab es die XV 535 in Deutschland

Rechts: XV 535 von 1990 in der Lackierung Elfenbein; Chrom, wohin das Auge blickte. Mitte und unten: XV 535 SP von 1993 mit Bremsscheibe vorn und Bremstrommel hinten. Rechte Seite: ausladender Buckhorn-Lenker und sparsame Instrumentierung.

Steckbrief Yamaha XVS 535, Virago

Bauzeit	1987 bis 2003
Motor, Ventile/Zyl., Kühlung	V2, 2/Zyl., Sohc, luftgekühlt
Einheiten	56 974 in Deutschland
Hubraum, Bohrung x Hub	535 cm^3, 76 x 59 mm
Leistung	46 PS bei 7500/min^{-1}
Gemischaufbereitung	2 Mikuni-Gleichdruckvergaser, 34 mm
Getriebe, Antrieb, Radstand	5-Gang, Kardan, 1520 mm
Rahmen	Monocoque-Stahlrahmen
Vorderradführung	Telegabel, Standrohre 36 mm Ø
Hinterradführung	Zweiarmschwinge Stahl, 2 Federbeine
Bremsen vorn / hinten	1 Scheibe 298 / Trommel 200 mm
Reifen vorn / hinten	3.00 x 19 / 140/90 x 15
Leergewicht, betankt / Tank	195 kg / 13,5 Liter
Höchstgeschwindigkeit	160 km/h, ca. (Werksangabe)
Preis	9600,- DM (Januar 1994)

offen mit 46 PS bei 7500/min^{-1} (Code 2YL) und einsteigerfreundlich mit 27 PS bei 6000/min^{-1} (3BR) (Leistungsreduzierung über flachere Nocken auf den Wellen, reduzierte Ansaugöffnungen und kleinere Hauptdüsen). Mit voller Leistung lief die XV fast 160, gedrosselt immerhin noch 130 km/h.

Wie bei den großen Viragos war auch hier die Cantilever-Schwinge einer klassischen Konstruktion mit zwei schräg gestellten Federbeinen gewichen. Den Antrieb des Hinterrads besorgte nach bewährtem Muster eine Kardanwelle auf der linken Seite. In der Fahrwerksgeometrie unterschied sich die 535er von ihrer Vorgängerin durch einen elf Zentimeter längeren Radstand und einen flacheren Lenkkopfwinkel, auch sank die Sitzhöhe auf 72 cm.

Zu den Besonderheiten der XV 535 gehörten die klassischen Speichenräder, die mit Reifen in 3.00 x 19 und 140/90 x 15 bestückt waren; vorne kam der leer 195 kg schwere Chopper mit einer 298er Scheibenbremse, hinten mit einer 200er Simplex-Trommelbremse aus. Der Tank lag unter dem Sitz und stellte mittels Benzinpumpe 8,6 Liter bereit – genug für die Show auf dem Boulevard. Was aussah wie ein Benzinbehälter, verbarg de facto den Luftfilterkasten. Doch war das Tankvolumen einfach zu klein. Deshalb besserte Yamaha bereits für das 1989er Modell nach und vergrößerte das Tankvolumen auf 13,5 Liter. Bei einem mittleren Verbrauch von knapp sechs Litern konnte man nunmehr die eine oder andere Tankstelle rechts liegen lassen.

Direkt im Blickfeld des Fahrers angeordnet war der mattschwarz unterlegte Tachometer. Die notwendigen Kontrollampen befanden sich in einer kleinen Konsole auf der oberen Gabelbrücke. Bei einem Preis von 7795 DM war die XV 535 eine der grösten Versuchungen für Fans, seit es Chopper vom Fließband gab. Für 1989 flossen weitere Änderungen in die Serie ein: So wurde die Sitzposition optimiert; der mit glattem Kunstleder bezogene Sitz

war nun besser gepolstert und zweiteilig ausgeführt. Die Fußrasten rückten etwas nach vorne, die Lenkergriffe ebenfalls. Chrom ersetzte an zahlreichen Stellen das polierte Aluminium.

Für 1994 brachte Yamaha zusätzlich die XV 535 SP, später als XV 535 S geführt, auf den Markt. Von der Basisversion hob sie sich durch noch mehr Chrom, eine Zweifarblackierung, ein Virago-Emblem auf dem Tank sowie eine einteilige Sitzbank ab. Mit 10 130 DM kostete die SP/S 530 DM mehr als das Basismodell. Als Zubehör gab es einen Chromgepäckträger, Lederpacktaschen und ein Windschild. Die 27 PS-Ausführung ersetzte Mitsui durch eine 34-PS-Variante für Besitzer des 1a-Führerscheins. Beide Virago-Modelle besaßen in der ab Oktober 1994 lieferbaren Version eine desmodromische Vergaserbetätigung, eine Doppelkolbenbremszange mit gelochter 298er Scheibe und einen optimierten Seitenständer. Die Leistung der offenen XV betrug wegen notwendiger Anpassung an die Abgas- und Geräuschgrenzwerte nun 44 PS.

Obwohl 1997 die Drag Star Yamahas Chopper-Programm bereicherte, legten die Marketing-Strategen noch einmal nach und brachten als Ablösung für das 535er-Duo 1998 die XV 535 DX Virago heraus. Mit ihrer luxuriösen Aufmachung entsprach sie letztlich der XV 535 S. Erst 2003 lieferte Yamaha Deutschland die letzten XV 535 DX (2YL) mit 34 PS zum Preis von 5730 Euro aus. Insgesamt verkaufte allein das offizielle deutsche Händlernetz phänomenale 56 974 Exemplare des Erfolgs-Choppers, der in seinen besten Jahren immer weit oben in der Zulassungs-Statistik zu finden war.

Auch legendär:

XV 1100 Virago

1986-2002: 1063 cm³, 62 PS

XV 750 Virago

1984-1998: 749 cm³, 60 PS

Imposant, reich verchromt und mit den besten Chopper-Zutaten versehen präsentierte sich die XV 1100 Virago, hier ein Exemplar von 1993. Die großen Virago-Modelle wurden von Yamaha zwei Jahrzehnte lang produziert, die XV 1000 SE ab 1982 eingeschlossen.

Auf der IFMA 1982 präsentierte Yamaha die XV 1000 SE als Kreuzung aus TR 1 und XV 750 mit 68 PS, 1984 folgte die XV 1000 Virago mit völlig neuem Design im Harley-Davidson-Look. Schmaler Vorderreifen, dicker Pneu hinten und „Sissy-Bar" gehörten neben Tropfentank, Stufensitzbank und langer Gabel zu den typischen Merkmalen. Die Cantileverschwinge war durch eine Kastenschwinge mit zwei verchromten Federbeinen ersetzt worden. 1986 kam die XV 1100 Virago mit aufgebohrten Zylindern auf den Markt. Bis 2002 setzte Mitsui 12 523 Virago-Exemplare ab. Nach dem gleichen Muster hatte Yamaha die XV 750 Virago konstruiert, die ab 1992 in Deutschland mit 50 oder 27 PS zu haben war.

Das Foto zeigt die XV 750 Virago, die wir 1993 als Testfahrzeug von Importeur Mitsui fuhren. Bis 1994 lief das Modell auf fünfspeichigen Gußrädern, danach auf Drahtspeichenrädern wie die XV 1100 Virago. Der 750er V-Twin entwickelte 60 PS.

Fotos: S. 276 o: Yamaha Presse; S. 276 M, u, 277 l: Hans König; S. 277 or: Yamaha Presse; S. 277ur: Hans J. Schneider

1996-2001

Yamaha XVZ 1300 Royal Star

Die große Show

Wahrhaft königlich durfte sich fühlen, wer mit der imposanten Royal Star den Boulevard rauf und runter fuhr. Das Dickschiff war ein Cruiser, der sich stark von einem Chopper unterschied. Der bullige 1,3-Liter-V4-Motor sorgte für einen starken Antritt und einen satten Sound.

Amerikanischer Look, zuverlässige japanische Technik: Die Royal Star 1300 war ein Meilenstein der Yamaha-Motorradgeschichte. Dick bereifte Räder, vier Side Pipe-Rohre und echte Schutzbleche prägten neben dem mächtigen V4 die äußere Erscheinung.

Fotos: S. 278, 279 alle: Yamaha Presse

1996 bis 2001: Yamaha XVZ 1300A Royal Star

Nachdem das Custom-Segment über ein Jahrzehnt lang von Chopper-Typen mit Hochlenker, Langgabel, Tropfentank sowie schmalem Vorder- und breitem Hinterrad beherrscht wurde, waren ab Mitte der 1990er Jahre „Cruiser" als neue Motorradgattung angesagt. Yamaha präsentierte für die Saison 1996 mit der XVZ 1300A Royal Star für 1996 einen regelrechten Straßenkreuzer auf zwei Rädern. Dabei traf der Trendsetter allerdings auf starke Konkurrenz, denn Honda z.B. zielte mit dem gewaltigen Sechszylinder-Bike Valkyrie exakt in die gleiche Richtung.

Bereits seit 1977 hatte die Yamaha Motor Corporation USA in Los Angeles mit der Arbeit am Projekt „Royal Star" – dem *„amerikanischsten Motorrad, das Yamaha je gebaut hat"* – begonnen. (Pressetext). Auf dem Pariser Salon Ende 1995 wurde der Super-Cruiser dann als XVZ 1300A vorgestellt. Von der ersten Auflage für 1996 bekamen die europäischen Importeure ein Kontingent von 700 Einheiten, 250 davon sicherte sich Mitsui Deutschland.

Für den Antrieb ging Yamaha im Prinzip den gleichen Weg wie Honda. Während dort der Sechszylinder-Boxer des Tourerflaggschiffs Gold Wing für den neuen Einsatzzweck umfunktioniert wurde, griffen die Macher der Yamaha-Dependance auf den V-Vier der XVZ 13 T zurück. Allerdings ließ man dem flüssiggekühlten Dohc-Kurzhuber nicht seine volle Leistung von 97 PS, sondern stimmte ihn mit zahmeren Nockenwellen, reduzierter Verdichtung und 28er statt 35er Vergasern derart neu ab, daß er nur noch 74 PS bei 5000/min^{-1} entwickelte, aber immerhin bereits bei 3500/min^{-1} satte 109,7 Nm Drehmoment freisetzte – genug um die Konkurrenz von Harley-Davidson und Kawasaki locker abzuhängen. Aber nicht genug, um der Valkyrie das Wasser zu reichen.

Immerhin war der wuchtige Yamaha-V4-Block mit seiner Vierrohr-Schalldämpferanlage, Kühlrippen und verchromten Motordeckeln eine Augenweide. Und nicht nur das: Mechanisch gut gedämpft, andererseits durch Verzicht auf eine Ausgleichswelle nicht weichgespült, verhalf er dem fahrfertig 336 kg schweren Dickschiff zu souveränen Fahrleistungen und 172 km/h Spitze. Gelungen war auch die Abstimmung der Auspuffanlage: Bei niedrigen Drehzahlen mutete der Sound wie der eines V8-Big-Block à la Chevy an, nach oben hinaus klangen eher Vmax-Töne durch.

Als Neukonstruktion imponierte das langgestreckte und niedrig gehaltene Doppelschleifenchassis mit 43 mm starken Rückgratrohren und 38 mm dicken Unterzügen. Nicht minder stabil fielen die stilvoll verkleidete Gabel mit 43er Standrohren sowie die Zweiarmschwinge aus, deren hebelgestütztes Zentralfederbein unter dem Motor versteckt lag. Mit 1695 mm Radstand, 30 Grad Lenkkopfwinkel und 129 mm Nachlauf war die XVZ 1300A auf Geradeauslauf programmiert. Kurvenfahren war daher mitunter heikel.

Mehr Auspuff ging nicht: Auf jeder Seite produzierten zwei ellenlange Side Pipe-Rohre einen starken Sound. Der Radstand war mit 1695 mm enorm.

„Werden die Radien größer, läßt sich die Royal Star gemessen an ihrem Gewicht erstaunlich leicht einlenken und durch die Kurven dirigieren. Voraussetzung: eine angepaßte Geschwindigkeit. Warum? Weil schon bei mäßiger Schräglage erst die (klappbaren) Trittbretter und dann die Trittbretthalter am Asphalt kratzen, und weil die Royal Star sachte über das Vorderrad zu schieben beginnt, wenn ihr die Gangart zu zügig er-

Oben, Mitte: Die XVZ 1300 Royal Star, hier von 1996, beeindruckte aus jeder Perspektive. Der Doppelschleifenrahmen und die Telegabel waren besonders stabil ausgelegt. Im Heck verbarg sich eine Zweiarmschwinge mit integrierter Kardanwelle und Zentralfederbein. Der V4 besaß vier obenliegende Nockenwellen und 16 Ventile.

Links: Studie Wild Child von 1996 mit tiefgezogenen Schutzblechen im Indian-Look und drei Scheinwerfern.

Steckbrief Yamaha XVZ 1300A Royal Star

Bauzeit	1996 bis 2001
Motor, Ventile/Zyl. Kühlung	V4, 4/Zyl., Dohc, flüssiggekühlt
Einheiten	1465 in Deutschland
Hubraum, Bohrung x Hub	1294 cm^3, 79 x 66 mm
Leistung	74 PS bei 5000/min^{-1}
Gemischaufbereitung	4 Mikuni-Gleichstromvergaser, 28 mm
Getriebe, Antrieb, Radstand	5-Gang, Kardan, 1695 mm
Rahmen	Doppelschleifenstahlrahmen
Vorderradführung	Telegabel, Standrohre 43 mm Ø
Hinterradführung	Stahl-Kastenschwinge, 1 Zentralfederbein
Bremsen vorn / hinten	2 Scheiben 298 / 1 Scheibe 320 mm
Reifen vorn / hinten	150/80 x 16 / 150/90 x 15
Leergewicht, trocken / Tank	336 kg / 18 Liter
Höchstgeschwindigkeit	172 km/h, ca. (Testwert)
Preis	24 500,- DM (September 1996)

scheint", stellte die Zeitschrift *„Tourenfahrer"* (Heft 9/1996) fest. Große und schmale Vorderreifen waren in der neuen Cruiser-Nische nicht angesagt – es hätte einfach nicht gut ausgesehen. So rollte die XVZ auf einem überbreiten 150/80 x 16er Pneu vorne und einem 150/90 x 15er hinten. Die Radabdeckung übernahmen „Schutzbleche", die ihren Namen – weil aus Metall – wirklich verdienten. Anders als bei einer Harley konnten die Bremsen mit einer 297er Zweischeiben- Doppelkolbensattel-Anlage vorne trotz hoher Bedienkräfte voll überzeugen. Mit einem Tankvolumen von 18 Litern sowie einem bequemen Fahrersitz bei nur 71 cm Höhe war die 24 500 DM teure Royal Star sogar bedingt als Reisedampfer geeignet. Trotz ihrer Qualitäten, und auch wegen des hohen Preises, fanden sich in Deutschland bis 2001 aber nur 1465 Käufer für den königlichen Stern.

In Zusammenarbeit mit dem kalifornischen Custom-Designer Jeff Palhegyi stellte Yamaha USA parallel zur Royal Star die Custom-Studie „Wild Child" auf die Räder, die erstmals auf der IFMA 1996 in Köln zu sehen war. Zu den Besonderheiten gehörten Spezialräder mit gefrästen Felgen und Naben, Reifen der Größen 160/60 ZR18 vorn und 170/60 ZR17 hinten, eine 38 mm kürzere Gabel, breitere Gabelbrücken, ein um drei Zentimeter tiefergelegtes Heck, mächtige Kotflügel, ein um über sechs Zentimeter verlängerter Tank, zwei Side Pipe-Auspuffrohre und drei Scheinwerfer.

Oben: die mächtige Harley-Herausforderin XV 1600A Wild Star mit stoßstangengesteuertem V2-Motor.

Links: trendgerechter Mittelklasse-Cruiser XVS Drag Star Classic 1996 mit Starrrahmen-Optik, Kardanwelle und Trommelbremse hinten, das Ganze damals für 11 990 DM.

Auch legendär: XVS 650 Drag Star

1997-2017: 649 cm³, 40 PS

Auf den Trend zum Cruiser reagierte Yamaha nicht nur mit der Royal Star, sondern auch einige Etagen tiefer mit der XVS 650 Drag Star, die dem großen Vorbild zum Verwechseln ähnlich sah, aber nur einen luftgekühlten V2-Motor mit 649 cm³ und 40 PS besaß.

Auch legendär: XV 1600A Wild Star

1999-2005: 1602 cm³, 63 PS

Mit einem luftgekühlten, stoßstangengesteuerten 1,6-Liter-V-Twin griff Yamaha 1999 frontal Harley-Davidson an, und zwar mit der XV 1600A Wild Star, dem zu seiner Zeit hubraumstärksten Supercruiser. Der mächtige, langhubige 48-Grad-V-Twin mit seinen 1602 cm³ Hubraum war komplett neu und besaß eine untenliegende Nockenwelle mit Stoßstangen, Kipphebeln und Hydrostößeln für die vierventiligen Ohv-Zylinderköpfe. Ein 40er Vergaser mit Beschleunigerpumpe, Drosselklappensensor und Heizung lieferte das passende Gemisch. Das Verdichtungsverhältnis fiel mit 8,3 : 1 niedrig aus, eine Dekompressionsautomatik erleichterte dem Elektroanlasser seine Arbeit.
Zwar leistete der per Trockensumpf geschmierte 1600er mit 63 PS bei niedrigen 4000/min⁻¹ nicht mehr als die aktuelle Konkurrenz aus Milwaukee, doch mit satten 134 Nm bei bereits 2250/min⁻¹ zeigte er Fat Boy & Co. trotz seines Übergewichts von 340 kg beim Durchzugsvergleich locker sein 150/80er Hinterrad, das erstmals bei Yamaha zahnriemengetrieben war.
Das Chassis war ein mächtiger Doppelschleifen-Rahmen, in dem der Motor an fünf Punkten starr verschraubt war. Die Radaufhängungen entsprachen wesentlich denen der XVZ 1300A: Telegabel mit 43er Standrohren und Schutzhülsen, Hinterradschwinge im Starrahmen-Design mit einem per Hebel angelenktem, in der Federbasis einstellbarem Zentralfederbein unter dem Motor, Radstand 1685 mm, lediglich 710 mm Sitzhöhe. Der breite Lenker half, den 340-Kilo-Brokken manövrierbar zu machen; allerdings stand der vordere der beiden 16-Zoll-Reifen mit seiner 130/90er Breite diesem Bemühen eher entgegen. Die 298er Doppelscheibenbremsanlage des Vorderrads sowie die 320er Scheibe im Heck wurden ihrer Aufgabe ohne Beanstandungen gerecht. Die XV 1600A wirkte rundum wuchtig und souverän.

Fotos: S. 280, 281 alle: Yamaha Presse

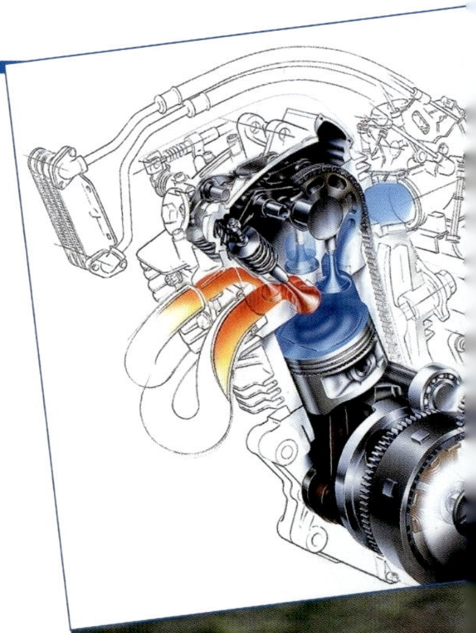

1983-2003

Yamaha XT 600/E

Enduro für alle Fälle

Die XT 600 und die XT 600 E konnten an den Erfolg des Urmodells anknüpfen und begeisterten durch ihre Fahreigenschaften und die Durchzugskraft des auf 595 cm^3 gewachsenen Ohc-Einzylindermotors. Mit sinnvoller Modellpflege hielt Yamaha die Käufer bis 2003 bei der Stange.

Oben: Mit frischem Design, aber nur noch 40 PS ging die XT 600 E ins Modelljahr 1999/2000. Das solide, langhubige Fahrwerk schluckte im Gelände fast alles und garantierte auch auf Asphalt einen stabilen Geradeauslauf. Rechte Seite: Unsere Testmaschine im Sommer 1995 auf der Piste. Der Einzylinder war mit 45 PS noch ungedrosselt, das Spitzentempo maßen wir mit 150 km/h. Grafik oben: Schnittbild des XT 600-Vierventil-Motors mit seiner obenliegenden Nockenwelle.

Fotos: S. 282 beide: Yamaha Presse; S. 283: Frank Ratering

1983 bis 2003: Yamaha XT 600, XT 600 E

Die „XT", wie sie der Einfachheit halber genannt wird, war und ist eines der erfolgreichsten Motorräder aller Zeiten und sicher die meistverkaufte Enduro über 125 cm^3 weltweit. Die XT 500, die 1975 in den USA vorgestellt wurde und 1976 nach Deutschland kam, war mit ihrem 33/27 PS starken Ohc-Einzylinder-Viertaktmotor und Trockensumpfschmierung eine Sensation und deklassierte vor allem die damals dominierende Zweitaktmeute der Konkurrenz. Wer sie reiten wollte, brauchte vor allem starke Waden: Denn das Anlassen per Kickstarter war eine Kunst, erforderte Kraft und Geschick. So mancher machte dabei schmerzhafte Erfahrungen. Dessen ungeachtet verkaufte sich die XT 500, die auch gern von Globetrottern genutzt wurde, weltweit exakt 127 446mal, allein in Deutschland 25 000mal.

Weniger erfolgreich war das merkwürdig gestylte Nachfolgemodell XT 550 mit 38/27 PS starkem Vierventilmotor ab 1982; Verkäufe in Deutschland: nur 3935 Exemplare. Eine Klasse für sich war die neu durchkonstruierte XT 600 Z Ténéré, die mit mehr Hubraum und nun 43 PS neue Maßstäbe setzte. Sie war eine Replika der Paris-Dakar-Werksmaschine und kam im Mai 1983 als teures Exklusivmodell in den Handel.

Für das große Publikum mußte es aber eine Maschine sein, die einfacher gebaut und erschwinglicher war. So hatte dann auf dem Mailänder Salon im November 1983 die von allem Rallye-Pomp befreite XT 600 Premiere, weiterhin mit Ohc-Einzylindermotor. Mit 27 PS (offen 43 PS) kam diese Standard-Ausführung für 7030 DM Ende Januar 1984 auf den westdeutschen Markt. Der größte Vorteil der neuen XT 600 gegenüber der Ténéré lag im geringen Gewicht von nur 151 kg; die Sitzhöhe blieb mit 86 cm gleich. Ansonsten unterschied sich die über Mitsui Deutschland 5204 mal georderte 43F (Modellcode) nicht nur durch ihr drahtigeres Aussehen von der Rallye-Replika: Ein leicht verkürzter Radstand sowie ein steilerer Lenkkopfwinkel machten sie handlicher.

Als Hauptmanko entpuppte sich der Spritverbrauch, der bei strammer Fahrweise auf acht Liter ansteigen konnte. Daran gemessen war der Tank mit zunächst nur 11,5 Litern schlichtweg zu klein geraten. Das Chassis bestand aus einem einfachen, unten geschlossenen Stahlrohrrahmen, die Telegabel bot 222 mm Federweg, hinten operierte eine Stahl-Kastenschwinge mit Zentralfederbein und

Oben: XT 600 E mit Elektrostarter im Modelljahr 1995/96. Sie ließ sich auch auf rauhem Untergrund gut kontrollieren. Mitte: XT 600 in Standardausführung mit Kickstarter von 1991. Unten: XT 600 E von 1992 mit 45 PS, 15-Liter-Tank und zahlreichen Verbesserungen im Detail.

Steckbrief Yamaha XT 600 E

Bauzeit	1989 bis 2003
Motor, Ventile/Zyl., Kühlung	Einzylinder, 4/Zyl., Ohc, luftgekühlt
Einheiten alle Varianten	22 809 (27/34/40) 45 PS in Deutschland
Hubraum, Bohrung x Hub	595 cm^3, 95 x 84 mm
Leistung	45 PS bei 6500/min^{-1}
Gemischaufbereitung	2 Teikei-Registervergaser, 26 mm
Getriebe, Antrieb, Radstand	5-Gang, Kette, 1440 mm
Rahmen	Einschleifen-Stahlrohrrahmen
Vorderradführung	Telegabel, Standrohre 41 mm Ø
Hinterradführung	Kastenschwinge, 1 Zentralfederbein
Bremsen vorn / hinten	1 Scheibe 282 / 1 Scheibe 189 mm
Reifen vorn / hinten	90/90 x 21 / 120/90 x 17
Leergewicht, betankt / Tank	172 kg / 15 Liter
Höchstgeschwindigkeit	150 km/h (Testwert)
Preis	9890,- DM (Juli 1995)

200 mm Federweg. Bereift waren die Stahlspeichenräder in 90/90 x 21 und 120/90 x 17.

Erstmals gründlich überarbeitet wurde die XT 600 für die Saison 1987. Vergrößerte Ventile, geänderter Vergaser und ein neuer Schalldämpfer ließen die Leistung auf 45 PS bei 6500/min^{-1} anwachsen. Tank, Seitendeckel, rückwärtiges Schutzblech, Rücklicht und die Lufthutzen an den Seiten bekamen eine neue Form: Die Sitzbank war im vorderen Bereich weit um den Tank herumgezogen, die Hutzen bildeten mit der Bank eine Einheit. Kunststoffprotektoren an den Lenkerenden vermittelten einen Hauch von Abenteuer. Technisch bemerkenswerteste Neuerung war die Ablösung der hinteren Trommelbremse durch eine gelochte Scheibenbremse mit 220 mm Durchmesser, wie sie bald darauf auch der Ténéré (3AJ) zugute kam. Vollgetankt mit 15 Litern wog die 1987er XT 600 153 kg. Für 1988 erschien das Modell 2KF auch mit 27 PS als 2NF; insgesamt wurde das Duo 5924mal über Mitsui/D verkauft.

Ab 1989 als XT 600 E mit Elektrostarter

Auf dem Mailänder Salon im Herbst 1989 präsentierte Yamaha mit der XT 600 E abermals eine Weiterentwicklung des bewährten Konzepts. Neben stilistischen Modifikationen wies das neue Modell zahlreiche technische Verbesserungen auf, von denen vor allem der bei der Ténéré schon vier Jahre übliche Elektroanlasser bemerkenswert war. Allerdings fiel dieser Verbesserung der Kickstarter zum Opfer. Der 595 cm^3 große Vierventil-Motor leistete weiterhin 45 PS, war aber standfester geworden.

Der Rahmen mit dem integrierten Ölbehälter für die Trockensumpfschmierung mit dem einfachen Unterzug blieb unverändert, der Auspuff war als tragendes Rahmenteil ausgelegt. Längerer Radstand und größerer Nachlauf trimmten das Fahrwerk zusammen mit dem 17-Zoll-Hinterrad und kürzeren Federwegen auf besseren Geradeauslauf. Schwimmsattel-Scheibenbremsen mit 267er Scheibe und Doppelkolbenzange vorne sowie 220er Scheibe hinten, verchromte Stahlfelgen, Monocross-Federung, 21-Zoll-Vorderrad, Niederquerschnittsreifen und 15-Liter-Tank gehörten wie bisher zu den Merkmalen des 168 kg schweren XT 600 E-Modells für 1990. Serienmäßig waren Lenk-/Zündschloß und Gepäckauflage. Es fehlte nun jedoch der Drehzahlmesser. Für Enduro-Puristen gab's bis Ende 1994 die 700 DM billigere XT 600 K.

Umfassend renoviert ging die XT 600 E mit neuer Tank-Sitzbank-Linie ins Modelljahr 1995. Die Änderungen betrafen vor allem das Fahrwerk, das nun wieder wie anfangs ein selbsttragendes Heck besaß. Der Tankinhalt wuchs auf 15 Liter. Die Gabelstandrohre blieben 41 mm dick, die vordere Bremsscheibe mit optimiertem Doppelkolbensattel nahm auf 282 mm Durchmesser zu. Dazu gab es ein überarbeitetes Fünfganggetriebe sowie wieder einen Drehzahlmesser. *„Die Yamaha ist mit ihren besonders langen Federwegen hart im Nehmen und dank der soliden Ausführung von Gabel und Schwinge auch unter erschwerten Offroad-Bedingungen nicht aus der Ruhe zu bringen"*, urteilte ich in „Motorrad News" Heft 7/1995. *„Wer noch die kurzhubigen, bockigen Enduro-Fahrwerke der 70er Jahre in Erinnerung hat, mag es manchmal kaum für möglich halten, wie die Yamaha mit Bodenunebenheiten aller Art fertig wird."*

Strengere Emissionslimits und die dadurch notwendige Leistungsreduzierung des 1997er Modells auf nur noch 40 PS bei 6250/min^{-1} nahmen der Kult-Enduro viel von ihrer Agilität. Weiterhin gab es die Möglichkeit zur 34 PS-Drosselung. Die 3UW mit 27 PS, ab 1993 mit 34 PS, fuhr insgesamt 7128 mal, die 3TB mit 45 PS bis zum Produktionsende 2003 immerhin 15 681 mal als Neumaschine von den Höfen deutscher Yamaha-Händler.

Auch legendär:
XTZ 660 Ténéré
1990-2002: 659 cm³, 48 PS

Mit der seit 1983 produzierten XT 600 Z Ténéré hatte das auf der IFMA 1990 präsentierte Folgemodell XTZ 660 Ténéré nur noch das Grundkonzept gemein. Der neu konstruierte Einzylindermotor war nun flüssiggekühlt, hatte fünf Ventile und produzierte bei 659 cm^3 Hubraum muntere 48 PS bei 6250/min^{-1} (wahlweise auf 27, später auf 34 PS gedrosselt). Nur Kurbelgehäuse und Getriebe stammten noch von der XT 600. Den Hubraum hatte man durch Aufweitung der Bohrung um 5 mm vergrößert. Ein YDIS-Doppel-Register-Vergaser lieferte das Gemisch. Der Tank faßte nun fernreisetaugliche 20 Liter. Der Einzylindermotor erwies sich indes als nicht vollgasfest, das Konzept war ausgereizt.

Mit ihrer schlanken, rahmenfesten Verkleidung wog die erste XTZ 660 187 kg. Der Motor war in das Stahlrohr-Chassis mit seinem voluminösen Zentralrohr eingebettet, die Telegabel-Standrohre waren im Durchmesser auf 43 mm gewachsen. An Hinterradführung und Bremsen hatte man nichts geändert.

1994 wurde der trapezförmige Scheinwerfer durch einen Doppelscheinwerfer abgelöst, die Instrumente kamen nun von der XTZ 750. Vollgetankt wog die zweite Serie 197 kg. Bis 2002 verkaufte Mitsui 5165 Exemplare, zuletzt zum Stückpreis von 11 950 DM.

Oben und Mitte: Cockpit und Schräganansicht der verbesserten Version ab 1994, die wir im Test gefahren haben. Unten: Erstversion der XTZ 660 Ténéré 1991.

Fotos: S. 284 o, M: Yamaha Presse; S. 284 u, 285 o, M: Archiv Hans J. Schneider, Fotograf nicht zu ermitteln; S. 285 u: Yamaha Presse

1989-1995

Yamaha XTZ 750

Die Wüste bebt

Die XTZ 750 Super Ténéré mit 69 PS starkem Dohc-Fünfventil-Motor gefiel durch überzeugende Technik, Qualität und aufregende Optik. Mit ihrem komfortablen Fahrwerk war sie nicht nur eine gute Offroad-, sondern auch eine brauchbare Reise-Maschine. Und sie machte den Großenduros von BMW und Honda ordentlich Konkurrenz.

Schon Anfang der1980er Jahre hatten große Reise-Enduros mit starken Zweizylinder-Motoren und viel Hubraum Hochkonjunktur. BMW machte damals mit der erfolgreichen R 80 G/S den Anfang, Honda zog mit der XV 750, später mit den Modellen Transalp und Africa Twin nach. Anfang 1989 stieg Yamaha mit der XTZ 750 Super Ténéré in dieses wichtige Marktsegment ein. Die neue Groß-enduro sollte von Yamahas Erfolgen bei den Wüstenrallyes profitieren: Der Franzose Stéphane Peterhansel gewann zwischen 1991 und 1998 auf Yamaha sechsmal die Rallye Paris-Dakar, außerdem zahlreiche weitere Offroad-Rennen und -Meisterschaften.

Clou der neuen XTZ 750 war der eigens entwickelte Zweizylinder-Reihenmotor mit Dohc-Fünfventiltechnik. Ein leistungsfähiges Flüssigkeits-Kühlsystem mit zwei Wabenkühlern sorgte für einen allzeit ausgeglichenen Temperaturhaushalt. Der kurzhubig ausgelegte Viertakter mit seinem Hubraum von 749 cm^3 wirkte mit seinen stark nach vorn geneigten Zylindern sehr kompakt. Möglich wurde diese unkonventionelle Anordnung vor allem durch die Plazierung des Fünfgang-Getriebes: Mit übereinander liegenden Wellen saß es praktisch huckepack hinten auf dem Motorblock. Wie bei den großen Einzylindern von Yamaha versorgte eine Trockensumpfschmierung den Motor mit Öl (Vorrat im Rahmen: 4,4 Liter). Weil es keine Ölwanne gab, hatte man den Motor tief anordnen können; das verbesserte den Schwerpunkt, ohne die Bodenfreiheit zu beeinträchtigen. Die Sitzhöhe lag mit 865 mm enduromäßig hoch. Das Gemisch wurde von zwei verdeckt angeordneten 38er Mikuni Fallstrom-Vergasern geliefert. Gestartet wurde bequem per elektrischem Anlasser.

Mit 69 PS bei 7500/min^{-1} produzierte der XTZ-Twin mehr Leistung als bis dato jede andere Enduro. *„MO"* lobte: *„Warmgefahren tut sich dem Super Ténéré-Fahrer ein Motorradmotor der Extraklasse auf. (...) Kein Vergleich mit den alten Twins einer XS 650."* In den unteren Gängen konnte bereits ab 1000/min^{-1} ruckfrei beschleunigt werden, darüber stieg die Leistung stetig und gleichmäßig an. Zwei Ausgleichswellen trugen entscheidend zur Laufruhe bei.

Oben und rechte Seite oben: die XTZ 750 bei der Präsentation 1989. Auffällig waren u.a. die samtschwarz eloxierten Leichtmetallfelgen. Rechte Seite unten: unsere farblich weniger spannende Testmaschine im April 1992. Der26-Liter-Tank war seitlich weit nach unten gezogen.

Das Fahrwerk war der Leistung stets gewachsen. Rückgrat war ein robuster Doppelschleifen-Rohrrahmen mit zwei abschraubbaren Unterzügen. Die Telegabel zeigte sich mit ihren 43 mm dicken Standrohren als sehr verwindungssteif. Auch die massive Stahlprofilschwinge mit dem zentralen, nach Monocross-Manier angelenkten Federbein steckte klaglos das meiste weg, was der Super Ténéré an Unebenheiten unter die Räder kam. Federwege von 235 mm vorne und 215 mm hinten reichten aus, um auch zwei Personen

auf schlechten Straßen genügend Komfort zu bieten. Verzögert wurde die XTZ über eine Drei-Scheiben-Bremsanlage mit drei 245-mm-Scheiben und Doppelkolbenzangen.

Die Drahtspeichenräder trugen eigens für die Super Ténéré entwickelte Tout-Terrain-Pneus in den Dimensionen 90/90 x 21 vorne und 140/80 x 17 hinten, die bis 210 km/h freigegeben waren. Immerhin erreichte die vollgetankt 226 kg schwere Reise-Enduro mühelos Tempo 190. Gut ablesbare Rundinstrumente im klar gegliederten Cockpit informierten über Drehzahl und Geschwindigkeit. Auch der Windabweiser erfüllte seine Aufgabe gut.

Zwischen 1989 und dem Produktionsende 1999 gaben 4365 Käufer der offenen D-Version 3LD den Vorzug vor anderen Enduro-Twins und legten dafür 13 420 DM auf den Tisch (Preis 1992). Für die 50 PS-Variante der ebenso belastungsfähigen wie soliden Super Ténéré entschieden sich von 1990 bis 1993 nur 194 Käufer.

Steckbrief Yamaha XTZ 750 Super Ténéré

Bauzeit	1989 bis 1995
Motor, Ventile/Zyl., Kühlung	Reihe 2, 5/Zyl., Dohc, luftgekühlt
Einheiten	4559 (69 und 50PS) Deutschland
Hubraum, Bohrung x Hub	749 cm^3, 87 x 63 mm
Leistung	69 PS bei 7500/min^{-1}
Gemischaufbereitung	2 Mikuni-Gleichdruckvergaser, 38 mm
Getriebe, Antrieb, Radstand	5-Gang, Kette, 1505 mm
Rahmen	Doppelschleifen-Stahlrohrrahmen
Vorderradführung	Telegabel, Standrohre 43 mm Ø
Hinterradführung	Monocross-Schwinge, 1 Zentralfederbein
Bremsen vorn / hinten	2 Scheiben 245 / 1 Scheibe 245 mm
Reifen vorn / hinten	90/90 x 21 / 140/80 x 17
Leergewicht, vollgetankt	226 kg / 26 Liter
Höchstgeschwindigkeit	184 km/h, ca. (Testwert)
Preis	13 420,- DM (April 1992)

Fotos: S. 286 u, 287 o: Yamaha Presse; S. 286 o, 287 u: Winni Scheibe